Red Hat Enterprise Linux 6.5 系统管理

·马玉军 陈连山 编著·

清华大学出版社
北京

内 容 简 介

Red Hat Enterprise Linux 不同于普通的 Linux 入门版本，它是红帽公司针对企业发行的 Linux 版本。本书就是立足于 Red Hat Enterprise Linux 版本，带领读者学会最基本的 Linux 系统管理和网络管理。

本书分为 3 部分：第 1 部分是 Linux 系统入门，包括必须掌握的 Linux 基础、Red Hat Enterprise Linux 的安装、图形界面、命令行界面；第 2 部分是 Linux 系统管理入门，包括文件管理与磁盘管理、日志系统、用户和组、应用程序的管理、系统启动控制与进程管理；第 3 部分是网络管理与高级应用，包括 Linux 网络管理、网络文件共享、搭建 MySQL 服务、配置 Oracle 数据库、Apache 服务和 LAMP、Linux 路由、NAT 上网、性能检测与优化、集群负载均衡 LVS、集群技术与双机热备、Linux 防火墙管理、KVM 虚似化、安装 OpenStack。

本书示例丰富、代码实用，是广大 Linux 系统管理员入门必看书籍，也可作为各大 Linux 培训学校的企业级 Linux 培训教程。

本书封面贴有清华大学出版社防伪标签，无标签者不得销售
版权所有，侵权必究。侵权举报电话：010-62782989　13701121933

图书在版编目（CIP）数据

Red Hat Enterprise Linux 6.5 系统管理 / 马玉军，陈连山编著.--北京：清华大学出版社，2014（2020.1 重印）
ISBN 978-7-302-37688-0

Ⅰ.①R… Ⅱ.①马… ②陈… Ⅲ.①Linux 操作系统 Ⅳ.①TP316.89

中国版本图书馆 CIP 数据核字（2014）第 186373 号

责任编辑：夏非彼
封面设计：王　翔
责任校对：闫秀华
责任印制：沈　露

出版发行：清华大学出版社
　　网　　址：http://www.tup.com.cn，http://www.wqbook.com
　　地　　址：北京清华大学学研大厦 A 座　　　邮　　编：100084
　　社 总 机：010-62770175　　　　　　　　　邮　　购：010-62786544
　　投稿与读者服务：010-62776969，c-service@tup.tsinghua.edu.cn
　　质量反馈：010-62772015，zhiliang@tup.tsinghua.edu.cn

印 装 者：北京鑫海金澳胶印有限公司
经　　销：全国新华书店
开　　本：190mm×260mm　　　印　张：34.5　　　字　数：833 千字
版　　次：2014 年 10 月第 1 版　　　　　　　　　印　次：2020 年 1 月第 7 次印刷
定　　价：79.00 元

产品编号：058934-01

前　言

学习 Linux 系统管理最好的方法，不是看懂一本书，而是学会一个操作。这个操作可以是一个命令、一个 Shell 程序、一个配置，甚至是一个集群的搭建。要学会一个操作，就要按照详细的步骤去动手演练。本书提供的就是这些详细的步骤，读者要学的就是阅读本书并亲自动手实践。目前市场上很多相关图书对于系统管理内容都是泛泛而谈，没有具体的技术点，没有详细的过程，而本书正弥补了这一不足。

本书特色

- 知识体系涵盖 Linux 系统管理应掌握的各个方面，覆盖了系统管理员应具备的各方面知识和技能。
- 注重实践和应用，从 Linux 入门、系统管理入门、网络管理入门到 Linux 系统的高级应用等重要方面都做了详尽的描述。
- 写作过程中提供大量的系统管理技巧和示例，使读者在实际应用时能快速上手，并且在遇到问题时能够在本书中获得有益的参考。
- 实例详尽、图文并茂、示例清晰，且所有案例均在实践环境中经过检验。
- 既适合院校教学过程，也适合读者自学掌握。每节均配有相关习题，可帮助读者全面掌握相关知识点。

内容安排

本书共 22 章，目录体系涵盖 Linux 系统管理员需要掌握的各个方面，首先教会入门读者如何安装和使用 Linux，然后介绍一些常用的 Linux 系统管理命令，最后教会读者如何在 Linux 上进行网络管理。本书的主要内容包括：

- Linux 基础
- Red Hat Enterprise Linux 的安装
- Red Hat Enterprise Linux 的图形界面
- Red Hat Enterprise Linux 的命令行界面
- Linux 文件管理与磁盘管理
- Linux 日志系统
- 用户和组
- 应用程序的管理

- 系统启动控制与进程管理
- Linux 网络管理
- 网络文件共享 NFS、Samba 和 FTP
- 搭建 MySQL 服务
- 安装和配置 Oracle 数据库管理系统
- Apache 服务和 LAMP
- Linux 路由
- 配置 NAT 上网
- Linux 性能检测与优化
- 集群负载均衡 LVS
- 集群技术与双机热备
- Linux 防火墙管理
- KVM 虚似化
- 安装 OpenStack

本书内容安排由浅而深，内容精炼，技术体系全面详尽。

面向读者

- Linux 开发人员
- Linux 爱好者
- Linux 系统管理员
- 网络管理工程师
- 专业 Linux 培训机构的学员
- 需要一本系统管理查询手册的人员

本书作者

本书由南阳理工学院的马玉军和陈连山主笔，其中第 1~12 章由马玉军编写，第 13~22 章由陈连山编写。参与本书创作的还有陈宇、刘轶、姜永艳、马飞、王琳、张鑫、张喆、赵海波、肖俊宇、李海燕、周瑞、李为民、陈超、杜礼、孔峰，在此表示感谢。

编者

2014 年 5 月

目 录

第 1 章 必须掌握的 Linux 基础 ... 1
1.1 认识 Linux ... 1
1.1.1 Windows 与 Linux 的区别 ... 1
1.1.2 UNIX 与 Linux 的区别 ... 2
1.2 GNU 公共许可证 ... 2
1.3 Linux 的内核版本 ... 3
1.4 Linux 的发行版本 ... 3
1.5 认识 Red Hat Enterprise Linux ... 3
1.5.1 桌面版 ... 4
1.5.2 服务器版 ... 5
1.6 Red Hat Enterprise Linux 6.5 的新特性 ... 6
1.6.1 安全和身份管理 ... 6
1.6.2 网络 ... 7
1.6.3 文件系统和存储 ... 7
1.6.4 虚拟化 ... 8
1.6.5 订阅管理 ... 9
1.6.6 用户体验 ... 9
1.7 学习 Linux 的建议 ... 9
1.8 小结 ... 10
1.9 习题 ... 10

第 2 章 Red Hat Enterprise Linux 的安装 ... 11
2.1 安装前的准备 ... 11
2.1.1 硬件准备 ... 11
2.1.2 选择安装方式 ... 12
2.2 在虚拟机上安装 Linux ... 13
2.2.1 虚拟机简介 ... 13
2.2.2 安装 VMware 虚拟机 ... 13
2.2.3 创建虚拟机 ... 15
2.2.4 安装 Red Hat Enterprise Linux ... 18
2.3 Linux 的第一次启动 ... 26
2.3.1 本地登录 ... 26

2.3.2　远程登录 27
　2.4　小结 29
　2.5　习题 30

第 3 章　Red Hat Enterprise Linux 的图形界面 31
　3.1　Linux 的桌面系统简介 31
　　　3.1.1　X Window 系统 31
　　　3.1.2　KDE 桌面环境 32
　　　3.1.3　GNOME 桌面环境 33
　3.2　桌面系统的操作 33
　　　3.2.1　菜单管理 34
　　　3.2.2　设置输入法 34
　　　3.2.3　设置日期和时间 35
　　　3.2.4　配置网卡和有线 35
　　　3.2.5　使用 U 盘、光盘和移动硬盘 36
　　　3.2.6　注销和关机 37
　3.3　小结 38
　3.4　习题 38

第 4 章　Red Hat Enterprise Linux 的命令行界面 39
　4.1　认识 Linux 命令行模式 39
　　　4.1.1　为什么要先学习 Shell 40
　　　4.1.2　如何进入命令行 41
　4.2　bash Shell 的使用 42
　　　4.2.1　别名的使用 42
　　　4.2.2　历史命令的使用 43
　　　4.2.3　命令补齐 44
　　　4.2.4　命令行编辑 44
　　　4.2.5　通配符 45
　4.3　管道与重定向 46
　　　4.3.1　标准输入与输出 46
　　　4.3.2　输入重定向 47
　　　4.3.3　输出重定向 48
　　　4.3.4　错误输出重定向 49
　　　4.3.5　管道 50
　4.4　Linux 的目录结构 51
　4.5　常用命令 52
　　　4.5.1　复制文件 cp 53
　　　4.5.2　移动文件 mv 55
　　　4.5.3　创建文件或修改文件时间 touch 57
　　　4.5.4　删除文件 rm 60
　　　4.5.5　查看文件 cat tac more less tac tail 62

	4.5.6	查找文件或目录 find	69
	4.5.7	过滤文本 grep	76
	4.5.8	比较文件差异 diff	81
	4.5.9	在文件或目录之间创建链接 ln	83
	4.5.10	显示文件类型 file	85
	4.5.11	分割文件 split	86
	4.5.12	合并文件 join	88
	4.5.13	文件权限 umask	90
	4.5.14	文本操作 awk 和 sed	91
4.6	目录管理		96
	4.6.1	显示当前工作目录 pwd	96
	4.6.2	建立目录 mkdir	97
	4.6.3	删除目录 rmdir	98
	4.6.4	改变工作目录 cd	100
	4.6.5	查看工作目录文件 ls	101
	4.6.6	查看目录树 tree	104
	4.6.7	打包或解包文件 tar	106
	4.6.8	压缩或解压缩文件和目录 zip/unzip	107
	4.6.9	压缩或解压缩文件和目录 gzip/gunzip	109
	4.6.10	压缩或解压缩文件和目录 bzip2/bunzip2	111
4.7	系统管理		113
	4.7.1	查看命令帮助 man	113
	4.7.2	导出环境变量 export	114
	4.7.3	查看历史记录 history	114
	4.7.4	显示或修改系统时间与日期 date	116
	4.7.5	清除屏幕 clear	119
	4.7.6	查看系统负载 uptime	119
	4.7.7	显示系统内存状态 free	119
	4.7.8	转换或复制文件 dd	120
4.8	任务管理		122
	4.8.1	单次任务 at	122
	4.8.2	周期任务 crond	123
4.9	关机命令		125
	4.9.1	使用 shutdown 关机或重启	125
	4.9.2	最简单的关机命令 halt	125
	4.9.3	使用 reboot 重启系统	126
	4.9.4	使用 poweroff 终止系统运行	126
	4.9.5	使用 init 命令改变系统运行级别	126
4.10	文本编辑器 vi 的使用		127
	4.10.1	进入与退出 vi	127

	4.10.2	移动光标	127
	4.10.3	输入文本	128
	4.10.4	复制与粘贴	128
	4.10.5	删除与修改	129
	4.10.6	查找与替换	129
	4.10.7	执行 Shell 命令	130
	4.10.8	保存文档	130
4.11	范例——用脚本备份重要文件和目录		130
4.12	小结		133
4.13	习题		134

第 5 章 Linux 文件管理与磁盘管理 135

- 5.1 认识 Linux 分区 135
- 5.2 Linux 中的文件管理 136
  - 5.2.1 文件的类型 136
  - 5.2.2 文件的属性与权限 138
  - 5.2.3 改变文件所有权 139
  - 5.2.4 改变文件权限 140
- 5.3 Linux 中的磁盘管理 142
  - 5.3.1 查看磁盘空间占用情况 142
  - 5.3.2 查看文件或目录所占用的空间 143
  - 5.3.3 调整和查看文件系统参数 144
  - 5.3.4 格式化文件系统 144
  - 5.3.5 挂载/卸载文件系统 146
  - 5.3.6 基本磁盘管理 147
- 5.4 交换空间管理 151
- 5.5 磁盘冗余阵列 RAID 152
- 5.6 范例——监控硬盘空间 152
- 5.7 小结 153
- 5.8 习题 154

第 6 章 Linux 日志系统 155

- 6.1 Linux 中常见的日志文件 155
- 6.2 Linux 日志系统 159
  - 6.2.1 rsyslog 日志系统简介 159
  - 6.2.2 rsyslog 配置文件及语法 159
- 6.3 使用日志轮转 161
  - 6.3.1 logrotate 命令及配置文件参数说明 162
  - 6.3.2 利用 logrotate 轮转 Nginx 日志 163
- 6.4 范例——利用系统日志定位问题 165
  - 6.4.1 查看系统登录日志 165
  - 6.4.2 查看历史命令 165

    6.4.3 查看系统日志 165
 6.5 小结 166
 6.6 习题 166

第 7 章 用户和组 167
 7.1 Linux 的用户管理 167
    7.1.1 Linux 用户登录过程 167
    7.1.2 Linux 的用户类型 168
 7.2 Linux 用户管理机制 169
    7.2.1 用户账号文件/etc/passwd 169
    7.2.2 用户密码文件/etc/shadow 170
    7.2.3 用户组文件/etc/group 171
 7.3 Linux 用户管理命令 171
    7.3.1 添加用户 172
    7.3.2 更改用户 173
    7.3.3 删除用户 174
    7.3.4 更改或设置用户密码 175
    7.3.5 su 切换用户 175
    7.3.6 sudo 普通用户获取超级权限 177
 7.4 用户组管理命令 178
    7.4.1 添加用户组 178
    7.4.2 删除用户组 179
    7.4.3 修改用户组 179
    7.4.4 查看用户所在的用户组 180
 7.5 范例——批量添加用户并设置密码 180
 7.6 小结 182
 7.7 习题 182

第 8 章 应用程序的管理 184
 8.1 软件包管理基础 184
    8.1.1 RPM 185
    8.1.2 DPKG 185
 8.2 RPM 的使用 185
    8.2.1 安装软件包 185
    8.2.2 升级软件包 188
    8.2.3 查看已安装的软件包 188
    8.2.4 卸载软件包 189
    8.2.5 查看一个文件属于哪个 RPM 包 189
    8.2.6 获取 RPM 包的说明信息 190
 8.3 从源代码安装软件 190
    8.3.1 软件配置 191
    8.3.2 编译软件 191

VII

8.3.3 软件安装 ... 191
8.4 普通用户如何安装常用软件 ... 195
8.5 Linux 函数库 ... 196
8.6 范例——从源码安装 Web 服务软件 Nginx ... 197
8.7 小结 ... 203
8.8 习题 ... 204

第 9 章 系统启动控制与进程管理 ... 205

9.1 启动管理 ... 205
  9.1.1 GRUB 管理器概述 ... 205
  9.1.2 Linu 系统的启动过程 ... 206
  9.1.3 Linux 运行级别 ... 207
  9.1.4 Linux 初始化配置脚本/etc/inittab 的解析 ... 208
  9.1.5 Linux 启动服务的控制 ... 210
9.2 Linux 进程管理 ... 212
  9.2.1 进程的概念 ... 213
  9.2.2 进程管理工具与常用命令 ... 213
9.3 系统管理员常见操作 ... 220
  9.3.1 更改 Linux 的默认运行级别 ... 220
  9.3.2 更改 sshd 默认端口 22 ... 220
  9.3.3 查看某一个用户的所有进程 ... 221
  9.3.4 确定占用内存比较高的程序 ... 221
  9.3.5 终止进程 ... 222
  9.3.6 终止属于某一个用户的所有进程 ... 222
  9.3.7 根据端口号查找对应进程 ... 222
9.4 范例——进程监控 ... 223
9.5 小结 ... 225
9.6 习题 ... 225

第 10 章 Linux 网络管理 ... 226

10.1 网络管理协议 ... 226
  10.1.1 TCP/IP 协议简介 ... 226
  10.1.2 UDP 与 ICMP 协议简介 ... 228
10.2 网络管理命令 ... 229
  10.2.1 检查网络是否通畅或网络连接速度 ping ... 229
  10.2.2 配置网络或显示当前网络接口状态 ifconfig ... 231
  10.2.3 显示添加或修改路由表 route ... 233
  10.2.4 复制文件至其他系统 scp ... 234
  10.2.5 复制文件至其他系统 rsync ... 235
  10.2.6 显示网络连接、路由表或接口状态 netstat ... 237
  10.2.7 探测至目的地址的路由信息 traceroute ... 239
  10.2.8 测试、登录或控制远程主机 telnet ... 241

10.2.9 下载网络文件 wget 241
10.3 Linux 网络配置 243
　　10.3.1 Linux 网络相关配置文件 243
　　10.3.2 配置 Linux 系统的 IP 地址 243
　　10.3.3 设置主机名 245
　　10.3.4 设置默认网关 245
　　10.3.5 设置 DNS 服务器 245
10.4 动态主机配置协议 DHCP 246
　　10.4.1 DHCP 的工作原理 246
　　10.4.2 配置 DHCP 服务器 247
　　10.4.3 配置 DHCP 客户端 248
10.5 Linux 域名服务 DNS 249
　　10.5.1 DNS 简介 250
　　10.5.2 DNS 服务器配置 250
　　10.5.3 DNS 服务测试 253
10.6 配置精确时间协议 254
　　10.6.1 精确时间协议 254
　　10.6.2 使用精确时间协议 255
　　10.6.3 使用 PTP 客户端 258
　　10.6.4 同步时钟 259
　　10.6.5 验证时间同步 260
10.7 范例——监控网卡流量 261
10.8 小结 263
10.9 习题 263

第 11 章 网络文件共享 NFS、Samba 和 FTP 265

11.1 网络文件系统 NFS 265
　　11.1.1 网络文件系统 NFS 简介 265
　　11.1.2 配置 NFS 服务器 266
　　11.1.3 配置 NFS 客户端 270
11.2 文件服务器 Samba 270
　　11.2.1 Samba 服务简介 270
　　11.2.2 Samba 服务的安装与配置 271
11.3 FTP 服务器 274
　　11.3.1 FTP 服务概述 274
　　11.3.2 vsftp 的安装与配置 275
　　11.3.3 proftpd 的安装与配置 281
　　11.3.4 如何设置 FTP 才能实现文件上传 284
11.4 小结 285
11.5 习题 285

第 12 章 搭建 MySQL 服务 286
12.1 MySQL 简介 286
12.2 MySQL 服务的安装与配置 287
12.2.1 MySQL 的版本选择 287
12.2.2 MySQL 的版本命名机制 287
12.2.3 MySQL rpm 包安装 288
12.2.4 MySQL 源码安装 289
12.2.5 MySQL 程序介绍 290
12.2.6 MySQL 配置文件介绍 291
12.2.7 MySQL 的启动与停止 293
12.3 MySQL 基本管理 299
12.3.1 使用本地 socket 方式登录 MySQL 服务器 299
12.3.2 使用 TCP 方式登录 MySQL 服务器 300
12.3.3 MySQL 存储引擎 302
12.4 MySQL 日常维护 305
12.4.1 MySQL 权限管理 305
12.4.2 MySQL 日志管理 309
12.4.3 MySQL 备份与恢复 315
12.4.4 MySQL 复制 322
12.4.5 MySQL 复制搭建过程 324
12.5 小结 329
12.6 习题 329

第 13 章 安装和配置 Oracle 数据库管理系统 330
13.1 Oracle 数据库管理系统简介 330
13.1.1 Oracle 的版本命名机制 330
13.1.2 Oracle 的版本选择 332
13.2 Oracle 数据库体系结构 333
13.2.1 认识 Oracle 数据库管理系统 333
13.2.2 物理存储结构 334
13.2.3 逻辑存储结构 334
13.2.4 数据库实例 335
13.3 安装 Oracle 数据库服务器 335
13.3.1 检查软硬件环境 336
13.3.2 下载 Oracle 安装包 337
13.3.3 创建 Oracle 用户组和用户 337
13.3.4 修改内核参数 338
13.3.5 修改用户限制 339
13.3.6 修改用户配置文件 340
13.3.7 准备安装目录 340
13.3.8 安装软件 341

13.4 创建数据库 349
　　13.4.1 用 DBCA 创建数据库 349
　　13.4.2 手工创建数据库 350
　　13.4.3 打开数据库 352
　　13.4.4 关闭数据库 353
13.5 小结 353
13.6 习题 353

第 14 章 Apache 服务和 LAMP 354

14.1 Apache HTTP 服务的安装与配置 354
　　14.1.1 HTTP 协议简介 354
　　14.1.2 Apache 服务的安装、配置与启动 356
　　14.1.3 Apache 基于 IP 的虚拟主机配置 365
　　14.1.4 Apache 基于端口的虚拟主机配置 369
　　14.1.5 Apache 基于域名的虚拟主机配置 371
　　14.1.6 Apache 安全控制与认证 374
14.2 LAMP 集成的安装、配置与测试实战 380
14.3 习题 384

第 15 章 Linux 路由 386

15.1 认识 Linux 路由 386
　　15.1.1 路由的基本概念 386
　　15.1.2 路由的原理 387
　　15.1.3 路由表 387
　　15.1.4 静态路由和动态路由 388
15.2 配置 Linux 静态路由 388
　　15.2.1 配置网络接口地址 389
　　15.2.2 测试网卡接口 IP 配置状况 392
　　15.2.3 route 命令介绍 393
　　15.2.4 普通客户机的路由设置 394
　　15.2.5 Linux 路由器配置实例 394
15.3 Linux 的策略路由 396
　　15.3.1 策略路由的概念 396
　　15.3.2 路由表的管理 397
　　15.3.3 路由管理 398
　　15.3.4 路由策略管理 399
　　15.3.5 策略路由应用实例 401
15.4 小结 403
15.5 习题 403

第 16 章 配置 NAT 上网 404

16.1 认识 NAT 404

  16.1.1 NAT 的类型 404
  16.1.2 NAT 的功能 405
 16.2 Linux 下的 NAT 服务配置 406
  16.2.1 iptables 简介 406
  16.2.2 iptables 工作流程 408
  16.2.3 iptables 基本语法 409
  16.2.4 在 RHEL 上配置 NAT 服务 412
  16.2.5 局域网通过配置 NAT 上网 414
 16.3 小结 415
 16.4 习题 415

第 17 章 Linux 性能检测与优化 416
 17.1 Linux 性能评估与分析工具 416
  17.1.1 CPU 相关 417
  17.1.2 内存相关 418
  17.1.3 硬盘 I/O 相关 420
  17.1.4 网络性能评估 421
 17.2 Linux 内核编译与优化 422
  17.2.1 编译并安装内核 422
  17.2.2 常用内核参数的优化 423
 17.3 小结 425
 17.4 习题 425

第 18 章 集群负载均衡 LVS 427
 18.1 集群技术简介 427
 18.2 LVS 集群介绍 428
  18.2.1 3 种负载均衡技术 429
  18.2.2 负载均衡调度算法 431
 18.3 LVS 集群的体系结构 432
 18.4 LVS 负载均衡配置实例 433
  18.4.1 基于 NAT 模式的 LVS 的安装与配置 433
  18.4.2 基于 DR 模式的 LVS 的安装与配置 437
  18.4.3 基于 IP 隧道模式的 LVS 的安装与配置 440
 18.5 小结 442
 18.6 习题 442

第 19 章 集群技术与双机热备软件 444
 19.1 高可用性集群技术 444
  19.1.1 可用性和集群 444
  19.1.2 集群的分类 445
 19.2 双机热备开源软件 Heartbeat 445
  19.2.1 认识 Heartbeat 446

	19.2.2	Heartbeat 的安装与配置	446
	19.2.3	Heartbeat 的启动与测试	450
19.3	双机热备软件 keepalived		452
	19.3.1	认识 keepalived	452
	19.3.2	keepalived 的安装与配置	452
	19.3.3	keepalived 的启动与测试	454
19.4	小结		456
19.5	习题		457

第 20 章 Linux 防火墙管理 ... 458

- 20.1 Linux 防火墙 iptables ... 458
  - 20.1.1 Linux 内核防火墙的工作原理 ... 458
  - 20.1.2 Linux 软件防火墙 iptables ... 461
  - 20.1.3 iptables 配置实例 ... 464
- 20.2 Linux 高级网络配置工具 ... 467
  - 20.2.1 高级网络管理工具 iproute2 ... 467
  - 20.2.2 网络数据采集与分析工具 tcpdump ... 469
- 20.3 范例——利用 iptables 阻止外网异常请求 ... 472
- 20.4 小结 ... 474
- 20.5 习题 ... 474

第 21 章 KVM 虚拟化 ... 475

- 21.1 KVM 虚拟化技术概述 ... 475
  - 21.1.1 基本概念 ... 475
  - 21.1.2 硬件要求 ... 476
- 21.2 安装虚拟化软件包 ... 477
  - 21.2.1 通过 yum 命令安装虚拟化软件包 ... 477
  - 21.2.2 以软件包组的方式安装虚拟化软件包 ... 477
- 21.3 安装虚拟机 ... 479
  - 21.3.1 安装 Linux 虚拟机 ... 479
  - 21.3.2 安装 Windows 虚拟机 ... 481
- 21.4 管理虚拟机 ... 483
  - 21.4.1 虚拟机管理器简介 ... 483
  - 21.4.2 查询或者修改虚拟机硬件配置 ... 485
  - 21.4.3 管理虚拟网络 ... 487
  - 21.4.4 管理远程虚拟机 ... 490
  - 21.4.5 使用命令行执行高级管理 ... 491
- 21.5 存储管理 ... 494
  - 21.5.1 创建基于磁盘的存储池 ... 495
  - 21.5.2 创建基于磁盘分区的存储池 ... 495
  - 21.5.3 创建基于目录的存储池 ... 496
  - 21.5.4 创建基于 LVM 的存储池 ... 497

21.5.5 创建基于 NFS 的存储池 ... 498
21.6 KVM 安全管理 ... 498
    21.6.1 SELinux ... 499
    21.6.2 防火墙 ... 499
21.7 小结 ... 500
21.8 习题 ... 500

第 22 章 在 RHEL 6.5 上安装 OpenStack ... 501

22.1 OpenStack 概况 ... 501
22.2 OpenStack 系统架构 ... 502
    22.2.1 OpenStack 体系架构 ... 502
    22.2.2 OpenStack 部署方式 ... 503
    22.2.3 计算模块 Nova ... 505
    22.2.4 分布式对象存储模块 Swift ... 505
    22.2.5 虚拟机镜像管理模块 Glance ... 506
    22.2.6 身份认证模块 Keystone ... 506
    22.2.7 控制台 Horizon ... 507
22.3 Openstack 的主要部署工具 ... 508
    22.3.1 Fuel ... 508
    22.3.2 TripleO ... 508
    22.3.3 RDO ... 509
    22.3.4 DevStack ... 509
22.4 通过 RDO 部署 OpenStack ... 509
    22.4.1 部署前的准备 ... 509
    22.4.2 配置安装源 ... 509
    22.4.3 安装 Packstack ... 510
    22.4.4 安装 OpenStack ... 510
22.5 管理 OpenStack ... 514
    22.5.1 登录控制台 ... 514
    22.5.2 用户设置 ... 516
    22.5.3 管理用户 ... 517
    22.5.4 管理镜像 ... 518
    22.5.5 管理云主机类型 ... 520
    22.5.6 管理网络 ... 522
    22.5.7 管理实例 ... 529
22.6 小结 ... 536
22.7 习题 ... 536

第 1 章 必须掌握的 Linux 基础

> Linux 是一款免费、开源的操作系统软件，是自由软件和开源软件的典型代表，很多大型公司或个人开发者都选择使用 Linux。Linux 版本很多，有适合个人开发者的操作系统，如 Ubuntu，也有适合企业的操作系统，如 Red Hat Enterprise Linux。本书主要介绍 Red Hat Enterprise Linux 系统。

本章主要涉及的知识点有：

- 认识 Linux
- Linux 的内核版本
- Linux 的发行版本
- 了解 Red Hat Enterprise Linux 以及 RHEL 6.5 的新特性

1.1 认识 Linux

本节主要帮助读者认识 Linux，了解 Linux 的日常操作与 Windows 有什么不同，了解 Linux 与 UNIX 的区别。

1.1.1 Windows 与 Linux 的区别

Windows 和 Linux 都是多任务操作系统，都适用于个人开发者或者服务器领域。Windows 的发行版有 Windows 98、 Windows NT、 Windows 2000、 Windows 2003 Server、Window XP、Windows 7、Windows 8 等。Linux 的发行版一般基于内核（最新版本 2.6），由于和内核版本配套的软件包不同，所以各个发行版之间存在比较大的差异。Windows 更适用于普通用户，其界面友好，易于控制，可以方便地完成日常的办公需求。Linux 更多用于服务器或者开发领域，它的图形界面与 Windows 相比可能比较原始，但随着各发行版的不断完善，Linux 提供的图形用户接口功能也在不断丰富。

由于两者对文件类型的识别机制不同，从而使 Linux 更易于免受病毒的感染，这一点是

Windows 无法比拟的。对于初学者而言，由于已经习惯了 Windows 的图形界面操作，能否较快地熟练使用 Linux，取决于使用者能否快速地改变操作习惯和思维方式。

1.1.2 UNIX 与 Linux 的区别

UNIX 是一种多任务、多用户的操作系统，于 1969 年由美国 AT&T 公司的贝尔实验室开发。UNIX 最初是免费的，其安全高效、可移植的特点使其在服务器领域得到了广泛的应用。后来 UNIX 变为商业应用，很多大型数据中心的高端应用都使用 UNIX 系统。

UNIX 的系统结构由操作系统内核和系统的外壳构成。外壳是用户与操作系统交互操作的接口，称作 SHELL，其界面简洁，通过它可以方便地控制操作系统，完成维护任务和一些比较复杂的需求。

UNIX 与 Linux 最大的不同在于 UNIX 是商业软件，对源代码实行知识产权保护，核心并不开放。Linux 是自由软件，其代码是免费和开放的。

两者都可以运行在多种平台之上，在对硬件的要求上，Linux 比 UNIX 要低。

UNIX 系统较多用做高端应用或服务器系统，因为它的网络管理机制和规则非常完善。Linux 则保持了这些出色的规则，同时还使网络的可配置能力更强，系统管理也更加灵活。

1.2 GNU 公共许可证

软件是程序员智慧的结晶，软件著作权用于保障开发者的利益。而 Linux 开放、自由的精神是一种反版权概念，GNU 就是 "GNU's Not UNIX"，任何遵循 GNU 通用公共许可证（GPL）的软件都可以自由地"使用、复制、修改和发布"。任何对旧代码所做的修改都必须是公开的，并且不能用于商业用途，其分发版本必须遵守 GPL 协议。

GNU 计划是由 Richard Stallman 在 1983 年 9 月 27 日公开发起的，其目标是创建一套完全自由的操作系统。GNU 计划的形象照如图 1.1 所示，估计很多读者已经认识了。

图 1.1　GNU 计划的形象照

GNU 在英文中的原意为非洲牛羚，发音与 new 相同。

1.3 Linux 的内核版本

Linux 内核由 C 语言编写，符合 POSIX 标准，但是 Linux 内核并不能称为操作系统，内核只提供基本的设备驱动、文件管理、资源管理等功能，是 Linux 操作系统的核心组件。Linux 内核可以被广泛移植，而且还对多种硬件都适用。

Linux 内核版本有稳定版和开发版两种。Linux 内核版本号一般由 3 组数字组成，比如 2.6.18 内核版本：第 1 组数字 2 表示目前发布的内核主版本；第 2 组数字 6 表示稳定版本，如为奇数则表示开发中版本；第 3 组数字 18 表示修改的次数。前两组数字用于描述内核系列，用户可以通过 Linux 提供的系统命令查看当前使用的内核版本。

1.4 Linux 的发行版本

Linux 有众多发行版，很多发行版还非常受欢迎，有非常活跃的论坛或邮件列表，许多问题都可以得到参与者快速解答。

（1）Ubuntu 发行版提供友好的桌面系统，用户通过简单地学习就可以熟练使用该系统，自 2004 年发布后，Ubuntu 为桌面操作系统做出了极大的努力和贡献。与之对应的 Slackware 和 FreeBSD 发行版则需要经过一定的学习才能有效地使用其系统特性。

（2）openSUSE、Fedora 和 Debian 发行版介于上述两种系统中间。openSUSE 引入了另外一种包管理机制 YaST，Fedora 革命性的 RPM 包管理机制极大地促进了发行版的普及，Debian 则采用的是另外一种包管理机制 DPKG（Debian Package）。

（3）Red Hat 系列，包括 Red Hat Enterprise Linux（简称 RHEL，收费版本）、CentOS（RHEL 的社区克隆版本，免费）。Red Hat 可以说是在国内使用人群最多的 Linux 版本，资料非常多。Red Hat 系列的包管理方式采用的是基于 RPM 包的 YUM 包管理方式，包分发方式是编译好的二进制文件。RHEL 和 CentOS 的稳定性都非常好，适合于服务器使用。

1.5 认识 Red Hat Enterprise Linux

Red Hat Enterprise Linux 是一个企业平台，非常适合运行跨 IT 基础设施的丰富应用，目前最新版本为 7 beta，最稳定的版本为 6.5。Red Hat Enterprise Linux 6.5 可以在多种硬件架构、管理程序和云上工作。与之前版本相比，其在应用性能、可扩展性和安全性方面都有巨大改进。使用它可以在数据中心部署物理、虚拟和云计算，降低复杂性，提高效率，最大限度地减少管理开销。

Red Hat Enterprise Linux 分为桌面版和服务器版，本节主要是让读者了解这两个版本。本书安装版本为 rhel-server-6.5-x86_64-dvd.iso，在安装过程中可以选择要安装的版本。

1.5.1 桌面版

随着 Linux 使用人群的增多，它的桌面系统也越来越完善，GNOME 和 KDE 桌面系统的发展也促进了 Linux 市场的推广。KDE 为 Linux 提供了图形界面接口，非常类似于 Windows，使用过 Windows 的人员可以很快熟悉 Linux 的桌面环境；GNOME 则是另外一种图形界面接口，使用上与 KDE 类似。

图形界面操作具有很大的灵活性，类似于 Windows 的资源管理器。Linux 桌面环境也可以同时打开多个窗口、执行一些字符界面无法完成的任务（如图形处理）等，同时图形界面更适合初学者或者从 Windows 转过来的用户。

Red Hat Enterprise Linux 桌面版易于使用和部署，它具有如下特色。

（1）严密的安全性

Red Hat Enterprise Linux 桌面版可以轻松保护桌面部署免受外部和内部威胁。大家都知道，Linux 是具有高安全性的操作系统，很少中毒，也很少被攻击。红帽基于该系统开发了一套分层防护方案，为桌面提供了出色的安全性，该方案有以下特点：

- 更安全的应用程序
- 抵御经常被利用的安全漏洞，例如，标准软件堆栈中集成的缓冲区溢出
- 通过 SELinux 安全功能提供高级别的保护，保护系统服务免受攻击，提供了完全的透明性，实现轻松的扩展和采用
- 智能卡身份验证支持

（2）易于管理

工具具有简单、可快速部署的特点，使管理员能够通过一个基于 Web 的控制台管理复杂、在地域上分散的桌面部署。无论是 10 个或 10,000 个桌面系统，系统管理工作都一样，从而可将管理桌面的员工解放出来用于其他项目。

（3）互操作性

和桌面版捆绑的应用程序与 Microsoft 格式的应用程序具有互操作性。此外，红帽还包括其他技术，使桌面版能够在以 Microsoft 为中心的环境中实现即插即用。

（4）包括生产力应用程序

桌面版包括最流行的桌面应用程序，全部免费。这些应用程序功能齐全、界面直观，使用户几乎不需要培训即可开始工作，与在 Windows 上操作程序一样。

（5）Windows 上的一切应用程序都可实现

桌面版旨在创建轻松的用户体验，从而实现整体提升。这包括对以下方面的重大改进：

- OpenOffice.org 工具
- Firefox 浏览器
- 网络互连
- 笔记本电脑支持
- 外设支持
- 图形
- 多媒体

所有这一切都保证了用户只需极少的知识,甚至无须再培训即可使用这个桌面更高效地工作。

1.5.2 服务器版

在服务器领域,以 Linux、UNIX、Windows 为主要操作系统。Linux 特点为开源、有很强的稳定性、有活跃的社区支持。在服务器市场,Linux 因其免费的特性成为众多开发者和公司的优先选择。在 Linux 系统中使用开源的软件可以快速搭建 Web 服务,另外 Linux 还可以用做邮件服务器、DNS 服务器、路由服务等,为公司和个人开发者提供可靠服务的同时也节省了使用成本。

Linux 内核由 C 语言开发,易于移植,支持各种处理器,适用于多种硬件系统,在嵌入式领域也具有广泛的应用,如 Linux 平台的手机等。当将 Linux 系统用做服务器时,系统管理员工作时可以不依赖任何图形界面,日常的管理任务几乎都可以使用字符界面完成,如网络配置、搭建 Web 服务等。

Red Hat Enterprise Linux 服务器版支持所有主要硬件平台,以及数千个商业和定制应用程序,已经成为企业数据中心的新标准。它具有如下特色。

(1) 高效率、可扩展性和可靠性

- 针对高度可扩展的多核系统进行了优化
- 管理基础系统复杂性
- 减少数据瓶颈
- 改善应用程序性能
- 减少能耗
- 确保了端到端的数据完整性

(2) 前所未有的资源管理

管理员和应用程序开发人员可以按流程、应用程序甚至是虚拟机来设置政策,以使网络、内存和 CPU 使用情况满足业务需求并符合服务级别协议。

(3) 整体安全性

一个完整的安全架构——从网络防火墙控件到用于应用程序隔离的安全容器,使企业版成为认证最多的可用操作系统之一。

通过红帽全球安全响应团队为后盾的通用、全面的技术和政策套件，应用程序无论是作为主机、虚拟客户机还是在云中，都可以确保安全。

（4）稳定的应用程序开发与制作平台

- 轻松的新应用程序部署
- 全面的应用程序开发组合，其中包括 LAMP 堆栈和脚本语言，如 PHP、TurboGears2 框架、Eclipse IDE 以及调试和优化微调工具
- 为企业版附带的所有软件包提供支持和维护，不论是云服务、中间件、Web 应用程序还是企业应用程序
- 让用户能够按需扩展而不增加复杂度的高级缓冲技术

（5）集成虚拟化

随着将虚拟化集成到内核中，管理员可以使用完整的系统管理、安全工具和认证。

1.6 Red Hat Enterprise Linux 6.5 的新特性

2013 年 11 月份，红帽公司发布了 Red Hat Enterprise Linux 6.5（简称 RHEL 6.5）正式版。该版本有来自多个方面的新特性，包括安全性、虚拟化、网络等。此外 RHEL 6.5 允许用户将应用发布到使用 Docker 创建容器上。这一系列的改进，使得 RHEL 6.5 成为值得信赖的数据中心平台。本节将对 RHEL 6.5 的新特性进行简单介绍。

1.6.1 安全和身份管理

RHEL 6.5 在系统安全方面进行了许多改进，主要有以下几个方面。

1．共享的系统证书

RHEL 6.5 已将 NSS、GnuGLS、OpenSSL 和 Java 列为共享默认源，用来检索系统证书标记文本以及黑名单信息，以便在系统范围内建立加密工具使用的静态数据的可信存储，作为确定证书是否可信时的输入信息。证书的系统级管理提高了使用的便利性，同时在本地系统环境和企业部署时也需要这些信息。

2．支持安全内容自动化协议（SCAP）1.2

安全内容自动化协议（Security Content Automation Protocol，SCAP）由美国国家标准与技术研究院（National Institute of Standards and Technology，NIST）提出。SCAP 是当前美国比较成熟的一套信息安全评估标准体系，其标准化、自动化的思想对信息安全行业产生了深远的影响。RHEL 6.5 包含最新版本的 OpenSCAP，OpenSCAP 是 SCAP 协议的一个开源的实现。

3．在 OpenSSL 和 NSS 中支持 TLS 1.1 和 1.2

OpenSSL 和 NSS 现在支持最新版本的传输层安全（TLS）协议，这样可以提高网络连接的安全性，并启用与其他 TLS 协议应用之间的全面互操作性。该 TLS 协议可允许客户端-服务器程序跨网络进行沟通，并可防止窃听和破坏。

4．OpenSSH 中的智能卡支持

OpenSSH 现在使用 PKCS #11 标准，该标准可以使得 OpenSSH 使用智能卡进行认证。

5．身份管理中的本地用户集中自动同步

RHEL 6.5 中的本地用户可以集中自动同步，使得本地用户的管理更加轻松。

1.6.2 网络

1．精确时间协议

RHEL 6.5 完全支持 IEEE 1588 的精确时间协议 v2（Precision Time Protocol，PTP），该协议使用的是在以太网网络中的精确时钟同步。PTPv2 能够实现在亚微秒范围内的时钟精度，可以支持许多广泛采用的网络驱动程序的网络驱动程序时间戳。

2．分析多播 IGMP 嗅探数据

在之前的版本中，桥接模块虚拟文件系统不提供探测多播互联网组管理协议（IGMP）嗅探数据的功能。没有这个功能，用户无法全面分析其多播流量。在 RHEL 6.5 中，用户可以列出探测到的多播路由器端口，有活跃订阅者的组以及关联的网络接口。

3．流传输控制协议

流控制传输协议（SCTP）协会支持 SS7 M3UA（信息传输部分级别 3 用户适配层）的统计，为电信部门的客户提供额外的监控能力。

4．NetworkManager 中的 PPPoE 连接支持

RHEL 6.5 已将 NetworkManager 改进为支持创建和管理基于通过以太网的端到端协议（PPPoE）的连接，例如 DSL、ISDN 和 VPN 连接。

1.6.3 文件系统和存储

RHEL 6.5 的文件系统和存储管理功能也得到了增强，主要表现在以下几个方面：

1．改进了企业级存储管理功能

改进了 FC SAN 的控制，使得用户可以通过调整相应的参数来满足他们的需求，同时也缩短

了故障转移的时间。增加了 iSCSI 逻辑单元（LUN）的数量，使得一个 iSCSI 目标可以连接超过 255 个 LUN。对于磁带存储设备，RHEL 6.5 改进了驱动程序的性能。

2．多路径 I/O 更新

提高了多路径 I/O 的灵活性和易用性，其改进主要包括程序的反应性、多路径设备自动命名以及更强大的多路径目标探测。

3．增强的固态硬盘支持

RHEL 6.5 支持基于 NVMe 的固态硬盘，直接与 NVMe 设备工作，不管它们用于读/写缓存还是全面代替传统的机械硬盘。

1.6.4　虚拟化

RHEL 6.5 中虚拟化的更新包括大量的问题修复，例如实时迁移、错误报告、硬件和软件兼容性。另外还采用了性能和一般稳定性改进。

1．增强的 KVM 的支持

（1）RHEL 6.5 增强了镜像文件格式的支持。Red Hat Enterprise Linux 6.5 包括大量对虚拟机磁盘或者 VMDK 镜像文件格式只读支持的改进，现在全面支持 Windows 虚拟机代理，增加了对于 Hyper-V 虚拟硬盘的只读支持。

（2）对 QEMU 中的 GlusterFS 的内置支持。可允许使用 libgfapi 库而不是本地挂载的 FUSE 文件系统内部访问 GlusterFS 卷。

（3）实时虚拟机外部备份的支持。现在主机中运行的第三方应用程序可以使用只读格式访问虚拟机映像内容，因此可以复制文件并执行备份。

（4）支持 CPU 热插拔以便帮助 Linux 虚拟机中的 QEMU 虚拟机代理；可在虚拟机运行的过程中启用或者禁用 CPU，因此可模拟热插拔功能。

（5）客户机支持更多的内存。RHEL 6.5 已将单一虚拟机中的 KVM 虚拟内存可扩展性增加到 4TB。

2．增强对于 Hyper-V 的支持

Red Hat Enterprise Linux 6.5 中添加了同步视频帧缓存驱动程序。另外，还更新了主机和虚拟机之间的信号协议。

3．增加对于 VMware 的支持

RHEL 6.5 已将 VMware 网络驱动程序更新至最新 upstream 版本。

1.6.5　订阅管理

Red Hat Enterprise Linux 6.5 包含一个新软件包 redhat-support-tool，该软件包可提供红帽支持工具。这个工具利用基于控制台的程序访问红帽的订阅者服务，并为红帽订阅者提供更多场所，以便其访问作为红帽客户可使用的内容和服务。这个软件包的功能包括：

- 知识库文章以及控制台解决方案一览，以 man page 格式提供。
- 在控制台查看、创建、修改客户案例并为其提供注释。
- 直接向客户案例或者控制台的 ftp://dropbox.redhat.com/上传附件。
- 全面的代理服务器支持，包括 FTP 和 HTTP 代理服务器。
- 轻松从控制台列出和下载客户案例附件。
- 根据查询术语、日志信息以及其他参数搜索知识库，并在可选择列表中查看搜索结果。
- 其他与支持有关的命令。

 有关红帽支持工具的详情请参考/usr/share/doc/redhat-support-tool-version/目录或者以下知识库文档：https://access.redhat.com/site/articles/445443。

1.6.6　用户体验

RHEL 6.5 在用户体验方面也有许多改进。例如用户可以在 RHEL6.5 中通过 RDP 协议远程访问 Windows 7、Windows 8 以及 Windows Server 2012。另外，还加强了与微软 Exchange 的集成。最后，RHEL 6.5 包含了办公自动化套件 LibreOffice 4.0，该版本在性能、可扩展性和与内容管理系统的集成方面都有许多改进。

1.7　学习 Linux 的建议

学习 Linux，首先要选择合适的发行版，如 RedHat、CentOS、Fedora 等。

其次要学习如何安装 Linux。采用虚拟机安装是一个不错的选择，虚拟机在一个密闭的虚拟环境中，对于虚拟机中的软件来说，虚拟机就是一个完整的计算机。基本的系统操作命令都可以在虚拟机中实践，一些破坏性的操作（如格式化硬盘）也可以在虚拟机中反复练习而不会导致物理计算机中重要数据的丢失，因为对于物理计算机而言，虚拟机只是运行在它上面的一个普通应用程序。

初学者使用 Linux 操作系统提供的 GUI 时，要学会去探究操作背后的原理。笔者推荐初学者通过终端来进行上机实践，在终端上练习常用命令的操作，可以更快地掌握 Linux 的精髓。

常备一本参考书在身旁是必要的，这样在遇到问题时可以快速查阅。同时 Linux 各种社区的活跃度也非常高，初学者有问题时可以选择一个社区去提问。网络中还有各种丰富的资源，初学者通过搜索引擎也可以快速地查找到所需要的知识点。

1.8 小结

Linux 是一款免费、开源的操作系统软件，是自由软件和开源软件的典型代表，很多大型公司或个人开发者都选择使用 Linux。Linux 在服务器领域也具有广泛的应用。本章主要介绍了 Linux 的特点、Linux 的应用范围及学习 Linux 的常见问题，其中还探讨了 Linux 的学习方法。

1.9 习题

一、填空题

1. Linux 内核版本号一般由 3 组数字组成，比如 2.6.18 内核版本：第 1 组数字 2 表示_____；第 2 组数字 6 表示_____；第 3 组数字 18 表示_____。
2. UNIX 与 Linux 最大的不同在于 UNIX 是_____，Linux 是_____。

二、选择题

1. Linux 内核版本有哪两种（　　）？
A 稳定版和开发版。
B 桌面版和服务器版。
C Ubuntu 和 Red Hat。

2. 以下关于 Linux 的描述哪个是错误的（　　）？
A Linux 可以运行在多种平台之上。
B Linux 的代码是开源的。
C Linux 没有桌面，只有命令行。

第 2 章
Red Hat Enterprise Linux的安装

> Linux 的安装有很多种方式，尤其是 Linux 系统对硬件的要求不高，所以我们可以通过虚拟机、光盘、U 盘等各种方式来安装。学习 Linux 系统，首先要学会使用虚拟机、安装及登录 Linux。

本章主要涉及的知识点有：

- 了解安装 Linux 之前要做的准备
- 学习使用虚拟机
- 安装 Red Hat Enterprise Linux
- Linux 的启动与登录
- 初次使用命令行

2.1 安装前的准备

安装 Linux 之前要进行相应的准备，要选择适合自己的发行版，另外还需要准备相应的硬件资源并选择合适的安装方式。

2.1.1 硬件准备

安装 Linux 前先来了解一下它所需要的硬件。硬件的更新日新月异，这也带来了硬件与操作系统之间兼容性的问题。在安装 Linux 之前要确定计算机的硬件能不能被 Linux 发行版支持。

首先，所有的 CPU 处理器基本都可以被 Linux 发行版支持。经过多年的发展，Linux 内核不断完善，基本支持大部分主流厂商的硬件。Linux 操作系统下的其他硬件驱动也得到了广泛支持，对应 Linux 发行版的官方网站也提供了支持的硬件列表。

其次，Linux 系统运行对内存的要求比较低，128MB 内存即可支持。

最后，硬盘空间是一个必须考虑的问题，计算机必须有足够大的分区供用户安装 Linux 系统，建议硬盘空闲空间在 20GB 以上。

如果直接在硬盘上安装 Linux 而不使用虚拟机，则需要对重要数据进行备份，包含系统分区表及重要数据等。

2.1.2 选择安装方式

Linux 操作系统有多种安装方式，常见有以下几种。

1．从光盘安装

这是比较简单方便的安装方法，Linux 发行版可以在对应的官方网站下载，下载完成后刻录成光盘，然后将计算机设置成光驱引导。把光盘放入光驱，重新引导系统，系统引导完成即进入图形化安装界面。Red Hat Enterprise Linux 安装界面如图 2.1 所示。

图 2.1　Linux 安装界面

2．从硬盘安装

Linux 发行版对应的官方网站下载的光盘映像文件可以直接从硬盘进行安装。通过特定的 ISO 文件读取软件可以将光盘解压到指定的目录待用，重新引导即可进入 Linux 的安装界面。这时安装程序就会提示你选择是用光盘安装还是从硬盘安装，选择从硬盘安装后，系统会提示输入安装文件所在的目录。

3．在虚拟机上安装

在虚拟机上安装，其实也分为光盘安装或 U 盘安装，因为虚拟机也具备这些虚拟端口。与其他方式不同的是，必须先安装一个虚拟机。本章主要以虚拟机上的光盘安装为例介绍 Linux 的安装过程。

4．其他安装方式

Linux 发行版可以通过 U 盘或网络进行安装，由于每种安装方法类似，区别在于安装过程中系统的引导方式。

Linux 安装程序引导完毕后的效果如图 2.1 所示。

2.2 在虚拟机上安装 Linux

采用虚拟机安装 Linux 是一个比较好的选择，虚拟机对于初学者来说很便利，如重装系统、硬盘分区，甚至可以进行病毒实验。如果不小心把虚拟机的系统折腾崩溃了，造成系统不能启动，只要物理机没有损坏，就可以虚拟出一台新的计算机重新进行实践，而不必担心计算机损坏。各个虚拟机可以安装不同版本的软件以便进行对比和实验。对于提供服务的公司而言，虚拟机可以充分利用软硬件资源，节省大量硬件采购成本，并方便组建自己的网络。常见的虚拟机软件有 VMWare 和 VirtualBox。本节首先介绍虚拟机，然后学习如何在虚拟机上安装 Linux。

2.2.1 虚拟机简介

虚拟机（Virtual Machine）通过特定的软件模拟现实中具有硬件系统功能的计算机系统，虚拟机运行在一个完全隔离的环境中。真实的计算机称作"物理机"，而通过虚拟机软件虚拟出来的计算机称为"虚拟机"。虚拟机离不开虚拟机软件，常见的虚拟机软件有 VMware 系列和 VirtualBox 系列。

虚拟机软件可以在用户的操作系统（如 Windows XP）上虚拟出来若干台计算机，每台计算机都有自己的 CPU、硬盘、网卡等硬件设备，可以安装各种计算机软件。这些虚拟机共同使用计算机中的硬件，访问网络资源。每个虚拟机都可以安装独立的操作系统。

虚拟机可以安装 Windows 系列，也可以安装 Linux 的各个发行版，各个系统之间可以相互运行而互不干扰，如果单个系统崩溃并不会影响其他的系统。虚拟机可以方便地增删硬件，增加硬件不会增加用户的成本。虚拟机使用方式和普通的计算机使用一样，真可谓一举多得。总之，虚拟机让普通用户可以拥有多台计算机，让一些有破坏性的实验可以很方便地进行，节省了大量成本。

> 虚拟机并不能虚拟出无限的资源，虚拟出来的计算机的硬件设备受限于物理机的各个硬件。各个虚拟机由于共享同样的硬件资源，所以虚拟机运行得越多，物理机的 CPU 和内存消耗也会相应增加。

虚拟机可以运行在 Windows 上，也可以运行在 Linux 上，甚至 Mac OS 上也支持虚拟机的运行。

2.2.2 安装 VMware 虚拟机

VMware 是使用非常广泛的虚拟机软件，本节以 VMware 9.0 为例说明 VMware 软件的安装过程。

步骤 01 双击下载的 VMware 9.0 安装程序，然后进入安装向导，如图 2.2 所示。

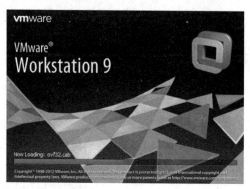

图 2.2　VMware 安装引导界面

步骤 02　等待安装引导程序完成，进入安装向导。此处不需要选择，直接单击【Next】按钮进入下一个界面，如图 2.3 所示，这里要选择安装方式：

- Typical：典型安装，安装过程中配置较少，适合初级用户。
- Custom：自定义安装，适合高级用户。

步骤 03　本例单击【Typical】图标进入安装路径选择界面，如图 2.4 所示，如果不需要自定义路径，单击【Next】按钮进入下一个界面。

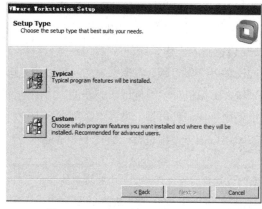
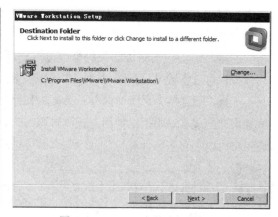

图 2.3　VMware 安装方式选择界面　　　　图 2.4　VMware 安装路径设置界面

步骤 04　此时会询问软件启动时检查更新信息，如不需要则跳过，单击【Next】按钮进行下一步。然后询问是否帮助提高 VMware 软件，单击【Next】按钮进行下一步。

步骤 05　安装过程中会创建 VMware 的快捷方式（如图 2.5 所示），此处选择创建快捷方式的位置，单击【Next】按钮进入下一步。

步骤 06　此时打开图 2.6 所示的界面，说明 VMware 软件安装需要进行必要的复制和系统设置，此步完成后，VMware 软件安装完毕。

第 2 章 Red Hat Enterprise Linux 的安装

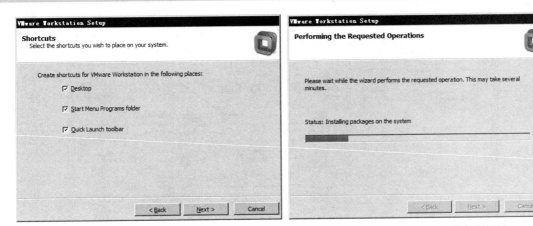

图 2.5　创建快捷方式　　　　　　　图 2.6　VMware 安装文件复制界面

安装完毕后桌面上会生成该软件的图标，如图 2.7 所示，双击该图标即可使用 VMware 软件。启动后的效果如图 2.8 所示。

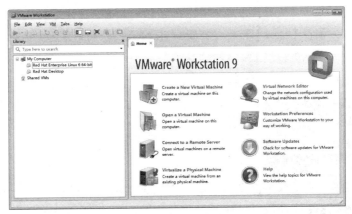

图 2.7　VMware 快捷方式　　　　　　图 2.8　VMware 启动效果界面

2.2.3　创建虚拟机

VMware 可以创建多个虚拟机，每个虚拟机上都可以安装各种类型的操作系统。下面来创建一个虚拟机，用来安装本书学习的 Red Hat Enterprise Linux。

步骤 01　打开 VMware 软件的主界面，如图 2.9 所示，单击右侧的【Create a New Virtual Machine】选项，开始创建虚拟机。

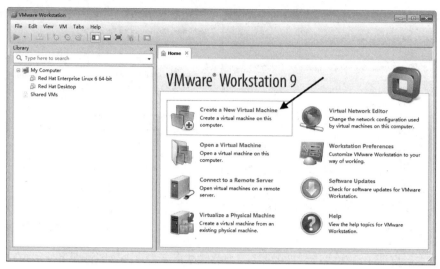

图 2.9　VMware 软件的主界面

步骤 02　开始安装后，出现如图 2.10 所示的界面，选中【Typical】单选按钮进行快速安装。

步骤 03　单击【Next】按钮，打开如图 2.11 所示的对话框，选中最后一个单选按钮，表示稍后在此虚拟机上安装操作系统。

图 2.10　创建虚拟机的向导

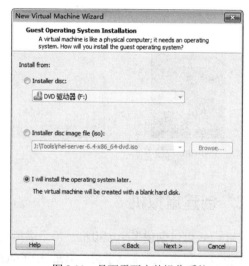

图 2.11　是否需要安装操作系统

步骤 04　单击【Next】按钮，打开如图 2.12 所示的对话框，选择我们要在虚拟机上安装的操作系统类型，这里选择【Linux】在下拉列表框中选择【Red Hat Enterprise Linux 6 64-bit】，如果不是 64 位的，则必须选择【Red Hat Enterprise Linux 6】。

步骤 05　单击【Next】按钮，出现如图 2.13 所示的对话框，这里需要给虚拟机命名，如果有多个 Linux 操作系统的虚拟机，此处要明确 Linux 版本号，这里我们改为【Red Hat Enterprise Linux 6.5 64-bit】。下面的路径保持默认路径，将来也可以在【Edit】菜单中修改。

图 2.12　要安装的操作系统类型

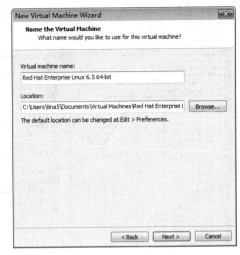

图 2.13　为虚拟机命名

步骤 06　单击【Next】按钮，出现如图 2.14 所示的对话框，这里要给虚拟机分配硬盘空间，因为将来在 Linux 中安装的文件肯定会越来越多，所以建议是默认的 20GB。单选按钮表示将虚拟文件保存在一个单独的文件中。

步骤 07　单击【Next】按钮，出现如图 2.15 所示的对话框，单击【Finish】按钮，创建虚拟机成功，这里会显示虚拟机的名称、空间大小等属性。

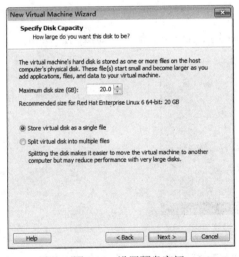

图 2.14　设置硬盘空间

图 2.15　安装完成界面

当虚拟机创建成功后，在 VMware 的主界面左侧，会列出我们刚创建好的虚拟机，如图 2.16 所示。

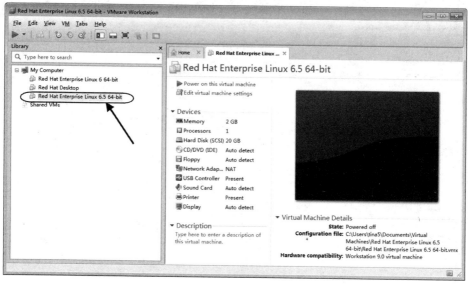

图 2.16　虚拟机列表

2.2.4　安装 Red Hat Enterprise Linux

Linux 的安装方法有很多种，本书主要以光盘安装为例介绍 Linux 的安装过程及相关的参数设置，详细步骤如下。

步骤 01　打开上一小节创建的虚拟机，单击【VM】|【Setting】菜单，如图 2.17 所示。

图 2.17　VMware 设置选择步骤

步骤 02　打开的界面如图 2.18 所示。此步为虚拟机参数设置界面，单击【CD/DVD（IDE）】选项，窗口右边显示光驱的连接方式。此处选中【Use ISO image file】单选框，然后单击【Browse】按钮，弹出文件选择窗口，选择下载的 ISO 文件，通过此步设置将发行版的 ISO 文件和 VMware 相关联。单击【OK】按钮设置完毕。

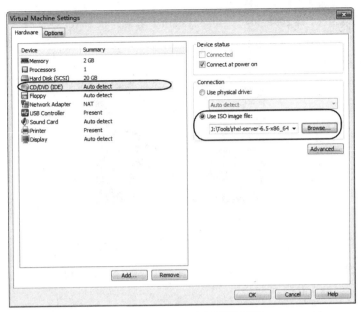

图 2.18 VMware 光驱设置界面

步骤 03　通过以上步骤完成虚拟机的参数设置，下一步启动虚拟机，如图 2.19 所示，单击菜单中的绿色箭头即可启动虚拟机。

图 2.19 VMware 启动界面

步骤 04　启动后耐心等待安装程序引导完毕，即进入 Linux 的安装界面。Linux 的安装和 Windows 的安装类似，如图 2.20 所示。

 虚拟机与物理机之间的切换使用 Ctrl+Alt 组合键。

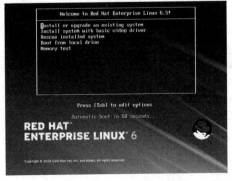

图 2.20　Linux 安装引导界面

步骤 05　单击【Install or upgrade an existing system】菜单，按 Enter 键，接下来等待安装程序的引导。引导完毕会弹出窗口询问是否进行介质的检测，如不需要可单击【Skip】按钮跳过，如图 2.21 所示。

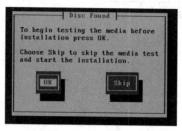

图 2.21　选择是否检测介质

步骤 06　下一步为安装过程的图形引导界面，单击【Next】按钮继续。

步骤 07　在图 2.22 中选择安装语言，此步单击【Chinese（Simolified）（中文（简体））】菜单，然后单击【Next】按钮继续。

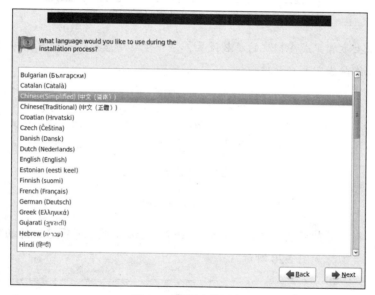

图 2.22　选择安装语言

步骤 08　下一步为选择适当的键盘（此步图省略），单击【美国英语式】菜单。单击【下一步】按钮继续，如图 2.23 所示，这里指定安装的存储介质。

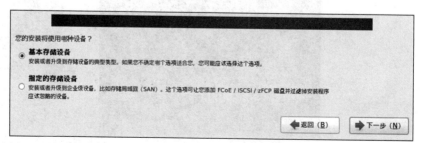

图 2.23　选择存储介质

一般选择"基本存储设备"（如本机的硬盘）。单击【下一步】按钮，会弹出窗口询问是否格式化已有的存储设备，如图 2.24 所示，格式化会清空所有数据，请慎重选择。

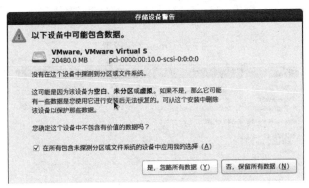

图 2.24　选择是否清空已有数据

步骤 09　在图 2.25 中输入主机名。主机名可以自定义，由数字、字母和下划线组成。单击【下一步】按钮继续，如图 2.26 所示。这里是时区的选择，在下拉菜单中选择【亚洲/上海】时区，然后单击【下一步】按钮继续。

图 2.25　输入主机名

图 2.26　时区的选择

步骤 10　接下来是输入 root 用户的管理密码，如图 2.27 所示。输入完毕后单击【下一步】按钮继续，请牢记输入的密码。

步骤 11　图 2.28 所示为安装类型的选择，是安装过程中重要的一步。如果是全新的计算机，硬盘上没有任何操作系统或数据，可以选择"自动分区"功能，安装程序会自动根据磁盘以及内存的大小，分配磁盘空间和 SWAP 空间，并建立合适的分区。自动分区结果如图 2.29 所示。

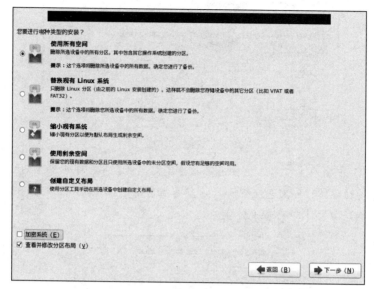

图 2.27　root 密码设置

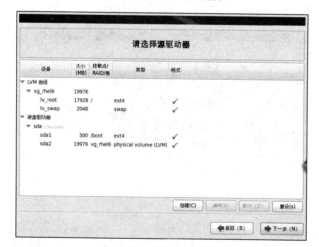

图 2.28　安装类型的选择

图 2.29　自动分区示例

 此步为自动将原先硬盘上的数据格式化成为 Linux 的分区文件系统，Linux 分区和 Windows 分区不能共用，此步是一个危险操作，请再次确认计算机上没有任何其他操作系统或是没有任何需要保留的数据。

如果对系统的自动分区的大小或方案不能满足需求，可以选择手动分区。手动分区界面如图 2.30 所示。

- 挂载点：指定该分区对应 Linux 文件系统的哪个目录，比如/usr/loca/或/data。Linux 允许将不同的物理磁盘上的分区映射到不同的目录，这样可以实现将不同的服务程序放在不同的物理磁盘上，当其中一个物理磁盘损坏时不会影响到其他物理磁盘上的数据。
- 文件系统类型：指定了该分区的文件系统类型，可选项有 EXT2、EXT3、REISERFS、JFS、SWAP 等。Linux 的数据分区创建完毕后，有必要创建一个 SWAP 分区，SWAP 原理为用硬盘模拟的虚拟内存，当系统内存使用率比较高的时候，内核会自动使用 SWAP 分区来存取数据。
- 大小：指分区的大小，以 MB 为单位，Linux 数据分区的大小可以根据用户的实际情况进行填写，而 SWAP 大小根据经验可以设为物理内存的两倍，如物理内存是 1GB，SWAP 分区大小可以设置为 2GB。
- 允许的驱动器：如果计算机上有多个物理磁盘，就可以在这个菜单选项中选中需要进行分区操作的物理磁盘。

经过此步自定义分区的操作，以后的步骤较少需要人工干预，分区信息保存时会有提示，如图 2.31 所示。

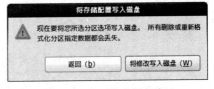

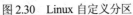
图 2.30 Linux 自定义分区　　　　图 2.31 分区信息保存确认

本例没有给出创建 SWAP 的图示，读者不要忘记创建，创建的参数参考上面的解释。

步骤 12　单击【下一步】按钮继续。此步是进行系统引导的设置，如图 2.32 所示，一般保留默认设置即可，单击【下一步】按钮继续。

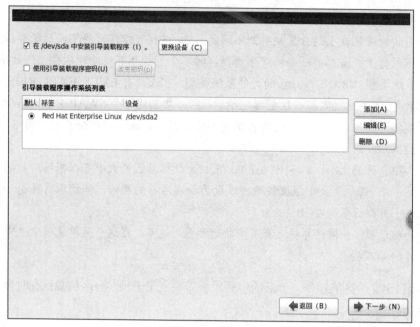

图 2.32　Linux 引导方式设置

步骤 ⑬　此步主要是选择要安装的软件组（如图 2.33 所示），系统提供了几种方式，默认是"基本服务器"，可以根据需要进行选择，不同之处在于每种安装方式下安装软件包的数量不同。进入系统后如发现需要的软件没有安装，可以下载源代码安装或在 ISO 光盘里找到对应的 RPM 包进行安装，软件包详细安装方法可以参阅第 8 章。单击【下一步】按钮继续。

　如果是初学者可以选择【桌面】选项，虽然学习 Linux 都不建议在桌面上操作，建议使用命令行操作，但为了全面地了解 Linux，可以先安装一个桌面版学习一下，然后再创建一个虚拟机，安装一个无桌面的基本服务器版。

步骤 ⑭　根据安装方式的不同，需要的时间也不同，如图 2.34 所示。此步完成后重新引导系统，如图 2.35 所示。

到此为止，Linux 系统就已经顺利地安装完成了。

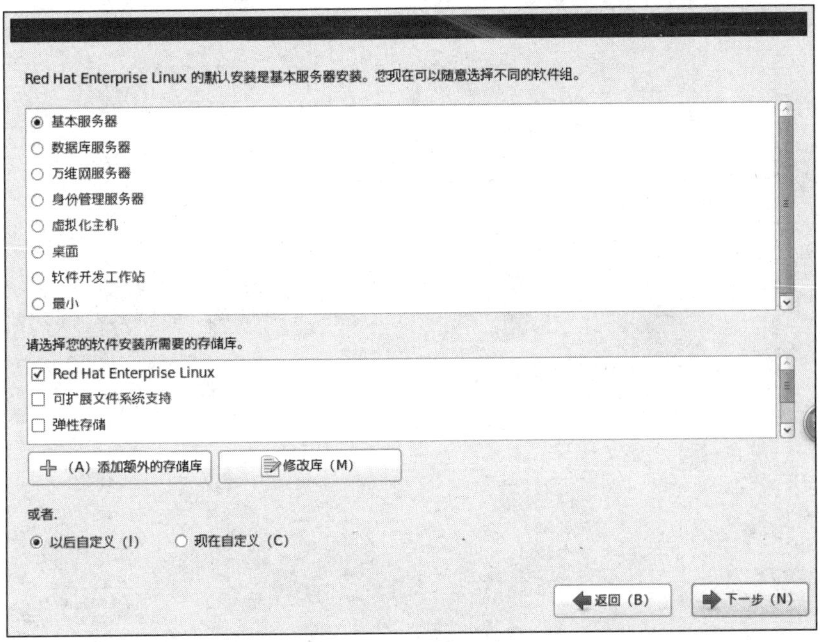

图 2.33　选择软件组

图 2.34　在 Linux 安装过程中进行软件复制

图 2.35　可以重新引导系统

系统第一次重新引导的过程可能比较慢，引导后需要接受协议、设置日期和用户，建议读者一定要设置一个普通用户，在日常的操作中，尽量用普通用户身份操作。这里的操作比较简单，除填写用户信息之外，其他选择默认即可，此处省略这些步骤。

2.3　Linux 的第一次启动

Linux 系统的登录方式有多种，本节主要介绍 Linux 的常见登录方式，如本地登录和远程登录，远程登录设置起来比较麻烦，可使用一些远程登录软件，如 putty。

2.3.1　本地登录

Linux 系统引导完毕后，会进入登录界面，如图 2.36 所示。

图 2.36　登录窗口

输入用户名后在弹出的窗口中输入密码，然后单击【登录】按钮，如果用户名和密码校验通

过则可顺利登录 Linux 系统。如想切换到命令模式，可单击【应用程序】|【系统工具】|【终端】命令。

如果想修改启动级别，可以在命令行模式下输入"init 3"。Linux 运行级别如表 2.1 所示。如果是在虚拟机上进行这个操作，无法改变回原来的启动级别，关掉虚拟机重新再打开即可。

表 2.1 Linux 运行级别

参数	说明
0	停机
1	单用户模式
2	多用户
3	完全多用户模式，服务器一般运行在此级别
4	一般不用，在一些特殊情况下使用
5	X11 模式，一般发行版默认的运行级别，可以启动图形桌面系统
6	重新启动

2.3.2 远程登录

除在本机登录 Linux 之外，还可以利用 Linux 提供的 sshd 服务进行系统的远程登录。对于初学者而言，远程登录有一定的难度，本小节可以仅做了解。

 传统的网络服务程序，如 ftp、POP 和 telnet，在本质上都是不安全的，因为它们在网络上用明文传送口令和数据。芬兰程序员 Tatu Ylonen 开发了一种网络协议和服务软件，称为 SSH（Secure SHell 的缩写）。Linux 提供了这种 SSH 服务，名为 sshd。

远程登录步骤如下。

步骤 01 以 Windows XP 为例。右击【网上邻居】图标，在弹出的快捷菜单中选择【属性】命令，此时弹出网络设置界面。

步骤 02 右击【VMware Network Adapter VMnet 8】选项，在弹出的菜单中选择【属性】命令，双击【Internet 协议(TCP/IP)】选项卡打开相关属性的设置对话框，如图 2.37 所示。

图中 IP 地址 "192.168.19.1" 表示当前网卡的设置，Linux 中的 IP 地址需要和此 IP 在同一网段。

步骤 03 首先通过本地登录 Linux，设置 IP 地址可通过示例 2-1 中的命令完成。"ifconfig eth0 192.168.19.102" 表示利用系统命令 ifconfig 将系统中网络接口 eth0 的 IP 地址设置为 192.168.19.102，子网掩码为 192.168.19.255。

【示例 2-1】
```
[root@rhel6 ~]# ifconfig eth0 192.168.19.102 netmask 173168.19.255
[root@rhel6 ~]# ifconfig
```

```
eth0      Link encap:Ethernet  HWaddr 00:0C:29:F2:BB:39
          inet addr:192.168.19.102  Bcast:192.168.19.255  Mask:255.255.255.0
          inet6 addr: fe80::20c:29ff:fef2:bb39/64 Scope:Link
          UP BROADCAST RUNNING MULTICAST  MTU:1500  Metric:1
```

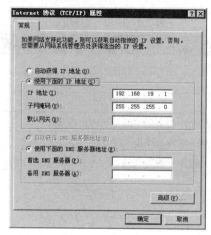

图 2.37　网卡属性

步骤 04　查看当前系统服务，确认 sshd 服务是否启动及启动的端口。

【示例 2-2】

```
#查看 sshd 服务是否启动
[root@rhel6 ~]# ps -ef|grep sshd
root      1027     1  0 11:29 ?        00:00:00 /usr/sbin/sshd
#查看 sshd 服务启动的端口,结果表示 sshd 服务启动的端口是22
[root@rhel6 ~]# netstat -plnt|grep sshd
tcp       0      0 0.0.0.0:22      0.0.0.0:*       LISTEN      1027/sshd
```

步骤 05　设置 SecureCRT 的相关配置。

　　启动 SecureCRT 后，单击【连接】|【快速连接】菜单，弹出【快速连接】对话框。设置参数如图 2.38 所示。

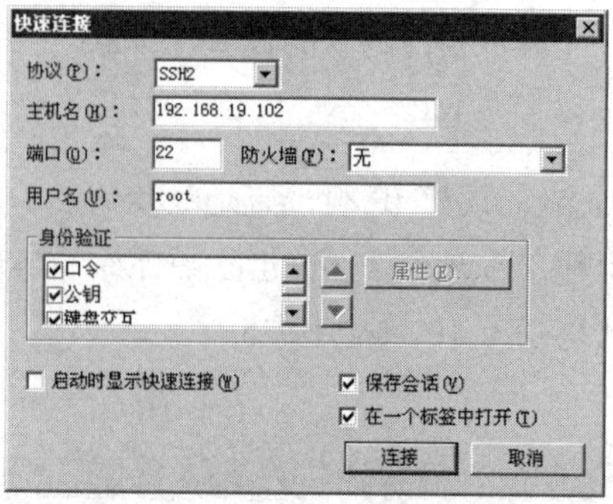

图 2.38　Linux 远程登录设置

主要参数说明如下。

- 协议：可以选择 SSH2。
- 主机名：上一步设置的 IP 地址，此处填写 192.168.19.102。
- 端口：22。
- 防火墙：无。
- 用户名：可以输入 root 或其他用户名。

步骤 06　单击【连接】按钮，会提示是否接受主机密钥（如图 2.39 所示），单击【接受并保存】按钮。弹出用户名和密码输入窗口，输入用户名和密码（如图 2.40 所示），单击【确定】按钮，如果用户名和密码正确就可以正常进入 Linux，如图 2.41 所示。

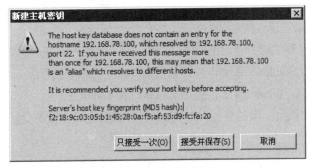

图 2.39　接受密钥

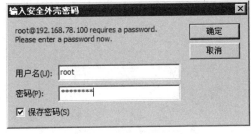

图 2.40　输入用户名和密码

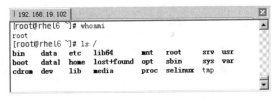

图 2.41　登录后的效果

2.4　小结

学习 Linux 之前，首先要学会 Linux 的安装，并掌握 Linux 登录的几种方式。安装 Linux 有多种方法，采用虚拟机安装 Linux 是比较好的选择。本章首先介绍虚拟机的相关知识，演示如何在虚拟机上安装 Linux，然后介绍 Linux 的其他安装方式和登录方式。

2.5 习题

一、填空题

1. 常见的虚拟机软件有_____和_____。
2. 除在本机登录 Linux 之外，还可以利用 Linux 提供的_____服务进行系统的远程登录。
3. 如果在桌面上想切换到命令模式，可单击_____菜单。

二、选择题

1. 关于虚拟机的描述错误的是（   ）。

A 虚拟机上每台计算机都有自己的 CPU、硬盘、网卡等硬件设备，可以安装各种计算机软件。
B 虚拟机可以安装 Windows 系列，也可以安装 Linux 的各个发行版。
C 虚拟机可以运行在 Windows 上，但不可以运行在 Linux 上。
D 虚拟机并不能虚拟出无限的资源，虚拟出来的计算机的硬件设备受限于物理机的各个硬件。

2. 关于 Linux 安装方式的哪种描述是正确的（   ）。

A Linux 不可以从 U 盘安装。
B Linux 不能安装在虚拟机上。
C Windows 和 Linux 系统不能安装在一台机器上。
D Linux 支持光盘安装和 U 盘安装。

第 3 章 Red Hat Enterprise Linux 的图形界面

> 简单来说，图形界面就类似于 Windows 系统的操作界面，这是为大部分不习惯使用 Linux 命令操作系统的人而准备的。也正因为有了图形界面，Linux 向普通用户的普及又迈进了一步。

本章主要涉及的知识点有：

- 认识 X Window 系统
- 认识 KDE、GNOME 桌面
- 熟悉桌面上的各种操作

3.1 Linux 的桌面系统简介

Linux 发行版提供了相应的桌面系统以方便用户使用，用户可以利用鼠标来操作系统，而且 GUI 也很友好。常见的 Linux 桌面环境有 KDE 和 GNOME，本节主要简单介绍这两种桌面系统。

3.1.1 X Window 系统

X Window System，一般被称为 X 窗口系统，它是一种以位图方式显示的软件窗口系统。虽然是窗口系统，但它并不像微软的 Windows 操作系统一样有完整的图形环境。

X Window 系统最初是 1984 年麻省理工学院的研究，之后变成 UNIX、类 UNIX 和 OpenVMS 等操作系统所一致适用的标准化软件工具包，以及显示架构的运作协议。

X Window 系统本身通过软件工具及架构协议来创建操作系统所用的图形用户界面，刚开始主要用在 Unix 上，后来则逐渐扩展使用到各形各色的其他操作系统上。现在几乎所有的操作系统都能支持 X。

目前几款知名的 Linux 系统的桌面环境——GNOME 和 KDE，也都是以 X 窗口系统为基础建构成的。

X Window 用来创建图形界面，而 GNOME、KDE、CDE 就是图形界面，它们并不在系统的同一层面上。GNOME、KDE、CDE 是在 X Window 基础上开发出来的便于用户使用的图形环境，它们之间的关系如图 3.1 所示。

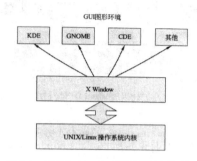

图 3.1　X Window 与桌面环境的关系

3.1.2　KDE 桌面环境

KDE 这一成熟的桌面套件为工作站提供了许多应用软件和完美的图形界面，不少 Linux 开发版本都选用 KDE 作为系统默认或推荐的图形桌面管理器。在命令行键入 startx 命令，就可以进入 X Window 环境。

进入 KDE，首先看到的是它的桌面，桌面是工作的屏幕区域，在其左边有许多图标，单击它们就可以运行相应程序或打开相应文件。底部是一个控制面板，通过它可以快速地访问系统资源。桌面的顶部是任务条，任务条显示正在运行的程序或打开的文档。如果用户不喜欢当前的桌面设置，可以通过 KDE 的控制中心进行更改。在控制面板中，除了 K 菜单和桌面列表两个图标外，用户还可以在面板上任意增添和删除程序图标。KDE 桌面环境如图 3.2 所示。

图 3.2　KDE 桌面环境

3.1.3　GNOME 桌面环境

与 KDE 桌面环境类似，GNOME（The GNU Network Object Model Environment）同样可以运行在多种 Linux 发行版之上。GNOME 是完全公开的免费软件，在其官方网站可以免费获得对应的源代码。

KDE 与 GNOME 项目拥有相同的目标，就是为 Linux 开发一套高价值的图形操作环境，两者都采用 GPL 公约发行，不同之处在于 KDE 基于双重授权的 Qt，而 GNOME 采用遵循 GPL 的 GTK 库开发，后者拥有更广泛的支持。不同的基础决定两者不同的形态，KDE 包含大量的应用软件、项目规模庞大，由于自带软件众多，KDE 比 GNOME 更丰富多彩，操作习惯接近 Windows，更适合初学者快速掌握操作技巧。KDE 不足之处在于其运行速度相对较慢，且部分程序容易崩溃。GNOME 项目由于专注于桌面环境本身，软件较少、运行速度快，并具有出色的稳定性，GNOME 受到了大公司的青睐，成为多个企业发行版的默认桌面。GNOME 桌面环境如图 3.3 所示。

Linux 入门读者常选的 Ubuntu 系统，默认安装的是 GNOME 桌面。本书所讲解的 RHEL 默认的也是 GNOME 桌面。

图 3.3　GNOME 桌面环境

3.2　桌面系统的操作

桌面系统的操作比较简单，本节只是进行简单说明，实际上最重要的还是要熟悉使用各种命令来实现系统管理和运维。

3.2.1 菜单管理

GNOME 桌面环境中默认有 3 个菜单：应用程序菜单、位置菜单和系统菜单。

- 应用程序菜单：包括 RHEL 中常用的一些程序，如 Internet 中默认安装的是 Firefox 浏览器，影音工具中有光盘刻录机、电影播放器，还有系统工具中常用的文件浏览器、终端，等等，如图 3.4 所示。
- 位置菜单：这里可以访问系统的主文件夹、网络服务器，还可以搜索文件，如图 3.5 所示。
- 系统菜单：包括系统的管理、锁定屏幕和注销用户等，如图 3.6 所示。

图 3.4 应用程序菜单

图 3.5 位置菜单

图 3.6 系统菜单

3.2.2 设置输入法

输入法在桌面右上角，图标为 ，如果要切换成中文输入法，必须有输入环境，如新建一个便笺，再打开中文拼音输入法后，原来图标 变成了图标拼，如图 3.7 所示。

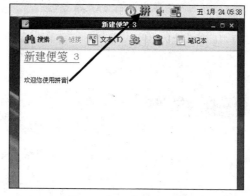

图 3.7 打开中文输入法

这里只是实现了输入法的选择，如果要配置输入法，可以打开【系统】|【首选项】|【输入法】来进行配置。

3.2.3 设置日期和时间

GNOME 桌面默认在屏幕的右上角显示日期和时间，这和 Windows 不同，使用 Windows 的人可能会不习惯。

如果要修改日期和时间，单击【系统】|【管理】|【日期和时间】菜单，打开修改时间的对话框，如图 3.8 所示。因为是修改系统配置，所以要求具备 root 权限，在修改前会出现如图 3.9 所示的对话框，输入 root 密码，再单击【确定】按钮。

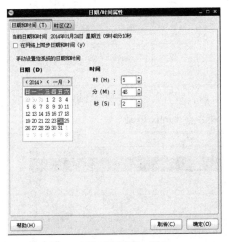

图 3.8　修改日期和时间

图 3.9　输入 root 密码

3.2.4 配置网卡和有线

如果还没有连上网（屏幕右上方显示 ），就需要配置网卡和有线。

步骤 01　单击【系统】|【首选项】|【网络连接】菜单，打开【网络连接】对话框，如图 3.10 所示。

步骤 02　单击【编辑】按钮，打开网络连接的编辑对话框，如图 3.11 所示。

步骤 03　选中【自动连接】复选框，单击【应用】按钮，就设置好了连接。

此时屏幕右上方显示 ，可以打开 Firefox 浏览器测试网络效果，如图 3.12 所示。

图 3.10 【网络连接】对话框

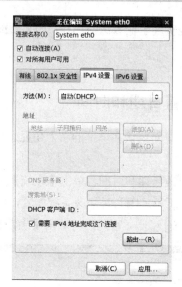
图 3.11 编辑网络连接

Linux 包含了常用的网卡驱动，但并不是所有的，如果你的网卡驱动 Linux 并不支持，可以先下载 Linux 支持的驱动，然后按照驱动说明书安装 Linux 驱动。

图 3.12 用 Firefox 测试网络

配置网卡也会出现授权窗口，输入 root 密码即可。

3.2.5 使用 U 盘、光盘和移动硬盘

在 Linux 中，U 盘、光盘和移动硬盘等可移动的存储介质都会以文件系统的方式挂载到本地目录上进行访问。下面以 U 盘的识别为例来介绍如何访问这些移动存储介质。

将 U 盘插入电脑，Linux 系统会自动识别 U 盘，打开桌面上的【计算机】，识别 U 盘后的效果如图 3.13 所示。

图 3.13　系统识别的 U 盘

 如果是在虚拟机上安装的 Linux，则在插入 U 盘前，一定要确认是在虚拟机激活的状态下，而不是在物理机上，否则 U 盘被物理机识别，而不是被虚拟机识别。

如果是命令行状态，要挂载 U 盘，就要用到 mount 命令，这里还没涉及命令，所以只讲解最简单的识别方式。

光盘、移动硬盘的识别和 U 盘相似，读者可以自行测试。

3.2.6　注销和关机

要切换用户或注销当前用户，单击【系统】|【注销】菜单，会弹出如图 3.14 所示的提示框，如果要切换用户，可单击【切换用户】按钮，直接单击【注销】按钮会注销当前用户。

图 3.14　系统识别的 U 盘

注销用户后，默认的登录界面并没有 root 用户，如图 3.15 所示。

图 3.15　登录界面

此时单击【其他】选项，弹出如图 3.16 所示的登录界面，在【用户名】处输入 root，然后会要求输入 root 密码，这个时候就可以以 root 管理员身份登录了。

如果要关机，直接单击【系统】|【关机】菜单，打开如图 3.17 所示的对话框，单击【关闭系统】按钮就可以直接关机了。

图 3.16　root 用户登录

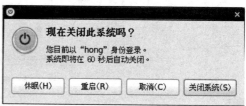

图 3.17　关机咨询

3.3　小结

本章介绍了 Linux 下图形界面的简单应用，这些操作和 Windows 系统相似，以前使用过 Windows 的用户肯定都会觉得特别简单。下一章将开始学习 Shell 命令，这是读者最需要掌握的内容。

3.4　习题

一、填空题

1. 目前两款比较知名的 Linux 桌面环境是_____和_____。
2. GNOME 桌面环境中默认有 3 个菜单：_____、_____和_____。

二、选择题

关于桌面环境描述不正确的是（　　）。

A　X Window 是目前最常用的桌面环境。
B　GNOME 和 KDE 的图形环境底层都是一样的。
C　RHEL 默认的桌面环境是 GNOME。
D　主流 Linux 都有桌面版。

第 4 章

Red Hat Enterprise Linux 的命令行界面

> Linux 操作和 Windows 操作有很大的不同。要熟练地使用 Linux 系统，首先要了解 Linux 系统的目录结构，并掌握常用的命令，以便进行文件操作、信息查看和系统参数配置等。Shell 是用户与操作系统进行交互的解释器，如果没有 Shell，用户将无法与系统进行交互，也就无法使用系统中的相关软件资源。充分了解并利用 Shell 的特性可以完成简单到复杂的任务调度。管道与重定向是 Linux 系统进程间的通信方式，在系统管理中起着举足轻重的作用。

本章主要涉及的知识点有：

- 认识并学会使用 Shell
- Linux 系统的目录结构
- 文件管理和目录管理的命令
- 系统管理的相关命令
- 任务管理
- 常用的关机命令
- 文本编辑器 vi 的使用

本章最后的示例演示如何备份重要目录和文件，读者通过示例可以掌握命令的综合运用。

4.1 认识 Linux 命令行模式

在 Linux 中我们很少使用图形模式，一般都使用命令行模式来进行各种操作，因为命令行模式执行速度快，而且稳定性高。而 Linux 中的命令解释器就是 Shell，这也是在使用命令前必须要了解 Shell 的原因。本节首先让读者认识 Shell，然后学习如何进入命令行模式。

4.1.1 为什么要先学习 Shell

Linux 系统主要由 4 大部分组成，如图 4.1 所示，本节要介绍的就是 Shell。

图 4.1　Linux 系统结构

用户成功登录 Linux 后，首先接触到的便是 Shell。简单来说，Shell 主要有两大功能：

- 提供用户与操作系统进行交互操作的接口，方便用户使用系统中的软硬件资源。
- 提供脚本语言编程环境，方便用户完成简单到复杂的任务调度。

Linux 启动时，最先进入内存的是内核，并常驻内存，然后进行系统引导，引导过程中启动所有进行的父进程在后台运行，直到相关的系统资源初始化完毕后，等待用户登录。用户登录时，通过登录进程验证用户的合法性。用户验证通过后根据用户的设置启动相关的 Shell，以便接收用户输入的命令并返回执行结果。图 4.2 显示了用户执行一个命令的过程。

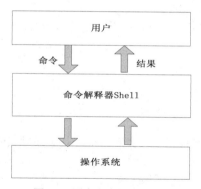

图 4.2　用户命令执行过程

Linux 的 Shell 有很多种，Bourne Again Shell（即 bash）是使用最广泛的一种，各个发行版一般将其设置为系统中的默认 Shell。许多 Linux 系统将 Shell 作为重要的系统管理工具，比如系统的开机、关机及软件的管理。其他的 Shell 有 C Shell、Korn Shell、Bourne Shell 等，其中 C Shell 主要是因为其语法和 C 语言相类似而得名，而 Bourne Again Shell 是 Bourne Shell 的扩展。

Linux 提供的图形界面接口可以完成绝大多数的工作，而系统管理员一般更习惯于使用终端命令行进行系统的参数设置和任务管理。使用终端命令行可以方便快速地完成各种任务。

使用终端命令行需要掌握一些必要的命令，这些命令的组合不仅可以完成简单的操作，通过 Linux 提供的 Shell 还可以完成一些复杂的任务。用户在终端命令行输入一串字符，Shell 负责理解并执行这些字符串，然后把结果显示在终端上。

大多数 Shell 都有命令补齐的功能。

在 UNIX 发展历史上，用户都是通过 Shell 来工作的。大部分命令都经过了几十年的发展和改良，功能强大，性能稳定。Linux 继承自 UNIX，自然也是如此。此外 Linux 的图形化界面并不好，并不是所有的命令都有对应的图形按钮。在图形化界面崩溃的情况下，就更要靠 Shell 输入命令来恢复计算机了。

命令本身是一个函数（function），是一个小的功能模块。如果想要让计算机完成很复杂的事情，则必须通过 Shell 编程来实现。可以把命令作为函数，嵌入到 Shell 程序中，从而让不同的命令能协同工作。

4.1.2 如何进入命令行

如果安装的是 RHEL 的桌面版，有两种方式可以进入命令行界面：菜单方式和快捷键方式。

（1）菜单方式

单击【应用程序】|【系统工具】|【终端】，就可以打开命令行，如图 4.3 所示。

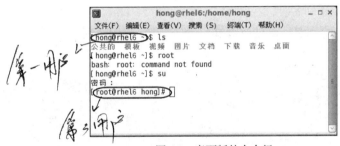

图 4.3　桌面版的命令行

命令行以"[当前用户名@计算机名~]$"为前缀，如果是 root 用户，则最后以"#"结束，如果是普通用户，则以"$"结束。图中的 rhel6 是笔者的计算机名，第一个用户是 hong，第二个用户是 root。

（2）快捷键方式

大多数的 Linux 版本都使用 Ctrl+Alt+F1 的形式切换到命令行，再使用 Alt+F7 切换回图形界面。如果在 VMWare 虚拟机上，再多一个 Shift 键，使用 Ctrl+Shift+Alt+F1 的形式。在 RHEL 桌面版中，笔者测试这几个按键都无效，这里要使用 Ctrl+Windows 键+Alt+F3 切换到命令行，再使用 Ctrl+Windows 键+Alt+F1 切换回图形界面。

因为虚拟机默认与主机之间的切换快捷键是 Ctrl+Alt 键，所以在使用有这两个键的快捷操作时，尽量不要先按这两个键，否则就会跳出虚拟机模式。

4.2 bash Shell 的使用

Linux 系统登录后的默认 Shell 一般为 bash，如无特别说明本章涉及的 Shell 默认均为 bash。bash 主要提供以下功能：

- 别名
- 命令历史
- 命令补齐
- 命令行编辑
- 通配符

接下来将分别介绍 Shell 提供的每个功能。

4.2.1 别名的使用

bash Shell 可以为命令起别名，例如标准的 ls 命令对文件和目录的显示是没有颜色的，使用过 DOS 系统的人更熟悉的是 dir 命令。什么情况下 ls 命令列出的文件和目录可以通过颜色来区分呢？答案是系统为 ls 命令设置别名时。

要查看当前系统中的命令别名，可以使用 alias 命令，如示例 4-1 所示。

【示例 4-1】

```
[root@rhel6 ~]# alias
alias l.='ls -d .* --color=auto'
alias ll='ls -l --color=auto'
alias ls=' ls --color=auto '
alias which='alias | /usr/bin/which --tty-only --read-alias --show-dot --show-tilde'
```

设置命令别名使用 alias 命令，撤销命令别名使用 unalias 命令，使用方法如示例 4-2 所示。

【示例 4-2】

```
#设置dir命令别名
[root@rhel6]# alias dir='ls -l'
[root@rhel6]# dir
total 60
drwxr-xr-x. 2 root root  4096 Jun  8 01:09 bin
drwxr-xr-x. 4 root root  4096 Jun  8 19:01 conf
#撤销dir别名
[root@rhel6]# unalias dir
```

```
[root@rhel6]# dir
bin    conf
```

设置完命令别名后，指定 dir 命令时相当于执行了 "ls -l" 命令。

4.2.2 历史命令的使用

为方便使用者，系统提供的 bash 支持历史命令功能，历史命令可以通过上下光标键来选择，另外，系统提供 history 命令来查看执行过的命令。

常用的 history 命令使用方式如示例 4-3 所示。

【示例 4-3】

```
#执行上一次执行的命令 "!!"
[root@rhel6 ~]# ls
anaconda-ks.cfg  file  hello.sh  install.log  install.log.syslog
[root@rhel6 ~]# !!
ls
anaconda-ks.cfg  file  hello.sh  install.log  install.log.syslog
#执行最后一次执行的包含字符串 string 的命令
[root@rhel6 ~]# !string
ifconfig
eth0      Link encap:Ethernet   HWaddr 00:0C:29:F2:BB:39
          inet addr:192.164.19.102  Bcast:192.164.19.255  Mask:255.255.255.0
```

从上面的示例可以看出，通过 bash 提供的历史命令功能可以很方便地执行之前执行过的命令。"!!" 表示执行最后一次执行的命令，"!string" 表示执行最近一条以 string 开头的命令。

除以上功能之外，Shell 可以执行指定序号的历史命令。如果执行过的历史命令参数较多，首先通过 grep 命令来查找需要的历史命令，然后再执行其历史命令序号，如示例 4-4 所示。首先找出含有 start 关键字的命令，共输出两个命令，其中的数值 815、816 表示命令的序号，如果想执行某条命令，可以使用 "!num" 的方式。

【示例 4-4】

```
#查找包含特定字符串的命令
[root@rhel6 apache2]# history |grep start
  815  2014-06-11 03:24:28 /usr/local/apache2/bin/apachectl start
  816  2014-06-11 03:24:33 history |grep start
#按序号执行历史命令
[root@rhel6 apache2]# !815
/usr/local/apache2/bin/apachectl start
```

以上示例首先找到符合条件的命令，然后使用命令序号执行历史命令，执行效果与直接执行该命令时的效果相同。

4.2.3 命令补齐

bash 有命令补齐的功能，当执行一个命令时，如果记不住命令的全部字母，只需要输入命令的前几个字母，然后按 Tab 键，系统自动列出以所输入字符串开头的所有命令。当然这有一个前提，就是系统必须能通过输入的这前几个字母确定唯一的命令，如果只输入一个"l"，而"l"开头的命令太多了，系统会无法确定。文件名和目录名也会自动补齐，而且也必须得是唯一时才可以。例如：在启动或停止 Web 服务时输入"./ap"，然后按 Tab 键，可以自动补全相关的命令，如示例 4-5 所示。

【示例 4-5】

```
#目录自动补齐
[root@rhel6]# cd b
bin/    build/
#敲入命令按 Tab 键，命令自动补齐
[root@rhel6 bin]# ./ap
apachectl    apr-1-config    apu-1-config    apxs
```

如果只知道命令的前几个字母，想不起命令的全称，也可以输入前几个字母后，按两次 Tab 键，Shell 会给出所有以这几个字母开头的命令。

4.2.4 命令行编辑

为了提高用户的操作效率，bash 提供了快捷的命令行编辑功能，使用表 4.1 列出的快捷方式，可以对命令行的命令进行快速编辑，用户可作为参考，以下快捷键适用于当前登录的 Shell 环境。

表 4.1 命令行编辑常用参数说明

参数	说明
history	显示命令历史列表
↑	显示上一条命令
↓	显示下一条命令
!num	执行命令历史列表的第 num 条命令
!!	执行上一条命令
!string	执行最后一条以 string 开头的命令
Ctrl+r	按键后输入若干字符，会向上搜索包含该字符的命令，继续按此键搜索上一条匹配的命令
ls !$	执行命令 ls，并以上一条命令的参数为其参数
Ctrl+a	移动到当前行的开头
Ctrl+e	移动到当前行的结尾
Esc+b	移动到当前单词的开头

参数	说明
Esc+f	移动到当前单词的结尾
Ctrl+l	清除屏幕内容
Ctrl+u	删除命令行中光标所在处之前的所有字符，不包括自身
Ctrl+k	删除命令行中光标所在处之后的所有字符，包括自身
Ctrl+d	删除光标所在处字符
Ctrl+h	删除光标所在处前一个字符
Ctrl+y	粘贴刚才所删除的字符
Ctrl+w	删除光标所在处之前的字符至其单词头，以空格、标点等为分隔符
Esc+w	删除光标所在处之前的字符至其单词尾，以空格、标点等为分隔符
Ctrl+t	颠倒光标所在处及其之前的字符位置，并将光标移动到下一个字符
Esc+t	颠倒光标所在处及其相邻单词的位置
Ctrl+(x u)	按住 Ctrl 的同时再先后按 x 和 u，撤销刚才的操作
Ctrl+s	挂起当前 Shell，不接收任何输入
Ctrl+q	重新启用挂起的 Shell 接收用户输入

4.2.5 通配符

bash 中常用的通配符有 4 个，如表 4.2 所示。使用通配符可以方便地完成一些需要匹配的需求，如忘记一个命令时可以使用通配符查找。

表 4.2　Shell 通配符

参数	说明
?	匹配任意一个字符
*	匹配任意多个字符
[]	相当于或的意思
-	代表一个范围，比如 a-z 表示 a 至 z 的 26 个小写字符中的任意一个

使用方法如示例 4-6 所示

【示例 4-6】

```
# "*" 表示任意多个字符
[root@rhel6 ~]# ls /bin/ip*
/bin/ipcalc  /bin/iptables-xml  /bin/iptables-xml-1.4.7
# "?" 表示任意一个字符
[root@rhel6 ~]# ls /bin/l?
/bin/ln  /bin/ls
#按范围查找
[root@rhel6 ~]# ls [a-f]*
anaconda-ks.cfg  file
```

```
#如忘记某个命令或查找某个文件，可以使用如下命令
[root@rhel6 ~]# find /bin -name "ch*"
/bin/chown
/bin/chgrp
/bin/chmod
```

4.3 管道与重定向

管道与重定向是 Linux 系统进程间的一种通信方式，在系统管理中有着举足轻重的作用。绝大部分 Linux 进程运行时需要使用 3 个文件描述符，即标准输入、标准输出和标准错误输出，对应的序号是 0、1 和 2。一般来说，这 3 个描述符与该进程启动的终端相关联，其中输入一般为键盘。重定向和管道的目的是重定向这些描述符。管道一般为输入和输出重定向的结合，一个进程向管道的一端发送数据，而另一个进程从该管道的另一端读取数据。管道符是"|"。

4.3.1 标准输入与输出

执行一个 Shell 命令行时通常会自动打开 3 个标准文件，如图 4.4 所示。

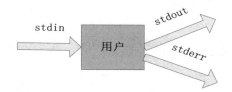

图 4.4　Shell 执行时对应的 3 个标准文件

标准输入文件 stdin，通常对应终端的键盘，标准输出文件 stdout 和标准错误输出文件 stderr，这两个文件都对应终端的屏幕。进程将从标准输入文件中得到输入数据，将正常输出数据输出到标准输出文件，而错误信息将打印到标准错误文件。

现以 cat 命令为例来介绍标准输入与输出。cat 命令的功能是从命令行给出的文件中读取数据，并将这些数据直接送到标准输出文件，一般对应终端屏幕，如示例 4-7 所示。

【示例 4-7】
```
[root@rhel6 ~]# cat /etc/sysconfig/network-scripts/ifcfg-eth0
DEVICE=eth0
HWADDR=00:0C:29:7F:08:9D
TYPE=Ethernet
UUID=3268d86a-3245-4afa-94e0-f100a8efae44
ONBOOT=yes
```

```
BOOTPROTO=static
BROADCAST=192.164.3.255
IPADDR=192.164.3.100
NETMASK=255.255.255.0
```

该命令会把文件 ifcfg-eth0 的内容显示到标准输出即屏幕上。如果 cat 命令行中没有参数，一般会从标准输入文件中对应键盘读取数据，并将其送到标准输出文件中，如示例 4-8 所示。

【示例 4-8】

```
#cat 不带任何参数时会从标准输入中读取数据并显示到标准输出文件中
[root@rhel6 ~]# cat
mycontent
mycontent
hello
hello
```

用户输入的每一行信息都会立刻被 cat 命令输出到屏幕上。用户对输入的数据无法做进一步地处理。为解决这个问题，Linux 操作系统为输入、输出的传送引入了另外两种机制：输入/输出重定向和管道。

4.3.2 输入重定向

输入重定向是指把命令或可执行程序的标准输入重定向到指定的文件中，也就是输入可以不来自键盘，而来自一个指定的文件。输入重定向主要用于改变一个命令的输入源。

例如示例 4-8 中的 cat 命令，当键入该命令后并没有任何反应，从键盘输入的所有文本都出现在屏幕上，直至按下 Ctrl+d 组合键，命令才会终止，可采用两种方法：一种是为该命令给出一个文件名，另外一种方法是使用输入重定向。

输入重定向的一般形式为"命令<文件名"，输入重定向符号为"<"。示例 4-9 演示了此种情况，此示例中的文件已不是参数，而是标准输入。

【示例 4-9】

```
[root@rhel6 ~]# cat< /etc/sysconfig/network-scripts/ifcfg-eth0
DEVICE=eth0
HWADDR=00:0C:29:7F:08:9D
TYPE=Ethernet
UUID=3268d86a-3245-4afa-94e0-f100a8efae44
ONBOOT=yes
BOOTPROTO=static
BROADCAST=192.164.3.255
IPADDR=192.164.3.100
```

```
NETMASK=255.255.255.0
[root@rhel6 ~]# wc </etc/sysconfig/network-scripts/ifcfg-eth0
    9    9  188
```

还有一种输入重定向，如示例 4-10 所示。

【示例 4-10】

```
[root@rhel6 ~]# cat <<EEE
> line1
> line2
> line3
> EEE
line1
line2
line3
```

标识符"EEE"表示输入开始和结束的分隔符，此名称不是固定的，可以使用其他字符串，主要是一个分隔的作用。文档的重定向操作符为"<<"。将一对分隔符之间的正文重定向输入命令。例如示例 4-10 中将"EEE"之间的内容作为正文，然后作为输入传给 cat 命令。

 由于大多数命令都以参数的形式在命令行中指定输入文件的文件名，所以输入重定向并不经常使用。使用某些不能利用文件名作为输入参数的命令，需要的输入内容又存在一个文件里时，可以用输入重定向来解决问题。

4.3.3 输出重定向

输出重定向是指把命令或可执行程序的标准输出或标准错误输出重新定向到指定文件中。命令的输出不显示在屏幕上，而是写入到指定的文件中，方便以后的问题定位或其他用途。输出重定向比输入重定向更常用，很多情况下都可以使用这种功能。例如，如果某个命令的输出很多，在屏幕上不能完全显示，那么将输出重定向到一个文件中，然后再用文本编辑器打开这个文件，就可以查看输出信息，如果想保存一个命令的输出，也可以使用这种方法。还有，输出重定向可用于把一个命令的输出当作另一个命令的输入，还有一种更简单的方法，就是使用管道，管道将在后面介绍。

输出重定向的一般格式为"命令>文件名"，即输出重定向符号为">"，使用方法如示例 4-11所示。

【示例 4-11】

```
#将输出重定向到文件
[root@rhel6 ~]# ls -l / >dir.txt
[root@rhel6 ~]# head -n5 dir.txt
```

```
total 114
dr-xr-xr-x.   2 root root  4096 Jun  8 00:54 bin
dr-xr-xr-x.   5 root root  1024 Apr 13 00:33 boot
dr-xr-xr-x.   7 root root  4096 Mar  6 02:33 cdrom
drwxr-xr-x.  18 root root  4096 Jun  8 01:07 data
```

用"ls -l"命令显示当前的目录和文件，并把结果输出到当前目录下的 dir.txt 文件内，而不是显示在屏幕上。查看 dir.txt 文件的内容可以使用 cat 命令，注意是否与直接使用"ls -l"命令时的显示结果相同。

 如果">"符号后面的文件已存在，那么这个文件将被覆盖。

为避免输出重定向命令中指定的文件内容被覆盖，Shell 提供了输出重定向的追加方法。输出追加重定向与输出重定向的功能类似，区别仅在于输出追加重定向的功能是把命令或可执行程序的输出结果追加到指定文件的最后，这时文件的原有内容不被覆盖。追加重定向操作符为">>"，格式为"命令>>文件名"，使用方法如示例 4-12 所示。

【示例 4-12】

```
#使用重定向追加文件内容
[root@rhel6 ~]# ls -l /usr >>dir.txt
```

上述命令的输出会追加在文件的末位，原来的内容不会被覆盖。

4.3.4 错误输出重定向

和程序的标准输出重定向一样，程序的错误输出也可以重新定向。使用符号"2>"或追加符号"2>>"标识可以对错误输出重定向。如要将程序的任何错误信息打印到文件中，以备问题定位，可以使用示例 4-13 中的方法。

【示例 4-13】

```
#文件不存在,此时产生标准错误输出,一般为屏幕
[root@rhel6 ~]# ls /xxxx
ls: cannot access /xxxx: No such file or directory
#编号1表示重定向标准输出,但并不是错误输出,此时输出仍打印到屏幕上
[root@rhel6 ~]# ls /xxxx 1>stdout
ls: cannot access /xxxx: No such file or directory
#分别重定向标准输出和标准错误输出
[root@rhel6 ~]# ls /xxxx 1>stdout 2>stderr
#查看文件内容,和打印到屏幕的结果一致
[root@rhel6 ~]# cat stderr
```

```
ls: cannot access /xxxx: No such file or directory
#将标准输出和标准错误输出都定向到标准输出文件
[root@rhel6 ~]# ls /xxxx 1>stdout 2>&1
[root@rhel6 ~]# cat stdout
ls: cannot access /xxxx: No such file or directory
#另外一种重定向的语法
[root@rhel6 ~]# ls /xxxxx &>stderr
[root@rhel6 ~]# ls /xxxxx  / &>stdout
#查看输出文件内容
[root@rhel6 ~]# head stdout
ls: cannot access /xxxxx: No such file or directory
/:
bin
boot
cdrom
```

由于/xxxx 目录不存在，所以没有标准输出，只有错误输出。上述示例首先演示了错误输出的内容，当标准输出被重定向后，标准错误输出并没有被重定向，所以错误输出被打印到屏幕上。使用"2>stderr"将错误输出定位到指定的文件中，另外一种方法是将标准错误输出重定向到标准输出，执行后在屏幕上看不到任何内容，用 cat 命令查看文件的内容，看到上面命令的错误提示。还可以使用另一个输出重定向操作符"&>"，其功能是将标准输出和错误输出送到同一文件中。表 4.3 列出了常用的输入输出重定向方法。

表 4.3 常用的重定向方法含义

参数	说明
command > filename	把标准输出重定向到一个文件中
command >> filename	把标准输出追加重定向到一个文件中
command 1> fielname	把标准输出重定向到一个文件中
command > filename 2 > &1	把标准输出和标准错误输出重定向到一个文件中
command 2 > filename	把标准错误输出重定向到一个文件中
command < filename > filename2	以 filename 为标准输入，filename2 为标准输出
command < filename	把 filename 作为命令的标准输入
command << delimiter	从标准输入读入数据，直到遇到 delimiter 为止

4.3.5 管道

将一个程序或命令的输出作为另一个程序或命令的输入，有两种方法：一种是通过一个临时文件将两个命令或程序结合在一起；另外一种方法是使用管道。

管道可以把一系列命令连接起来，将前面命令的输出作为后面命令的输入，第 1 个命令输出利用管道传给第 2 个命令，第 2 个命令的输出又会作为第 3 个命令的输入，以此类推。如果命令

行中未使用输出重定向，显示在屏幕上的是管道行中最后一个命令的输出或其他命令执行异常时导致的错误输出。可使用管道符"|"来建立一个管道行，用法如示例 4-14 所示。

【示例 4-14】
```
[root@rhel6 ~]# cat /etc/sysconfig/network-scripts/ifcfg-eth0|grep IPADD
IPADDR=192.164.3.100
#管道后接管道
[root@rhel6 ~]# cat /etc/sysconfig/network-scripts/ifcfg-eth0|grep IPADD|awk -F= '{print $2}'
192.164.3.100
```

上述示例 cat 命令输出的内容以管道的形式发送给 grep 命令，然后通过字符串匹配查找文件内容。

4.4 Linux 的目录结构

在学习一些常用的命令前，先来了解一下 Linux 的目录结构。

Linux 与 Windows 最大的不同之处在于 Linux 目录结构的设计，本节首先介绍 Linux 典型的目录结构，然后介绍一些重要的文件子目录及其功能。

登录 Windows 以后，打开 C 盘，会发现一些常见的文件夹，而登录 Linux 以后，执行 ls –l / 会发现在 "/" 下包含很多的目录，比如 etc、usr、var、bin 等目录，进入其中一个目录后，看到的还是很多文件和目录。Linux 的目录类似于树形结构，如图 4.5 所示。

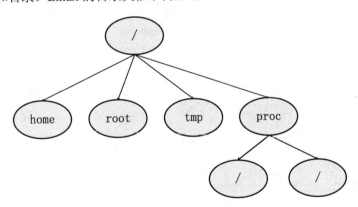

图 4.5　Linux 目录结构

要认识 Linux 的目录结构首先必须认识 Linx 目录结构最顶端的 "/"，任何目录、文件和设备等都在 "/" 之下。Linux 的文件路径与 Windows 不同，Linux 的文件路径类似于 "/data/myfile.txt"，没有 Windows 中 "盘符" 的概念。初学者开始对 Linux 的目录结构可能不是很习惯，可以把 "/" 当作 Windows 中的盘符（如 C 盘）。表 4.4 对 Linux 中主要的目录进行了说明。

表 4.4 Linux 常见目录说明

参数	说明
/	根目录。文件的最顶端，/etc、/bin、/dev、/lib、/sbin 应该和根目录放置在一个分区中，而类似 /usr/local 可以单独位于另一个分区
/bin	存放系统所需要的重要命令，比如文件或目录操作的命令 ls、cp、mkdir 等。另外 /usr/bin 也存放了一些系统命令，这些命令对应的文件都是可执行的，普通用户可以使用大部分的命令
/boot	这是存放 Linux 启动时内核及引导系统程序所需要的核心文件，内核文件和 grub 系统引导管理器都位于此目录
/dev	存放 Linux 系统下的设备文件，如光驱、磁盘等。访问该目录下某个文件相当于访问某个硬件设备，常用的是挂载光驱
/etc	一般存放系统的配置文件，作为一些软件启动时默认配置文件读取的目录，如/etc/fstab 存放系统分区信息
/home	系统默认的用户主目录。如果添加用户时不指定用户的主目录，默认在/home 下创建与用户名同名的文件夹。代码中可以用 HOME 环境变量表示当前用户的主目录
/lib	64 位系统有/lib64 文件夹，主要存放动态连接库。类似的目录有/usr/lib、/usr/local/lib 等
/lost+found	存放一些当系统意外崩溃或机器意外关机时产生的文件碎片
/mnt	用于存放挂载储存设备的挂载目录，如光驱等
/proc	存放操作系统运行时的信息，如进程信息、内核信息、网络信息等。此目录的内容存在于内存中，实际不占用磁盘空间，如/etc/cpuinfo 存放 CPU 的相关信息
/root	Linux 超级权限用户 root 的主目录
/sbin	存放一些系统管理的命令，一般只能由超级权限用户 root 执行。大多数命令普通用户一般无权限执行，类似/sbin/ifconfig，普通用户使用绝对路径也可执行，用于查看当前系统的网络配置。类似的目录有/usr/sbin、/usr/local/sbin
/tmp	临时文件目录，任何人都可以访问。系统软件或用户运行程序（如 MySQL）时产生的临时文件存放到这里。此目录数据需要定期清除。重要数据不可放置在此目录下，此目录空间不易过小
/usr	应用程序存放目录，如命令、帮助文件等。安装 Linux 软件包时默认安装到/usr/local 目录下。比如/usr/share/fonts 存放系统字体，/usr/share/man 存放帮助文档，/usr/include 存放软件的头文件等。/usr/local 目录建议单独分区并设置较大的磁盘空间
/var	这个目录的内容是经常变动的，如/var/log 用于存放系统日志、/var/lib 用于存放系统库文件等
/sys	目录与/proc 类似，是一个虚拟的文件系统，主要记录与系统核心相关的信息，如系统当前已经载入的模块信息等。这个目录实际不占硬盘容量

各个发行版由不同的公司开发，所以各个发行版之间的目录可能会有所不同。Linux 各发行版本之间目录的差距比较小，不同的地方主要是提供的图形界面及操作习惯等。

4.5 常用命令

所有熟悉 Linux 的人都知道，最有效率的方式就是使用命令来操作和管理系统。本节就介绍一些常用的 Linux 命令。

4.5.1 复制文件 cp

cp 命令用来复制文件或目录。当复制多个文件时,目标文件参数必须为已经存在的目录。cp 命令默认不能复制目录,复制目录必须使用-R 选项。cp 命令具备 ln 命令的功能,语法为: cp [选项] [参数]。cp 常见的参数如表 4.5 所示。

表 4.5　cp 命令常用参数说明

参数	说明
-R 或-r	对目录进行复制操作,此选项以递归的操作方式,将指定目录及其子目录中的所有文件复制到指定的目标目录 若给出的源文件是一个目录,此时 cp 将递归复制该目录下所有的子目录和文件。此时目标文件必须为一个目录名
-a	保持源文件的原有结构和属性,与选项-dpR 的功能相同 该选项通常在复制目录时使用。它保留链接、文件属性,并递归地复制目录,其作用等于 dpR 选项的组合
-d	如果复制的源文件是符号连接,仅复制符号连接本身,而且保留符号连接所指向的目标文件或目录。复制时保留链接
-f	强制覆盖已经存在的目标文件,而不提示用户进行确认。为防止覆盖重要文件,通常不使用此选项
-i	在覆盖已存在的目标文件前提示用户进行确认。使用此选项可以防止覆盖掉重要文件
-l	为源文件创建硬链接,与 ln 命令的功能相同。此选项可以节省硬盘空间,要求源文件和目的文件必须在同一分区或文件系统上,不作复制,只是链接文件
-p	复制文件时保持源文件的所有者、权限信息以及时间属性
-u	当目标文件不存在或源文件比目标文件新时才进行复制操作,否则,不进行复制
-S	在备份文件时,用指定的后缀 SUFFIX 代替文件名的默认后缀
-b	覆盖已存在的目标文件前将目标文件备份
-v	详细显示命令执行的操作
-s	不进行真正的复制操作,仅为源文件创建符号连接(与"ln -s"命令的功能相同)

示例 4-15 演示了 cp 命令的用法,部分显示结果省略。

【示例 4-15】

```
#以下为演示 cp 的用法
[root@rhel6 ~]# cd /usr/local/nginx/conf
nginx.conf
#如需显示执行过程,可以使用以下选项
#当使用 cp 命令复制单个文件时,第1个参数表示源文件,第2个参数表示目标文件
[root@rhel6 conf]# cp -v nginx.conf nginx.conf.20140412
`nginx.conf' -> `nginx.conf.20140412'
[root@rhel6 conf]# ls -l nginx.conf nginx.conf.20140412
-rw-r--r--. 1 root root 2685 Apr 11 03:15 nginx.conf
```

```
-rw-r--r--. 1 root root 2685 Apr 12 20:33 nginx.conf.20140412
#复制多个文件
[root@rhel6 conf]# cp -v nginx.conf nginx.conf.20140412  backup/
`nginx.conf' -> `backup/nginx.conf'
`nginx.conf.20140412' -> `backup/nginx.conf.20140412'
[root@rhel6 conf]# ll nginx.conf nginx.conf.20140412  backup/
-rw-r--r--. 1 goss goss 2685 Apr 12 20:47 nginx.conf
-rw-r--r--. 1 root root 2685 Apr 12 20:59 nginx.conf.20140412
backup/:
total 8
-rw-r--r--. 1 root root 2685 Apr 12 21:01 nginx.conf
-rw-r--r--. 1 root root 2685 Apr 12 21:01 nginx.conf.20140412
#复制文件夹
[root@rhel6 nginx]# cp conf conf.bak
cp: omitting directory `conf'
[root@rhel6 nginx]# cp -r conf conf.20140412
[root@rhel6 nginx]# ls -l
total 40
drwxr-xr-x. 2 root   root 4096 Apr 12 20:33 conf
drwxr-xr-x. 2 root   root 4096 Apr 12 20:33 conf.20140412
[root@rhel6 goss]# su - goss
#复制时保留文件的原始属性
[goss@rhel6 ~]$ cp  -a  /usr/local/nginx/ .
cp: cannot access `/usr/local/nginx/uwsgi_temp': Permission denied
cp: cannot access `/usr/local/nginx/fastcgi_temp': Permission denied
cp: cannot access `/usr/local/nginx/scgi_temp': Permission denied
cp: cannot access `/usr/local/nginx/client_body_temp': Permission denied
cp: cannot access `/usr/local/nginx/proxy_temp': Permission denied
[goss@rhel6 ~]$ ls -l
drwxr-xr-x. 12 goss goss    4096 Apr 12 20:33 nginx
[goss@rhel6 ~]$ ll
total 2784
drwxr-xr-x. 12 goss goss    4096 Apr 12 20:33 nginx
[root@rhel6 goss]# cp -a nginx/ nginx.bak
[root@rhel6 goss]# ls -l
total 2788
drwxr-xr-x. 12 goss goss    4096 Apr 12 20:33 nginx
drwxr-xr-x. 12 goss goss    4096 Apr 12 20:33 nginx.bak
[root@rhel6 goss]# cp -r nginx nginx.root
```

```
[root@rhel6 goss]# ls -l
total 2792
drwxr-xr-x. 12 goss goss    4096 Apr 12 20:33 nginx
drwxr-xr-x. 12 goss goss    4096 Apr 12 20:33 nginx.bak
drwxr-xr-x. 12 root root    4096 Apr 12 20:35 nginx.root
[root@rhel6 conf]# cp -i /usr/local/nginx/conf/nginx.conf .
cp: overwrite `./nginx.conf'? n
[root@rhel6 conf]# cp -f /usr/local/nginx/conf/nginx.conf .
[root@rhel6 conf]#
#并不复制文件本身，而是创建当前文件的软链接
[root@rhel6 conf]# cp -s nginx.conf nginx.conf_s
[root@rhel6 conf]# ls -l
lrwxrwxrwx. 1 root root   10 Apr 12 20:49 nginx.conf_s -> nginx.conf
[root@rhel6 conf]# md5sum nginx.conf /usr/local/nginx/conf/ng
nginx.conf          nginx.conf.bak      nginx.conf.default  nginx.conf.mv
[root@rhel6 conf]# md5sum nginx.conf /usr/local/nginx/conf/nginx.conf
1181c1834012245d785120e3505ed169  nginx.conf
30d53ba50698ba789d093eec830d0253  /usr/local/nginx/conf/nginx.conf
[root@rhel6 conf]# cp -b /usr/local/nginx/conf/nginx.conf .
cp: overwrite `./nginx.conf'? y
[root@rhel6 conf]# md5sum nginx.conf*
30d53ba50698ba789d093eec830d0253  nginx.conf
1181c1834012245d785120e3505ed169  nginx.conf~
```

cp 可以复制一个或多个文件，当复制多个文件时，最后一个参数必须为已经存在的目录，否则会提示错误。如果忽略提示信息则可以使用-f 选项。

 为防止用户在不经意的情况下使用 cp 命令破坏另一个文件，如用户指定的目标文件名已存在，用 cp 命令复制文件后，这个文件就会被覆盖，使用 i 选项可以在覆盖之前询问用户。

4.5.2 移动文件 mv

用户可以使用 mv 命令来移动文件或目录至另一文件或目录，还可以将目录或文件重命名。mv 只接收两个参数，第 1 个为要移动的文件或目录，第 2 个为新文件名或目录。当 mv 接收两个参数或多个参数时，如果最后一个参数对应的是目录而且该目录存在，mv 会将各参数指定的文件或目录移动到此目录中，如果目的文件存在，将会进行覆盖。mv 常用的参数说明如表 4.6 所示。示例 4-16 演示了 mv 命令的用法。

表 4.6 mv 命令常用参数说明

参数	说明
-i	如果目标文件已经存在,将会询问用户是否覆盖
-f	在要覆盖某已有的目标文件时不给任何提示信息
-b	若需覆盖文件,则覆盖前先行备份
-S	与-b 参数一并使用,可指定备份文件的所要附加的字尾
--help	显示帮助
--version	显示版本信息

【示例 4-16】

```
[root@rhel6 conf]# cp -a nginx.conf.bak nginx.conf.20140412
[root@rhel6 conf]# ls -l
total 72
-rw-r--r--. 1 root root 2685 Apr 12 22:52 nginx.conf.20140412
-rw-r--r--. 1 root root 2685 Apr 12 22:52 nginx.conf.bak
#如果目标文件已经存在,将会询问用户是否覆盖
[root@rhel6 conf]# /bin/mv -i nginx.conf.20140412 nginx.conf.bak
/bin/mv: overwrite `nginx.conf.bak'? y
[root@rhel6 conf]# ls -l
total 72
-rw-r--r--. 1 root root 2685 Apr 12 22:52 nginx.conf.bak
[root@rhel6 conf]# cp -a nginx.conf.bak nginx.conf.20140412
[root@rhel6 conf]# ls -l
total 72
-rw-r--r--. 1 root root 2685 Apr 12 22:52 nginx.conf.20140412
-rw-r--r--. 1 root root 2685 Apr 12 22:52 nginx.conf.bak
#在要覆盖某已有的目标文件时不给任何提示信息
[root@rhel6 conf]# /bin/mv -f nginx.conf.20140412 nginx.conf.bak
[root@rhel6 conf]# ls -l
total 68
-rw-r--r--. 1 root root 2685 Apr 12 22:52 nginx.conf.bak
```

为避免误覆盖文件,建议使用 mv 命令移动文件时,最好使用-i 选项。下面演示了覆盖文件前进行备份的方法。

【示例 4-16】续

```
[root@rhel6 ~/test]# echo "src">test1
[root@rhel6 ~/test]# echo "dst" > test2
#查看文件内容
[root@rhel6 ~/test]# cat test1
```

```
src
[root@rhel6 ~/test]# cat test2
dst
#若需覆盖文件，则覆盖前先行备份
[root@rhel6 ~/test]# mv -b test1 test2
mv: overwrite `test2'? y
[root@rhel6 ~/test]# ls -lhtra
total 16K
-rw-r--r--. 1 root root    4 Apr 12 23:45 test2
-rw-r--r--. 1 root root    4 Apr 12 23:45 test2~
#test2和原来test1文件内容一致
[root@rhel6 ~/test]# cat test2
src
#原来的test2文件被备份成test2~
[root@rhel6 ~/test]# cat test2~
dst
#与-b参数一并使用，可指定备份文件的所要附加的字尾
[root@rhel6 conf]# mv -S ".old" -b /usr/local/nginx/conf/nginx.conf .
mv: overwrite `./nginx.conf'? y
[root@rhel6 conf]# ls -lhtra
total 24K
-rw-r--r--. 1 root root 2.7K Apr 11 03:15 nginx.conf
-rw-r--r--. 1 root root    4 Apr 12 23:49 nginx.conf~
-rw-r--r--. 1 root root 2.7K Apr 12 23:49 nginx.conf.old
```

4.5.3 创建文件或修改文件时间 touch

Linux 中的 touch 命令可以改变文档或目录时间，包括存取时间和更改时间，也可以用于创建新文件。touch 常用参数说明如表 4.7 所示。

表 4.7 touch 命令常用参数说明

参数	说明
-a	只改变文件的读取时间
-m	只更改文件的修改时间
-c	如指定的文件不存在，不会建立新的文件，效果同--no-create
-d	更改时指定日期时间，而不是当前系统时间，可设定多种格式
-r	把指定文档或目录的日期时间设置成与参考文档或目录的日期时间一致。效果同--file
-t	使用指定的时间，而不是当前系统时间，可设定多种格式，格式与 date 命令相同
--help	在线帮助
--version	显示版本信息

示例 4-17 演示了 touch 命令的使用方法，部分显示结果省略。

【示例 4-17】

```
#查看文件相关信息
[root@rhel6 test]# stat test2
Access: 2014-04-12 23:45:48.545991370 +0800
Modify: 2014-04-12 23:45:16.214994359 +0800
Change: 2014-04-12 23:45:41.791990423 +0800
#如果没有指定 Time 变量值，touch 命令就使用当前时间
[root@rhel6 test]# touch test2
## 再次查看文件日期参数，atime 与 mtime 都改变了，但 ctime 则记录当前的时间
[root@rhel6 test]# stat test2
Access: 2014-04-13 00:14:20.427990736 +0800
Modify: 2014-04-13 00:14:20.427990736 +0800
Change: 2014-04-13 00:14:20.427990736 +0800
#touch 创建新文件
[root@rhel6 test]# ls -l test3
ls: cannot access test3: No such file or directory
#touch 创建新文件，新文件的大小为0
[root@rhel6 test]# touch test3
[root@rhel6 test]# stat test3
Access: 2014-04-13 00:14:55.482995805 +0800
Modify: 2014-04-13 00:14:55.482995805 +0800
Change: 2014-04-13 00:14:55.482995805 +0800
#指定参考文件
[root@rhel6 test]# stat /bin/cp
Access: 2014-04-12 20:33:20.990998918 +0800
Modify: 2012-06-22 19:46:14.000000000 +0800
Change: 2014-04-11 03:23:17.783999344 +0800
#将文件日期更改为参考文件的日期
[root@rhel6 test]# touch -r /bin/cp test2
[root@rhel6 test]# stat test2
Access: 2014-04-12 20:33:20.990998918 +0800
Modify: 2012-06-22 19:46:14.000000000 +0800
Change: 2014-04-13 00:16:40.671992418 +0800
#将文件修改日期调整为2天以前
[root@rhel6 ~]# date
Wed Apr 24 18:47:47 CST 2014
[root@rhel6 ~]# stat /bin/cp
```

```
Access: 2014-04-22 23:46:54.709648854 +0800
Modify: 2014-04-13 00:30:41.939991515 +0800
Change: 2014-04-13 00:30:41.939991515 +0800
[root@rhel6 ~]# touch -d "2 days ago" /bin/cp
[root@rhel6 ~]# stat /bin/cp
Access: 2014-04-22 18:48:16.749620251 +0800
Modify: 2014-04-22 18:48:16.749620251 +0800
Change: 2014-04-24 18:48:16.746803440 +0800
#touch 后面可以接时间,格式为[YYMMDDhhmm],详细解释可参考表4.8。
[root@rhel6 test]# touch -t "01231215" test2
[root@rhel6 test]# stat test2
Access: 2014-01-23 12:15:00.000000000 +0800
Modify: 2014-01-23 12:15:00.000000000 +0800
Change: 2014-04-13 00:28:08.753993511 +0800
```

stat 命令用于查看文件的相关信息,其中包含以下内容:

- Access 表示文件访问时间,当文件被读取时会更新这个时间,但使用 more、less、tail 和 ls 等命令查看时访问时间不会改变。
- Modify 表示文件修改时间,这指的是文件内容的修改。
- Change 表示文件属性改变时间。比如通过 chmod 命令更改文件属性时会更新文件时间。

touch 命令以 MMDDhhmm[YY]的格式指定新时间戳的日期和时间,相关变量详细信息如表 4.8 所示。

表 4.8 touch 命令时间相关参数说明

参数	说明
CC	指定年份的前两位数字
YY	指定年份的后两位数字
MM	指定一年的哪一月,1~12
DD	指定一月的哪一天,1~31
hh	指定一天中的哪一小时,0~23
mm	指定一小时的哪一分钟,0~59

使用 touch 命令创建文件和目录或更改文件和目录的时间时,当前用户要有文件的操作权限,否则命令会执行失败,如示例 4-18 所示。

【示例 4-18】
```
[goss@rhel6 ~]$ cd /bin/
[goss@rhel6 bin]$ stat cp
  File: `cp'
  Size: 122736        Blocks: 240        IO Block: 4096   regular file
```

```
Device: fd00h/64768d    Inode: 131024      Links: 1
Access: (0755/-rwxr-xr-x)  Uid: (    0/    root)  Gid: (    0/    root)
Access: 2014-04-13 00:30:18.857993225 +0800
Modify: 2014-04-13 00:30:41.939991515 +0800
Change: 2014-04-13 00:30:41.939991515 +0800
[goss@rhel6 bin]$ touch cp
touch: cannot touch `cp': Permission denied
```

通过 touch 命令，可以轻松地修改文件的日期与时间，并且可以建立一个空文件。

 复制一个文件时可以复制所有属性，但不能复制 ctime 属性。ctime 用于记录文件最近改变状态（status）的时间。

4.5.4 删除文件 rm

用户可以使用 rm 命令删除不需要的文件。Rm 命令可以删除文件或目录，并且支持通配符，如目录中存在其他文件则会递归删除。删除软链接只是删除链接，对应的文件或目录不会被删除，软链接类似于 Windows 系统中的快捷方式。如删除硬链接后文件中存在其他的硬链接文件内容仍可以访问。

rm 命令的一般形式为 rm [-dfirv][--help][--version][文件或目录...]，各个参数说明如表 4.9 所示。

表 4.9 rm 命令常用参数说明

参数	说明
-r, -R, --recursive	删除指定目录及目录下的所有文件
-f	强制删除，没有提示确认
-i	删除前提示用户进行确认
-d	直接把欲删除的目录的硬链接数据删成 0，删除该目录
-I	在删除超过 3 个文件或递归删除前要求确认
--help	显示帮助
--version	显示版本信息
--verbose	详细显示进行的步骤

如不加任何参数，rm 不能删除目录。使用 r 或 R 选项可以删除指定的文件或目录及其下面的内容，如示例 4-19 所示。

【示例 4-19】

```
#删除文件前提示用户确认
[root@rhel6 cmd]# rm -v -i src_aaaat
rm: remove regular file `src_aaaat'? y
removed `src_aaaat'
[root@rhel6 cmd]# mkdir tmp
[root@rhel6 cmd]# cd tmp
```

```
[root@rhel6 tmp]# touch s
[root@rhel6 tmp]# cd ..
#如不添加任何参数,rm 不能删除目录
[root@rhel6 cmd]# rm -v -i tmp
rm: cannot remove `tmp': Is a directory
#删除目录需要使用 r 参数,-i 表示删除前提示用户确认
[root@rhel6 cmd]# rm -r -i -v tmp
rm: descend into directory `tmp'? y
rm: remove regular empty file `tmp/s'? y
removed `tmp/s'
rm: remove directory `tmp'? y
removed directory: `tmp'
#使用通配符
[root@rhel6 cmd]# rm -v -i src_aaa*
rm: remove regular file `src_aaaaa'? y
removed `src_aaaaa'
rm: remove regular file `src_aaaab'? y
removed `src_aaaab'
rm: remove regular file `src_aaaac'? y
removed `src_aaaac'
rm: remove regular file `src_aaaad'? y
removed `src_aaaad'
#强制删除,没有提示确认
[root@rhel6 cmd]# rm -f -v src_aaaar
removed `src_aaaar'
#硬链接与软链接区别演示
[root@rhel6 link]# cat test.txt
this is file content
#分别建立文件的软链接与硬链接
[root@rhel6 link]# ln -s test.txt  test.txt.soft.link
[root@rhel6 link]# ln test.txt test.txt.hard.link
[root@rhel6 link]# ls -l
total 8
-rw-r--r-- 2 root root 21 Mar 31 07:06 test.txt
-rw-r--r-- 2 root root 21 Mar 31 07:06 test.txt.hard.link
lrwxrwxrwx 1 root root  8 Mar 31 07:07 test.txt.soft.link -> test.txt
#查看软链接的文件内容
[root@rhel6 link]# cat test.txt.soft.link
this is file content
#查看硬链接的文件内容
[root@rhel6 link]# cat test.txt.hard.link
this is file content
#删除源文件
[root@rhel6 link]# rm -f test.txt
#软链接指向的文件已经不存在
[root@rhel6 link]# cat test.txt.soft.link
cat: test.txt.soft.link: No such file or directory
```

```
#硬链接指向的文件内容依然存在
[root@rhel6 link]# cat test.txt.hard.link
this is file content
```

使用 rm 命令时一定要小心。文件一旦被删除不能恢复，为防止误删除文件，可以使用 i 选项来逐个确认要删除的文件并逐个确认是否要删除。使用 f 选项删除文件或目录时不给予任何提示。各个选项可以组合使用，例如使用 rf 选项可以递归删除指定的目录而不给予任何提示。

删除有硬链接指向的文件时，使用硬链接仍然可以访问文件原来的内容，这一点与软链接是不同的。

 要删除第一个字符为 "-" 的文件（例如 "-foo"），请使用以下方法之一：
```
rm -- -foo
rm ./-foo
```

4.5.5 查看文件 cat tac more less tac tail

如果要查看文件，使用 cat、less、tac、tail、more 命令中的任意一个即可。

1．cat

使用 cat 命令查看文件时会显示整个文件的内容，注意 cat 只能查看文本内容的文件，如查看二进制文件，则屏幕会显示乱码。另外 cat 可创建文件、合并文件等。cat 命令语法为 cat [-AbeEnstTuv] [--help] [--version] fileName 。cat 常用参数说明如表 4.10 所示。

表 4.10 cat 命令常用参数说明

参数	说明
-A	等同于-vET 的参数组合
-b	和-n 相似，查看文件时对于空白行不编号
-e	等同于-vE 的参数组合
-E	每行结尾显示$符号
-n	查看文件时对每一行进行编号，从 1 开始
-s	当遇到有连续两行以上的空白行，就代换为一行的空白行
-t	等同于-vT 的参数组合
-T	把 TAB 字符显示为 ^I
--help	显示帮助
--version	显示版本信息
--verbose	详细显示进行的步骤

cat 命令的使用如示例 4-20 所示。

【示例 4-20】
```
#查看系统网络配置文件
```

```
[root@rhel6 cmd]# cat /etc/sysconfig/network-scripts/ifcfg-eth0
DEVICE=eth0
HWADDR=00:0C:29:7F:08:9D
TYPE=Ethernet
UUID=3268d86a-3245-4afa-94e0-f100a8efae44
ONBOOT=yes
BOOTPROTO=static
BROADCAST=192.168.78.255
IPADDR=192.168.78.100
NETMASK=255.255.255.0
#显示行号，空白行也进行编号
[root@rhel6 cmd]# cat -n  a
    1  12
    2  13
    3
    4  45
    5  45
#对空白行不编号
[root@rhel6 cmd]# cat -b  a
    1  12
    2  13
    3  45
    4  45
#file1文件内容
[root@rhel6 cmd]# cat file1
1
2
3
#file2文件内容
[root@rhel6 cmd]# cat file2
4
5
6
#文件内容合并
[root@rhel6 cmd]# cat  file1 file2 >file_1_2
[root@rhel6 cmd]# cat file_1_2
1
2
3
```

```
4
5
6
#创建文件
[root@rhel6 cmd]# cat >file_1_2
a
b
c
d
e
#按Ctrl-D结束
[root@rhel6 cmd]# cat file_1_2
a
b
c
d
e
#追加内容
[root@rhel6 cmd]# cat >>file_1_2
cc
dd
#按Ctrl-D结束
#查看追加的文件内容
[root@rhel6 cmd]# cat file_1_2
a
b
c
d
e
cc
dd
```

使用 cat 可以复制文件，包括文本文件、二进制文件或 ISO 光盘文件等，如示例 4-21 所示。

【示例 4-21】

```
[root@rhel6 cmd]# cat /bin/cp >cp.bak
[root@rhel6 cmd]# md5sum /bin/cp cp.bak
3f28e08846b52218c49612f04a6cbfc8  /bin/cp
3f28e08846b52218c49612f04a6cbfc8  cp.bak
[root@rhel6 cmd]# ls
```

```
aafile_1_2  cp.bak  file1  file2  file3  file4  file_1_2
#复制文件
[root@rhel6 cmd]# cat file1>file_bak
[root@rhel6 cmd]# cat file1
1
2
3
[root@rhel6 cmd]# cat file_bak
1
2
3
#cat 可以清空文件
[root@rhel6 cmd]# cat /dev/null
#清空文件
[root@rhel6 cmd]# cat /dev/null >file_bak
[root@rhel6 cmd]# cat file_bak
#文件大小已经变为0
[root@rhel6 cmd]# ls -l file_bak
-rw-r--r--. 1 root root 0 Apr 22 23:48 file_bak
```

在 Linux Shell 脚本中有类似 cat << EOF 的语句，EOF 为 end of file，表示文本结束符。EOF 没有特殊含义，可以把 EOF 替换成其他东西，如使用 FOE 或 ABCDEF 等，意思是把内容当作标准输入传给程序，用法如示例 4-22 所示。

【示例 4-22】

```
<<EOF
（内容）
EOF
```

【示例 4-23】

```
[root@rhel6 cmd]# cat <<EOF>1.txt
> 1
> 2
> 3
> EOF
#指定其他文件结束符
[root@rhel6 cmd]# cat <<DDDDD>2.txt
> 1
> 2
> 3
```

```
> DDDDD
[root@rhel6 cmd]# cat 1.txt
1
2
3
[root@rhel6 cmd]# cat 2.txt
1
2
3
```

cat 命令可以显示文件的内容，它反过来写就是 tac，tac 从文件末端开始读取，显示的结果和 cat 相反。详细用法不再赘述。

2．more 和 less

使用 cat 命令查看文件时，如果文件有很多行，会出现滚屏的问题，这时可以使用 more 或 less 命令查看，more 和 less 可以和其他命令结合使用，也可以单独使用。

more 命令使用 space 空格键可以向后翻页，b 向前翻页。帮助可以选择 h，更多使用方法可以使用 man more 查看帮助文档。more 的常用参数如表 4.11 所示。

表 4.11　more 命令常用参数说明

参数	说明
-p	显示下一屏之前先清屏
-c	作用同-p 基本一样。不同的是先显示内容再清除其他旧资料
-d	在每屏的底部显示更友好的提示信息
-s	文件中连续的空白行压缩成一个空白行显示
-f	计算行数时，以实际上的行数，而非自动换行过后的行数
-u	不显示下引号
-num	一次显示的行数
-t	fileNames 欲显示内容的文件，可为复数个数

more 的常用操作如示例 4-24 所示。

【示例 4-24】

```
[root@rhel6 ~]# wc -l more.txt
135 more.txt
#当一屏显示不下时会显示文件的一部分
#用分页的方式显示一个文件的内容
[root@rhel6 ~]# more more.txt
#部分显示结果省略
    SPACE       Display next k lines of text.  Defaults to current screen
--More--(45%)
```

```
#和其他命令结合使用
[root@rhel6 ~]# man more|more
[root@rhel6 ~]# cat -n src.txt
    1  0
    2  1
    3
    4
    5  2
    6  3
    7  4
    8  5
[root@rhel6 ~]# more -s  src.txt
0
1
2
3
4
5
#从第6行开始显示文件内容
[root@rhel6 ~]# more +6 src.txt
3
4
5
#more -c -10 example1.c ％ 执行该命令后,先清屏,然后将以每10行每10行的方式显示文件 example.c 的内容
[root@rhel6 ~]# more -c -10 src.txt
0
1
2
3
4
5
6
7
8
9
--More--(2%)
```

在 more 命令的执行过程中,用户可以使用自己的一系列命令动态地根据需要来选择显示的

部分。more 在显示完一屏内容之后，将停下来等待用户输入某个命令。表 4.12 列出了 more 命令在执行中用到的一些常用命令，而有关这些命令的完整内容，可以在 more 执行时按 h 键查看。这些命令的执行方法是先输入 i（行数）的值，再输入所要的命令，不然会以预设值来执行命令。

表 4.12 more 查看文件相关命令说明

参数	说明
i 空格	若指定 i，显示下面的 i 行；否则，显示下一整屏
i 回车	若指定 i，显示下面的 i 行；否则，显示下一行
i d	若指定 i，显示下面的 i 行；否则，往下显示半屏
i Ctrl+D	功能同 i d
i z	同"i 空格"类似，只是 i 将成为以下每个满屏的默认行数
i s	跳过下面的 i 行再显示一个整屏。预设值为 1
i f	跳过下面的 i 屏再显示一个整屏。预设值为 1
i b	往回跳过（即向文件首回跳）i 屏，再显示一个满屏。预设值为 1
i Ctrl+B	与"i b"相同
,	回到上次搜索的地方
q 或 Q	退出 more

less 命令的功能几乎和 more 命令一样，也用来按页显示文件，不同之处在于 less 命令在显示文件时允许用户既可以向前又可以向后翻阅文件。用 less 命令显示文件时，若需要在文件中往前移动，按 b 键；要移动到用文件的百分比表示的某位置，则指定一个 0~100 之间的数，并按 p 键即可。less 命令的使用与 more 命令类似，在此不再赘述，用户如有不清楚的地方可直接查看联机帮助。

3．tail

tail 和 less 命令类似。tail 可以指定显示文件的最后多少行，并可以滚动显示日志，tail 常用参数如表 4.13 所示。

表 4.13 tail 命令常用参数说明

参数	说明
-b Number	从 Number 变量表示的 512 字节块位置开始读取指定文件
-c Number	从 Number 变量表示的字节位置开始读取指定文件
-f	滚动显示文件信息
-k Number	从 Number 变量表示的 1KB 块位置开始读取指定文件
-m Number	从 Number 变量表示的多字节字符位置开始读取指定文件。使用该标志提供在单字节和双字节字符代码集环境中的一致结果
-n Number	从 Number 变量表示的行位置开始读取指定文件 -r 标志只有与-n 标志一起使用才有效。否则，就会将其忽略
--help	显示帮助信息
--version	显示版本信息

从指定点开始将文件写到标准输出。使用 tail 命令的-f 选项可以方便地查阅正在改变的日志

文件，把 filename 里最尾部的内容显示在屏幕上并且不但刷新，在程序调试时很方便。

4.5.6 查找文件或目录 find

find 命令可以根据给定的路径和表达式查找指定的文件或目录。find 参数选项很多，并且支持正则，功能强大。find 命令和管道结合使用可以实现复杂的功能，是系统管理者和普通用户必须掌握的命令。find 命令格式说明如表 4.14 所示。

表 4.14 find 命令格式说明

参数	说明
path	find 命令所查找的目录路径。例如用 "." 来表示当前目录，用 "/" 来表示系统根目录
-print	find 命令将匹配的文件输出到标准输出
-exec	find 命令对匹配的文件执行该参数所给出的 Shell 命令
-ok	和-exec 的作用相同，只不过以一种更为安全的模式来执行该参数所给出的 Shell 命令，在执行每一个命令之前，都会给出提示，让用户来确定是否执行

find 命令后参数组合与可支持短路求值。本节主要演示一些常用的功能，find 常见的参数如表 4.15 所示。

 带 "&&"、"||" 操作符的表达式在进行求值时，只要最终的结果就可以确定是真或假，求值过程便会终止，这称为短路求值（short-circuit evaluation）。

表 4.15 find 命令常用参数说明

参数	说明
-name	按照文件名查找文件
-cpio:	对匹配的文件使用 cpio 命令，将这些文件备份到磁带设备中
-perm	按照文件权限来查找文件
-prune	使用这一选项可以使 find 命令不在当前指定的目录中查找，如果同时使用-depth 选项，那么-prune 将被 find 命令忽略
-user	按照文件属主来查找文件
-group	按照文件所属的组来查找文件
-mtime -n +n	按照文件的更改时间来查找文件，- n 表示文件更改时间距现在 n 天以内，+ n 表示文件更改时间距现在 n 天以前
-nogroup	查找无有效所属组的文件，即该文件所属的组在/etc/groups 中不存在
-nouser	查找无有效属主的文件，即该文件的属主在/etc/passwd 中不存在
-newer file1 ! file2	查找更改时间比文件 file1 新但比文件 file2 旧的文件
-follow	如果 find 命令遇到符号链接文件，就跟踪至链接所指向的文件
-mount	在查找文件时不跨越文件系统 mount 点
-fstype	查找位于某一类型文件系统中的文件
-depth	在查找文件时，首先查找当前目录中的文件，然后再在其子目录中查找
-size n	查找文件长度为 n 块的文件，带有 c 时表示文件长度以字节计

(续表)

参数	说明
-type	查找某一类型的文件
-amin n	查找系统中最后 n 分钟访问的文件
-atime n	查找系统中最后 n×24 小时访问的文件
-cmin n	查找系统中最后 n 分钟被改变文件状态的文件
-ctime n	查找系统中最后 n×24 小时被改变文件状态的文件
-mmin n	查找系统中最后 n 分钟被改变文件数据的文件
-mtime n	查找系统中最后 n×24 小时被改变文件数据的文件
-empty	查找系统中空白的文件，或空白的文件目录，或目录中没有子目录的文件夹
-false	查找系统中总是错误的文件
-gid n	查找系统中文件数字组 ID 为 n 的文件
-daystart	测试系统从今天开始 24 小时以内的文件，用法类似于-amin
-help	显示命令摘要
-maxdepth levels	在某个层次的目录中按照递减方法查找
-mount	不在文件系统目录中查找，用法类似于-xdev
-noleaf	禁止在非 UNUX 文件系统、MS-DOS 系统、CD-ROM 文件系统中进行最优化查找
-version	打印版本数字

1．find 基本用法

find 如不加任何参数，表示查找当前路径下的所有文件和目录，如示例 4-25 所示。

【示例 4-25】

```
[root@rhel6 nginx]# ls -l
total 12
drwxr-xr-x. 2 root root 4096 Apr 24 22:34 conf
drwxr-xr-x. 2 root root 4096 Apr 11 03:15 html
lrwxrwxrwx. 1 root root   10 Apr 24 22:36 logs -> /data/logs
drwxr-xr-x. 2 root root 4096 Apr 11 03:15 sbin
#查找当前目录下的所有文件,此命令等效于find .或find . -name "*
[root@rhel6 nginx]# find
.
./conf
./conf/nginx.conf
./html
./html/index.html
./html/50x.html
./sbin
./sbin/nginx
./logs
#-print 表示将结果打印到标准输出
[root@rhel6 nginx]# find   -print
.
```

```
./res
./conf
./conf/nginx.conf
./html
./html/index.html
./html/50x.html
./sbin
./sbin/
#指定路径查找
[root@rhel6 nginx]# find /data/logs
/data/logs
/data/logs/error.log
/data/logs/access.log
/data/logs/nginx.pid
```

如忘记某个文件的位置，可使用以下命令查找指定文件，如执行完毕没有任何输出，则表示系统中不存在此文件。使用 name 选项，文件名选项是 find 命令最常用的选项，要么单独使用该选项，要么和其他选项一起使用。可以使用某种文件名模式来匹配文件，记住要用引号将文件名模式引起来。不管当前路径是什么，如需在自己的根目录$HOME 中查找文件名符合 "*.txt" 的文件，可以使用 "~" 作为路径参数，波浪号 "~" 代表当前用户的主目录。

【示例 4-26】

```
#根据指定文件名查找文件
[root@rhel6 nginx]# find / -name "nginx.conf"
/usr/local/nginx/conf/nginx.conf
#
```

 如果系统硬盘很大而且文件很多，此命令由于在整个硬盘中查找将导致系统负载上升而且花费时间较长。使用特定的路径名查找速度会快很多。

find 支持正则表达式，如查找指定目录文件名符合 "*log" 的文件并打印到标准输出可使用以下命令。

【示例 4-26】续

```
#查找符合指定字符串的文件
[root@rhel6 nginx]# find /data/logs -name "*.log" -type f -print
/data/logs/error.log
/data/logs/access.log
#查找以数字开头的文件
[root@rhel6 nginx]# find . -name "[0-9]*" -type f
```

```
./html/50x.html
#查找HOME目录下所有以"log"为扩展名的文件
[root@rhel6 nginx]#find ~ -name "*.log" -print
#查找当前目录及子目录下的所有以log为扩展名的文件
[root@rhel6 nginx]# find . -name "*.log" -print
#查找/etc目录下以my开头的文件
[root@rhel6 nginx]# find /etc -name "my*" -print
#find可以支持复杂的正则表达式
[root@rhel6 nginx]#find . -name "[a-z][a-z][0--9][0--9].txt" -print
```

find 可以按照文件时间查找文件，对应的参数有 mtime、atime 和 ctime 选项。如系统突然报警 no space left on device，很可能是程序把硬盘空间占满，可利用 mtime 选项查找此增长过快的文件。用减号"-"来限定更改时间在距今 n 日以内的文件，而用加号"+"来限定更改时间在距今 n 日以前的文件。

【示例 4-26】续

```
#查找系统内最近24小时内修改过的文件
[root@rhel6 nginx]# find / -mtime -1|head
/
/usr/local/nginx
/usr/local/nginx/res
/usr/local/nginx/conf
/usr/local/nginx/logs
#查找最近15分钟内修改过的文件
[root@rhel6 nginx]# find / -mmin -15|head
/sys/fs/ext4/features/lazy_itable_init
/sys/fs/ext4/features/batched_discard
/sys/fs/ext4/dm-0/delayed_allocation_blocks
/sys/fs/ext4/dm-0/session_write_kbytes
```

find 使用 type 选项可以查找特定的文件类型，常见的文件类型如表 4.16 所示。

表 4.16 find 文件类型常用参数说明

参数	说明
b	块设备文件
d	目录
c	字符设备文件
p	管道文件
l	符号链接文件
f	普通文件

【示例 4-26】续

```
#查找当前路径中的所有目录
[root@rhel6 nginx]# find . -type d
.
./conf
./html
./sbin
#查找当前路径中的所有文件
[root@rhel6 nginx]# find . -type f
./res
./conf/nginx.conf
./html/index.html
./html/50x.html
./sbin/nginx
#查找所有的符号链接文件
[root@rhel6 nginx]# find . -type l
./logs
[root@rhel6 nginx]# ls -l
total 16
drwxr-xr-x. 2 root root 4096 Apr 24 22:34 conf
drwxr-xr-x. 2 root root 4096 Apr 11 03:15 html
lrwxrwxrwx. 1 root root   10 Apr 24 22:36 logs -> /data/logs
-rw-r--r--. 1 root root  202 Apr 24 22:38 res
drwxr-xr-x. 2 root root 4096 Apr 11 03:15 sbin
```

如果只知道某个文件的大小、修改日期等特征也可以使用 find 命令查找出该文件，类似于 Windows 系统中的搜索功能。如"100c"中字符 c 表示以字节为单位查找文件，"+100c"表示大于 100 个字节的文件，k、M、G 的意义类似。详细用法如实例 4-26 所示。

【示例 4-26】续

```
#在当前目录下查找文件长度大于1 MB 的文件
[root@rhel6 nginx]# find . -size +1000000c -print
#在/home/apache 目录下查找文件长度恰好为100B 的文件
[root@rhel6 nginx]# find /home/apache -size 100c -print
#在当前目录下查找长度超过10块的文件
[root@rhel6 nginx]#find . -size +10 -print
#使查找在进入子目录前先行查找完本目录
[root@rhel6 nginx]# find / -name CON.FILE -depth -print
```

find 可以按文件属主查找文件，如查找被删除用户的文件，可使用-nouser 选项。这样就能够找到那些属主在/etc/passwd 文件中没有有效账户的文件。在使用-nouser 选项时，不必给出用户名；find 命令能够完成相应的工作，如在$HOME 目录中查找文件属主为 goss 的文件。同理就像 user 和 nouser 选项一样，针对文件所属于的用户组， find 命令也具有同 group 和 nogroup 选项一样的选项。详细用法如示例 4-26 所示。

【示例 4-26】续

```
#查找指定属主的文件
[root@rhel6 nginx]# find / -user goss -type f|head -3
/home/goss/.bash_logout
/home/goss/curl-7.21.3/curl-style.el
/home/goss/curl-7.21.3/m4/curl-compilers.m4
#查找被删除用户的文件
[root@rhel6 nginx]# find /home -nouser -print
[root@rhel6 nginx]# find / -nouser|head -400|tail
/data/soft/vim73/nsis/icons/vim_uninst_16c.ico
/data/soft/vim73/nsis/icons/disabled.bmp
/data/soft/vim73/nsis/icons/enabled.bmp
[root@rhel6 nginx]# ls -l  /data/soft/vim73/nsis/icons/vim_uninst_16c.ico
-rwxr-xr-x.      1     1001      1001      1082     Jul       28        2006 /data/soft/vim73/nsis/icons/vim_uninst_16c.ico
/data/soft/nginx-1.2.8/contrib/unicode2nginx/unicode-to-nginx.pl
#在/apps 目录下查找属于 gem 用户组的文件
[root@rhel6 nginx]# find /apps -group gem -print
#要查找没有有效所属用户组的所有文件，可以使用 nogroup 选项。下面的 find 命令从文件系统的根目录处查找这样的文件
[root@rhel6 nginx]#  find / -nogroup-print
```

find 可按照文件权限位查找文件，可以使用八进制的权限。如在当前目录下查找文件权限位为 755 的文件，即文件属主可以读、写、执行且其他用户可以读、执行的文件。如在八进制数字前面要加一个横杠 "-"，表示都匹配，如-007 就相当于 777、-006 相当于 666。

【示例 4-26】续

```
[root@rhel6 nginx]#ls -l
-rwxrwxr-x 2 sam adm 0 10月 31 01:01 http4.conf
-rw-rw-rw- 1 sam adm 34890 10月 31 00:57 httpd1.conf
-rwxrwxr-x 2 sam adm 0 10月 31 01:01 httpd.conf
drw-rw-rw- 2 gem group 4096 10月 26 19:48 sam
-rw-rw-rw- 1 root root 2792 10月 31 20:19 temp
[root@rhel6 nginx]# find . -perm 006
[root@rhel6 nginx]# find . -perm -006
```

```
./sam
./httpd1.conf
./temp
-perm mode：文件许可正好符合 mode
-perm +mode：文件许可部分符合 mode
-perm -mode：文件许可完全符合 mode
```

find 命令可以使用混合查找的方法，例如想在/tmp 目录中查找大于 100,000,000 字节并且在 48 小时内修改的某个文件，可以使用-and 把两个查找选项链接起来组合成一个混合的查找方式。

【示例 4-26】续

```
[root@rhel6 nginx]# find /tmp -size +10000000c -and -mtime +2
可以解释为在/tmp 目录中查找属于 fred 或 george 这两个用户的文件
[root@rhel6 nginx]# find / -user fred -or -user George
```

2．xargs

find 命令可以把匹配到的文件传递给 xargs 命令执行，在使用 find 命令的-exec 选项处理匹配到的文件时，find 命令将所有匹配到的文件一起传递给 exec 执行。由于有些系统对能够传递给 exec 的命令长度有限制，这样在 find 命令运行时就会出现溢出错误。错误信息通常是"参数列太长"或"参数列溢出"，这时可以采用 xargs 命令。操作方法如示例 4-26 所示。

【示例 4-26】续

```
#下面的例子查找系统中的每一个普通文件，然后使用 xargs 命令来测试它们分别属于哪类文件
[root@rhel6 nginx]#find . -type f -print | xargs file
./httpd.conf: ISO-8859 English text, with CRLF, LF line terminators
./magic: magic text file for file(1) cmd
./mime.types: ASCII English text
#找到当前目录下的 log 并删除
[root@rhel6 nginx]# find . -type -f -name "*\.log" -print | xargs rm
```

 在上面的例子中，"\"用来取消 find 命令中的"."在 Shell 中的特殊含义，把其当作普通的字符"."。

find 命令配合使用 exec 和 xargs 可以使用户对所匹配到的文件执行几乎所有的命令。另外可以使用 exec 或 ok 来执行 Shell 命令。exec 选项后面跟随着所要执行的命令或脚本。

【示例 4-26】续

```
#用 ls -l 命令列出所匹配到的文件，可以把 ls -l 命令放在 find 命令的-exec 选项中
[root@rhel6 nginx]# find . -type f -exec ls -l { } \;
-rw-r--r-- 1 goss users 26542 May 30 14:51 ./httpd.conf
```

```
-rw-r--r-1 goss users 12958 Jan  4  2011 ./magic
-rw-r--r-- 1 goss users 45472 Jan  4  2011 ./mime.types
#查找logs目录中更改时间在5日以前的文件并删除它们
[root@rhel6 nginx] # find logs -type f -mtime +5 -exec rm {} \;
#在Shell中用任何方式删除文件之前,应当先查看相应的文件,防止文件误删除。可以使用exec的安全模式
[root@rhel6 nginx]# find logs -type f  -ok rm {} \;
< rm ... logs/a > ? y
< rm ... logs/b > ? y
< rm ... logs/c > ? y
< rm ... logs/d > ? y
```

4.5.7 过滤文本 grep

grep 是一种强大的文本搜索工具命令,用于查找文件中符合指定格式的字符串,支持正则表达式。如不指定任何文件名称,或是所给予的文件名为"-",则 grep 命令从标准输入设备读取数据。grep 家族包括 grep、egrep 和 fgrep。egrep 和 fgrep 命令只跟 grep 有很小不同。egrep 是 grep 的扩展,fgrep 就是 fixed grep 或 fast grep,该命令使用任何正则表达式中的元字符表示其自身的字面意义,不再特殊。其中 egrep 就等同于"grep -E",fgrep 等同于"grep –F"。Linux 中的 grep 功能强大,支持很多丰富的参数,使用它可以方便地进行文本处理工作。grep 常用参数说明如表 4.17 所示。

表 4.17 grep 命令常用参数说明

参数	说明
-a	不要忽略二进制的数据
-A	除显示符合条件的那一行之外,显示该列之后的内容
-b	在显示符合范本样式的那一列之前,标示出该列第 1 个字符的位编号
-B	除显示符合条件的那一行之外,显示该列之前的内容
-c	计算符合结果的行数
-C	除显示符合条件的那一行之外,显示该列之前后的内容
-e	按指定字符串查找
-E	按指定字符串指定的正则查找
-f	指定范本文件,其内容含有一个或多个范本样式
-F	将范本样式视为固定字符串的列表
-G	将范本样式视为普通的表示法来使用
-h	在显示符合范本样式的那一列之前,不标示该列所属的文件名称
-H	在显示符合范本样式的那一列之前,标示该列所属的文件名称
-i	忽略字符大小写
-l	列出文件内容符合指定的范本样式的文件名称
-L	列出文件内容不符合指定的范本样式的文件名称

(续表)

参数	说明
-n	在显示符合范本样式的那一列之前,标示出该列的列数编号
-q	不显示任何信息
-r	在指定路径递归查找
-s	不显示错误信息
-v	反向查找
-V	显示版本信息
-w	匹配整个单词
-x	只显示全列符合的列
--help	在线帮助

grep 单独使用时至少有两个参数,如少于两个参数,grep 会一直等待,直到该程序被中断。如果遇到这样的情况,可以按 Ctrl+C 键终止。默认情况下只搜索当前目录,如果递归查找子目录,可使用 r 选项。详细使用方法如示例 4-27 所示。

【示例 4-27】

```
#在指定文件中查找特定字符串
[root@rhel6 ~]# grep root /etc/passwd
root:x:0:0:root:/root:/bin/bash
operator:x:11:0:operator:/root:/sbin/nologin
#结合管道一起使用
[root@rhel6 ~]#  cat /etc/passwd | grep root
root:x:0:0:root:/root:/bin/bash
operator:x:11:0:operator:/root:/sbin/nologin
#将符合条件的内容所在的行号
[root@rhel6 ~]# grep -n root /etc/passwd
1:root:x:0:0:root:/root:/bin/bash
30:operator:x:11:0:operator:/root:/sbin/nologin
#在 nginx.conf 中查找包含 listen 的行号并打印出来
[root@rhel6 conf]# grep listen  nginx.conf
     listen       80;
#结合管道联合使用,其中/sbin/ifconfig 表示查看当前系统的网络配置信息,然后查找包含"inet addr"的字符串,第2行为查找的结果
[root@rhel6 etc]# cat file1
[mysqld]
datadir=/var/lib/mysql
socket=/var/lib/mysql/mysql.sock
user=mysql
[root@rhel6 etc]# grep var  file1
```

```
datadir=/var/lib/mysql
socket=/var/lib/mysql/mysql.sock
[root@rhel6 etc]# grep -v var file1
[mysqld]
user=mysql
#显示行号
[root@rhel6 etc]# grep -n var file1
2:datadir=/var/lib/mysql
3:socket=/var/lib/mysql/mysql.sock
[root@rhel6 nginx]# /sbin/ifconfig|grep "inet addr"
        inet addr:192.168.4.100  Bcast:192.168.4.255  Mask:255.255.255.0
#综合使用
$ grep magic /usr/src/linux/Documentation/* | tail
#查看文件内容
[root@rhel6 etc]# cat test.txt
default=0
timeout=5
splashimage=(hd0,0)/boot/grub/splash.xpm.gz
hiddenmenu
title rhel6 (2.6.32-358.el6.x86_64)
        root (hd0,0)
        kernel /boot/vmlinuz-2.6.32-358.el6.x86_64 ro root=UUID=d922ef3b-d474-40a8-a7a2
        initrd /boot/initramfs-2.6.32-358.el6.x86_64.img
#查找指定字符串，此时区分大小写
[root@rhel6 etc]# grep uuid  test.txt
[root@rhel6 etc]# grep UUID  test.txt
        kernel /boot/vmlinuz-2.6.32-358.el6.x86_64 ro root=UUID=d922ef3b-d474-40a8-a7a2
#不区分大小写查找指定字符串
[root@rhel6 etc]# grep -i uuid  test.txt
        kernel /boot/vmlinuz-2.6.32-358.el6.x86_64 ro root=UUID=d922ef3b-d474-40a8-a7a2
#列出匹配字符串的文件名
[root@rhel6 etc]# grep -l  UUID  test.txt
test.txt
[root@rhel6 etc]# grep -L  UUID  test.txt
#列出不匹配字符串的文件名
[root@rhel6 etc]# grep -L  uuid  test.txt
test.txt
#匹配整个单词
[root@rhel6 etc]# grep -w UU test.txt
```

```
[root@rhel6 etc]# grep -w UUID test.txt
        kernel /boot/vmlinuz-2.6.32-358.el6.x86_64 ro root=UUID=d922ef3b-d474-40a8-a7a2
#除了显示匹配的行，分别显示该行上下文的 N 行
[root@rhel6 etc]# grep -C1 UUID test.txt
        root (hd0,0)
        kernel /boot/vmlinuz-2.6.32-358.el6.x86_64 ro root=UUID=d922ef3b-d474-40a8-a7a2
        initrd /boot/initramfs-2.6.32-358.el6.x86_64.img
[root@rhel6 etc]# grep -n -E "^[a-z]+" test.txt
1:default=0
2:timeout=5
3:splashimage=(hd0,0)/boot/grub/splash.xpm.gz
4:hiddenmenu
5:title rhel6 (2.6.32-358.el6.x86_64)
[root@rhel6 etc]# grep -n -E "^[^a-z]+" test.txt
6:      root (hd0,0)
7:      kernel /boot/vmlinuz-2.6.32-358.el6.x86_64 ro root=UUID=d922ef3b-d474-40a8-a7a2
8:      initrd /boot/initramfs-2.6.32-358.el6.x86_64.img
#按正则表达式查找指定字符串
[root@rhel6 etc]# cat my.cnf
[mysqld]
datadir=/var/lib/mysql
socket=/var/lib/mysql/mysql.sock
user=mysql
#按正则表达式查找
[root@rhel6 etc]# grep -E "datadir|socket" my.cnf
datadir=/var/lib/mysql
socket=/var/lib/mysql/mysql.sock
[root@rhel6 etc]# grep mysql my.cnf
[mysqld]
datadir=/var/lib/mysql
socket=/var/lib/mysql/mysql.sock
user=mysql
#结合管道一起使用
[root@rhel6 etc]# grep mysql my.cnf |grep datadir
datadir=/var/lib/mysql
#递归查找
[root@rhel6 etc]# grep -r var .|head -3
./rc5.d/K50netconsole:  touch /var/lock/subsys/netconsole
./rc5.d/K50netconsole:  rm -f /var/lock/subsys/netconsole
```

```
./rc5.d/K50netconsole:   [ -e /var/lock/subsys/netconsole ] && restart
```

grep 支持丰富的正则表达式，常见的正则元字符含义如表 4.18 所示。

表 4.18　grep 正则参数说明

参数	说明
^	指定匹配字符串的行首
$	指定匹配字符串的结尾
*	表示 0 个以上的字符
+	表示 1 个以上的字符
\	去掉指定字符的特殊含义
^	指定行的开始
$	指定行的结束
.	匹配一个非换行符的字符
*	匹配零个或多个先前字符
[]	匹配一个指定范围内的字符
[^]	匹配一个不在指定范围内的字符
\(..\)	标记匹配字符
<	指定单词的开始
>	指定单词的结束
x{m}	重复字符 x，m 次
x{m,}	重复字符 x，至少 m 次
x{m,n}	重复字符 x，至少 m 次，不多于 n 次
w	匹配文字和数字字符，也就是[A~Z、a~z、0~9]
b	单词锁定符
+	匹配一个或多个先前的字符
?	匹配零个或多个先前的字符
a|b|c	匹配 a 或 b 或 c
()	分组符号
[:alnum:]	文字数字字符
[:alpha:]	文字字符
[:digit:]	数字字符
[:graph:]	非空格、控制字符
[:lower:]	小写字符
[:cntrl:]	控制字符
[:print:]	非空字符（包括空格）
[:punct:]	标点符号
[:space:]	所有空白字符（新行、空格、制表符）
[:upper:]	大写字符
[:xdigit:]	十六进制数字（0~9、a~f、A~F）

4.5.8 比较文件差异 diff

diff 命令的功能为逐行比较两个文本文件，列出其不同之处。它对给出的文件进行系统检查，并显示出两个文件中所有不同的行，以便告知用户为了使两个文件 file1 和 file2 一致，需要修改它们的哪些行，比较之前不要求事先对文件进行排序。如果 diff 命令后面跟的是目录，则会对该目录中的同名文件进行比较，但不会比较其中的子目录。diff 常见的参数如表 4.19 所示。

表 4.19 diff 命令常用参数说明

参数	说明
-a	预设只会逐行比较文本文件
-b	忽略行尾的空格
-B	不检查空白行
-c	用上下文输出格式，提供 n 行上下文
-C	与执行-c 命令相同
-d	使用不同的演算法，以较小的单位来做比较
-f	输出的格式类似 ed 的 script 文件，但按照原来文件的顺序来显示不同处
-H	比较大文件时，可加快速度
-l	若两个文件在某几行有所不同，而这几行同时都包含了选项中指定的字符或字符串，则不显示这两个文件的差异
-i	不检查大小写的不同
-l	将结果交由 pr 程序来分页
-n	将比较结果以 RCS 的格式来显示
-N	在比较目录时，若文件 A 仅出现在某个目录中，预设会显示
-p	若比较的文件为 C 语言的程序码文件时，显示差异所在的函数名称
-P	与-N 类似，但只有当第 2 个目录包含了一个第 1 个目录所没有的文件时，才会将这个文件与空白的文件做比较
-q	仅显示有无差异，不显示详细的信息
-r	比较子目录中的文件
-s	若没有发现任何差异，仍然显示信息
-S	在比较目录时，从指定的文件开始比较
-t	在输出时，将 tab 字符展开
-T	在每行前面加上 tab 字符以便对齐
-u,-U	以合并的方式来显示文件内容的不同
-v	显示版本信息
-w	忽略全部的空格字符
-W	在使用-y 参数时，指定栏宽
-x	不比较选项中所指定的文件或目录
-X	可以将文件或目录类型存成文本文件，然后在=中指定此文本文件
-y	以并列的方式显示文件的异同之处
--help	显示帮助

diff 命令部分功能使用方法如示例 4-28 所示。

【示例 4-28】

```
[root@rhel6 conf]# head nginx.conf|cat -n
     1
     2  #user  nobody;
     3  worker_processes 1;
     4
     5  #error_log  logs/error.log;
     6  #error_log  logs/error.log  notice;
     7  #error_log  logs/error.log  info;
     8
     9  #pid        logs/nginx.pid;
    10
[root@rhel6 conf]# head nginx.conf.bak |cat -n
     1
     2  worker_processes 1;
     3
     4  error_log  logs/error.log;
     5  error_log  logs/error.log  notice;
     6  error_log  logs/error.log  info;
     7
     8  pid        logs/nginx.pid;
     9
    10
#比较文件差异
[root@rhel6 conf]# diff nginx.conf nginx.conf.bak |cat -n
     1  2d1
     2  < #user  nobody;
     3  5,7c4,6
     4  < #error_log  logs/error.log;
     5  < #error_log  logs/error.log  notice;
     6  < #error_log  logs/error.log  info;
     7  ---
     8  > error_log  logs/error.log;
     9  > error_log  logs/error.log  notice;
    10  > error_log  logs/error.log  info;
    11  9c8
    12  < #pid        logs/nginx.pid;
    13  ---
    14  > pid        logs/nginx.pid;
```

在上述比较结果中，以"<"开头的行属于第 1 个文件，以">"开头的行属于第 2 个文件。字母 a、d 和 c 分别表示附加、删除和修改操作。

4.5.9 在文件或目录之间创建链接 ln

ln 命令用于连接文件或目录，如同时指定两个以上的文件或目录，且最后的目的地是一个已经存在的目录，则会把前面指定的所有文件或目录复制到该目录中。若同时指定多个文件或目录，且最后的目的地并非是一个已存在的目录，则会出现错误信息。ln 命令会保持每一处链接文件的同步性，也就是说，改动其中一处，其他地方的文件都会发生相同的变化。ln 常见的参数如表 4.20 所示。

表 4.20 ln 命令常用参数说明

参数	说明
-b	为每个已存在的目标文件创建备份文件
-d	允许系统管理者硬链接自己的目录
-f	强行建立文件或目录的链接，不论文件或目录是否存在
-i	覆盖既有文件之前先询问用户
-n	把符号连接的目的目录视为一般文件
-s	创建符号链接而不是硬链接
-S	用-b 参数备份目标文件后，备份文件的字尾会被加上一个备份字符串
-v	显示命令执行过程
-t	在指定目录中创建链接
-T	将链接名当作普通文件（在对目录进行符号链接时要用到此选项）
--version	显示版本信息

ln 的链接分为软链接和硬链接。软链接只会在目的位置生成一个文件的链接文件，实际不会占用磁盘空间，相当于 Windows 中的快捷方式。硬链接会在目的位置上生成一个和源文件大小相同的文件。无论是软链接还是硬链接，文件都保持同步变化。软链接是可以跨分区的，但是硬链接必须在同一个文件系统中，并且不能对目录进行硬链接，而符号链接可以指向任意的位置。详细使用方法如示例 4-29 所示。

【示例 4-29】
```
#创建软链接
[root@rhel6 ln]# ln -s  /data/ln/src /data/ln/dst
[root@rhel6 ln]# ls -l
total 0
lrwxrwxrwx. 1 root root 12 Jun  3 23:19 dst -> /data/ln/src
-rw-r--r--. 1 root root  0 Jun  3 23:19 src
[root@rhel6 ln]# echo "src" >src
#当源文件内容改变时，软链接指向的文件内容也会改变
```

```
[root@rhel6 ln]# cat src
src
[root@rhel6 ln]# cat dst
src
#创建硬链接
[root@rhel6 ln]# ln   /data/ln/src /data/ln/dst_hard
#查看文件硬链接信息
[root@rhel6 ln]# ls -l
total 8
-rw-r--r--. 2 root root 4 Jun  3 23:27 dst_hard
-rw-r--r--. 2 root root 4 Jun  3 23:27 src
[root@rhel6 ln]# cat dst_hard
src
#删除源文件
[root@rhel6 ln]# rm src
[root@rhel6 ln]# ls
dst  dst_hard
#软链接指向的文件内容已经不存在
[root@rhel6 ln]# cat dst
cat: dst: No such file or directory
#硬链接文件内容依然存在
[root@rhel6 ln]# cat dst_hard
src
[root@rhel6 ln]# cd ..
[root@rhel6 data]# mkdir  ln2
#对某一目录中的所有文件和目录建立连接
[root@rhel6 data]# ln -s /data/ln/* /data/ln2
[root@rhel6 data]# ls -l ln2
total 0
lrwxrwxrwx. 1 root root 17 Jun  3 23:22 dst_hard -> /data/ln/dst_hard
lrwxrwxrwx. 1 root root 14 Jun  3 23:22 file1 -> /data/ln/file1
lrwxrwxrwx. 1 root root 14 Jun  3 23:22 file2 -> /data/ln/file2
lrwxrwxrwx. 1 root root 14 Jun  3 23:22 file3 -> /data/ln/file3
lrwxrwxrwx. 1 root root 14 Jun  3 23:22 lndir -> /data/ln/lndir
```

硬链接指向的文件在进行读写和删除操作时，效果和符号链接相同。删除硬链接文件的源文件后，硬链接文件仍然存在，可以将硬链接指向的文件认为是不同文件，只是具有相同的内容。

4.5.10 显示文件类型 file

file 命令用来显示文件的类型,对于每个给定的参数,该命令试图将文件分类,类型有文本文件、可执行文件、压缩文件或其他可理解的数据格式。file 常见的参数如表 4.21 所示。其详细使用方法如示例 4-30 所示。

表 4.21 file 命令常用参数说明

参数	说明
-b	不显示文件名称,只显示文件类型
-c	详细显示指令执行过程,便于排错或分析程序执行的情形
-f	指定名称文件
-L	直接显示符号连接所指向的文件的类别
-m	指定魔法数字文件
-i	显示 MIME 类别
-v	显示版本信息
-z	尝试去解读压缩文件的内容

【示例 4-30】

```
#显示文件类型
[root@rhel6 conf]# file magic
magic: magic text file for file(1) cmd
#不显示文件名称,只显示文件类型
root@rhel6 conf]# file -b magic
magic text file for file(1) cmd
#显示文件 magic 信息
[root@rhel6 conf]# file -i magic
magic: text/plain; charset=utf-8
#可执行文件
[root@rhel6 conf]# file /bin/cp
/bin/cp: ELF 64-bit LSB executable, AMD x86-64, version 1 (SYSV), for GNU/Linux 2.6.4, dynamically linked (uses shared libs), for GNU/Linux 2.6.4, stripped
[root@rhel6 conf]# ln -s /bin/cp cp
[root@rhel6 conf]# file cp
cp: symbolic link to `/bin/cp'
#显示链接指向的实际文件的相关信息
[root@rhel6 conf]# file -L cp
cp: ELF 64-bit LSB executable, AMD x86-64, version 1 (SYSV), for GNU/Linux 2.6.4, dynamically linked (uses shared libs), for GNU/Linux 2.6.4, stripped
```

4.5.11　分割文件 split

当处理文件时，有时需要将文件做分隔处理，split 命令用于分割文件，可以分割文本文件，按指定的行数分隔，每个分隔后的文件都包含相同的行数。split 可以分隔非文本文件，分割时可以指定每个文件的大小，分隔后的文件有相同的大小。split 后的文件可以使用 cat 命令组装在一起。split 常用的参数如表 4.22 所示。

表 4.22　split 命令常用参数说明

参数	说明
-a	指定分隔文件时前缀的长度，默认为 2
-b	指定每个分隔文件的大小，以字节为单位
-C	指定每个文件中单行的最大字节数
-d	使用数字前缀而非字符前缀
-l	指定每个分隔文件包含多少行
--verbose	输出执行时的诊断信息
--version	输出版本信息

示例 4-31 演示了 split 命令的用法，部分显示结果省略。

【示例 4-31】

```
[root@rhel6 cmd]# cat src.txt
0
1
2
3
4
5
6
7
8
9
[root@rhel6 cmd]# split  src.txt
[root@rhel6 cmd]# ls
dst.txt  src.txt  xaa  xab  xac
#split 默认按1000行分隔文件
[root@rhel6 cmd]# ls
src.txt  xaa  xab  xac
[root@rhel6 cmd]# wc -l *
2004 src.txt
1000 xaa
```

```
1000 xab
4 xac
[root@rhel6 cmd]# ls -lhtr
total 8.0K
-rw-r--r--. 1 root root 53 Apr 22 18:35 src.txt
-rw-r--r--. 1 root root 53 Apr 22 18:35 xaa
[root@rhel6 cmd]# rm xaa
rm: remove regular file `xaa'? y
#按每个文件3行分隔文件
[root@rhel6 cmd]# split -l 3 src.txt
[root@rhel6 cmd]# ls
src.txt  xaa  xab xac
-rw-r--r--. 1 root root  8 Apr 22 18:35 xad
-rw-r--r--. 1 root root  9 Apr 22 18:35 xae
-rw-r--r--. 1 root root  9 Apr 22 18:35 xaf
-rw-r--r--. 1 root root  9 Apr 22 18:35 xag
[root@rhel6 cmd]# cat xa*
0
1
2
#中间结果省略
2003
[root@rhel6 cmd]# cat xaa
0
1
2
#如文件行数太多,使用默认的两个字符已经不能满足需求
[root@rhel6 cmd]# split -l 3 src.txt
split: output file suffixes exhausted
[root@rhel6 cmd]# rm -f xa*
[root@rhel6 cmd]# ls
src.txt
#指定分隔前缀的长度
[root@rhel6 cmd]# split -a 5 -l 3 src.txt
[root@rhel6 cmd]# ls
src.txt xaaaaa xaaaab xaaaac xaaaad xaaaae xaaaaf xaaaag
[root@rhel6 cmd]# cat xaaaaa
0
1
```

```
2
[root@rhel6 cmd]# rm -f xaaaa*
#使用数字前缀
[root@rhel6 cmd]# split -a 5 -l 3 -d src.txt
[root@rhel6 cmd]# ls
src.txt  x00000  x00001  x00002  x00003  x00004  x00005  x00006
[root@rhel6 cmd]# cat x00000
0
1
2
#指定每个文件的大小，默认为字节，可以使用1m类似的参数
默认为B，另外有单位b,k,m等
SIZE 可加入单位：b 代表 512，k 代表 1K，m 代表 1 Meg
[root@rhel6 cmd]# split -a 5 -b 3 src.txt
[root@rhel6 cmd]# ls
src.txt  xaa xab xac xad xae xaf xag xah xai xaj xak xal xam xan xao
xap xaq xar
[root@rhel6 cmd]# ls -l xaaaaa
-rw-r--r--. 1 root root      3 Apr 22 18:55 xaaaaa
[root@rhel6 cmd]# src.txt xaa xaaaaa xaaaab xaaaac xaaaad xaaaae xaaaaf xaaaag
[root@rhel6 cmd]# cat xa* >dst.txt
[root@rhel6 cmd]# md5sum src.txt  dst.txt
74437cf5bf0caab73a2fedf7ade51e67  src.txt
74437cf5bf0caab73a2fedf7ade51e67  dst.txt
#指定分隔前缀
[root@rhel6 cmd]# split -a 5 -b 3000  src.txt   src_
[root@rhel6 cmd]# ls
dst.txt   src_aaaac  src_aaaag  src_aaaak  src_aaaao
```

当把一个大的文件拆分为多个小文件后，如何校验文件的完整性呢？一般通过 MD5 工具来校验对比。对应的 Linux 命令为 md5sum。

 有关 md5 的校验机制和原理请参考相关文档，本节不再赘述。

4.5.12 合并文件 join

如果需要将两个文件根据某种规则连接起来，join 可以完成这个功能，该命令可以找出两个文件中指定列内容相同的行，并加以合并，再输出到标准输出设备。join 常见的参数如表 4.23 所示。

表 4.23 join 命令常用参数说明

参数	说明
-a<1 或 2>	除了显示原来的输出内容之外，还显示命令文件中没有相同列的行
-e<字符串>	若[文件 1]与[文件 2]中找不到指定的列，则在输出中填入选项中的字符串
-i	比较列内容时，忽略大小写的差异
-j	表示连接的字段参数
-o<格式>	按照指定的格式来显示结果
-t<字符>	指定列的分隔字符
-v<1 或 2>	跟-a 相同，但是只显示文件中没有相同列的行
-1<列>	指定匹配列为第 1 个文件中的某列，如果不指定，默认为第 1 列
-2<列>	指定匹配列为第 2 个文件中的某列，如果不指定，默认为第 1 列
--help	显示帮助

join 命令的部分用法如示例 4-32 所示。

【示例 4-32】

```
[root@rhel6 conf]# cat -n src
     1  abrt /etc/abrt /sbin/nologin
     2  adm adm /var/adm
     3  avahi-autoipd Avahi IPv4LL
     4  bin bin /bin
     5  daemon daemon /sbin
     6  dbus System message
     7  ftp FTP User
     8  games games /usr/games
     9  gdm /var/lib/gdm /sbin/nologin
    10  gopher gopher /var/gopher
[root@rhel6 conf]# cat -n dst
     1  abrt
     2  adm 99999 7
     3  avahi-autoipd
     4  bin 99999 7
     5  daemon 99999 7
     6  dbus
     7  ftp 99999 7
     8  games 99999 7
     9  gdm
    10  gopher 99999 7
[root@rhel6 conf]# join src dst |cat -n
     1  abrt /etc/abrt /sbin/nologin
```

```
    2 adm adm /var/adm 99999 7
    3 avahi-autoipd Avahi IPv4LL
    4 bin bin /bin 99999 7
    5 daemon daemon /sbin 99999 7
    6 dbus System message
    7 ftp FTP User 99999 7
    8 games games /usr/games 99999 7
    9 gdm /var/lib/gdm /sbin/nologin
   10 gopher gopher /var/gopher 99999 7
#指定输出特定的列
[root@rhel6 conf]# join -o1.1 -o2.2,2.3 src dst
abrt
adm 99999 7
avahi-autoipd
bin 99999 7
daemon 99999 7
dbus
ftp 99999 7
games 99999 7
gdm
gopher 99999 7
```

4.5.13 文件权限 umask

umask 用于指定在建立文件时预设的权限掩码。权限掩码由 3 个八进制的数字所组成，将现有的存取权限减掉权限掩码后，即可产生建立文件时预设的权限。umask 常见的参数如表 4.24 所示。

表 4.24 umask 命令常用参数说明

参数	说明
-S	以文字的方式来表示权限掩码

需要注意的是文件基数为 666，目录为 777，即文件不设 x 位，目录可设 x 位。chmod 改变文件权限位时设定哪个位，哪么哪个位就有权限，而 umask 设定哪个位，则哪个位上就没权限。当完成一次设定后，只针对当前登录的环境有效，如想永久保存，可以添加到对应用户的 profile 文件中：

```
[root@rhel6 ~]# umask
0022
```

umask 参数中的数字范围为 000~777。umask 计算方法分为目录和文件两种情况。相应的文件和目录默认创建权限步骤如下。

步骤01 目录和文件的最大权限模式为 777，即所有用户都具有读、写和执行权限。
步骤02 得到当前环境 umask 的值，当前系统为 0022。
步骤03 对于目录来说。根据互补原则目录权限为 755，而文件由于默认没有执行权限，最大为 666，则对应的文件权限为 644。

【示例 4-33】
```
#首先查看当前系统umask值，当前系统为022
[root@rhel6 umask]# umask
0022、
#分别创建文件和目录
[root@rhel6 umask]# touch file
[root@rhel6 umask]# mkdir dir
#文件默认权限为666-022=644，目录默认权限为777-022=755
[root@rhel6 umask]# ls -l
total 4
drwxr-xr-x. 2 root root 4096 Jun  4 01:22 dir
-rw-r--r--. 1 root root    0 Jun  4 01:22 file
```

4.5.14 文本操作 awk 和 sed

awk 和 sed 为 Linux 系统中强大的文本处理工具，其使用方法比较简单，而且处理效率非常高，本节主要介绍 awk 和 sed 命令的使用方法。

1．awk 命令

awk 命令用于 Linux 下的文本处理。数据可以来自文件或标准输入，支持正则表达式等功能，它是 Linux 下强大的文本处理工具。示例 4-34 是一个简单的 awk 使用方法。

【示例 4-34】
```
[root@rhel6 ~]# awk '{print $0}' /etc/passwd|head
root:x:0:0:root:/root:/bin/bash
bin:x:1:1:bin:/bin:/sbin/nologin
daemon:x:2:2:daemon:/sbin:/sbin/nologin
adm:x:3:4:adm:/var/adm:/sbin/nologin
lp:x:4:7:lp:/var/spool/lpd:/sbin/nologin
sync:x:5:0:sync:/sbin:/bin/sync
```

 当指定 awk 时，首先从给定的文件中读取内容，然后针对文件中的每一行执行 print 命令，并发送至标准输出，如屏幕。在 awk 中，"{}"用于将代码分块。由于 awk 默认的分隔符为空格等空白字符，上述示例的功能为将文件中的每行打印出来。

如需打印文件中的某个字段，可以使用示例 4-35 所示的命令。

【示例 4-35】
```
[root@rhel6 ~]# awk -F':' '{print $1}'  /etc/passwd|head
root
bin
daemon
adm
lp
```

 "-F"表示指定每行的分隔符，通过分隔符将文件中的每一行分割成多列，每列编号从 1 开始，"$0"有特殊含义，表示每一行的所有内容。

awk 可以使用比较运算符，如"="、"<"、">"、"<="、">="、"!="，还可以使用匹配等运算符，如示例 4-36 所示。

【示例 4-36】
```
[root@rhel6 ~]# cat -n script
   1  {
   2      if ( $1 < "2012-01-01" )
   3      {
   4          print "2011"
   5      }
   6      else if ($1<"2014-01-01" &&$1>="2012-01-01")
   7      {
   8          print "2012"
   9      }
  10      else
  11      {
  12          print "2014"
  13      }
  14  }
[root@rhel6 ~]# cat -n test.txt
   1  2012-08-01
   2  2012-07-07
   3  2014-07-01
   4  2011-07-01
[root@rhel6 ~]# awk -f script  test.txt
2012
2012
```

```
2014
2011
```

除可以通过命令行传入参数以外，-f 参数还表示 awk 命令从文件读取对应命令，每读取文件 test.txt 中的一行，就执行脚本中的判断逻辑并产生相应输出。

除支持条件判断表达式之外，awk 还支持循环结构，如 for、while 等。其使用方法类似于 C 语言中的循环结构。

【示例 4-37】

```
[root@rhel6 ~]# cat -n script2
   1  {
   2      for(i=1;i<=10;i++)
   3      {
   4          if(i%4==0)
   5          {
   6              continue
   7          }
   8          print i
   9      }
  10  }
[root@rhel6 ~]# echo "test"|awk -f script2
1
2
3
5
6
7
9
10
```

上述示例演示了 awk 中 for 循环的使用，如变量整除 4 余数为 0，则不打印，否则输出该数字。

如需向 awk 中传入参数，可以使用 -v 参数。

【示例 4-38】

```
[root@rhel6 ~]# awk -v myvalue="date is"  '{print myvalue" "$0}' test.txt
date is 2012-08-01
date is 2012-07-07
date is 2014-07-01
```

使用-v 参数传入的变量在引用时不能加引号等字符。

示例 4-39 演示了如何通过 awk 统计文件的占用空间。

【示例 4-39】
```
[root@rhel6 ~]# ls -l|awk 'BEGIN{sum=0}{sum+=$5}END{print sum}'
9974
```

BEGIN 指定了在每行处理之前需要做的操作,这里初始化变量 sum 为 0,然后对每一行进行相加,END 指定了在所有行处理完毕后执行的操作,这里为打印 sum 变量的值。

示例 4-40 演示了如何通过 awk 命令统计出 Apache 服务的返回码分布。

【示例 4-40】
```
[root@rhel6 ~]# head -10000 www.test.com-access_log.2014-08-27|awk '{print $NF}'|sort|uniq -c|sort -nr|head -3
   9144 200
    800 404
     37 400
```

NF 表示当前文件中的每行的字段数,由于日志中最后一个字段记录了 Apache 服务的返回码,因此通过"$NF"将最后一列打印出来,sort 命令为对输出的返回码进行排序,uniq 统计出每个返回码的数量,再次 sort 按返回码的数量排序,最后将出现次数最多的前三个错误码及次数打印出来。

2.sed 命令

在修改文件时,如果不断地重复某些编辑动作,则可用 sed 命令完成。sed 命令为 Linux 系统上将编辑工作自动化的编辑器,使用者无须直接编辑数据。它是一种非交互式上下文编辑器,一般的 Linux 系统,本身即安装有 sed 工具。使用 sed 可以完成数据行的删除、更改、添加、插入、合并或交换等操作。同 awk 类似,sed 的命令可以通过命令行、管道或文件输入。

sed 命令可以打印指定的行至标准输出或重定向至文件,打印指定的行可以使用 p 命令,可以打印指定的某一行或某个范围的行,如示例 4-41 所示。

【示例 4-41】
```
[root@rhel6 ~]# head -3 /etc/passwd|sed -n 2p
bin:x:1:1:bin:/bin:/bin/bash
[root@rhel6 ~]# head -3 /etc/passwd|sed -n 2,3p
bin:x:1:1:bin:/bin:/bin/bash
daemon:x:2:2:Daemon:/sbin:/bin/bash
```

"2p"表示只打印第2行,而"2,3p"表示打印一个范围。

如需替换文件内的字符串,可以使用s命令,如示例4-42所示。

【示例4-42】
```
[root@rhel6 ~]# head -3 /etc/passwd|sed 's/:/ /'
root x:0:0:root:/root:/bin/bash
bin x:1:1:bin:/bin:/bin/bash
daemon x:2:2:Daemon:/sbin:/bin/bash
[root@rhel6 ~]# head -3 /etc/passwd|sed 's/:/ /g'
root x 0 0 root /root /bin/bash
bin x 1 1 bin /bin /bin/bash
daemon x 2 2 Daemon /sbin /bin/bash
```

s/exp1/exp2/g 表示替换,exp1 为被替换的正则表达式,exp2 为替换后的字符串,g 参数为全局替换。如不指定该参数,则在处理每一行时替换第1个符合条件的字符后终止。

sed 命令处理后的输出并没有更改原文件,而是将处理后的结果复制一份至标准输出,如需保存更改至原文件,可以使用-i 参数,如示例4-43 所示。

【示例4-43】
```
[root@rhel6 ~]# head -3 test.txt
root:x:0:0:root:/root:/bin/bash
bin:x:1:1:bin:/bin:/bin/bash
daemon:x:2:2:Daemon:/sbin:/bin/bash
[root@rhel6 ~]# sed -i 's/:/ /g' test.txt
[root@rhel6 ~]# head -3 test.txt
root x 0 0 root /root /bin/bash
bin x 1 1 bin /bin /bin/bash
daemon x 2 2 Daemon /sbin /bin/bash
```

i 参数指定了将更改写回原文件,因此再次查看文件内容时为替换后的内容。

除了可以替换字符串以外,sed 可以删除符合指定正则表达式的行。删除指定数据行可以使用d命令,如示例4-44所示。

【示例4-44】
```
[root@rhel6 ~]# head -3 test.txt |sed "2,3d"
root x 0 0 root /root /bin/bash
```

上述示例作用为删除第 2 行和第 3 行，注意此操作并没有更改原文件，如需保存更改，需和 i 参数结合使用。

除删除指定的行以外，sed 命令还可以在符合指定正则表达式的数据行后面添加行，添加行可以使用 a 命令，如示例 4-45 所示。

【示例 4-45】
```
[root@rhel6 ~]# head -3 test.txt|sed '/root/anewline'
root x 0 0 root /root /bin/bash
newline
bin x 1 1 bin /bin /bin/bash
daemon x 2 2 Daemon /sbin /bin/bash
```

 root 表达式指定了添加时指定的字符串，a 表示追加命令，newline 为追加的字符串。

以上只介绍了 awk 和 sed 命令的基本用法，awk 和 sed 为 Linux 下强大的文本处理工具，如需了解更多功能，可以参考相关帮助文档。

4.6 目录管理

目录是 Linux 的基本组成部分，目录管理包括目录的复制、删除、修改等操作，本节主要介绍 Linux 中目录管理相关的命令。

4.6.1 显示当前工作目录 pwd

pwd 命令用于显示当前工作目录的完整路径，常见的参数如表 4.25 所示。

表 4.25 pwd 命令常用参数说明

参数	说明
-P	显示实际路径而非链接路径
--help	显示帮助信息

pwd 命令的使用比较简单，默认情况下不带任何参数，执行该命令显示当前路径。如果当前路径有软链接，显示链接路径而非实际路径，使用 P 参数可以显示当前路径的实际路径。使用方法如示例 4-46 所示。

【示例 4-46】

```
#查看创建软链接
[root@rhel6 nginx]# ls -l
lrwxrwxrwx. 1 root   root    10 Apr 17 00:06 logs -> /data/logs
[root@rhel6 nginx]# cd logs
#默认显示链接路径
[root@rhel6 logs]# pwd
/usr/local/nginx/logs
#显示实际路径
[root@rhel6 logs]# pwd -P
/data/logs
```

4.6.2 建立目录 mkdir

mkdir 命令用于创建指定的目录。创建目录时当前用户对需要操作的目录有读写权限。如目录已经存在，会报错并退出。mkdir 可以创建多级目录，常见的参数如表 4.26 所示。

表 4.26 mkdir 命令常用参数说明

参数	说明
-m	设置新目录的存取权限，类似 chmod
-p	该参数后跟路径名称，可以是绝对路径或相对路径，如目录不存在则会创建
--help	显示帮助信息

 创建目录时目的路径不能存在重名的目录或文件。使用 -p 参数可以一次创建多个目录，并且创建多级目录，而不需要多级目录中每个目录都存在。

mkdir 使用方法如示例 4-47 所示，部分操作结果省略。

【示例 4-47】

```
[root@rhel6 logs]# cd /data
#如目录已经存在，提示错误信息并退出
[root@rhel6 data]# mkdir soft
mkdir: cannot create directory `soft': File exists
#使用 P 参数可以创建存在或不存在的目录
[root@rhel6 data]# mkdir -p soft
#使用相对路径
[root@rhel6 data]# mkdir -p soft/nginx
[root@rhel6 data]# ls -l soft/
total 9596
drwxr-xr-x. 2 root root    4096 Apr 17 00:22 nginx
```

```
#使用绝对路径
[root@rhel6 data]# mkdir -p /soft/nginx
[root@rhel6 data]# ls -l /soft/
drwxr-xr-x. 2 root root 4096 Apr 17 00:22 nginx
#指定新创建目录的权限
[root@rhel6 data]# mkdir -m775 apache
[root@rhel6 data]# ls -l
total 16
drwxrwxr-x. 2 root root 4096 Apr 17 00:22 apache
#一次创建多个目录
[root@rhel6 data]# mkdir -p /data/{dira,dirb}
[root@rhel6 data]# ll /data/
drwxr-xr-x. 2 root root 4096 Apr 17 00:26 dira
drwxr-xr-x. 2 root root 4096 Apr 17 00:26 dirb
#一次创建多个目录
[root@rhel6 data]# mkdir -p /data/dirc /data/dird
[root@rhel6 data]# ls -l
drwxr-xr-x. 2 root root 4096 Apr 17 00:27 dirc
drwxr-xr-x. 2 root root 4096 Apr 17 00:27 dird
[goss@rhel6 ~]$ ls -l /data
drwxr-xr-x. 2 root root 4096 Apr 12 20:31 test
#虽然没有权限写入,但由于目录存在,并不会提示任何信息
[goss@rhel6 ~]$ mkdir -p /data/test
#无写权限则不能创建目录
[goss@rhel6 ~]$ mkdir -p /data/goss
mkdir: cannot create directory `/data/goss': Permission denied
```

4.6.3 删除目录 rmdir

rmdir 命令用于删除指定的目录,删除的目录必须为空目录或为多级空目录,常见的参数如表 4.27 所示。

表 4.27 rmdir 命令常用参数说明

参数	说明
--ignore-fail-on-non-empty	忽略数据存在目录非空产生的错误
-p	递归删除各级目录
--help	显示帮助信息

如使用 p 参数,则"rmdir -p a/b/c"等价于"rmdir a/b/c　rmdir a/b　rmdir a"。rmdir 的使用方法如示例 4-48 所示。

【示例 4-48】

```
[root@rhel6 dira]# mkdir -p a/b/c
[root@rhel6 dira]# touch  a/b/c/file_c
[root@rhel6 dira]# touch  a/b/file_b
[root@rhel6 dira]# touch  a/file_a
#当前目录结构
[root@rhel6 dira]# find .
.
./a
./a/file_a
./a/b
./a/b/file_b
./a/b/c
./a/b/c/file_c
#删除c目录，删除失败
[root@rhel6 dira]# rmdir a/b/c/
rmdir: failed to remove `a/b/c/': Directory not empty
[root@rhel6 dira]# rm -f  a/b/c/file_c
#删除成功
[root@rhel6 dira]# rmdir a/b/c/
[root@rhel6 dira]# ls -l a/b
total 0
-rw-r--r--. 1 root root 0 Apr 17 01:05 file_b
[root@rhel6 dira]# mkdir -p a/b/c
[root@rhel6 dira]# ls -l a/b
total 4
drwxr-xr-x. 2 root root 4096 Apr 17 01:06 c
-rw-r--r--. 1 root root    0 Apr 17 01:05 file_b
[root@rhel6 dira]# rmdir a/b/c/
[root@rhel6 dira]# ls -l a/b
total 0
-rw-r--r--. 1 root root 0 Apr 17 01:05 file_b
[root@rhel6 dira]# mkdir -p a/b/c
#递归删除目录
[root@rhel6 dira]# rmdir -p a/b/c
rmdir: failed to remove directory `a/b': Directory not empty
[root@rhel6 dira]# find .
.
./a
```

```
./a/file_a
./a/b
./a/b/file_b
```

 当使用 p 参数时,如目录中存在空目录和文件,则空目录会被删除,上一级目录不能被删除。

4.6.4 改变工作目录 cd

cd 命令用于切换工作目录为指定的目录,参数可以为相对路径或绝对路径,如不跟任何参数,则切换到用户的主目录,cd 为最常用的命令,与 DOS 下的 cd 命令类似。使用方法如示例 4-49 所示。

【示例 4-49】
```
[root@rhel6 ~]# cd /
[root@rhel6 /]# pwd
/
[root@rhel6 /]# ls
bin   boot  cdrom  data  dev  etc  home  lib  lib64  lost+found  media  misc  mnt
net  opt  proc  root  sbin  selinux  soft  srv  sys  tmp  usr  var
[root@rhel6 /]# cd
[root@rhel6 ~]# pwd
/root
[root@rhel6 /]# cd ~
[root@rhel6 ~]# pwd
/root
[root@rhel6 ~]# cd /usr/local/
[root@rhel6 local]# pwd
/usr/local
[root@rhel6 local]# cd ..
[root@rhel6 usr]# pwd
/usr
# "-" 表示回到上次的目录
[root@rhel6 usr]# cd -
/usr/local
[root@rhel6 local]# pwd
/usr/local
```

4.6.5　查看工作目录文件 ls

ls 命令是 Linux 下最常用的命令。ls 命令就是 list 的缩写。默认情况下 ls 用来打印当前目录的清单，如果 ls 指定其他目录，那么就会显示指定目录里的文件及文件夹清单。通过 ls 命令不仅可以查看 Linux 文件夹包含的文件，而且可以查看文件权限（包括目录、文件夹、文件权限）、查看目录信息等。ls 命令常用参数说明如表 4.28 所示。

表 4.28　ls 命令常用参数说明

参数	说明
-a	列出目录下的所有文件，包括以"."开头的隐含文件
-b	把文件名中不可输出的字符用反斜杠加字符编号（就像在 C 语言里一样）的形式列出
-c	输出文件的 i 节点的修改时间，并以此排序
-d	将目录像文件一样显示，而不是显示其下的文件
-e	输出时间的全部信息，而不是输出简略信息
-f –U	对输出的文件不排序
-i	输出文件的 i 节点的索引信息
-k	以 k 字节的形式表示文件的大小
-l	列出文件的详细信息
-m	横向输出文件名，并以","作分格符
-n	用数字的 UID、GID 代替名称
-o	显示文件除组信息外的详细信息
-r	对目录反向排序
-s	在每个文件名后输出该文件的大小
-t	以时间排序
-u	以文件上次被访问的时间排序
-v	根据版本进行排序
-x	按列输出，横向排序
-A	显示除"."和".."外的所有文件
-B	不输出以"~"结尾的备份文件
-C	按列输出，纵向排序
-G	输出文件的组的信息
-L	列出链接文件名而不是链接到的文件
-N	不限制文件长度
-Q	把输出的文件名用双引号括起来
-R	列出所有子目录下的文件
-S	以文件大小排序
-X	以文件的扩展名（最后一个"."后的字符）排序
-1	一行只输出一个文件
-color=no	不显示彩色文件名
--help	在标准输出上显示帮助信息
--version	在标准输出上输出版本信息并退出

用 ls -l 命令查看某一个目录会得到一个包含 9 个字段的列表。第 1 行显示的信息是总用量，这个数值是该目录下所有文件占用空间的大小。接下来每一列第 1 个字符表示文件类型，类型说明参考表 4.29。

表 4.29　ls 命令文件类型常用参数说明

参数	说明
-	表示该文件是一个普通文件
d	表示该文件是一个目录
l	表示该文件是一个链接文件
b	表示该文件为块设备文件
c	表示该文件是一个字符设备文件
p	表示该文件为命令管道文件
s	表示该文件为 sock 文件

ls 命令的部分用法如示例 4-50 所示。

【示例 4-50】

```
#输出文件的详细信息
[root@rhel6 nginx]# ls -l
total 1272
drwxr-xr-x. 2 root root    4096 Apr 25 19:37 conf
drwxr-xr-x. 2 root root    4096 Apr 11 03:15 html
lrwxrwxrwx. 1 root root      10 Apr 24 22:36 logs -> /data/logs
-rw-r--r--. 1 root root 1288918 Apr 25 22:54 res
drwxr-xr-x. 2 root root    4096 Apr 11 03:15 sbin
#输出的文件大小以 k 为单位
[root@rhel6 nginx]# ls -lk
total 1272
drwxr-xr-x. 2 root root    4 Apr 25 23:05 conf
drwxr-xr-x. 2 root root    4 Apr 25 23:05 html
lrwxrwxrwx. 1 root root    1 Apr 24 22:36 logs -> /data/logs
-rw-r--r--. 1 root root 1259 Apr 25 23:05 res
drwxr-xr-x. 2 root root    4 Apr 25 23:05 sbin
#将文件大小转变为可阅读的方式，如1G、23M、456K 等
[root@rhel6 nginx]# ls -lh
total 1.3M
drwxr-xr-x. 2 root root 4.0K Apr 25 19:37 conf
drwxr-xr-x. 2 root root 4.0K Apr 11 03:15 html
lrwxrwxrwx. 1 root root   10 Apr 24 22:36 logs -> /data/logs
-rw-r--r--. 1 root root 1.3M Apr 25 22:54 res
```

```
drwxr-xr-x. 2 root root 4.0K Apr 11 03:15 sbin
#对目录反向排序
[root@rhel6 nginx]# ls -lhr
total 1.3M
drwxr-xr-x. 2 root root 4.0K Apr 11 03:15 sbin
-rw-r--r--. 1 root root 1.3M Apr 25 22:54 res
lrwxrwxrwx. 1 root root   10 Apr 24 22:36 logs -> /data/logs
drwxr-xr-x. 2 root root 4.0K Apr 11 03:15 html
drwxr-xr-x. 2 root root 4.0K Apr 25 19:37 conf
#显示所有文件
[root@rhel6 nginx]# ls -a
.  ..  conf  html  logs  res  sbin
#显示时间的完整格式
[root@rhel6 nginx]# ls --full-time
total 1272
drwxr-xr-x. 2 root root    4096 2014-04-25 19:37:10.386725133 +0800 conf
drwxr-xr-x. 2 root root    4096 2014-04-11 03:15:28.000999450 +0800 html
lrwxrwxrwx. 1 root root      10 2014-04-24 22:36:18.544792396 +0800 logs -> /data/logs
-rw-r--r--. 1 root root 1288918 2014-04-25 22:54:09.680715680 +0800 res
drwxr-xr-x. 2 root root    4096 2014-04-11 03:15:27.815999453 +0800 sbin
#列出 inode
[root@rhel6 nginx]# ls -il
total 1272
398843 drwxr-xr-x. 2 root root    4096 Apr 25 23:05 conf
398860 drwxr-xr-x. 2 root root    4096 Apr 25 23:05 html
392716 lrwxrwxrwx. 1 root root      10 Apr 24 22:36 logs -> /data/logs
392737 -rw-r--r--. 1 root root 1288918 Apr 25 23:05 res
398841 drwxr-xr-x. 2 root root    4096 Apr 25 23:05 sbin
#递归显示子文件夹内的目录和文件
[root@rhel6 nginx]# ls -R
.:
conf  html  logs  res  sbin
./conf:
dst  nginx.conf  nginx.conf.bak  src
./html:
50x.html  index.html
./sbin:
nginx
#列出当前路径中的目录
```

```
[root@rhel6 nginx]# ls -Fl|grep "^d"
drwxr-xr-x. 2 root root     4096 Apr 25 23:05 conf/
drwxr-xr-x. 2 root root     4096 Apr 25 23:05 html/
drwxr-xr-x. 2 root root     4096 Apr 25 23:05 sbin/
#文件按大小排序并把大文件在前面显示
[root@rhel6 bin]# ls -Sl
total 7828
-rwxr-xr-x. 1 root root 938768 Feb 22 05:09 bash
-rwxr-xr-x. 1 root root 770248 Apr  5  2012 vi
-rwxr-xr-x. 1 root root 395472 Feb 22 10:22 tar
-rwxr-xr-x. 1 root root 391224 Aug 22  2010 mailx
-rwxr-xr-x. 1 root root 387328 Feb 22 12:19 tcsh
-rwxr-xr-x. 1 root root 382456 Aug  7  2012 gawk
#反向排序
[root@rhel6 bin]# ls -Slr
total 7828
lrwxrwxrwx. 1 root root        2 Apr 11 00:40 view -> vi
lrwxrwxrwx. 1 root root        2 Apr 11 00:40 rview -> vi
#部分结果省略
-rwxr-xr-x. 1 root root     2555 Nov 12  2010 unicode_star
```

- 第 1 列后 9 个字母表示该文件或目录的权限位。r 表示读、w 表示写、x 表示执行。
- 第 2 列表示文件硬链接数。
- 第 3 列表示文件拥有者。
- 第 4 列表示文件拥有者所在的组。
- 第 5 列表示文件大小，如果是目录，表示该目录大小。注意是目录本身大小，而非目录及其下面的文件的总大小。
- 第 6 列表示文件或目录的最近修改时间。

4.6.6 查看目录树 tree

使用 tree 命令以树状图递归的形式显示各级目录，可以方便地看到目录结构。tree 常见的参数如表 4.30 所示。

表 4.30 tree 命令常用参数说明

参数	说明
-a	显示所有文件和目录
-C	为文件和目录清单加上色彩，便于区分各种类型
-d	显示目录名称而非内容
-D	列出文件或目录的更改时间

（续表）

参数	说明
-f	在每个文件或目录之前，显示完整的相对路径名称
-F	在执行文件、目录、Socket、符号连接、管道名称前，分别加上"*"、"/"、"="、"@"、"|"符号
-g	列出文件或目录的所属群组名称，没有对应的名称时，则显示群组识别码
-i	不以阶梯状列出文件或目录名称
-I	不显示符合范本样式的文件或目录名称
-l	如遇到性质为符号连接的目录，直接列出该连接所指向的原始目录
-n	不为文件和目录清单加上色彩
-s	列出文件或目录大小
-u	列出文件或目录的拥有者名称，没有对应的名称时，则显示用户识别码
-x	将范围局限在现行的文件系统中，若指定目录下的某些子目录，其存放于另一个文件系统上，则将该子目录予以排除在寻找范围外

tree 的部分用法如示例 4-51 所示。

【示例 4-51】

```
[root@rhel6 man]# tree
.
|-- man1
|   |-- dbmmanage.1
|   |-- htdbm.1
|   |-- htdigest.1
|   `-- htpasswd.1
`-- man8
    |-- ab.8
    |-- apachectl.8
    |-- apxs.8
    |-- htcacheclean.8
    |-- httpd.8
    |-- logresolve.8
    |-- rotatelogs.8
    `-- suexec.8

2 directories, 12 files
[root@rhel6 man]# tree -d
.
|-- man1
`-- man8

2 directories
#在每个文件或目录之前，显示完整的相对路径名称
[root@rhel6 man]# tree -f
.
|-- ./man1
```

```
    |    |-- ./man1/dbmmanage.1
    |    |-- ./man1/htdbm.1
    |    |-- ./man1/htdigest.1
    |    `-- ./man1/htpasswd.1
    `-- ./man8
         |-- ./man8/ab.8
         |-- ./man8/apachectl.8
         |-- ./man8/apxs.8
         |-- ./man8/htcacheclean.8
         |-- ./man8/httpd.8
         |-- ./man8/logresolve.8
         |-- ./man8/rotatelogs.8
         `-- ./man8/suexec.8

2 directories, 12 files
```

4.6.7 打包或解包文件 tar

tar 命令用于将文件打包或解包，扩展名一般为.tar，指定特定参数可以调用 gzip 或 bzip2 制作压缩包或解开压缩包，扩展名为.tar.gz 或.tar.bz2。tar 命令常用参数说明如表 4.31 所示。

表 4.31　tar 命令常用参数说明

参数	说明
-c	建立新的压缩包
-d	比较存档与当前文件的不同之处
--delete	从压缩包中删除
-r	附加到压缩包结尾
-t	列出压缩包中文件的目录
-u	仅将较新的文件附加到压缩包中
-x	解压压缩包
-C	解压到指定的目录
-f	使用的压缩包名字，f 参数之后不能再加参数
-i	忽略存档中的 0 字节块
-v	处理过程中输出相关信息
-z	调用 gzip 来压缩归档文件，与-x 联用时调用 gzip 完成解压缩
-Z	调用 compress 来压缩归档文件，与-x 联用时调用 compress 完成解压缩
-j	调用 bzip2 压缩或解压
-p	使用原文件的原来属性
-P	可以使用绝对路径来压缩
--exclude	排除不加入压缩包的文件

tar 命令相关的包一般使用.tar 作为文件名标识。如果加 z 参数，则以.tar.gz 或.tgz 来代表 gzip 压缩过的 tar。tar 的应用如示例 4-52 所示。

【示例 4-52】
```
#仅打包，不压缩
[root@rhel6 ~]# tar -cvf /tmp/etc.tar /etc
#打包并使用gzip压缩
[root@rhel6 ~]# tar -zcvf /tmp/etc.tar.gz /etc
#打包并使用bzip2压缩
[root@rhel6 ~]# tar -jcvf /tmp/etc.tar.bz2 /etc
#查看压缩包文件列表
[root@rhel6 ~]# tar -ztvf /tmp/etc.tar.gz
[root@rhel6 ~]# cd /data
#解压压缩包至当前路径
[root@rhel6 data]# tar -zxvf /tmp/etc.tar.gz
#只解压指定文件
[root@rhel6 data]# tar -zxvf /tmp/etc.tar.gz etc/passwd
#建立压缩包时保留文件属性
[root@rhel6 data]# tar -zxvpf /tmp/etc.tar.gz /etc
#排除某些文件
root@rhel6 data]# tar --exclude /home/*log -zcvf test.tar.gz /data/soft
```

4.6.8 压缩或解压缩文件和目录 zip/unzip

zip 是 Linux 系统下广泛使用的压缩程序，文件压缩后扩展名为.zip。zip 常见的参数如表 4.32 所示。

表 4.32 zip 命令常用参数说明

参数	说明
-a	将文件转成 ASCII 模式
-F	尝试修复损坏的压缩文件
-h	显示帮助界面
-m	将文件压缩之后，删除原文件
-n	不压缩具有特定字尾字符串的文件
-o	将压缩文件内的所有文件的最新变动时间设为压缩时候的时间
-q	安静模式，在压缩的时候不显示命令的执行过程
-r	将指定的目录下的所有子目录以及文件一起处理
-S	包含系统文件和隐含文件（S 是大写）
-t	把压缩文件的最后修改日期设为指定的日期，日期格式为 mmddyyyy-x
-v	查看压缩文件目录，但不解压
-t	测试文件有无损坏，但不解压
-d	把压缩文件解到指定目录下
-z	只显示压缩文件的注解
-n	不覆盖已经存在的文件
-o	覆盖已存在的文件且不要求用户确认
-j	不重建文档的目录结构，把所有文件解压到同一目录下

zip 命令的基本用法是：zip [参数] [打包后的文件名] [打包的目录路径]。路径可以是相对路径，也可以是绝对路径。其使用方法如示例 4-53 所示。

【示例 4-53】
```
[root@rhel6 file_backup]# zip file.conf.zip file.conf
  adding: file.conf (deflated 49%)
[root@rhel6 file_backup]# file file.conf.zip
file.conf.zip: Zip archive data, at least v2.0 to extract
#解压文件
#将整个文件夹压缩成一个文件
[root@rhel6 file_backup]# zip -r file_backup.zip .
  adding: file_backup.sh (deflated 59%)
  adding: config.conf (deflated 15%)
  adding: data/ (stored 0%)
  adding: data/s (stored 0%)
  adding: file.conf (deflated 49%)
```

zip 命令用来将文件压缩为常用的 zip 格式。unzip 命令则用来解压缩 zip 文件，如示例 4-54 所示。

【示例 4-54】
```
[root@rhel6 file_backup]# unzip file.conf.zip
Archive:  file.conf.zip
replace file.conf? [y]es, [n]o, [A]ll, [N]one, [r]ename: A
  inflating: file.conf
#解压时不询问，直接覆盖
[root@rhel6 file_backup]# unzip -o file.conf.zip
Archive:  file.conf.zip
  inflating: file.conf
#将文件解压到指定的文件夹
[root@rhel6 file_backup]# unzip file_backup.zip -d /data/bak
Archive:  file_backup.zip
  inflating: /data/bak/file_backup.sh
  inflating: /data/bak/config.conf
   creating: /data/bak/data/
  extracting: /data/bak/data/s
  inflating: /data/bak/file.conf
[root@rhel6 file_backup]# unzip file_backup.zip -d /data/bak
Archive:  file_backup.zip
replace /data/bak/file_backup.sh? [y]es, [n]o, [A]ll, [N]one, [r]ename: A
  inflating: /data/bak/file_backup.sh
  inflating: /data/bak/config.conf
```

```
  extracting: /data/bak/data/s
   inflating: /data/bak/file.conf
[root@rhel6 file_backup]# unzip -o file_backup.zip -d /data/bak
Archive:  file_backup.zip
  inflating: /data/bak/file_backup.sh
  inflating: /data/bak/config.conf
  extracting: /data/bak/data/s
   inflating: /data/bak/file.conf
#查看压缩包内容但不解压
[root@rhel6 file_backup]# unzip -v file_backup.zip
Archive:  file_backup.zip
 Length   Method    Size  Cmpr    Date    Time   CRC-32   Name
--------  ------  ------- ----  ---------- ----- --------  ----
    2837  Defl:N     1160  59% 06-24-2011 18:06 460ea65c  file_backup.sh
     250  Defl:N      212  15% 08-09-2011 16:01 4844a020  config.conf
       0  Stored       0   0% 05-30-2014 17:04 00000000  data/
       0  Stored       0   0% 05-30-2014 17:04 00000000  data/s
     318  Defl:N      161  49% 11-17-2011 14:57 d4644a64  file.conf
--------          -------  ---                            -------
    3405             1533  55%                            5 files
#查看压缩后的文件内容
[root@rhel6 file_backup]# zcat file.conf.gz
/var/spool/cron
/usr/local/apache2
/etc/hosts
```

4.6.9 压缩或解压缩文件和目录 gzip/gunzip

和 zip 命令类似,gzip 用于文件的压缩,gzip 压缩后的文件名扩展名为.gz,gzip 默认压缩后会删除原文件。gunzip 用于解压经过 gzip 压缩过的文件。gzip 常用参数如表 4.33 所示,gunzip 常用参数如表 4.34 所示。

表 4.33 gzip 命令常用参数说明

参数	说明
-d	对压缩的文件进行解压
-r	递归式压缩指定目录以及子目录下的所有文件
-t	检查压缩文档的完整性
-v	对于每个压缩和解压缩的文档,显示相应的文件名和压缩比
-l	显示压缩文件的压缩信息
-num	用指定的数字 num 配置压缩比

表 4.34 gunzip 命令常用参数说明

参数	说明
-a	使用 ASCII 文字模式
-c	把解压后的文件输出到标准输出设备
-f	强行解开压缩文件，不理会文件名称或硬链接是否存在以及该文件是否为符号连接
-h	在线帮助
-l	列出压缩文件的相关信息
-L	显示版本与版权信息
-n	解压缩时，若压缩文件内含有原来的文件名称及时间戳记，则将其忽略不予处理
-N	解压缩时，若压缩文件内含有原来的文件名称及时间戳记，则将其回存到解开的文件上
-q	不显示警告信息
-r	递归处理，将指定目录下的所有文件及子目录一并处理
-S	更改压缩字尾字符串
-t	测试压缩文件是否正确无误
v	显示命令执行过程
-V	显示版本信息

gunzip 和 unzip 使用方法如示例 4-55 所示。

【示例 4-55】

```
#压缩文件，压缩后原文件被删除
[root@rhel6 file_backup]# gzip file_backup.sh
[root@rhel6 file_backup]# ls -l
total 16
-rw-r--r-- 1 root root  250 Aug  9  2011 config.conf
drwxr-xr-x 2 root root 4096 May 30 17:04 data
-rw-r--r-- 1 root root  318 Nov 17  2011 file.conf
-rw-r--r-- 1 root root 1193 Jun 24  2011 file_backup.sh.gz
#gzip 压缩过的文件的特征
[root@rhel6 file_backup]# file  file_backup.sh.gz
file_backup.sh.gz: gzip compressed data, was "file_backup.sh", from Unix, last modified: Fri Jun 24 18:06:46 2011
#如想原来的文件保留，可以使用以下的命令
[root@rhel6 file_backup]# gzip file_backup.sh
[root@rhel6 file_backup]# md5sum file_backup.sh.gz
d5c404631d3ae890ce7d0d14bb423675  file_backup.sh.gz
[root@rhel6 file_backup]# gunzip file_backup.sh.gz
#既压缩了原文件，原文件也得到保留
[root@rhel6 file_backup]# gzip -c file_backup.sh  >file_backup.sh.gz
#校验压缩结果，和直接使用 gzip 一致
```

```
[root@rhel6 file_backup]# md5sum file_backup.sh.gz
d5c404631d3ae890ce7d0d14bb423675  file_backup.sh.gz
[root@rhel6 file_backup]# gunzip -c file_backup.sh.gz >file_backup2.sh
[root@rhel6 file_backup]# md5sum file_backup2.sh file_backup.sh
7d00e2db87e6589be7116c9864aa48d5  file_backup2.sh
7d00e2db87e6589be7116c9864aa48d5  file_backup.sh
```

zgrep 命令功能是在压缩文件中寻找匹配的正则表达式，用法和 grep 命令一样，只不过操作的对象是压缩文件。如果用户想看看在某个压缩文件中有没有某一句话，便可使用 zgrep 命令。

4.6.10 压缩或解压缩文件和目录 bzip2/bunzip2

bzip2 是 Linux 下一款压缩软件，能够高效地完成文件数据的压缩，支持现在大多数压缩格式，包括 tar、gzip 等。若没有加上任何参数，bzip2 压缩完文件后会产生.bz2 的压缩文件，并删除原始的文件。bzip2 比传统的 gzip 或 ZIP 的压缩效率更高，但是它的压缩速度较慢。bzip2 只是一个数据压缩工具，而不是归档工具，在这一点上与 gzip 类似。bzip2 常见的参数如表 4.35 所示。

表 4.35　bzip2 命令常用参数说明

参数	说明
-c	将压缩与解压缩的结果发送到标准输出
-d	执行解压缩
-f	bzip2 在压缩或解压缩时，若输出文件与现有文件同名，预设不会覆盖现有文件
-h	显示帮助
-k	bzip2 在压缩或解压缩后，会删除原始的文件
-s	降低程序执行时内存的使用量
-t	测试.bz2 压缩文件的完整性
-v	压缩或解压缩文件时，显示详细的信息
-z	强制执行压缩
-V	显示版本信息
-压缩等级	压缩时的区块大小

bunzip2 是 bzip2 的一个符号连接，但 bunzip2 和 bzip2 的功能却正好相反。bzip2 是用来压缩文件的，而 bunzip2 是用来解压文件的，相当于 bzip2 –d，类似的有 zip 和 unzip、gzip 和 gunzip、compress 和 uncompress。

gzip、bzip2 一次只能压缩一个文件，如果要同时压缩多个文件，则需将其打 tar 包，然后压缩 tar.gz、tar.bz2，Linux 系统中 bzip2 也可以与 tar 一起使用。bzip2 可以压缩文件也可以解压文件，解压也可以使用另外一个名字 bunzip2。 bzip2 的命令行标志大部分与 gzip 相同，所以，从 tar 文件解压 bzip2 压缩的文件方法如示例 4-56 所示。

【示例 4-56】
```
[root@rhel6 test]# ls -lhtr
```

```
-rw-r--r-- 1 root root 95M May 30 16:03 file_test
#压缩指定文件，压缩后原文件会被删除
[root@rhel6 test]# bzip2 file_test
[root@rhel6 test]# ls -lhtr
-rw-r--r-- 1 root root 20M May 30 16:03 file_test.bz2
#多个文件压缩并打包
[root@rhel6 test]#  tar jcvf test.tar.bz2 file1 file2 1.txt
file1
file2
1.txt
#查看bzip压缩过的文件内容可以使用bzcat命令
[root@rhel6 test]# cat file1
1
2
3
[root@rhel6 test]# bzip2 file1
[root@rhel6 test]# bzcat  file1.bz2
1
2
3
#指定压缩级别
[root@rhel6 test]# bzip2 -9  -c file1 >file1.bz2
#单独以bz2为扩展名的文件可以直接用bunzip2解压文件
[root@rhel6 test]# bzip2 -d file1.bz2
#如果是以tar.bz2结尾，则需要使用tar命令
[root@rhel6 test]# tar jxvf test.tar.bz2
file1
file2
1.txt
#综合运用
bzcat ''archivefile''.tar.bz2 | tar -xvf -
生成bzip2压缩的tar文件可以使用：
tar -cvf - ''filenames'' | bzip2 > ''archivefile''.tar.bz2
GNU tar支持-j标志，这样就可以不经过管道直接生成tar.bz2文件：
tar -cvjf ''archivefile''.tar.bz2 ''file-list''
解压GNU tar文件可以使用：
 tar -xvjf ''archivefile''.tar.bz2
```

4.7 系统管理

如何查看系统帮助？如何查看历史命令？日常使用中有一些命令可以提高 Linux 系统的使用效率，本节主要介绍系统管理相关的命令。

4.7.1 查看命令帮助 man

使用 man 命令可以调阅其中的帮助信息，非常方便和实用。在输入命令有困难时，可以立刻查阅相关帮助信息，如示例 4-57 所示。

【示例 4-57】

```
man man
Reformatting man(1), please wait...
 man(1)              Manual pager utils                              man(1)




    NAME
        man - an interface to the on-line reference manuals

    SYNOPSIS
          man [-c|-w|-tZHT device] [-adhu7V] [-i|-I] [-m system[,...]] [-L locale]
[-p string] [-M path] [-P pager] [-r
          prompt] [-S list] [-e extension] [[section] page ...] ...
          man -l [-7] [-tZHT device] [-p string] [-P pager] [-r prompt] file ...
          man -k [apropos options] regexp ...
          man -f [whatis options] page ...


    DEscRIPTION
          man is the system's manual pager. Each page argument given to man is normally
the name of a program, utility or function. The manual page associated with each
of these arguments is then found and displayed. A section, if provided, will direct
man to look only in that section of the manual. The default action is to search in
all of the available sections, following a pre-defined order and to show only the
first page found, even if page exists in several sections.
```

4.7.2 导出环境变量 export

一个变量的设置一般只在当前环境有效，export 命令可以用于传递一个或多个变量的值到任何后续脚本。export 可新增、修改或删除环境变量，供后续执行的程序使用。export 的效力仅限于该次登录操作，export 常见的参数如表 4.36 所示。

表 4.36 export 命令常用参数说明

参数	说明
-f	代表[变量名称]中为函数名称
-n	删除指定的变量。变量实际上并未删除，只是不会输出到后续命令的执行环境中
-p	列出所有的 Shell 赋予程序的环境变量

【示例 4-58】

```
[root@rhel6 ~]# cat hello.sh
#!/bin/sh
 echo "Hello world"
#直接执行，发现命令不存在
[root@rhel6 ~]# hello.sh
-bash: hello.sh: command not found
[root@rhel6 ~]# pwd
/root
#设置环境变量
[root@rhel6 ~]# export PATH=/root:$PATH:.
[root@rhel6 ~]# echo $PATH
/root:/usr/local/sbin:/usr/local/bin:/sbin:/bin:/usr/sbin:/usr/bin:/root/bin:.
#脚本可直接执行
[root@rhel6 ~]# hello.sh
Hello world
```

4.7.3 查看历史记录 history

当使用终端命令行输入并执行命令时，Linux 会自动把命令记录到历史列表中，一般保存在用户 HOME 目录下的.bash_history 文件中。默认保存 1000 条，这个值可以更改。如果不需要查看历史命令中的所有项目，history 可以只查看最近 n 条命令列表。history 命令不仅可以查询历史命令，而且有相关的功能执行命令。history 常见的参数如表 4.37 所示。

表 4.37 history 命令常用参数说明

参数	说明
n	数字，要列出最近的 n 个命令列表
-c	将目前的 Shell 中的所有 history 内容全部消除
-a	将目前新增的 history 命令新增入 histfiles 中，若没有加 histfiles，则预设写入~/.bash_history
-r	将 histfiles 的内容读到目前这个 Shell 的 history 记忆中
-w	将目前的 history 记忆内容写入 histfiles

系统安装完毕，执行 history 并不会记录历史命令的时间，通过特定的设置可以记录命令的执行时间。使用上下方向键可以方便地看到执行的历史命令，使用 Ctrl+R 对命令历史进行搜索，对于想要重复执行某个命令的时候非常有用。当找到命令后，通常再按 Enter 键就可以执行该命令。如果想对找到的命令进行调整后再执行，则可以按下左或右方向键。使用"！"可以方便地执行历史命令，如示例 4-59 和示例 4-60 所示。

【示例 4-59】
```
[root@rhel6 ~]# history
    1  2014-05-30 12:56:19 ls /
    2  2014-05-30 12:56:21 uptime
    3  2014-05-30 12:56:22 history
[root@rhel6 ~]# export HISTTIMEFORMAT='%F %T '
[root@rhel6 ~]# history
    1  2014-05-30 12:56:19 ls /
    2  2014-05-30 12:56:21 uptime
    3  2014-05-30 12:56:22 history
    4  2014-05-30 12:56:25 export HISTTIMEFORMAT='%F %T '
    5  2014-05-30 12:56:27 history
```

【示例 4-60】
```
#从历史命令中执行一个特定的命令，!2表示执行history显示的第2条命令
[root@rhel6 ~]# !2
uptime
 12:59:36 up  9:27,  2 users,  load average: 0.00, 0.00, 0.00
#按指定关键字执行特定的命令，!up 执行最近一条以 up 开头的命令
[root@rhel6 ~]# !up
uptime
 12:59:41 up  9:27,  2 users,  load average: 0.00, 0.00, 0.00
```

history 对历史命令的存取数量有一定限制，查看及设置的方法如示例 4-61 所示。

【示例 4-61】
```
[root@rhel6 ~]# set |grep HIS
HISTCONTROL=ignoredups
HISTFILE=/root/.bash_history
HISTFILESIZE=1000
HISTSIZE=1000
HISTTIMEFORMAT='%F %T '
[root@rhel6 ~]# echo "HISTSIZE=1000
> HISTFILESIZE=1000
```

```
>  ">>/etc/profile
[root@rhel6 ~]# logout
#重新登录后查看环境变量
[root@rhel6 ~]# set |grep HIS
HISTCONTROL=ignoredups
HISTFILE=/root/.bash_history
HISTFILESIZE=10000
HISTSIZE=10000
[root@rhel6 ~]#
```

如想清除已有的历史命令,可以使用 history –c 选项,如示例 4-62 所示。

【示例 4-62】

```
[root@rhel6 ~]# history |wc -l
350
#清除历史命令
[root@rhel6 ~]# history -c
[root@rhel6 ~]# history
    1  history
```

4.7.4 显示或修改系统时间与日期 date

date 命令的功能是显示或设置系统的日期和时间。date 命令具有丰富的参数,如表 4.38 所示。

表 4.38 date 命令常用参数说明

参数	说明
-d datestr	--date datestr 显示 datestr 中所设定的时间(非系统时间)
-s datestr	--set datestr 设置 datestr 描述的日期,将系统时间设为 datestr 中所设定的时间
-u	--universal 显示或设置通用时间域
-u	显示目前的格林威治时间
-r	显示文件的最后修改时间
%%	字符%
%a	星期的缩写(Sun..Sat)
%A	星期的完整名称(Sunday..Saturday)
%b	月份的缩写(Jan..Dec)
%B	月份的完整名称(January..December)
%c	日期时间(Sat Nov 04 12:02:33 EST 1989)
%C	世纪(年份除 100 后去整) [00~99]
%d	一个月的第几天(01..31)
%D	日期(mm/dd/yy)
%e	一个月的第几天(1..31)

（续给）

参数	说明
%F	日期，同%Y-%m-%d
%g	年份（yy）
%G	年份（yyyy）
%h	同%b
%H	小时（00..23）
%I	小时（01..12）
%j	一年的第几天（001..366）
%k	小时（ 0..23）
%l	小时（ 1..12）
%m	月份（01..12）
%M	分钟（00..59）
%n	换行
%N	纳秒（000000000..999999999）
%p	AM or PM
%P	sm or pm
%r	12 小时制时间（hh:mm:ss [AP]M）
%R	24 小时制时间（hh:mm）
%s	从 00:00:00 1970-01-01 UTC 开始的秒数
%S	秒（00..60）
%t	制表符
%T	24 小时制时间（hh:mm:ss）
%u	一周的第几天（1..7），1 表示星期一
%U	一年的第几周，周日为每周的第 1 天（00..53）
%V	一年的第几周，周一为每周的第 1 天 （01..53）
%w	一周的第几天（0..6），0 代表周日
%W	一年的第几周，周一为每周的第 1 天（00..53）
%x	日期（mm/dd/yy）
%X	时间（%H:%M:%S）
%y	年份（00..99）
%Y	年份（1970…）
%z	RFC-2822 风格数字格式时区（-0500）
%Z	时区（e.g., EDT），无法确定时区则为空
MM	月份（必要）
DD	日期（必要）
hh	小时（必要）
mm	分钟（必要）
CC	年份的前两位数（选择性）
YY	年份的后两位数（选择性）
ss	秒（选择性）

只有超级用户才能用 date 命令设置时间，一般用户只能用 date 命令显示时间。另外，一些环境变量会影响到 date 命令的执行效果。

date 命令的用法如示例 4-63 所示。

【示例 4-63】

```
#设置环境变量，以便影响显示效果
[root@rhel6 ~]#export LC_ALL=C
#显示系统当前时间
#CST 表示中国标准时间，UTC 表示世界标准时间，中国标准时间与世界标准时间的时差均为+8，也就是UTC+8。另外 GMT 表示格林威治标准时间。
[root@rhel6 ~]# date
Wed May  1 12:31:35 CST 2014
#按指定格式显示系统时间
[root@rhel6 ~]# date +%Y-%m-%d" "%H:%M:%S
2014-05-01 12:31:36
#设置系统日期，只有 root 用户才能查看
[root@rhel6 ~]# date -s 20140530
Thu May 30 00:00:00 CST 2014
#设置系统时间
[root@rhel6 ~]# date -s 12:31:34
Thu May 30 12:31:34 CST 2014
#显示系统时间已经设置成功
[root@rhel6 ~]# date +%Y-%m-%d" "%H:%M:%S
2014-05-30 12:31:35
#显示10天之前的日期
[root@rhel6 ~]# date +%Y-%m-%d" "%H:%M:%S -d "10 days ago"
2014-05-20 12:34:35
#除了 days 参数，另外支持 weeks、years、minutes、seconds 等，不再赘述，还支持正负参数
[root@rhel6 ~]# date +%Y-%m-%d" "%H:%M:%S -d "-10 days ago"
2014-06-09 12:39:34
[root@rhel6 ~]# date -r hello.sh
Sun Mar 31 03:03:51 CST 2014
```

当以 root 身份更改系统时间之后，还需要通过 clock -w 命令将系统时间写入 CMOS 中，这样下次重新开机时系统时间才会使用最新的值。date 参数丰富，有关其他参数的用法可上机实践。

4.7.5 清除屏幕 clear

clear 命令用于清空终端屏幕，类似于 DOS 下的 cls 命令，使用比较简单，如要清除当前屏幕内容，直接键入 clear 即可，快捷键为 Ctrl+L。

如果终端有乱码，clear 不能恢复时可以使用 reset 命令使屏幕恢复正常。

4.7.6 查看系统负载 uptime

Linux 系统中的 uptime 命令主要用于获取主机运行时间和查询 Linux 系统负载等信息。uptime 命令可以显示系统已经运行了多长时间，信息显示依次为：现在时间、系统已经运行了多长时间、目前有多少登录用户、系统在过去的 1 分钟/5 分钟/15 分钟内的平均负载。uptime 命令用法十分简单，直接输入 uptime 即可。

【示例 4-64】

```
[root@rhel6 ~]# uptime
 06:30:09 up  8:15,  3 users,  load average: 0.00, 0.00, 0.00
```

06:30:09 表示系统当前时间，up 8:15 表示主机已运行时间，时间越大，说明的机器越稳定。3 users 表示用户连接数，是总连接数而不是用户数。load average 表示系统平均负载，统计最近 1 分钟、5 分钟、15 分钟内的系统平均负载。系统平均负载是指在特定时间间隔内运行在队列中的平均进程数。对于单核 CPU，负载小于 3 表示当前系统性能良好，3~10 表示需要关注，系统负载可能过大，需要做对应的优化，大于 10 表示系统性能有严重问题。另外 15 分钟系统负载需重点参考并作为当前系统运行情况的负载依据。

4.7.7 显示系统内存状态 free

free 命令会显示内存的使用情况，包括实体内存、虚拟的交换文件内存、共享内存区段，以及系统核心使用的缓冲区等。常用参数说明如表 4.39 所示。

表 4.39 free 命令常用参数说明

参数	说明
-b	以 Byte 为单位显示内存使用情况
-k	以 KB 为单位显示内存使用情况
-m	以 MB 为单位显示内存使用情况
-o	不显示缓冲区调节列
-s<间隔秒数>	持续观察内存使用情况
-t	显示内存总和列
-V	显示版本信息

free 使用方法如示例 4-65 所示。

【示例 4-65】

```
#以 M 为单位查看系统内存资源占用情况
[root@rhel6 ~]# free -m
              total        used        free      shared     buffers      cached
Mem:          16040       13128        2911           0         329        6265
-/+ buffers/cache:         6534        9506
Swap:          1961         100        1860
```

Mem：表示物理内存统计，此示例中有 988MB。

-/+ buffers/cached：表示物理内存的缓存统计。Swap 表示硬盘上交换分区的使用情况，如剩余空间较小，需要留意当前系统内存使用情况及负载。

第 1 行数据 16040 表示物理内存总量，13128 表示总计分配给缓存（包含 buffers 与 cache）使用的数量，但其中可能部分缓存并未实际使用，2911 表示未被分配的内存。shared 为 0，表示共享内存，329 表示系统分配但未被使用的 buffers 数量，6265 表示系统分配但未被使用的 cache 数量。

以上示例显示系统总内存为 16040MB，如需计算应用程序占用内存，可以使用以下公式计算 total –free-buffers-cached=16040-2911-329-6265=6535，内存使用百分比为 6535/16040= 40%，表示系统内存资源能满足应用程序需求。如应用程序占用内存量超过 80%，则应该及时进行应用程序算法优化。

4.7.8 转换或复制文件 dd

dd 命令可以用指定大小的块复制一个文件，并在复制的同时进行指定的转换。参数在使用时可以和 b/c/k 组合使用。

 指定数字的地方若以下列字符结尾则乘以相应的数字：b=512；c=1；k=1024；w=2。

dd 的参数说明如表 4.40 所示。

表 4.40 dd 命令常用参数说明

参数	说明
if=文件名	输入文件名，默认为标准输入，即指定源文件，＜if=input file＞
of=文件名	输出文件名，默认为标准输出，即指定目的文件，＜of=output file＞
ibs=bytes	一次读入 bytes 个字节，即指定一个块大小为 bytes 个字节
obs=bytes	一次输出 bytes 个字节，即指定一个块大小为 bytes 个字节
bs=bytes	同时设置读入/输出的块大小为 bytes 个字节
cbs=bytes	一次转换 bytes 个字节，即指定转换缓冲区大小
skip=blocks	从输入文件开头跳过 blocks 个块后再开始复制
seek=blocks	从输出文件开头跳过 blocks 个块后再开始复制。注意：通常只用当输出文件是磁盘或磁带时才有效，即备份到磁盘或磁带时才有效

(续表)

参数	说明
count=blocks	仅复制 blocks 个块，块大小等于 ibs 指定的字节数
conv=conversion	用指定的参数转换文件。 ascii：转换 ebcdic 为 ascii ebcdic：转换 ascii 为 ebcdic ibm：转换 ascii 为 alternate ebcdic block：把每一行转换为长度为 cbs，不足部分用空格填充 unblock：使每一行的长度都为 cbs，不足部分用空格填充 lcase：把大写字符转换为小写字符 case：把小写字符转换为大写字符 swab：交换输入的每对字节 noerror：出错时不停止 notrunc：不截断输出文件 sync：将每个输入块填充到 ibs 个字节，不足部分用空（NUL）字符补齐

/dev/null，可以向它输出任何数据，而写入的数据都会丢失，/dev/zero 是一个输入设备，可用来初始化文件，该设备无穷尽地提供 0。dd 使用方法如示例 4-66 所示。

【示例 4-66】

```
# 创建一个大小为100M的文件
[root@rhel6 ~]# dd if=/dev/zero of=/file bs=1M count=100
100+0 records in
100+0 records out
104857600 bytes (105 MB) copied, 4.0767 s, 25.7 MB/s
#查看文件大小
[root@rhel6 ~]# ls -lh /file
-rw-r--r-- 1 root root 100M Apr 23 05:37 /file
#将本地的/dev/hdb 整盘备份到/dev/hdd
[root@rhel6 ~]# dd if=/dev/hdb of=/dev/hdd
#将/dev/hdb 全盘数据备份到指定路径的 image 文件
[root@rhel6 ~]# dd if=/dev/hdb of=/root/image
#将备份文件恢复到指定盘
[root@rhel6 ~]# dd if=/root/image of=/dev/hdb
#备份/dev/hdb 全盘数据，并利用 gzip 工具进行压缩，保存到指定路径
[root@rhel6 ~]# dd if=/dev/hdb | gzip > /root/image.gz
#将压缩的备份文件恢复到指定盘
[root@rhel6 ~]# gzip -dc /root/image.gz | dd of=/dev/hdb
#.增加 swap 分区文件大小
#第1步：创建一个大小为256M的文件
[root@rhel6 ~]# dd if=/dev/zero of=/swapfile bs=1024 count=262144
```

```
#第2步：把这个文件变成 swap 文件
[root@rhel6 ~]# mkswap /swapfile
#第3步：启用这个 swap 文件
[root@rhel6 ~]# swapon /swapfile
#第4步：编辑/etc/fstab 文件，以便在每次开机时自动加载 swap 文件
/swapfile     swap     swap     default     0 0
#销毁磁盘数据
[root@rhel6 ~]# dd if=/dev/urandom of=/dev/hda1
#注意：利用随机的数据填充硬盘，在某些必要的场合可以用来销毁数据
#测试硬盘的读写性能
[root@rhel6 ~]# dd if=/dev/zero bs=1024 count=1000000 of=/root/1Gb.file
[root@rhel6 ~]# dd if=/root/1Gb.file bs=64k | dd of=/dev/null
#通过以上两个命令输出的命令执行时间，可以计算出硬盘的读、写速度
#确定硬盘的最佳块大小
[root@rhel6 ~]# dd if=/dev/zero bs=1024 count=1000000 of=/root/1Gb.file
[root@rhel6 ~]# dd if=/dev/zero bs=2048 count=500000 of=/root/1Gb.file
[root@rhel6 ~]# dd if=/dev/zero bs=4096 count=250000 of=/root/1Gb.file
[root@rhel6 ~]# dd if=/dev/zero bs=8192 count=125000 of=/root/1Gb.file
#通过比较以上命令输出中所显示的命令执行时间，即可确定系统最佳的块大小
```

4.8 任务管理

在 Windows 系统中，Windows 提供了计划任务，功能就是安排自动运行的任务。Linux 提供了对应的命令完成任务管理。

4.8.1 单次任务 at

at 可以设置在一个指定的时间执行一个指定任务，只能执行一次，使用前确认系统开启了 atd 进程。如果指定的时间已经过去则会放在第 2 天执行。at 命令的使用方法如示例 4-67 所示。

【示例 4-67】

```
#明天17点钟，输出时间到指定文件内
[root@localhost ~]# at 17:20 tomorrow
at> date >/root/2014.log
at> <EOT>
```

不过，并不是所有用户都可以执行 at 计划任务。利用/etc/at.allow 与/etc/at.deny 这两个文件来

进行 at 的使用限制。系统首先查找/etc/at.allow 这个文件，写在这个文件中的使用者才能使用 at，没有在这个文件中的使用者则不能使用 at。如果/etc/at.allow 不存在，就寻找/etc/at.deny 这个文件，若写在这个 at.deny 中的使用者则不能使用 at，而没有在这个 at.deny 文件中的使用者，就可以使用 at 命令。

4.8.2 周期任务 crond

Crond 在 Linux 下用来周期性地执行某种任务或等待处理某些事件，如进程监控、日志处理等，和 Windows 下的计划任务类似。当安装操作系统时默认会安装此服务工具，并且会自动启动 crond 进程。crond 进程每分钟会定期检查是否有要执行的任务，如果有要执行的任务，则自动执行该任务。crond 的最小调度单位为分钟。

Linux 下的任务调度分为两类：系统任务调度和用户任务调度。

（1）系统任务调度：系统周期性所要执行的工作，比如写缓存数据到硬盘、日志清理等。在 /etc 目录下有一个 crontab 文件，这个就是系统任务调度的配置文件。

/etc/crontab 文件包括下面几行，如示例 4-68 所示。

【示例 4-68】
```
[root@rhel6 test]# cat /etc/crontab
SHELL=/bin/bash
PATH=/sbin:/bin:/usr/sbin:/usr/bin
MAILTO=root
HOME=/

# For details see man 4 crontabs

# Example of job definition:
# .---------------- minute (0 - 59)
# |  .------------- hour (0 - 23)
# |  |  .---------- day of month (1 - 31)
# |  |  |  .------- month (1 - 12) OR jan,feb,mar,apr ...
# |  |  |  |  .---- day of week (0 - 6) (Sunday=0 or 7) OR sun,mon,tue,wed,thu,fri,sat
# |  |  |  |  |
# *  *  *  *  * user-name command to be executed
```

前 4 行是用来配置 crond 任务运行的环境变量，第 1 行的 SHELL 变量指定了系统要使用哪个 Shell，这里是 bash，第 2 行的 PATH 变量指定了系统执行命令的路径，第 3 行的 MAILTO 变量指定了 crond 的任务执行信息将通过电子邮件发送给 root 用户，如果 MAILTO 变量的值为空，则表示不发送任务执行信息给用户，第 4 行的 HOME 变量指定了在执行命令或脚本时使用的主目录。

第 6~9 行表示的含义将在下个小节详细讲述。

（2）用户任务调度：用户定期要执行的工作，比如用户数据备份、定时邮件提醒等。用户可以使用 crontab 工具来定制自己的计划任务。所有用户定义的 crontab 文件都被保存在 /var/spool/cron 目录中。其文件名与用户名一致。

用户所建立的 crontab 文件中，每一行都代表一项任务，每行的每个字段代表一项设置，它的格式共分为 6 个字段，前 5 个字段段是时间设定段，第 6 个字段段是要执行的命令段，格式为 minute hour day month week command，具体说明参考表 4.41。

表 4.41　crontab 任务设置对应参数说明

参数	说明
minute	表示分钟，可以是从 0 到 59 之间的任何整数
hour	表示小时，可以是从 0 到 23 之间的任何整数
day	表示日期，可以是从 1 到 31 之间的任何整数
month	表示月份，可以是从 1 到 12 之间的任何整数
week	表示星期几，可以是从 0 到 7 之间的任何整数，这里的 0 或 7 代表星期日
command	要执行的命令，可以是系统命令，也可以是自己编写的脚本文件

其中，crond 是 Linux 用来定期执行程序的命令。当安装完成操作系统之后，默认便会启动此任务调度命令。crond 命令每分钟会定期检查是否有要执行的工作，crontab 命令常用参数如表 4.42 所示。

表 4.42　crontab 命令常用参数说明

参数	说明
-e	执行文字编辑器来编辑任务列表，内定的文字编辑器是 VI
-r	删除目前的任务列表
-l	列出目前的任务列表

Crontab 的一些使用方法如示例 4-69 所示。

【示例 4-69】

```
#每月每天每小时的第 0 分钟执行一次 /bin/ls :
0 7 * * * /bin/ls
#在 12 月内，每天的早上 6 点到 12 点中，每隔 20 分钟执行一次 /usr/bin/backup :
0 6-12/3 * 12 * /usr/bin/backup
# 每两个小时重启一次 apache
0 */2 * * * /sbin/service httpd restart
```

4.9 关机命令

在 Linux 下一些常用的关机/重启命令有 shutdown、halt、reboot 和 init，它们都可以达到重启系统的目的，但每个命令的内部工作过程不同。通过本节的介绍，希望读者可以更加灵活地运用各种关机命令。

4.9.1 使用 shutdown 关机或重启

shutdown 命令可安全地将系统关机。有些用户会使用直接断掉电源的方式来关闭 Linux，这是十分危险的。因为 Linux 与 Windows 不同，其后台运行着许多进程，所以强制关机可能会导致进程的数据丢失，使系统处于不稳定的状态，甚至在有的系统中会损坏硬件设备。而在系统关机前使用 shutdown 命令，系统管理员会通知所有登录的用户系统将要关闭，并且 login 指令会被冻结，即新的用户不能再登录。直接关机或延迟一定的时间才关机都是可能的，还可能重启。这是由所有进程都会收到系统所送达的信号决定的。这让像 vi 之类的程序有时间储存目前正在编辑的文档。

shutdown 执行它的工作是送信号给 init 程序，要求它改变 runlevel。runlevel 0 被用来停机，runlevel 6 用来重新激活系统，而 runlevel 1 则被用来让系统进入管理工作可以进行的状态；这是预设的，假定没有-h 也没有-r 参数给 shutdown。要想了解在停机或重新开机过程中做了哪些动作，可以在文件/etc/inittab 里看到这些 runlevels 相关的资料。

shutdown 参数说明如表 4.43 所示。

表 4.43 shutdown 命令常用参数说明

参数	说明
-t	在改变到其他 runlevel 之前，告诉 init 多久以后关机
-r	重启计算机
-k	并不真正关机，只是发送警告信号给每位登录者
-h	关机后关闭电源
-n	不用 init，而是自己来关机
-c	取消目前正在执行的关机程序
-f	在重启计算机时忽略 fsck
-F	在重启计算机时强迫 fsck
-time	设定关机前的时间

4.9.2 最简单的关机命令 halt

halt 就是调用 shutdown -h。halt 执行时，会杀死应用进程，执行 sync 系统调用，文件系统写操作完成后就会停止内核，与 root 不同之处在于 halt 用来关机，而 reboot 用来重启系统。

4.9.3 使用 reboot 重启系统

reboot 命令用于重启系统，使用比较简单，在终端命令行以 root 用户执行该命令即可进行系统的重启。常用的参数说明如表 4.44 所示。

表 4.44 reboot 命令常用参数说明

参数	说明
-n	在重启之前不执行磁盘刷新
-w	做一次重启模拟，并不会真的重新启动
-d	不把记录写到 /var/log/wtmp 档案里（-n 这个参数包含了-d）
-f	强制重开机
-i	在重开机之前先把所有网络相关的装置停止

4.9.4 使用 poweroff 终止系统运行

poweroff 就是 halt 或 reboot 命令的软链接，而执行 halt 调用 shutdown –h，如示例 4-70 所示。

【示例 4-70】

```
[root@rhel6 test]# which poweroff
/sbin/poweroff
[root@rhel6 test]# ls -l /sbin/poweroff
lrwxrwxrwx. 1 root root 6 Mar 30 22:23 /sbin/poweroff -> reboot
[root@rhel6 test]# ls -lhtr /sbin/halt
lrwxrwxrwx. 1 root root 6 Mar 30 22:23 /sbin/halt -> reboot
```

4.9.5 使用 init 命令改变系统运行级别

init 是所有进程的祖先，其进程号始终为 1，所以发送 TERM 信号给 init 会终止所有的用户进程、守护进程等。shutdown 就是使用这种机制。init 定义了 7 个运行级别，不同的运行级定义如表 4.45 所示。

表 4.45 init 级别参数说明

命令	含义
0	停机
1	单用户模式
2	多用户模式
3	完全多用户模式
4	没有用到
5	X11（X Window）
6	重新启动

这些级别可以在/etc/inittab 文件里指定。这个文件是 init 程序寻找的主要文件，最先运行的服务是放在/etc/rc.d 目录下的文件。在大多数的 Linux 发行版本中，启动脚本都是位于/etc/rc.d/init.d 中的。这些脚本被用 ln 命令连接到/etc/rc.d/rcN.d 目录，这里的 N 就是运行级别 0~6。因此使用 init 命令可以关机或重新启动。

4.10 文本编辑器 vi 的使用

vi 是 Linux 系统中常用的文本编辑器，熟练掌握 vi 的使用可提高学习和工作效率。vi 工作模式主要有命令模式和编辑模式两种，两者之间可方便切换。多次按 Esc 键可以进入命令模式，在此模式下输入相关的文本编辑命令可进入编辑模式，按 Esc 键又可返回命令方式。

4.10.1 进入与退出 vi

要使用 vi，可在系统提示字符下键入 vi filename，vi 可以自动载入所要编辑的文件。当用户打开一个文件时处于命令模式。

要退出 vi 的编辑环境，可以在末行模式下键入 q 命令，如果对文件做过修改则会出现 No write since last change（use ! to override）提示，此时可以用 q!命令强制退出（不保存退出），或用 wq 命令保存退出。

4.10.2 移动光标

在命令模式和输入模式下移动光标的基本命令是 h、j、k、l。这与按下键盘上的方向键效果相同。由于许多编辑工作需要光标来定位，所以 vi 提供许多移动光标的方式，表 4.46 是列举的部分移动光标的命令（在命令模式下才能操作）。

表 4.46　vi 命令常用参数说明

命令	含义
0	移动光标到所在行的最前面[Home]
$	移动光标到所在行的最后面[End]
[Ctrl]+[d]	向下半页
[Ctrl]+[f]	向下一页[PageDown]
[Ctrl]+[u]	向上半页
[Ctrl]+[b]	向上一页[PageUp]
H	移动到窗口的第一行
M	移动到窗口的中间行
L	移动到窗口的最后行
w	移动到下个单词的第一个字母

(续表)

命令	含义
b	移动到上个单词的第一个字母
e	移动到下个单词的最后一个字母
^	移动光标到所在行的第一个非空白字符
/string	往右移动到有 string 的地方
?string	往左移动到有 string 的地方

在文档内容比较多的时候，移动光标或翻页的速度会比较慢，此时用户可以使用[Ctrl]+[f]和[Ctrl]+[b]进行向后或向前翻页。

4.10.3 输入文本

当需要输入文本时，必须切换到输入模式（插入模式），可用下面几个命令进入输入模式：

（1）增加（append）

"a" 从光标所在位置后面开始输入资料，光标后的资料随增加的资料向后移动。

"A" 从光标所在行最后面的位置开始输入资料。

（2）插入（insert）

"i" 从光标所在位置前面开始插入资料，光标后的资料随新增资料向后移动。

"I" 从光标所在行的第一个非空白字符前面开始插入资料。

（3）开始（open）

"o" 在光标所在行下新增一行并进入输入模式。

"O" 在光标所在行上方新增一行并进入输入模式。

用户可以配合键盘上的功能键（如方向键），更方便地完成资料的插入。

4.10.4 复制与粘贴

vi 的编辑命令由命令与范围所构成。例如 yw 是由复制命令 y 与范围 w 所组成的，表示复制一个单词。复制和粘贴命令参数如表 4.47 所示。

表 4.47 vi 复制与粘贴参数说明

命令	含义
e	光标所在位置到该字的最后一个字母
w	光标所在位置到下个字的第一个字母
b	光标所在位置到上个字的第一个字母
$	光标所在位置到该行的最后一个字母
0	光标所在位置到该行的第一个字母
)	光标所在位置到下个句子的第一个字母

(续表)

命令	含义
(	光标所在位置到该句子的第一个字母
}	光标所在位置到该段落的最后一个字母
{	光标所在位置到该段落的第一个字母

例如想复制一个单词，可以在命令模式下用 viwp 复制一个单词。

4.10.5 删除与修改

在 vi 中一般认为输入与编辑有所不同。编辑是在命令模式下进行的，先利用命令移动光标来定位到要进行编辑的地方，然后再使用相应的命令进行编辑；而输入是在插入模式下进行的。在命令模式下常用的编辑命令如表 4.48 所示。

表 4.48 vi 删除与修改参数说明

命令	含义
x	删除光标所在字符
dd	删除光标所在的行
r	修改光标所在字符，r 后是要修正的字符
R	进入替换状态，输入的文本会覆盖原先的资料，直到按 Esc 键回到命令模式下为止
s	删除光标所在字符，并进入输入模式
S	删除光标所在的行，并进入输入模式
cc	修改整行文字
u	撤销上一次操作
.	重复上一次操作

4.10.6 查找与替换

vi 中查找与替换的参数说明如表 4.49 所示。

表 4.49 vi 查找与替换参数说明

命令	含义
:/string	查找 string，并将光标定位到包含 string 字符串的行
:?string	将光标移动到最近的一个包含 string 字符串的行
:n	把光标定位到文件的第 n 行
:s/srting1/string2/	用 string2 替换掉光标所在行首次出现的 string1
:s/string1/string2/g	用 string2 替换掉光标所在行中所有的 string1
:m,n s/string1/string2/g	用 string2 替换掉第 m 行到第 n 行中的所有的 string1
:.,m s/string1/string2/g	用 string2 替换掉光标所在的行到第 m 行中的所有的 string1
:n,$ s/string1/string2/g	用 string2 替换掉第 n 行到文档结束中的所有的 string1
:%s/string1/string2/g	用 string2 替换掉全文的 string1。此命令又叫全文查找替换命令

4.10.7 执行 Shell 命令

在文件编辑的过程中，如果需要执行 Shell 命令，可以在末行模式下输入 command 用以执行命令，如示例 4-71 所示。

【示例 4-71】
```
[root@rhel6 test]# vi 1.txt
this is file content
#部分结果省略
#执行 Shell 命令
:!ls
1.txt   file1   file12   file_12   file2   test.tar.gz
Press ENTER or type command to continue
#保存退出
:x
```

4.10.8 保存文档

文件操作命令多以"："开头，相关命令及含义如表 4.50 所示。

表 4.50　vi 保存文档参数说明

命令	含义
:q	结束编辑不保存退出
:q!	放弃所做的更改强制退出
:w	保存更改
:x	保存更改并退出
:wq	保存更改并退出

4.11 范例——用脚本备份重要文件和目录

本节用综合示例来演示如何运用 Linux 的常用命令，示例的功能主要是备份系统的重要目录和文件。主要目录结构和文件如表 4.51 所示。

表 4.51　综合示例程序结构说明

参数	说明
config.conf	主要设置当前临时文件存放路径、远程备份的地址主程序等
file.conf	主要设置要备份的文件或目录
file_backup.sh	为主程序，执行此脚本会将指定的目录和文件备份到本地，打包成压缩文件并通过 rsync 传到远端服务器。本机备份保留 7 天

综合示例的具体源码及注释如示例 4-72 所示。

【示例 4-72】

```
#文件部署路径
[root@rhel6 file_backup]# pwd
/data/file_backup
#目录文件结构
[root@rhel6 file_backup]# ls
config.conf  data  file.conf  file_backup.sh
#config.conf 文件内容
[root@rhel6 file_backup]# cat config.conf
    1    #远程部署 rsync 的 ip 地址
    2    REMOTE_IP=192.168.1.91
    3    #远程机器上启动 rsync 的用户
    4    REMOTE_USER=root
    5    #远程备份路径
    6    BACKUP_MODULE_NAME=ENV/$CUR_DATE
    7
    8    #本地文件备份路径
    9    LOCAL_BACKUP_DIR=/data/file_backup/data
   10    #备份的数据文件压缩包以 data 开头
   11    BACKUP_FILENAME_PREFIX=data
   12    #指定哪些文件不备份
   13    EXCLUDE="*bak*|*.log"
   14    #文件打包日期
   15    CUR_DATE=`/bin/date +%Y%m%d -d "0 days ago"`
#file.conf 配置要备份的目录和文件，如果是目录，会递归备份该目录下所有文件
[root@rhel6 file_backup]# cat file.conf
#配置文件支持注释，以 "#" 开头的配置当作注释不备份
    1    #/var/tmp
    2    #备份 MySQL 配置文件
    3    /etc/my.cnf
    4    #支持通配符
    5    /data/file_backup/*sh
    6    /data/file_backup/*conf
    7    #备份系统用户的 contab，由于发行版不通，路径可能有所区别
    8    /var/spool/cron
    9    #备份 apache2
   10    /usr/local/apache2
```

```
11      #备份系统中安装的tomcat
12      /usr/local/tomcat6.0
13      /data/dbdata*/mysql
14      /etc/*/my.cnf
15      #备份系统host设置
16      /etc/hosts
```

#主程序

```
[root@rhel6 file_backup]# cat file_backup.sh
 1   #!/bin/sh
 2
 3   #加载参数配置
 4   source config.conf
 5   #当前日期
 6   CURDATE=`date '+%Y-%m-%d'`
 7   CURDATE2=`date +%Y%m%d -d ${CURDATE}`
 8   #昨天日期
 9   YESTERDAY=`date +%Y-%m-%d -d "1 days ago"`
10   YESTERDAY2=`date +%Y%m%d -d ${YESTERDAY}`
11
12   echo "`date` begin to backup $CURDATE..."
13
14   #得到要备份的文件列表
15   FILE=`cat file.conf |grep ^[^'#']`
16   FILE_ID=""
17   for FILE_DIR in ${FILE}
18   do
19           FILE_ID=$FILE_ID" "$FILE_DIR
20   done
21
22   #备份目录不存在则创建
23   if [ ! -d "$LOCAL_BACKUP_DIR" ]; then
24           mkdir -p $LOCAL_BACKUP_DIR
25   fi
26
27   #获取当前系统IP
28   LOCAL_IP=`/sbin/ifconfig |grep -a1 eth0 |grep inet |awk '{print $2}' |awk -F ":" '{print $2}' |head -1`
29
30   #组装备份打包后的文件名
```

```
31      NAME=$BACKUP_FILENAME_PREFIX"_"$LOCAL_IP"_"$CURDATE".tar.gz"
32
33      #将要备份的目录和文件打包
34      if [ ! -z "$FILE_ID" ]; then
35      find  $FILE_ID -name '*' -type  f -print|grep -v -E "$EXCLUDE" | tar -cvzf $LOCAL_BACKUP_DIR/$NAME  --files-from -
36      fi
37
38      #得到7天前的日期
39      DAY_7_AGO=`date +%Y-%m-%d -d "7 days ago"`
40      #要删除的文件名
41   DELETE_FILE_LIST=$BACKUP_FILENAME_PREFIX"_"$LOCAL_IP"_"$DAY_7_AGO".tar.gz"
42      DELETE_FILE_LIST2="system_"$LOCAL_IP"_"$DAY_7_AGO".tar.gz"
43      echo "delete $DELETE_FILE_LIST $DELETE_FILE_LIST2 ..."
44      cd $LOCAL_BACKUP_DIR
45      #删除7天前的备份文件
46      rm  -f  $DELETE_FILE_LIST
47      rm  -f  $DELETE_FILE_LIST2
48
49      #将压缩包上传到远程服务器
50      /usr/bin/rsync -vzrtopg --port=873 $LOCAL_BACKUP_DIR/*$CURDATE*.tar.gz $REMOTE_USER@$REMOTE_IP::$BACKUP_MODULE_NAME/
51      echo "`date` end backup $CURDATE..."
```

本脚本的功能为读取指定目录的文件,然后将文件打包,使用 rsync 备份到远程主机。上述示例中一些命令参数的解释可参阅相关章节。

4.12 小结

本章首先让读者了解什么是 Shell,然后介绍了 Linux 的简单使用。Linux 操作和 Windows 有很大的不同,本章介绍了 Linux 系统的目录结构和常用的命令,介绍了系统管理掌握常用的命令,包括任务管理。通过任务管理读者可以设置一些自己的定时任务。通过本章的命令可以进行文件、信息查看和系统参数配置等操作。本章最后介绍了任务管理及文本编辑器 vi 的使用,学会这些知识点基本就可以熟练操作 Linux 了。

4.13 习题

一、填空题

1. 要查看当前系统中的命令别名，可以使用_____命令。

2. _____命令用于重启系统，使用比较简单，在终端命令行以 root 用户执行该命令即可进行系统的重启。

3. _____命令是一种强大的文本搜索工具命令,用于查找文件中符合指定格式的字符串,支持正则表达式。

4. Linux 下的任务调度分为两类：_____和_____。

二、选择题

1. 以下哪个命令不能用于查看文件内容？（   ）

A cat　　　　B less
C tail　　　　D ls

2. 系统管理相关的命令在日常使用中可以提高 Linux 系统效率，以下哪个对系统管理的命令描述不正确？（   ）

A 查看历史记录用 history
B 清除屏幕用 cls
C 导出环境变量用 export
D 查看命令帮助用 man

第 5 章
Linux 文件管理与磁盘管理

文件系统用于存储文件、目录、链接及文件相关信息，Linux 文件系统以"/"为最顶层，所有文件和目录，包括设备信息都在此目录下。

本章首先介绍 Linux 文件系统的相关知识点，如文件的权限及属性、与文件有关的一些命令，然后介绍磁盘管理的相关知识，如磁盘管理的命令、交换空间管理等。

本章主要涉及的知识点有：

- Linux 文件系统及分区
- Linux 文件属性及权限管理
- 如何设置文件属性和权限
- 磁盘管理命令
- Linux 交换空间管理
- Linux 磁盘冗余阵列

本章最后的综合示例，演示如何通过监控及时发现磁盘空间的问题。

5.1 认识 Linux 分区

在 Windows 系统中经常会碰到 C 盘盘符（C:）标识，而 Linux 系统中没有盘符的概念，可以认为 Linux 下所有文件和目录都存在于一个分区内。Linux 系统中每一个硬件设备（如硬盘、内存等）都映射到系统的一个文件。IDE 接口设备在 Linux 系统中映射的文件以 hd 为前缀；SCSI 设备映射的文件以 sd 为前缀。具体的文件命名规则是以英文字母排序的，如系统中第 1 个 IDE 设备为 hda，第 2 个设备为 hdb。

了解了硬件设备在 Linux 中的表示形式后，再来了解一下分区信息。示例 5-1 用于查看系统中的分区信息。

【示例 5-1】

```
[root@rhel6 ~]# df -h
Filesystem          Size  Used Avail Use% Mounted on
```

```
/dev/sda1              9.9G  5.2G  5.3G  45%  /
/dev/sda2              10G   1G    9G    10%  /data
/dev/sdc1              1004M 18M   936M  2%   /data1
/dev/sda1              1004M 18M   936M  2%   /data2
```

在对硬盘进行分区时，第 1 个分区为号码 1（如 sda1），第 2 个分区为 sda2，依此类推。分区分为主分区和逻辑分区，每一块硬盘设备最多只能由 4 个主分区构成，任何一个扩展分区都要占用一个主分区号码，主分区和扩展分区数量最多为 4 个。在进行系统分区时，主分区一般设置为激活状态，用于在系统启动时引导系统。分区时每个分区的大小可以由用户自由指定。Linux 分区格式与 Windows 不同，Windows 常见的格式有 FAT32、FAT16、NTFS，而 Linux 常见的分区格式为 swap、ext3、ext4 等。具体如何分区可参考本章后面的章节。

5.2 Linux 中的文件管理

与 Windows 通过盘符管理各个分区不同，Linux 把所有文件和设备都当做文件来管理，这些文件都在根目录下，同时 Linux 中的文件名区分大小写。本节主要介绍文件的属性和权限管理。

5.2.1 文件的类型

Linux 系统是一种典型的多用户系统，不同的用户处在不同的地位，拥有不同的权限。为了保护系统的安全性，对于同一资源来说，不同的用户具有不同的权限，Linux 系统对不同的用户访问同一文件（包括目录文件）的权限做了不同的规定。示例 5-2 用于认识 Linux 系统中的文件类型。

【示例 5-2】

```
#查看系统文件类型
#普通文件
[root@rhel6 ~]# ls -l /etc/resolv.conf
-rw-r--r--. 1 root root 0 Mar 30 22:20 /etc/resolv.conf
#目录文件
[root@rhel6 ~]# ls -l /
dr-xr-xr-x. 2 root root      4096 Mar 30 22:26 bin
#普通文件
[root@rhel6 ~]# ls -l /etc/shadow
---------- 1 root root 2922 Mar 31 06:06 /etc/shadow
#块设备文件
[root@rhel6 ~]# ls -l /dev/sdb
```

```
brwrw---- 1 root disk 8, 16 Apr 22 22:14 /dev/sdb
#链接文件
[root@rhel6 ~]# ls -l /dev/systty
lrwxrwxrwx 1 root root 4 Apr 22 22:14 /dev/systty -> tty0
#字符设备文件
[root@rhel6 ~]# ls -l /dev/tty0
#socket 文件
[root@rhel6 ~]# ls -l /dev/log
srw-rw-rw- 1 root root 0 Apr 22 22:14 /dev/log
#管道文件
```

在示例 5-2 的输出代码中：

- 第 1 列表示文件的类型，文件类型如表 5.1 所示。
- 第 2 列表示文件权限，如文件权限是 "rw-r--r--" 表示文件所有者可读、可写，文件所归属的用户组可读，其他用户可读此文件。
- 第 3 列为硬链接个数。
- 第 4 列表示文件所有者，就是文件属于哪个用户。
- 第 5 列表示文件所属的组。
- 第 6 列表示文件大小，通过不同的参数可以显示为可读的格式，如 k/M/G 等。
- 第 7 列表示文件修改时间。
- 第 8 列表示文件名或目录名。

表 5.1 Linux 文件类型

参数	说明
-	表示普通文件，是 Linux 系统中最常见的文件，普通文件第 1 位标识是 "-"，比如常见的脚本等文本文件和常用软件的配置文件，经常执行的命令是可执行的二进制文件也属于此类
d	表示目录文件，第 1 位标识为 "d"，和 Windows 中文件夹的概念类似
l	表示符号链接文件，第 1 位标识为 "l"，软链接相当于 Windows 中的快捷方式，而硬链接则可以认为是具有相同内容的不同文件，不同之处在于更改其中一个另外一个文件内容会做同样改变
d/c	表示设备文件，第 1 位标识是 "b" 或 "c"。第 1 位标识为 "b" 表示是块设备文件。块设备文件的方位每次以块为单位，比如 512 字节或 1024 字节等，类似 Windows 中的簇的概念。块设备可随机读取，如硬盘、光盘属于此类。而字符设备文件每次访问以字节为单位，不可随机读取，如常用的键盘属于此类
s	表示套接字文件，第 1 位标识为 "s"，程序间可通过套接字进行网络数据通信
p	表示管道文件，第 1 位标识为 "p"，管道是 Linux 系统中一种进程通信的机制。生产者写数据到管道中，消费者可以通过进程读取数据

5.2.2 文件的属性与权限

为了系统的安全性，Linux 对于文件赋予了 3 种属性：可读、可写和可执行。在 Linux 系统中，每个文件都有唯一的属主，同时 Linux 系统中的用户可以属于同一个组，通过权限位的控制定义了每个文件的属主，同组用户和其他用户对该文件具有不同的读、写和可执行权限。

- 读权限：对应标志位为"r"，表示具有读取文件或目录的权限，对应的使用者可以查看文件内容。
- 写权限：对应标志位为"w"，用户可以变更此文件，比如删除、移动等。写权限依赖于该文件父目录的权限设置。示例 5-3 说明了即使文件其他用户权限标志位为可写，但其他用户仍然不能操作此文件。

【示例 5-3】

```
[test2@rhel6 test1]$ ls -l /data/|grep test
drwxr-xr-x   2 root    root         4096 May 30 16:18 test
-rwxr-xr-x   1 root    root    190926848 Apr 18 11:42 test.file
-rwxr-xr-x   1 root    root        10240 Apr 18 17:00 test.tar
drwxr-xr-x   3 test1   users        4096 May 30 19:05 test1
drwxr-xr-x   3 test2   users        4096 May 30 18:55 test2
drwxr-xr-x   4 root    root         4096 Apr 18 17:01 testdir
[test2@rhel6 test1]$ ls -l
total 0
-rw-rw-rw- 1 test1 test1 0 May 30 19:05 s
#虽然文件具有写权限，但仍然不能删除
[test2@rhel6 test1]$ rm -f s
rm: cannot remove `s': Permission denied
```

- 可执行权限：对应标志位为"x"，一些可执行文件比如 C 程序必须有可执行权限才可以运行。对于目录而言，可执行权限表示其他用户可以进入此目录，如目录没有可执行权限，则其他用户不能进入此目录。

 文件拥有执行权限，才可以运行，比如二进制文件和脚本文件。目录文件要有执行权限才可以进入。

在 Linux 系统中文件权限标志位由 3 部分组成，如"-rwxrw-r--"第 1 位表示普通文件，然后"rwx"表示文件属主具有可读可写可执行的权限，"rw-"表示与属主属于同一组的用户就有读写权限，"r--"表示其他用户对该文件只有读权限。"-rwxrwxrwx"为文件最大权限，对应编码为 777，表示任何用户都可以读写和执行此文件。

5.2.3 改变文件所有权

一个文件属于特定的所有者，如果更改文件的属主或属组可以使用 chown 和 chgrp 命令。chown 命令可以将文件变更为新的属主或属组，只有 root 用户或拥有该文件的用户才可以更改文件的所有者。如果拥有文件但不是 root 用户，只可以将组更改为当前用户所在的组。chown 常用参数说明如表 5.2 所示。

表 5.2 chown 常用参数说明

参数	说明
-f	禁止除用法消息之外的所有错误消息
-h	更改遇到的符号链接的所有权，而不是符号链接指向的文件或目录的所有权，如未指定则更改链接指向目录或文件的所有权
-H	如果指定了-R 选项，并且引用类型目录的文件的符号链接在命令行上指定，chown 变量会更改由符号引用的目录的用户标识（和组标识，如果已指定）和所有在该目录下的文件层次结构中的所有文件
-L	如果指定了-R 选项，并且引用类型目录的文件的符号在命令行上指定或在遍历文件层次结构期间遇到，chown 命令会更改由符号链接引用的目录的用户标识，和在该目录之下的文件层次结构中的所有文件
-R	递归地更改指定文件夹的所有权，但不更改链接指向的目录

chown 经常使用的参数为"R"参数，表示递归地更改目录文件的属主或属组。更改时可以使用用户名或用户名对应的 UID，更改属组类似。操作方法如示例 5-4 所示。

【示例 5-4】

```
[root@rhel6 ~]# useradd test
[root@rhel6 ~]# mkdir /data/test
[root@rhel6 ~]# ls -l /data|grep test
drwxr-xr-x. 2 root root 4096 Jun  4 20:39 test
[root@rhel6 ~]# chown -R test.users /data/test
[root@rhel6 ~]# ls -l /data|grep test
drwxr-xr-x. 2 test users 4096 Jun  4 20:39 test
[root@rhel6 ~]# su - test
[test@rhel6 ~]$ cd /data/test
[test@rhel6 test]$ touch file
[test@rhel6 test]$ ls -l
total 0
-rw-rw-r--. 1 test test 0 Jun  4 20:39 file
[test@rhel6 test]$ chown root.root file
chown: changing ownership of `file': Operation not permitted
[root@rhel6 ~]# useradd test2
[root@rhel6 ~]# grep test2 /etc/passwd
test2:x:502:502::/home/test2:/bin/bash
[root@rhel6 ~]# mkdir /data/test2
```

```
#按用户 ID 更改目录所有者
[root@rhel6 ~]# chown -R 502.users /data/test2
[root@rhel6 ~]# ls -l /data/|grep test2
drwxr-xr-x. 2 test2 users 4096 Jun  4 20:44 test2
#更改文件所有者
[root@rhel6 test]# chown test2.users file
[root@rhel6 test]# ls -l file
-rw-rw-r--. 1 test2 users 0 Jun  4 20:39 file
```

Linux 系统中 chgrp 命令用于改变指定文件或目录所属的用户组。使用方法与 chown 类似，此处不再赘述。chgrp 命令的操作方法如示例 5-5 所示。

【示例 5-5】

```
#更改文件所属的用户组
[root@rhel6 test]# ls -l file
-rw-rw-r--. 1 test test 0 Jun  4 20:39 file
[root@rhel6 test]# groupadd testgroup
[root@rhel6 test]# chgrp  testgroup file
[root@rhel6 test]# ls -l file
-rw-rw-r--. 1 test testgroup 0 Jun  4 20:39 file
```

5.2.4 改变文件权限

chmod 是用来改变文件或目录权限的命令，可以将指定文件的拥有者改为指定的用户或组，用户可以是用户名或用户 ID，组可以是组名或组 ID，文件是以空格分开的要改变权限的文件列表，支持通配符。只有文件的所有者或 root 用户可以执行，普通用户不能将自己的文件更改成其他的拥有者。更改文件权限时 u 表示文件所有者，g 表示文件所属的组，o 表示其他用户，a 表示所有。通过它们可以详细控制文件的权限位。chmod 除了可以使用符号更改文件权限外，还可以利用数字来更改文件权限。"r"对应数字 4，"w"对应数字 2，"x"对应数字 1，如可读写则为 4+2=6。chmod 常用参数如表 5.3 所示，操作方法如示例 5-6 所示。

表 5.3 chmod 命令常用参数说明

参数	说明
-c	显示更改部分的信息
-f	忽略错误信息
-h	修复符号链接
-R	处理指定目录及其子目录下的所有文件
-v	显示详细的处理信息
-reference	把指定的目录/文件作为参考，把操作的文件/目录设成参考文件/目录相同拥有者和群组
--from	只在当前用户和群组和指定的用户和群组相同时才进行改变
--help	显示帮助信息
-version	显示版本信息

【示例 5-6】

```
#新建文件 test.sh
[test2@rhel6 ~]$ cat test.sh
#!/bin/sh
echo "Hello World"
#文件所有者没有可执行权限
[test2@rhel6 ~]$ ./test.sh
-bash: ./test.sh: Permission denied
[test2@rhel6 ~]$ ls -l test.sh
-rw-rw-r-- 1 test2 test2 29 May 30 19:39 test.sh
#给文件所有者加上可执行权限
[test2@rhel6 ~]$ chmod u+x test.sh
[test2@rhel6 ~]$ ./test.sh
#设置文件其他用户不可以读
[test2@rhel6 ~]$ chmod o-r test.sh
[test2@rhel6 ~]$ logout
[root@rhel6 test1]# su - test1
[test1@rhel6 ~]$ cd /data/test2
[test1@rhel6 test2]$ cat test.sh
cat: test.sh: Permission denied
#采用数字设置文件权限
[test2@rhel6 ~]$ chmod 775 test.sh
[test2@rhel6 ~]$ ls -l test.sh
-rwxrwxr-x 1 test2 test2 29 May 30 19:39 test.sh
#将文件 file1.txt 设为所有人都可读取
[test2@rhel6 ~]$chmod ugo+r file1.txt
#将文件 file1.txt 设为所有人都可读取
[test2@rhel6 ~]$chmod a+r file1.txt
#将文件 file1.txt 与 file2.txt 设为该文件拥有者，与其所属同一个群体者可写入，但其他以外的人
则不可写入
[test2@rhel6 ~]$chmod ug+w,o-w file1.txt file2.txt
#将 ex1.py 设定为只有该文件拥有者可以执行
[test2@rhel6 ~]$chmod u+x ex1.py
#将目前目录下的所有文件与子目录都设为任何人可读取
[test2@rhel6 ~]$chmod -R a+r *
#收回所有用户的对 file1 的执行权限
[test2@rhel6 ~]$chmod a-x file1
```

5.3 Linux 中的磁盘管理

Linux 提供了丰富的磁盘管理命令,如查看硬盘使用率、进行硬盘分区、挂载分区等,本节主要介绍此方面的知识。

5.3.1 查看磁盘空间占用情况

df 命令用于查看硬盘空间的使用情况,还可以查看硬盘分区的类型或 inode 节点的使用情况等。df 常用参数说明如表 5.4 所示,常见用法如示例 5-7 所示。

表 5.4 df 命令常用参数说明

参数	说明
-a	显示所有文件系统的磁盘使用情况,包括 0 块(block)的文件系统,如/proc 文件系统
-k	以 k 字节为单位显示
-i	显示 i 节点信息,而不是磁盘块
-t	显示各指定类型的文件系统的磁盘空间使用情况
-x	列出不是某一指定类型文件系统的磁盘空间使用情况(与 t 选项相反)
-T	显示文件系统类型

【示例 5-7】

```
#查看当前系统所有分区使用情况。h 表示以可读的方式显示当前磁盘空间,类似的参数有 k、m 等
[root@rhel6 test]# df -ah
Filesystem      Size  Used Avail Use% Mounted on
proc               0     0     0    -  /proc
sysfs              0     0     0    -  /sys
tmpfs           495M   72K  495M   1% /dev/shm
/dev/sdb1       485M   33M  427M   8% /boot
/dev/sdc1      1004M   18M  936M   2% /data3
/dev/sda1      1004M   18M  936M   2% /data
#查看每个分区 inode 节点占用情况
[root@rhel6 test]# df -i
Filesystem       Inodes   IUsed   IFree IUse% Mounted on
tmpfs            126568       3  126565    1% /dev/shm
/dev/sdb1        128016      38  127978    1% /boot
/dev/sdc1         65280      11   65269    1% /data3
/dev/sda1         65280      14   65266    1% /data
#显示分区类型
[root@rhel6 test]# df -T
```

```
Filesystem      Type    1K-blocks       Used Available Use% Mounted on
tmpfs           tmpfs      506272         72    506200   1% /dev/shm
/dev/sdb1       ext4       495844      33744    436500   8% /boot
/dev/sdc1       ext3      1027768      17688    957872   2% /data3
/dev/sda1       ext3      1027768      17696    957864   2% /data
#显示指定文件类型的磁盘使用状况
[root@rhel6 test]# df -t ext3
Filesystem              1K-blocks       Used Available Use% Mounted on
/dev/sdc1                1027768      17688    957872   2% /data3
/dev/sda1                1027768      17696    957864   2% /data
```

5.3.2 查看文件或目录所占用的空间

使用 du 命令可以查看磁盘或某个目录占用的磁盘空间，常见的应用场景如硬盘满时需要找到占用空间最多的目录或文件。du 常见的参数如表 5.5 所示。

表 5.5　du 命令常用参数说明

参数	说明
a	显示全部目录和其子目录下的每个文件所占的磁盘空间
b	大小用 bytes 来表示（默认值为 k bytes）
c	最后再加上总计（默认值）
h	打印出可识别的格式，如 1KB、234MB、5GB
--max-depth=N	只打印层级小于等于指定数值的文件夹的大小
s	只显示各文件大小的总和
x	只计算属于同一个文件系统的文件
L	计算所有的文件大小

du 的一些使用方法如示例 5-8 所示，更多用法可参考 "man du"。

【示例 5-8】
```
#统计当前文件夹的大小，默认不统计软链接指向的目的文件夹
[root@rhel6 data]# du -sh
276M    .
#按层级统计文件夹大小，在定位占用磁盘大的文件夹时比较有用
[root@rhel6 data]# du --max-depth=1 -h
5.0K    ./logs
194M    ./vmware-tools-distrib
32K     ./file_backup
8.0K    ./link
16K     ./lost+found
```

```
20M     ./zip
20K     ./bak
276M    .
```

5.3.3 调整和查看文件系统参数

tune2fs 用于查看和调整文件系统参数,类似于 Windows 下的异常关机启动时的自检,Linux 下此命令可设置自检次数和周期。tune2fs 常用参数如表 5.6 所示。

表 5.6 tune2fs 命令常用参数说明

参数	说明
-l	查看详细信息
-c	设置自检次数,每挂载一次 mount conut 就会加 1,超过次数就会强制自检
-e	设置当错误发生时内核的处理方式
-i	设置自检天数,d 表示天,m 为月,w 为周
-m	设置预留空间
-j	用于文件系统格式转换
-L	修改文件系统的标签
-r	调整系统保留空间

使用方法如示例 5-9 所示。

【示例 5-9】

```
#查看分区信息
[root@rhel6 data]# tune2fs -l /dev/sda1
tune2fs 1.41.12 (17-May-2010)
Filesystem volume name:   <none>
Last mounted on:          <not available>
#部分结果省略
Journal backup:           inode blocks
#设置半年后自检
[root@rhel6 data]#tune2fs -i 1m /dev/hda1
#设置当磁盘发生错误时重新挂载为只读模式
[root@rhel6 data]# tune2fs -e remount-ro /dev/hda1
#设置磁盘永久不自检
[root@rhel6 data]# tune2fs -c -1 -i 0 /dev/hda1
```

5.3.4 格式化文件系统

当完成硬盘分区以后要进行硬盘的格式化,mkfs 系列对应的命令用于将硬盘格式化为指定格式的文件系统。mkfs 本身并不执行建立文件系统的工作,而是去调用相关的程序来执行。例如,若在-t 参数中指定 ext2,则 mkfs 会调用 mke2fs 来建立文件系统。使用 mkfs 时如省略指定"块数"参数,mkfs 会自动设置适当的块数,此命令不仅可以格式化 Linux 格式的文件系统,还可以格式化 DOS 或 Windows 下的文件系统。mkfs.ext3 常用的参数如表 5.7 所示。

表 5.7 mkfs 命令常用参数说明

参数	说明
-V	详细显示模式
-t:	给定档案系统的形式,Linux 的预设值为 ext3
-c	操作之前检查分区是否有坏道
-l	记录坏道的资料
block	指定 block 的大小
-L:	建立卷标

Linux 系统中 mkfs 支持的文件格式取决于当前系统中有没有对应的命令,比如要把分区格式化为 ext3 文件系统,系统中要存在对应的 mkfs.ext3 命令,其他类似。

【示例 5-10】

```
#查看当前系统 mkfs 命令支持的文件系统格式
[root@rhel6 data]# ls /sbin/mkfs.* -l
-rwxr-xr-x. 1 root root 22168 Feb 22 13:02 /sbin/mkfs.cramfs
-rwxr-xr-x. 5 root root 60432 Feb 22 07:50 /sbin/mkfs.ext2
-rwxr-xr-x. 5 root root 60432 Feb 22 07:50 /sbin/mkfs.ext3
-rwxr-xr-x. 5 root root 60432 Feb 22 07:50 /sbin/mkfs.ext4
-rwxr-xr-x. 5 root root 60432 Feb 22 07:50 /sbin/mkfs.ext4dev
lrwxrwxrwx. 1 root root     7 Mar 31 00:31 /sbin/mkfs.msdos -> mkdosfs
lrwxrwxrwx. 1 root root     7 Mar 31 00:31 /sbin/mkfs.vfat -> mkdosfs
#将分区格式化为 ext3 文件系统
[root@rhel6 data]# mkfs -t ext3 /dev/sda1
mke2fs 1.41.12 (17-May-2010)
Filesystem label=
OS type: Linux
Block size=4096 (log=2)
Fragment size=4096 (log=2)
Stride=0 blocks, Stripe width=0 blocks
122640 inodes, 489974 blocks
24498 blocks (5.00%) reserved for the super user
First data block=0
Maximum filesystem blocks=503316480
15 block groups
```

```
32768 blocks per group, 32768 fragments per group
8176 inodes per group
Superblock backups stored on blocks:
    32768, 98304, 163840, 229376, 294912
Writing inode tables: done
Creating journal (8192 blocks):
done
Writing superblocks and filesystem accounting information: done
This filesystem will be automatically checked every 20 mounts or
180 days, whichever comes first. Use tune2fs -c or -i to override.
```

5.3.5 挂载/卸载文件系统

mount 命令用于挂载分区，对应的卸载分区命令为 umount。这两个命令一般由 root 用户执行。除可以挂载硬盘分区之外，光盘、内存都可以使用该命令挂载到用户指定的目录。mount 常用参数如表 5.8 所示。

表 5.8 mount 命令常用参数说明

参数	说明
-V	显示程序版本
-h	显示帮助信息
-v	显示详细信息
-a	加载文件/etc/fstab 中设置的所有设备
-F	需与-a 参数同时使用。所有在/etc/fstab 中设置的设备会被同时加载，可加快执行速度
-f	不实际加载设备。可与-v 等参数同时使用以查看 mount 的执行过程
-n	不将加载信息记录在/etc/mtab 文件中
-L	加载指定卷边的文件系统
-r	挂载为只读模式
-w	挂载为读写模式
-t	指定文件系统的形态，通常不必指定，mount 会自动选择正确的形态。常见的文件类型有 ext2、msdos、nfs、iso9660、ntfs 等
-o	指定加载文件系统时的选项。如 noatime 每次存取时不更新 inode 的存取时间
-o loop=	-h 显示在线帮助信息

在 Linux 操作系统中挂载分区是一个使用非常频繁的命令。mount 命令可以挂载多种介质，如硬盘、光盘、NFS 等，U 盘也可以挂载到指定的目录。mount 使用方法如示例 5-11 所示。

【示例 5-11】

```
#挂载指定分区到指定目录
[root@rhel6 /]# mount /dev/sda1 /data
#将分区挂载为只读模式
```

```
[root@rhel6 /]#mount  -o ro /dev/sda1 /data2
#挂载光驱，使用 ISO 文件时可避免将文件解压，可以挂载后直接访问
[root@rhel6 test]# mount  -t iso9660 /dev/cdrom /cdrom
mount: block device /dev/sr0 is write-protected, mounting read-only
[root@rhel6 test]# ls /cdrom/
EF1 Packages  isolinux images      repodata
#挂载 NFS
[root@rhel6 test]# mount -t nfs 192.168.1.91:/data/nfsshare  /data/nfsshare
#挂载/etc/fstab 里面的所有分区
[root@rhel6 test]# mount -a
#挂载 Windows 下分区格式的分区，fat32 分区格式可指定参数 vfat
[root@rhel6 test]#  mount -t ntfs /dev/sdc1 /mnt/usbhd1
```

 挂载点必须是一个目录，如果该目录有内容，挂载成功后将会看不到该目录原有的文件，卸载后又可以重新使用。

如果要挂载的分区经常使用，需要自动挂载，可以将分区挂载信息加入/etc/fstab。该文件说明如下：

```
/dev/sda3            /data              ext3         noatime,acl,user_xattr 0  2
```

- 第 1 列表示要挂载的文件系统的设备名称，可以是硬盘分区、光盘、U 盘或 ISO 文件，还可以是 NFS。
- 第 2 列表示挂载点，挂载点实际上就是一个目录，可以为空，也可以不为空
- 第 3 列为挂载的文件类型，Linux 能支持大部分分区格式，Windows 下的分区系统也可支持。如常见的 ext3、ext2、iso9660、NTFS 等。
- 第 4 列为设置选项，各个选项用逗号隔开。如设置为 defaults 表示 rw,suid,dev,exec,auto,nouser 和 async。
- 第 5 列为文件备份设置。此处为 1，表示要将整个<fie sysytem>里的内容备份；为 0，表示不备份。在这里一般设置为 0。
- 最后一列为是否运行 fsck 命令检查文件系统。0 表示不运行，1 表示每次都运行，2 表示非正常关机或达到最大加载次数或达到一定天数才运行。

5.3.6 基本磁盘管理

fdisk 为 Linux 系统下的分区管理工具，类似于 Windows 下的 PQMagic 等工具软件。分过区装过操作系统的读者都知道硬盘分区是必要和重要的。fdisk 的帮助信息如示例 5-12 所示。

【示例 5-12】
```
/dev/sda1             1004M    18M  936M   2% /data
```

```
/dev/sr0                5.1G  5.1G    0 100% /cdrom
[root@rhel6 test]# fdisk /dev/sdc
WARNING: DOS-compatible mode is deprecated. It's strongly recommended to
         switch off the mode (command 'c') and change display units to
         sectors (command 'u').
Command (m for help): h
h: unknown command
Command action
   a   toggle a bootable flag
   b   edit bsd disklabel
   c   toggle the dos compatibility flag
   d   delete a partition
   l   list known partition types
   m   print this menu
   n   add a new partition
   o   create a new empty DOS partition table
   p   print the partition table
   q   quit without saving changes
   s   create a new empty Sun disklabel
   t   change a partition's system id
   u   change display/entry units
   v   verify the partition table
   w   write table to disk and exit
   x   extra functionality (experts only)
```

以上参数中常用的参数说明如表 5.9 所示。

表 5.9 fdisk 命令常用参数说明

参数	说明
d	删除存在的硬盘分区
n	添加分区
p	查看分区信息
w	保存变更信息

详细分区过程如示例 5-13 所示。

【示例 5-13】

```
[root@rhel6 ~]# fdisk -l
Disk /dev/sda: 10.7 GB, 10737418240 bytes
#部分结果省略
Disk /dev/sdb: 21.5 GB, 21474836480 bytes
```

```
#部分结果省略
#创建分区并格式化硬盘
[root@rhel6 ~]# fdisk /dev/sda
#部分结果省略
#查看帮助
Command (m for help): h
h: unknown command
Command action
   a   toggle a bootable flag
   b   edit bsd disklabel
   c   toggle the dos compatibility flag
   d   delete a partition
   l   list known partition types
   m   print this menu
   n   add a new partition
   o   create a new empty DOS partition table
   p   print the partition table
   q   quit without saving changes
   s   create a new empty Sun disklabel
   t   change a partition's system id
   u   change display/entry units
   v   verify the partition table
   w   write table to disk and exit
   x   extra functionality (experts only)
#创建新分区
Command (m for help): n
Command action
   e   extended
   p   primary partition (1-4)
p
#1表示创建主分区
Partition number (1-4): 1
#参数选择默认
First cylinder (1-1305, default 1):
Using default value 1
Last cylinder, +cylinders or +size{K,M,G} (1-1305, default 1305):
Using default value 1305
#保存更改
Command (m for help): w
The partition table has been altered!

Calling ioctl() to re-read partition table.
Syncing disks.
```

```
#查看分区情况
[root@rhel6 ~]# fdisk -l
#
Disk /dev/sda: 10.7 GB, 10737418240 bytes
   Device Boot      Start         End      Blocks   Id  System
/dev/sda1              1        1305    10482381   83  Linux
Disk /dev/sdb: 21.5 GB, 21474836480 bytes
   Device Boot      Start         End      Blocks   Id  System
/dev/sdb1   *          1         523     4194304   83  Linux
Partition 1 does not end on cylinder boundary.
/dev/sdb2            523         905     3072000   83  Linux
Partition 2 does not end on cylinder boundary.
/dev/sdb3            905        1036     1048576   82  Linux swap / Solaris
/dev/sdb4           1036        2611    12655616    5  Extended
/dev/sdb5           1036        2611    12654592   83  Linux
#将新建的分区格式化
[root@rhel6 ~]# mkfs.ext3 /dev/sda1
mke2fs 1.41.12 (17-May-2010)
Filesystem label=
OS type: Linux
Block size=4096 (log=2)
Fragment size=4096 (log=2)
Stride=0 blocks, Stripe width=0 blocks
655360 inodes, 2620595 blocks
131029 blocks (5.00%) reserved for the super user
First data block=0
Maximum filesystem blocks=2684354560
80 block groups
32768 blocks per group, 32768 fragments per group
8192 inodes per group
Superblock backups stored on blocks:
        32768, 98304, 163840, 229376, 294912, 819200, 884736, 1605632

Writing inode tables: done
Creating journal (32768 blocks):
done
Writing superblocks and filesystem accounting information: done

This filesystem will be automatically checked every 33 mounts or
180 days, whichever comes first. Use tune2fs -c or -i to override.

#编辑系统分区表，加入新增的分区
```

```
[root@rhel6 ~]# vi /etc/fstab
/dev/sda1 /data1 ext3     defaults      0 2
#退出保存
#创建挂载目录
[root@rhel6 ~]# mkdir /data1
[root@rhel6 ~]# mount -a
#查看分区已经正常挂载
[root@rhel6 ~]# df -h
Filesystem            Size  Used Avail Use% Mounted on
/dev/sdb1             5.0G 1008M  2.8G  27% /
tmpfs                 495M     0  495M   0% /dev/shm
/dev/sdb5              12G  415M   11G   4% /data
/dev/sdb2             2.9G   69M  2.7G   3% /usr/local
/dev/sda1             9.9G  151M  9.2G   2% /data1
#文件测试
[root@rhel6 ~]# cd /data1
[root@rhel6 data1]# touch test.txt
```

5.4 交换空间管理

Linux 中的交换空间在系统物理内存被用尽时使用。如果系统需要更多的内存资源，而物理内存已经用尽，内存中不活跃的页就会被交换到交换空间中。交换空间位于硬盘上，速度不如物理内存。

交换空间的总大小一般设置为计算机物理内存的两倍。

Linux 系统支持虚拟内存系统，主要用于存储应用程序及其使用的数据信息，虚拟内存大小主要取决于应用程序和操作系统。如果交换空间太小，则可能无法运行希望运行的所有应用程序，导致页面频繁地在内存和磁盘之间交换，从而导致系统性能下降。如果交换空间太大，则可能会浪费磁盘空间。因此系统交换分区的大小需要合理设置。在 Linux 2.6 内核上，可以通过设置 /etc/sysctl.conf 中的 vm.swappiness 值来调整系统的 swappiness。

如果虚拟内存大于物理内存，操作系统可以在空闲时将所有当前进程换出到磁盘上，并且能够提高系统的性能。如果希望将应用程序的活动保留在内存中，并且不需要大量的交换，可以设置较小的虚拟内存。而桌面环境配置比较大的虚拟内存则有利于运行大量的应用程序。

5.5 磁盘冗余阵列 RAID

RAID（Redundant Array of Inexpensive Disks）的基本目的是把多个小型廉价的硬盘合并成一组大容量的硬盘，用于解决数据冗余性并降低硬件成本，使用时如同单一的硬盘。RAID 技术有两种：硬件 RAID 和软件 RAID。基于硬件的系统从主机之外独立地管理 RAID 子系统，并且它在主机处把每一组 RAID 阵列只显示为一个磁盘。软件 RAID 在系统中实现各种 RAID 级别，因此不需要 RAID 控制器。

RAID 分为各种级别，比较常见的有 RAID 0、RAID 1、RAID 5、RAID 10 和 RAID 01。这些 RAID 类型的定义如下：

- RAID 0 数据被随机分片写入每个磁盘，此种模式下存储能力等同于每个硬盘的存储能力之和，但并没有冗余性，任何一块硬盘的损坏都将导致数据的丢失。
- RAID 1 称作镜像，会在每个成员磁盘上写入相同的数据，此种模式比较简单，可以提供高度的数据可用性，它目前仍然很流行。但对应的存储能力有所降低，如两块相同硬盘组成 RAID 1，则容量为其中一块硬盘的大小。
- RAID 5 是最普遍的 RAID 类型。RAID 5 更适合于小数据块和随机读写的数据。

RAID 5 是一种存储性能、数据安全和存储成本兼顾的存储解决方案。磁盘空间利用率要比 RAID 1 高，存储成本相对较低。RAID 5 不单独指定奇偶盘，而是在所有磁盘上交叉地存取数据和奇偶校验信息。组建 RAID 5 至少需要 3 块硬盘。如 N 块硬盘组成 RAID 5，则硬盘容量为 N-1，如果其中一块硬盘损坏，数据可以根据其他硬盘存储的校验信息进行恢复。

5.6 范例——监控硬盘空间

实际应用中需要定时检测磁盘空间，在超过指定阈值后告警，然后提前删除不必要的文件，避免因为程序满了而发生问题。示例 5-14 演示了如何在单机情况下监控硬盘空间。如果管理的服务器很多，需要批量部署检测程序，在磁盘即将满时及时发出警报。

【示例 5-14】

```
[root@rhel6 logs]#cat -n diskMon.sh
   1  #!/bin/sh
   2  #用于记录执行日志
   3  function LOG()
   4  {
   5      echo "["$(/bin/date +%Y-%m-%d" "%H:%M:%S -d "0 days ago")"]" $1
   6  }
```

```
 7  #告警发送详细逻辑,此处为演示
 8  function  sendmsg()
 9  {
10         echo    sendmsg
11  }
12  #主处理逻辑
13  function  process()
14  {
15  /bin/df -h |sed -e '1d'| while read  Filesystem Size   Used Avail Use Mounted
16  do
17
18         LOG "$Filesystem Use $Use"
19         Use=`echo $Use|awk -F '%' '{print $1}'`
20         if [ $Use -gt 80 ]
21         then
22             sendmsg mobilenumber "alarm conent"
23         fi
24  done
25  }
26
27  function main()
28  {
29         process
30  }
31
32  LOG "process start"
33  main
34  LOG "process end"
```

5.7 小结

文件系统用于存储文件、目录、链接及文件相关信息等,Linux 文件系统以 "/" 为最顶层,所有的文件和目录都在 "/" 下。本章主要介绍了 Linux 文件系统的相关知识点,如文件的权限及属性。本章最后的示例,演示了如何通过监控及时发现磁盘空间问题。

5.8 习题

一、填空题

1. 为了系统的安全性，Linux 对文件赋予了 3 种属性：_____、_____ 和 _____。

2. _____ 命令是用来改变文件或目录权限的命令，可以将指定文件的拥有者改为指定的用户或组。

3. 当完成硬盘分区以后要进行硬盘的格式化，_____ 系列对应的命令用于将硬盘格式化为指定格式的文件系统。

二、选择题

1. 以下关于交换空间描述不正确的是（　　）

A　如果系统需要更多的内存资源，而物理内存已经用尽，内存中不活跃的页就会被交换到交换空间中。

B　交换空间位于硬盘上，因为空间大所以速度比物理内存快。

C　交换空间的总大小一般设置为计算机物理内存的两倍。

D　在 Linux 2.6 内核上，可以通过设置/etc/sysctl.conf 中的 vm.swappiness 值来调整系统的 swappiness。

2. 以下关于磁盘冗余阵列 RAID 描述正确的是（　　）

A　RAID（Redundant Array of Inexpensive Disks）的基本目的是把多个硬盘分布在不同的电脑上。

B　RAID 技术有两种：硬件 RAID 和软件 RAID

C　RAID 分为各种级别，比较常见的有 RAID 0、RAID 1、RAID 2、RAID 3 和 RAID 5。

D　组建 RAID 5 至少需要 5 块硬盘。

第 6 章

◀ Linux 日志系统 ▶

> 日志文件系统已经成为 Linux 中必不可少的组成部分。对于日常机器的运行状态是否正常、遭受攻击时如何查找被攻击的痕迹、软件启动失败时如何查找原因等情况，Linux 日志系统都提供了解决方案。本章主要介绍 Linux 日志系统的相关知识。

本章主要涉及的知识点有：

- Linux 日志系统
- rsyslog 的配置
- Linux 常见的日志文件
- 查看 Linux 日志文件的命令
- Linux 的日志轮转

通过本章最后的示例，演示如何通过系统日志定位系统问题。

本章介绍的日志系统与日志文件系统的概念有所区别，如需了解 Linux 日志文件系统，可参阅相关资料。

6.1 Linux 中常见的日志文件

在日常的使用过程中，日志系统可以记录当前系统中发生的各种时间，比如登录日志记录每次登录的来源和时间、系统每次启动和关闭的情况、系统错误等。用户可以根据其他类型的各种日志排查系统问题，如遇到网络攻击，可以从日志中追踪蛛丝马迹。

日志的主要用途如下。

- 系统审计：每天登录系统的用户都是哪些用户，这些用户做了什么。
- 监测追踪：系统受到攻击时如何查找攻击者的蛛丝马迹。
- 分析统计：Apache Web 服务器请求量如何、错误码分布如何、性能如何，是否需要扩容，有多少用户访问了该 Web 服务。

为了保证 Linux 系统正常运行，准确解决各种各样的问题，系统管理员需要了解如何读取对应类型的日志文件。Linux 系统日志文件一般存放在/var/log 下，且必须有 root 权限才能查看。对应的日志类型主要有 3 种。

- 系统连接日志。这类日志主要记录系统的登录记录和用户名，然后把记录写入到/var/log/wtmp 和/var/run/utmp 中，login 等程序更新 wtmp 和 utmp 文件，可以使系统管理员及时掌握系统的登录记录。
- 进程统计。由系统内核执行，当一个进程终止时，为每个进程往进程统计文件中写一个记录。进程统计的目的是为系统中的基本服务提供命令使用统计。
- 错误日志。各种系统守护进程、用户程序和内核，通过 syslog 向文件/var/log/messages 报告值得注意的事件。另外还有许多 Linux 程序创建日志，像 HTTP 和 FTP 等应用有专门的日志配置。

常用的日志文件如表 6.1 所示。

表 6.1 Linux 常见日志文件说明

日志	功能
access-log	记录 Web 服务的访问日志，错误信息则位于 error-log
acct/pacct	记录用户命令
btmp	记录失败的记录
lastlog	记录最近几次成功登录的事件和最后一次不成功的登录
messages	服务器的系统日志
sudolog	记录使用 sudo 发出的命令
sulog	记录 su 命令的使用
syslog	从 syslog 中记录信息（通常链接到 messages 文件）
utmp	记录当前登录的每个用户
wtmp	一个用户每次登录进入和退出时间的永久记录
secure	记录系统登录行为，比如 sshd 登录记录

对于文本类型的日志，每一行表示一个消息，一般由 4 个域的固定格式组成，如示例 6-1 所示。

【示例 6-1】

```
[root@rhel6 ~]# tail /var/log/messages
Aug  4 04:57:53  rhel6 dhclient[1060]: [root] a.txt/ZMODEM: 2877 Bytes, 10182 BPS
```

- 记录时间：表示消息发出的日期和时间。
- 主机名：表示生成消息的服务器的名字。
- 生成消息的子系统的名字：来自内核则标识为 kernel，来自进程则标识为进程名。在方括号里的是进程的 PID。
- 消息：剩下的部分就是消息的内容。

/var/log/messages 为服务器的系统日志，该日志并不专门记录特定服务相关的日志，一般，后台守护进程（如 crond）会把执行日志打印到此文件，查看此文件可以使用文本编辑器或文本查看命令，如 cat、head 或 tail 等。

/var/log/secure 记录了系统的登录行为，通过此日志可以分析异常的登录请求，可以使用文本查看相关的命令。

/var/log/utmp、/var/log/wtmp、/var/log/lastlog 这 3 个日志文件记录了关于系统登录和退出信息。utmp 记录当前登录用户的信息。用户登录和退出的记录则保存在 wtmp 文件中，各个用户最后一次登录的日志可以使用 lastlog 查看。所有的记录都包含时间戳。随着系统的使用，这些文件有些可能会变得很大，可以使用日志轮转将文件以一天或一周截取，方法是使用开发者自己的脚本或使用系统提供的日志轮转功能。查看方法如示例 6-2 所示。

【示例 6-2】

```
[root@rhel6 log]# lastlog
用户名          端口         来自                 最后登录时间
root           pts/0        192.168.19.1         日 8月  4 01:06:03 +0800 2014
userA          pts/2        192.168.19.102       四 7月 11 09:07:54 +0800 2014
userB          pts/1        192.168.19.102       日 3月 31 01:43:38 +0800 2014
```

用户每次登录时，login 程序在文件 lastlog 中查找用户的 UID。如找到则把用户上次登录、退出时间和主机名写到标准输出中，然后在 lastlog 中记录新的登录时间。在新的 lastlog 记录写入后，utmp 文件打开并插入用户的 utmp 记录。该记录一直用到用户登录退出时删除。

wtmp 和 utmp 为二进制文件，不能用文本查看命令直接查看，可以通过 who、w、users、last 和 ac 查看这两个文件包含的信息。

who 命令查询 utmp 文件并报告当前登录的每个用户。who 命令的输出包含用户名、终端类型、登录日期及登录的来源主机，如示例 6-3 所示。

【示例 6-3】

```
[root@rhel6 ~]# who
root     tty1         2014-07-11 05:22
root     pts/0        2014-07-11 09:06 (192.168.19.1)
root     pts/1        2014-07-11 09:07 (192.168.19.1)
userA    pts/2        2014-07-11 09:07 (192.168.19.102)
[root@rhel6 log]# who  /var/log/wtmp
#部分结果省略
root     pts/0        2014-03-30 22:59 (192.168.19.1)
root     pts/2        2014-03-30 23:30 (192.168.19.1)
userB    pts/1        2014-03-31 00:35 (192.168.19.102)
root     pts/2        2014-03-31 00:37 (192.168.19.1)
userA    pts/3        2014-03-31 00:40 (192.168.19.102)
```

who 命令后面如果跟 wtmp 文件名，则可以查看所有的登录记录信息。

w 命令查询 utmp 文件并显示当前系统中每个用户和用户所运行的进程信息，如示例 6-4 所示。

【示例 6-4】
```
[root@rhel6 log]# w
 05:09:17 up  4:25,  3 users,  load average: 0.00, 0.00, 0.00
USER     TTY      FROM              LOGIN@   IDLE   JCPU   PCPU WHAT
root     tty1     -                 01:05    4:03m  0.08s  0.08s -bash
root     pts/0    192.168.19.1      04:59           0.00s  0.70s  0.44s ssh root@192.168.19.102
root     pts/1    192.168.19.102    05:04    0.00s  0.12s  0.01s w
```

显示的信息依次为登录名、tty 名称、远程主机、登录时间、空闲时间、JCPU、PCPU 和其当前进程的命令行。

users 命令用单独的一行打印出当前登录的所有用户，每个显示的用户名对应一个登录会话。如一个用户有不止一个登录会话，则用户名显示与会话相同的次数，如示例 6-5 所示。

【示例 6-5】
```
[root@rhel6 ~]# users
root root root user01
```

last 命令往回搜索 wtmp 显示自从文件第一次创建以来所有用户的登录记录。注意此命令不同于 lastlog 命令，如示例 6-6 所示。

【示例 6-6】
```
[root@rhel6 ~]# last
root     pts/0        192.168.19.1     Sun Aug  4 05:17   still logged in
user01   pts/3        192.168.19.102   Sun Aug  4 05:16   still logged in
reboot   system boot  2.6.32-358.el6.x Sat Aug  3 15:31 - 00:42  (09:11)
root     pts/1        192.168.19.1     Sat Aug  3 14:46 - crash  (00:44)
reboot   system boot  2.6.32-358.el6.x Sat Mar 30 22:36 - 22:37  (00:00)
wtmp begins Sat Mar 30 22:36:52 2014
```

如要查看系统的启动信息，可以通过 dmsg 查看。当 Linux 启动的时候，内核的信息被存入内核 ring 缓存当中，dmesg 可以显示缓存中的内容。通过此文件可以查看系统中的异常情况，比如硬盘损坏或其他故障，可用以下命令来查看"dmesg | grep -i error"。

系统的其他服务，如 Apache 或 MySQL，都有自己特定的日志文件，其日志可以用专业的软件来（Awstats）分析。

6.2 Linux 日志系统

日志系统负责记录系统运行过程中内核产生的各种信息，并分别将它们存放到不同的日志文件中，以便系统管理员进行故障排除、异常跟踪等。RHEL 6 使用 rsyslog 替换掉了 Linux 系统自带的 syslog。本节主要介绍 rsyslog 的知识。

6.2.1 rsyslog 日志系统简介

Linux 是一个多用户多任务的系统，系统每时每刻都在发生变化，需要完备的日志系统记录系统运行的状态。如果系统管理员需要了解每个用户的登录情况，就需要查看登录日志。如果开发人员要了解系统中安装的 Web 服务或数据库服务运行状态如何，就需要查看 Web 应用的日志或数据库的日志。各种情况下日志系统是不可缺少的，正如大厦管理员需要了解访问人员的信息一样，Linux 提供了完善的日志系统以便完成日常的审计或业务统计需求。

Linux 内核由很多子系统组成，包含网络、文件访问、内存管理等，子系统需要给用户传送一些消息，这些消息内容包括消息的来源及重要性等，所有这些子系统都要把消息传送到一个可以维护的公共消息区，于是产生了 rsyslog。

syslog 是一个综合的日志记录系统，主要功能是为了方便管理日志和分类存放系统日志，syslog 使程序开发者从繁杂的日志文件代码中解脱出来，使管理员能更好地控制日志的记录过程。在 syslog 出现之前，每个程序都使用自己的日志记录策略，管理员对保存什么信息或信息存放在哪里没有控制权。每种应用（如 Web 服务、MySQL）都有自己的日志。

因为在实际的日常管理中，每天的日志量都非常大，在进行排查或跟踪时，使用 grep 查看日志文件是件痛苦的事情。于是，syslog 的替代产品 rsyslog 出现了，Redhat 和 Fedra 都使用 rsyslog 替换了 syslog。

6.2.2 rsyslog 配置文件及语法

rsyslog 默认配置文件为/etc/rsyslog.conf，该配置文件定义了系统中需要监听的事件和对应的日志文件的保存位置。首先看示例 6-7。

【示例 6-7】

```
cron.*                                              /var/log/cron
*.info;mail.none;authpriv.none;cron.none            /var/log/messages
local7.*                                            /var/log/boot.log
mail.*                                              -/var/log/maillog
```

每一行由两个部分组成。第一部分是一个或多个"设备"，设备后面跟一些空格字符，然后是一个"操作动作"。

1．设备

设备本身分为两个字段，之间用一个小数点"."分隔。前一个字段表示一项服务，后一个字段是一个优先级。通过设备将不同类型的消息发送到不同的地方。在同一个 rsyslog 配置行上允许出现一个以上的设备，但必须用分号";"把它们分隔开。表 6.2 列出了绝大多数 Linux 操作系统都可以识别的设备。

表 6.2 Linux 操作系统可以识别的设备

日志	功能
auth	由 pam_pwdb 报告的认证活动
authpriv	包括特权信息如用户名在内的认证活动
cron	与 cron 和 at 有关的计划任务信息
daemon	与 inetd 守护进程有关的后台进程信息
kern	内核信息，首先通过 klogd 传递
lpr	与打印服务有关的信息
mail	与电子邮件有关的信息
mark	syslog 内部功能，用于生成时间戳
news	来自新闻服务器的信息
syslog	由 syslog 生成的信息
user	由用户程序生成的信息
uucp	由 uucp 生成的信息
local0-local7	与自定义程序使用

其中 local0-local7 由自定义程序使用，应用程序可以通过它做一些个性的配置。

2．优先级

优先级是选择条件的第 2 个字段，代表消息的紧急程度。不同的服务类型有不同的优先级，数值较大的优先级涵盖数值较小的优先级。如果优先级是 warning，则实际上将 warning、err、crit、alert 和 emerg 都包含在内。优先级定义消息的紧急程度，优先级按严重程度由高到低如表 6.3 所示。

表 6.3 Linux 日志系统紧急程度层级说明

日志	功能
emerg	该系统不可用，等同于 panic
alert	需要立即被修改的条件
crit	阻止某些工具或子系统功能实现的错误条件
err	阻止工具或某些子系统部分功能实现的错误条件，等同于 error
warning	预警信息，等同于 warn
notice	具有重要性的普通条件
info	提供信息的消息
debug	不包含函数条件或问题的其他信息
none	没有重要级别，通常用于排错
*	所有级别，除了 none

3．优先级限定符

rsyslog 可以使用 3 种限定符对优先级进行修饰：星号（*）、等号（=）和叹号（!）。

- 星号（*）表示对应服务生成的所有日志消息都发送到操作动作指定的地点。
- 等号（=）表示只把对应服务生成的本优先级的日志消息都发送到操作动作指定的地点。
- 叹号（!）表示把对应服务生成的所有日志消息都发送到操作动作指定的地点，但本优先级的消息不包括在内，类似于编程语言中"非"的用法。

4．操作动作

日志信息可以分别记录到多个文件里，还可以发送到命名管道、其他程序，甚至远程主机。常见的动作可以有以下几种，示例 6-8 列举了一些配置示例。

 每条消息均会经过所有规则，并不是唯一匹配的。

- file 指定日志文件的绝对路径。
- terminal 或 print 发送到串行或并行设备标志符，例如/dev/ttyS2。
- @host 是远程的日志服务器。
- username 发送信息到本机的指定用户终端中，前提该用户必须已经登录到系统中。
- named pipe 发送到预先使用 mkfifo 命令来创建的 FIFO 文件的绝对路径。

【示例 6-8】

```
#把邮件除info级别外都写入mail文件中
mail.*;mail.!=info /var/adm/mail
mail.=info /dev/tty12
#仅把邮件的通知性消息发送到tty12终端设备
*.alert root,joey
#如果root和joey用户已经登录到系统，则把所有紧急信息通知给他们
*.* @192.1683.3.100
#把所有信息都发送到192.168.3.100主机
```

6.3 使用日志轮转

所有的日志文件都会随着时间和访问次数的增加而迅速增长，因此必须对日志文件进行定期清理，以免造成磁盘空间的浪费。由于查看小文件的速度比大文件快很多，使用日志轮转同时也节省了系统管理员查看日志所用的时间。日志轮转可以使用系统提供的 logrotate 功能。

6.3.1 logrotate 命令及配置文件参数说明

该程序可自动完成日志的压缩、备份、删除等工作，并可以设置为定时任务，如每日、每周或每月处理。其命令格式如下。

```
logrotate [选项] <configfile>
```

参数说明如表 6.4 所示。

表 6.4 logrotate命令参数说明

日志	功能
-d	详细显示指令执行过程，便于排错或了解程序执行的情况
-f	强行启动记录文件维护操作
-s	使用指定的状态文件
-v	在执行日志滚动时显示详细信息
-?	显示帮助信息

logrotate 的主配置文件为/etc/logrotate.conf 和/etc/logrotate.d 目录下的文件，查看 logrotate 主配置文件的例子如下：

```
[root@rhel6 Packages]# cat -n /etc/logrotate.conf
     1  #可以使用命令 man logrotate 查看更多帮助信息
     2  #每周轮转
     3  weekly
     4  # 保存过去4周的文件
     5  rotate 4
     6  # 轮转后创建新的空日志文件
     7  create
     8  #轮转的文件以日期结尾，如 messages-20140810
     9  dateext
    10  #如果需要将轮转后的日志压缩，可以去掉此行的注释
    11  #compress
    12  #其他配置可以放到此文件夹中
    13  include /etc/logrotate.d
    14  #一些系统日志的轮转规则
    15  /var/log/wtmp {
    16      monthly
    17      create 0664 root utmp
    18          minsize 1M
    19      rotate 1
    20  }
```

```
21
22  /var/log/btmp {
23      missingok
24      monthly
25      create 0600 root utmp
26      rotate 1
27  }
```

logrotate 配置文件参数说明如表 6.5 所示。

表 6.5 logrotate 配置文件参数说明

日志	功能
compress	通过 gzip 压缩轮转以后的日志，与之对应的是 nocompress 参数
copytruncate	把当前日志备份并截断，与之对应的参数为 nocopytruncate
nocopytruncate	备份日志文件但是不截断
create	轮转文件，使用指定的文件模式创建新的日志文件
nocreate	不建立新的日志文件
delaycompress	和 compress 一起使用时，轮转的日志文件到下一次轮转时才压缩
nodelaycompress	覆盖 delaycompress 选项，轮转同时压缩
errors address	转储时的错误信息发送到指定的 Email 地址
ifempty	即使是空文件也轮转，这是 logrotate 的默认选项
notifempty	如果是空文件的话，不轮转
mail address	把轮转的日志文件发送到指定的 E-mail 地址
nomail	轮转时不发送日志文件
olddir directory	轮转后的日志文件放入指定的目录，必须和当前日志文件在同一个文件系统中
noolddir	轮转后的日志文件和当前日志文件放在同一个目录下
prerotate/endscript	在轮转以前需要执行的命令可以放入这个对，这两个关键字必须单独成行
postrotate/endscript	在轮转以后需要执行的命令可以放入这个对，这两个关键字必须单独成行
daily	指定轮转周期为每天
weekly	指定轮转周期为每周
monthly	指定轮转周期为每月
rotate count	指定日志文件删除之前轮转的次数，0 表示没有备份，5 表示保留 5 个备份
tabootext [+] list	让 logrotate 不轮转指定扩展名的文件
size size	当日志文件到达指定的大小时才轮转

6.3.2 利用 logrotate 轮转 Nginx 日志

本示例主要使用 logrotate 轮转 Web 服务 Nginx 的访问日志，Nginx 的访问日志文件位于 /data/logs 目录下，安装位置位于/usr/local/nginx。

1. 配置文件设置/etc/logrotate.d/nginx

首先配置轮转设置参数，如下所示：

```
[root@rhel6 data]# cat -n  /etc/logrotate.d/nginx
   1  /data/logs/access.log /data/logs/error.log {
   2  notifempty
   3  daily
   4  rotate 5
   5  postrotate
   6  /bin/kill -HUP `/bin/cat /usr/local/nginx/logs/nginx.pid`
   7  endscript
   8  }
```

参数说明如下。

- notifempty：如果文件为空则不轮转
- daily：日志文件每天轮转一次
- rotate 5：轮转文件保存为 5 份
- postrotate/endscript：日志轮转后执行的脚本。这里用来重启 Nginx，以便重新生成日志文件

2. 测试

```
[root@rhel6 data]# /usr/sbin/logrotate -vf /etc/logrotate.conf
```

注意观察该命令的输出，如没有 error 日志，则正常生成轮转文件，配置完成。

3. 设置为每天执行

如需该功能每天自动轮转，可以将对应命令加入 crontab，在/etc/cron.daily 目录下有 logrotate 执行的脚本，该脚本会通过 crond 调用，每天执行一次：

```
[root@rhel6 data]# cat -n  /etc/cron.daily/logrotate
   1  #!/bin/sh
   2
   3  /usr/sbin/logrotate /etc/logrotate.conf >/dev/null 2>&1
   4  EXITVALUE=$?
   5  if [ $EXITVALUE != 0 ]; then
   6     /usr/bin/logger -t logrotate "ALERT exited abnormally with [$EXITVALUE]"
   7  fi
   8  exit 0
```

6.4 范例——利用系统日志定位问题

本节以一个进程消失为例说明系统日志在问题定位时的作用,供读者参考。场景为在服务器上运行一个 MySQL 服务,但某天发现不知道由于什么原因进程没了,下面定位此问题的过程。

6.4.1 查看系统登录日志

首先根据系统登录日志定位系统最近登录的用户,然后根据用户的 history 记录查看是否有用户直接将 MySQL 进程杀死,如示例 6-9 所示。

【示例 6-9】

```
[root@rhel6 Packages]# lastlog
用户名           端口         来自               最后登录时间
root            pts/0       192.168.19.1       日 8月  4 05:17:39 +0800 2014
sshd                                            **从未登录过**
userA           pts/2       192.168.19.102     四 7月 11 09:07:54 +0800 2014
userB           pts/1       192.168.19.102     日 3月 31 01:43:38 +0800 2014
user00                                          **从未登录过**
user01          pts/3       192.168.19.102     日 8月  4 05:16:47 +0800 2014
```

6.4.2 查看历史命令

此步主要根据历史登录记录,查看各个用户执行过的历史命令,发现并无异常。

```
[userA@rhel6 ~]$ history |grep kill
```

6.4.3 查看系统日志

通过查看系统日志 /var/log/messages 发现以下记录:

```
#为了便于说明问题,对显示结果做了处理
[root@rhel6 Packages]#  /var/log/messages
Aug 2 00:00:20  kernel: [5787241.235457] Out of memory: Kill process 19018 (mysqld)
Aug 2 00:00:20  kernel: [578241.678722] Killed process 19018 (mysqld)
```

至此 MySQL 被杀死的原因已经找到,在某个时间,由于内存耗尽触发操作系统的 OOM(Out Of Memory)机制。OOM 是 Linux 内核的一种自我保护机制,当系统中内存出现不足时,Linux 内核会终止系统中占用内存最多的进程,同时记录下终止的进程并打印终止进程信息。

6.5 小结

很多读者已经知道，Windows 系统就有一些日志信息，可通过这些信息来查询发生蓝屏或其他事故的原因。Linux 系统也同样提供了日志系统，之所以说系统，是因为它包含的功能太大了，基本上可以记录所有的操作数据和故障信息。本章最后用系统日志定位的一个示例，演示了如何有效地利用系统日志定位问题。

6.6 习题

一、填空题

1. Linux 系统日志文件一般存放在＿＿＿＿＿＿下，且必须有＿＿＿＿＿＿权限才能查看。
2. Linux 系统日志文件对应的日志类型主要有 3 种：＿＿＿＿＿＿、＿＿＿＿＿＿和＿＿＿＿＿＿。
3. ＿＿＿＿＿＿负责记录系统运行过程中内核产生的各种信息，并分别存放到不同的日志文件中。

二、选择题

关于 logrotate 描述错误的是（　　）。
A　可自动完成日志的压缩、备份、删除等工作。
B　主配置文件为/var/logrotate.conf 和/var/logrotate.d 目录下的文件。
C　可以设置为定时任务，如每日、每周或每月处理。
D　可以使用命令 man logrotate 查看更多帮助信息。

第 7 章
◂ 用户和组 ▸

接触 Linux，首先要了解如何管理系统用户，用户的权限对于 Linux 的安全是至关重要的。不同的用户应该具有不同的权限，可以操作不同的系统资源。root 用户具有超级权限，可以操作任何文件，日常使用中应该避免使用它。

本章首先介绍 Linux 的用户管理机制和登录过程，然后介绍用户及用户组的管理，包括日常的添加、删除、修改等用户管理操作。

本章主要涉及的知识点有：

- Linux 用户的工作原理
- 管理 Linux 用户
- 管理 Linux 用户组
- 用户和用户组组合应用

本章最后的示例演示如何管理 Linux 中的用户和组资源。

7.1 Linux 的用户管理

Linux 用户管理是 Linux 的优良特性之一，通过本节读者可以了解 Linux 中用户的登录过程和登录用户的类型。

7.1.1 Linux 用户登录过程

用户要使用 Linux 系统，必须先进行登录。Linux 的登录过程和 Windows 的登录过程类似。用户登录包括以下几个步骤。

步骤 01 当 Linux 系统正常引导完成后，系统就可以接纳用户的登录。这时用户终端上显示"login:"提示符，如果是图形界面，则会显示用户登录窗口，这时就可以输入用户名和密码了。

步骤 02 用户输入用户名后，系统会检查/etc/passwd 是否有该用户，如不存在，则退出，如存在，则进行下一步。

步骤 03　首先读取/etc/passwd 中的用户 ID 和组 ID，同时该账户的其他信息（如用户的主目录）也会一并读出。

步骤 04　用户输入密码后，系统通过检查/etc/shadow 来判断密码是否正确。

如密码校验通过，这时就进入系统并启动系统的 Shell，系统启动的 Shell 类型由/etc/passwd 中的信息确定。通过系统提供的 Shell 接口可以操作 Linux，敲入命令 ls，结果如示例 7-1 所示。

【示例 7-1】
```
[root@rhel6 ~]# ls /
 bin  boot  cdrom  data  dev  etc  home  lib  lib64  lost+found  media  mnt  opt
proc  root  sbin  selinux  srv  sys  tmp  usr  var
```

用户登录过程如图 7.1 所示。

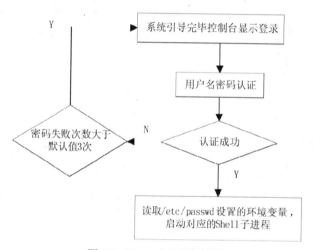

图 7.1　Linux 登录认证过程

7.1.2　Linux 的用户类型

Linux 用户类型分为 3 类：超级用户、系统用户和普通用户。举一个简单的例子，机房管理员可以出入机房的任意一个地方，而普通用户就没这个权限。

（1）超级用户：用户名为 root 或 USER ID（UID）为 0 的账号，具有一切权限，可以操作系统中的所有资源。root 可以进行基础的文件操作及特殊的系统管理，另外还可进行网络管理，可以修改系统中的任何文件。日常工作中应避免使用此类账号，错误的操作可能带来不可估量的损失，只有必要时才能用 root 登录系统。

（2）系统用户：正常运行系统时使用的账号。每个进程运行在系统里都有一个相应的属主，比如某个进程以何种身份运行，这些身份就是系统里对应的用户账号。注意系统账户是不能用来登录的，比如 bin、daemon、mail 等。

（3）普通用户：普通使用者能使用 Linux 的大部分资源，一些特定的权限受到控制。用户只对自己的目录有写权限，读写权限受一定的限制，从而有效保证了 Linux 的系统安全，大部分用户属于此类。

出于安全考虑，用户的密码至少有 8 个字符，并且包含字母、数字和其他特殊符号。如果忘记密码，很容易解决，root 用户可以更改任何用户的密码。

7.2 Linux 用户管理机制

Linux 中的用户管理涉及用户账号文件/etc/passwd、用户密码文件/etc/shadow、用户组文件/etc/group。

建议初学者不要更改这些文件的信息，这些文件为文本文件，可使用 head、cat 等命令查看。

7.2.1 用户账号文件/etc/passwd

该文件为纯文本文件，可以使用 cat、head 等命令查看。该文件记录了每个用户的必要信息，文件中的每一行对应一个用户的信息，每行的字段之间使用"："分隔，共 7 个字段：

```
用户名称：用户密码：USER ID：GROUP ID：相关注释：主目录：使用的 Shell
```

根据以下示例分析：

```
root:x:0:0:root:/root:/bin/bash
```

（1）用户名称：在 Linux 系统中用唯一的字符串区分不同的用户，用户名可以由字母、数字和下划线组成，注意 Linux 系统中对字母大小写是敏感的，比如 USERNAME1 和 username1 分别属于不同的用户。

（2）用户密码：在用户校验时验证用户的合法性。超级用户 root 可以更改系统中所有用户的密码，普通用户登录后可以使用 passwd 命令来更改自己的密码。在/etc/passwd 文件中该字段一般为 x，这是因为出于安全考虑该字段加密后的密码数据已经移至/etc/shadow 中。注意/etc/shadow 文件是不能被普通用户读取的，只有超级用户 root 才有权读取。

如果/etc/passwd 文件中某行第一个字符是"*"的话，表示该账户已经被禁止使用，该用户无法登录系统。

（3）用户标识号（USER ID）：USER ID，简称 UID，是一个数值，用于唯一标识 Linux 系统中的用户，来区别不同的用户。在 Linux 系统中最多可以使用 65535 个用户名，用户名和 UID 都可以用于标识用户。相同 UID 的用户可以认为是同一用户，同时它们也具有相同的权限，当然对于使用者来说用户名更容易记忆和使用。

（4）组标识号（GROUP ID）：GROUP ID 简称 GID，这是当前用户所属的默认用户组标识。当添加用户时，系统默认会建立一个和用户名一样的用户组，多个用户可以属于相同的用户组。用户的组标识号存放在/etc/passwd 文件中。用户可以同时属于多个组，每个组也可以有多个用户，除了在/etc/passwd 文件中指定其归属的基本组之外，/etc/group 文件中也指明一个组所包含的用户。

（5）相关注释：用于存放用户的一些其他信息，比如用户含义说明、用户地址等信息。

（6）主目录：该字段定义了用户的主目录，登录后 Shell 将把该目录作为用户的工作目录。登录系统后可以使用 pwd 命令查看。超级用户 root 的工作目录为/root。每个用户都有自己的主目录，默认一般在/home 下建立与用户名一致的目录，同时建立用户时可以指定其他目录作为用户的主目录。

（7）使用的 Shell：Shell 是当用户登录系统时运行的程序名称，通常是/bin/bash。 同时系统中可能存在其他的 Shell，比如 tsh。用户可以自己指定 Shell 也可以随时更改，比较流行的是/bin/bash。

7.2.2 用户密码文件/etc/shadow

该文件为文本文件，但这个文件只有超级用户才能读取，普通用户没有权限读取。由于任何用户对/etc/passwd 文件都有读的权限，虽然密码经过加密，但可能还是有人会获取加密后的密码。通过把加密后的密码移动到 shadow 文件中并限制只有超级用户 root 才能够读取，有效保证了 Linux 用户密码的安全性。

和/etc/passwd 文件类似，shadow 文件由 9 个字段组成：

> 用户名：密码：上次修改密码的时间：两次修改密码间隔的最少天数：两次修改密码间隔的最多天数：提前多少天警告用户密码过期：在密码过期多少天后禁用此用户：用户过期时间：保留字段

根据以下示例分析：

> root:1qb1cQvv/$ku20U1d75KAOx.4WK6d/t/:15649:0:99999::::

（1）用户名：也称为登录名，/etc/shadow 中的用户名和/etc/passwd 相同，每一行是一一对应的，这样就把 passwd 和 shadow 中的用户记录联系在一起。

（2）密码：该字段是经过加密的，如果有些用户在这段是 x，表示这个用户已经被禁止使用，不能登录系统。

（3）上次修改密码的时间：该列表示从 1970 年 01 月 01 日起到最近一次修改密码的时间间隔，以天数为单位。

（4）两次修改密码间隔的最少天数：该字段如果为 0，表示此功能被禁用，如果是不为 0 的整数，表示用户必须经过多少天需要修改其密码。

（5）两次修改密码间隔的最多天数：主要作用是管理用户密码的有效期,增强系统的安全性，该示例中为 99999，表示密码基本不需要修改。

（6）提前多少天警告用户密码将过期：在快到有效期时，当用户登录系统后，系统程序会提醒用户密码将要作废，以便及时更改。

（7）在密码过期多少天后禁用此用户：此字段表示用户密码作废多少天后，系统会禁用此用户。

（8）用户过期时间：此字段指定了用户作废的天数，从 1970 年的 1 月 1 日开始的天数，如果这个字段的值为空，表示该账号永久可用，注意与第 7 个字段密码过期的区别。

（9）保留字段：目前为空，将来可能会用。

7.2.3 用户组文件/etc/group

该文件用于保存用户组的所有信息，通过它可以更好地对系统中的用户进行管理。对用户分组是一种有效的手段，用户组和用户之间属于多对多的关系，一个用户可以属于多个组，一个组也可以包含多个用户。用户登录时默认的组存放在/etc/passwd 中。

此文件的格式也类似于/etc/passwd 文件，字段含义如下：

用户组名：用户组密码：用户组标识号：组内用户列表

根据以下示例分析：

```
root::0:root
```

（1）用户组名：可以由字母、数字和下划线组成，用户组名是唯一的，和用户名一样，不可重复。

（2）用户组密码：该字段存放的是用户组加密后的密码字。这个字段一般很少使用，Linux 系统的用户组都没有密码，即这个字段一般为空。

（3）用户组标识号：GROUP ID，简称 GID，和用户标识号 UID 类似，也是一个整数，用户唯一标识一个用户组。

（4）组内用户列表：属于这个组的所有用户的列表，不同用户之间用逗号分隔，不能有空格。这个用户组可能是用户的主组，也可能是附加组。

7.3 Linux 用户管理命令

要使用用户，需要有相应的接口，Linux 提供了一系列命令来管理系统中的用户。本节主要介绍用户的添加、删除、修改和用户组的添加、删除。Linux 提供了一系列的命令来管理用户账户，常用的命令有 useradd、userdel、usermod、passwd 等。

7.3.1 添加用户

添加用户的命令是 useradd，语法如下：

```
useradd [-mMnr][-c <备注>][-d <登入目录>][-e <有效期限>][-f <缓冲天数>][-g <群组>][-G <群组>][-s <shell>][-u <uid>][用户账号] 或 useradd -D [-b][-e <有效期限>][-f <缓冲天数>][-g <群组>][-G <群组>][-s <shell>]
```

该命令支持丰富的参数，常用的参数含义介绍如表 7.1 所示，示例 7-2 演示了如何添加用户。

表 7.1 useradd 常用参数说明

参数	说明
-d	指定用户登录时的起始目录，如不指定，将使用系统默认值，一般为/home
-g	指定用户所属的群组，可以跟多个组
-G	指定用户所属的附加群组，可以定义用户属于多个群组，每个群组使用","分隔，不允许有空格
-m	自动建立用户的主目录，如目录不存在则自动建立
-M	不要自动建立用户的主目录
-s	指定用户登录后所使用的 Shell，比如/bin/bash
-u	指定用户 ID，UID 一般不可重复，但使用-o 参数时多个用户可以使用相同的 UID，手动建立用户时系统默认使用 1000 以上的数字作为用户标识

【示例 7-2】

```
#添加用户 user1
root@localhost:~> useradd user1
#添加 user1 用户后/etc/passwd 文件中的变化
root@localhost:~> cat /etc/passwd|grep user1
user1:x:1002:100::/home/user1:/bin/bash
#添加 user1 用户后/etc/shadow 文件中的变化
root@localhost:~>cat /etc/shadow|grep user1  user1:!:15769:0:99999:7:::
#添加 user1 用户后/etc/group 文件中的变化
root@localhost:~>cat /etc/group|grep user1
dialout:x:16:goss,user1
```

当执行完 useradd user1 以后，对应的/etc/passwd、/etc/shadow、/etc/group 会增加对应的记录，表示此用户已经成功添加了。

添加完用户后，新添加的用户是没有可读写的目录的。要指定用户的主目录以便进行文件操作，可以在建立用户时指定，如示例 7-3 所示。

【示例 7-3】

```
#添加用户 user2 并指定主目录为/data/user2
root@localhost:~> useradd -d /data/user2 user2
```

```
#建立后目录没有自动建立，需要配合其他参数使用
root@localhost:~> ls /data/user2
/bin/ls: /data/user2: No such file or directory
#通过使用-m参数，自动创建用户的主目录
root@localhost:~> useradd -d /data/user3 user3 -m
root@localhost:~> ls /data/user3
public_html  Documents  bin
```

7.3.2 更改用户

如果对已有的用户信息进行修改，可以使用 usermod 命令，使用该命令可以修改用户的主目录，还可以修改其他信息，使用语法如下：

```
usermod [-LU][-c <备注>][-d <登入目录>][-e <有效期限>][-f <缓冲天数>][-g <群组>][-G <群组>][-l <账号名称>][-s ][-u ][用户账号]
```

常用参数含义如表 7.2 所示。

表 7.2 usermod 常用参数说明

参数	说明
-d	修改用户登录时的主目录，使用此参数对应的用户目录是不会自动建立的，需要手动建立
-e	修改账号的有效期限
-f	修改在密码过期后多少天即关闭该账号
-g	修改用户所属的群组
-G	修改用户所属的附加群组
-l	修改用户账号名称
-L	锁定用户密码，使密码无效
-s	修改用户登录后所使用的 Shell
-u	修改用户 ID
-U	解除密码锁定

Usermod 的使用方法如示例 7-4 和示例 7-5 所示。

【示例 7-4】

```
#添加用户user2
root@localhost:~> useradd user2
#这时用户user2的主目录为/home/user2
root@localhost:~> cat /etc/passwd|grep user2
user2:x:1004:100::/home/user2:/bin/bash
#修改用户的主目录为/data/user2
root@localhost:~> usermod -d /data/user2 user2
root@localhost:~> cat /etc/passwd|grep user2
```

```
user2:x:1004:100::/data/user2:/bin/bash
```

【示例 7-5】
```
#将用户 user2 修改为 user3 用户
root@localhost:~> usermod -l user3 user2
#user2 用户已经不存在，user3 接管了 user2 的所有权限
root@localhost:~> cat /etc/passwd|grep user
user3:x:1004:100::/data/user2:/bin/bash
root@localhost:~> cat /etc/shadow|grep user
user3:!:15769:0:99999:7:::
root@localhost:~> cat /etc/group|grep user
dialout:x:16:goss,user3
users:x:100:
```

此命令执行后原来的 user2 已经不存在，user2 拥有的主目录/data/user2 等资源将会变更为 user3 所有。如果有用 user2 启动的进程，当使用 ps –ef 查看时，会发现该进程已经属于 user3 用户了。

7.3.3 删除用户

如果用户不需要了，可以使用 userdel 来删除。userdel 的命令语法为：

```
userdel [-r][用户账号]
```

此命令常用参数含义如表 7.3 所示，使用方法如示例 7-6 所示。

表 7.3 userdel 常用参数说明

参数	说明
-r	删除用户主目录以及目录中所有文件，并且删除用户的其他信息，比如设置的 crontab 任务等

【示例 7-6】
```
#添加 user4 用户并自动创建主目录
root@localhost:~> useradd -d /data/user4 user4 -m
root@localhost:~> ls /data/user4
public_html Documents bin
#删除 user4 目录，此时用户的主目录是不删除的
root@localhost:~> userdel user4
no crontab for user4
root@localhost:~> ls /data/user4
public_html Documents bin
root@localhost:~> useradd -d /data/user5 user5 -m
#连带删除用户的主目录
```

```
root@localhost:~> userdel -r user5
no crontab for user5
#用户的主目录已经被删除
root@localhost:~> ls /data/user5
/bin/ls: /data/user5: No such file or directory
```

7.3.4 更改或设置用户密码

出于系统安全考虑，当建立用户后，需要设置其对应的密码。修改 Linux 用户的密码可以使用 passwd 命令。超级用户 root 可以修改任何用户的密码，普通用户只能修改自己的密码。

为避免密码被破解，选取密码时应遵守如下规则：

- 密码应该至少有 8 位字符。
- 密码应该包含大小写字母、数组和其他字符组。

如果直接输入 passwd 命令，则修改的是当前用户的密码，如果想更改其他用户密码，输入 passwd username 即可。示例 7-7 演示了如何修改用户密码。

【示例 7-7】

```
#root 用户修改 user6 的密码
root@localhost:~> passwd user6
Changing password for user7.
New Password:
Reenter New Password:
Password changed.
root@localhost:~> su - user6
#普通用户修改 user6 的密码
user6@localhost:/root> passwd user6
Changing password for user7.
Old Password:
New Password:
Reenter New Password:
Password changed.
```

按提示输入相关信息，如果没有错误，则会提示密码被成功修改。

7.3.5 su 切换用户

su 命令用于在不同的用户之间切换，比如使用 user1 登录了系统，但要执行一些管理操作，比如 useradd，普通用户是没有这个权限的，解决办法有两个。

- 退出 user1 用户，重新以 root 用户登录系统，但 root 密码并不能告知很多人或公开，这不利于系统的安全和管理。
- 不需退出 user1 用户，通过使用 su 命令切换到 root 下进行添加用户的工作，添加完再以 su 命令切换回 user1。超级用户 root 切换到普通用户是不需要密码的，而普通用户之间的切换或切换到 root 都需要输入密码。su 常用参数如表 7.4 所示，使用方法如示例 7-8 所示。

表 7.4 su 常用参数说明

参数	说明
-l	登录并改变到所切换的用户环境
-c	执行一个命令，然后退出所切换到的用户环境

至于更详细的参数说明，请参看 man su。

【示例 7-8】
```
#切换到 user6 用户的工作环境
root@localhost:~> su - user6
user6@localhost:~> pwd
/home/user6
#切换到 root 用户的工作环境
user6@localhost:~> su - root
Password:
root@localhost:~>
```

su 不加任何参数，默认为切换到 root 用户。su 加参数-root，表示默认切换到 root 用户，并且改变到 root 用户的环境。

以 su user6 与 su – user6 为例说明两个命令之间的区别，前者表示切换到 user6 用户，但此时很多环境变量是不会改变的，如示例 7-9 所示。

【示例 7-9】
```
root@localhost:~> su - user6
#此时环境变量是 user6 用户的
user6@localhost:~> echo $PATH
/usr/local/bin:/usr/bin:/usr/X11R6/bin:/bin:/usr/games:/opt/gnome/bin:/usr/lib/mit/bin:/usr/lib/mit/sbin
user6@localhost:~> su root
Password:
#虽然切换到 root，但用户变量仍然是 user6 用户的
localhost:/home/user6 # echo $PATH
/usr/local/bin:/usr/bin:/sbin:/usr/X11R6/bin:/usr/sbin:/bin:/usr/games:/opt/gnome/bin:/usr/lib/mit/bin:/usr/lib/mit/sbin
localhost:/home/user6 # exit
```

```
user6@localhost:~> su - root
Password:
#此时重新读取了环境变量,PATH 已经发生变化
localhost:~ # echo $PATH
/sbin:/usr/sbin:/usr/local/sbin:/opt/gnome/sbin:/usr/local/bin:/usr/bin:/usr/X
11R6/bin:/bin:/usr/games:/opt/gnome/bin:/usr/lib/mit/bin:/usr/lib/mit/sbin
```

su 在不同的用户间切换为管理工作带来了方便,尤其是切换到 root 下还可以完成所有系统管理的功能,但如果 root 密码告诉每个普通用户,会给系统带来很大风险,错误的操作会导致恶劣后果,因此超级用户 root 密码应该越少人知道越好。

7.3.6 sudo 普通用户获取超级权限

在 Linux 系统中,管理员往往有很多个,如果每位管理员都用 root 身份进行日常管理工作,权限控制是一个必须要面对的问题。普通用户的日常操作权限是受到限制的,如何让普通用户也进行一些系统管理工作呢?sudo 很好地解决了这个问题。通过 sudo 可以允许用户通过特定的方式使用需要 root 才能运行的命令或程序。

sudo 允许一般用户不需要知道超级用户 root 的密码即可获得特殊权限。首先,超级用户将普通用户的名字、可以执行的特定命令、按照哪种用户或用户组的身份执行等信息登记在/etc/sudoers 中,即完成对该用户的授权,具体的 sudo 配置可以参考相关资料。

sudo 常用参数含义如表 7.5。

表 7.5 sudo 常用参数说明

参数	说明
-g	强制把某个 ID 分配给已经存在的用户组,该 ID 必须是非负并且唯一的值
-b	在后台执行指令
-h	显示帮助
-k	结束密码的有效期限,下次再执行 sudo 时仍需要输入密码
-l	列出目前用户可执行与无法执行的命令
-s	执行指定的 Shell
-u	以指定的用户作为新的身份。若不加上此参数,则默认以 root 作为新的身份
-v	延长密码有效期限 5 分钟
-V	显示版本信息

示例 7-10 演示了普通用户不知道 root 密码即可执行只有 root 才能执行的命令。

【示例 7-10】

```
#发现普通用户是无法查看系统信息的
user7@localhost:~> /sbin/fdisk -l
#通过 sudo 可以正常执行此命令
user7@localhost:~> sudo /sbin/fdisk -l
```

```
Disk /dev/sda: 500.1 GB, 500107862016 bytes
255 heads, 63 sectors/track, 60801 cylinders
Units = cylinders of 16065 * 512 = 8225280 bytes
   Device Boot      Start         End      Blocks   Id  System
/dev/sda1   *           1         523     4200966   83  Linux
/dev/sda2             524         773     2008125   82  Linux swap / Solaris
/dev/sda3             774       60801   482174910   83  Li
```

7.4 用户组管理命令

Linux 提供了一系列的命令管理用户组。用户组就是具有相同特征的用户集合。每个用户都有一个用户组，系统能对一个用户组中的所有用户进行集中管理，可以把相同属性的用户定义到同一用户组，并赋予该用户组一定的操作权限，这样用户组下的用户对该文件或目录都具备了相同的权限。通过对/etc/group 文件的更新实现对用户组的添加、修改和删除。

一个用户可以属于多个组，/etc/passwd 中定义的用户组为基本组，用户所属的组有基本组和附加组。如果一个用户属于多个组，则该用户所拥有的权限是它所在的组的权限之和。

7.4.1 添加用户组

Groupadd 命令可实现用户组的添加，常见参数的含义如表 7.6 所示。

表 7.6 groupadd 常用参数说明

参数	说明
-g	强制把某个 ID 分配给已经存在的用户组，该 ID 必须是非负并且唯一的值
-o	允许多个不同的用户组使用相同的用户组 ID
-p	用户组密码
-r	创建一个系统组

示例 7-11 演示了如何添加用户组。

【示例 7-11】

```
#添加用户组 group1
root@localhost:~> groupadd  group1
root@localhost:~> cat /etc/group|grep group
group1:!:1000:
```

7.4.2 删除用户组

需要从系统中删除群组时，可使用 groupdel 命令来完成这项工作。如果该群组中仍包括某些用户，则必须先删除这些用户后，才能删除群组。示例 7-12 演示了如何删除用户组及当有该组的用户存在时，该用户组是不能被删除的，当属于该组的用户被删除后，该组可以被成功删除。

【示例 7-12】

```
#添加用户组
root@localhost:~> groupadd group2
root@localhost:~> cat /etc/group|grep group
group2:!:1000:
#添加用户 user7 并设置组为 group2
root@localhost:~> useradd -g group2 user7
root@localhost:~> cat /etc/passwd|grep user7
user7:x:1003:1000::/home/user7:/bin/bash
#当有属于该组的用户时，组是不允许被删除的
root@localhost:~> groupdel group2
groupdel: GID `1000' is primary group of `user7'.
groupdel: Cannot remove user's primary group.
#删除用户 user7
root@localhost:~> userdel -r user7
no crontab for user7
root@localhost:~> cat /etc/passwd|grep user7
#组被成功删除
root@localhost:~> groupdel group2
root@localhost:~> cat /etc/group|grep group
root@localhost:~>
```

7.4.3 修改用户组

groupmod 可以更改用户组的用户组 ID 或用户组名称，常用参数含义如表 7.7 所示。

表 7.7 groupmod 常用参数说明

参数	说明
-g	设置欲使用的用户组 ID
-o	允许多个不同的用户组使用相同的用户组 ID
-n	设置欲使用的用户组名称

示例 7-13 演示了如何修改用户组。

【示例 7-13】

```
root@localhost:~> groupadd group3
root@localhost:~> cat /etc/group|grep group3
group3:!:1000:
#修改用户组 ID
root@localhost:~> groupmod -g 1001 group3
root@localhost:~> cat /etc/group|grep group3
group3:!:1001:
#修改用户组名称
root@localhost:~> groupmod -n group4 group3
root@localhost:~> cat /etc/group|grep group
group4:!:1001:
```

7.4.4 查看用户所在的用户组

用户所属的用户组可以通过/etc/passwd 或命令来查看，查看方法如下：

```
#使用 id 命令查看当前用户的信息
[root@rhel6 data]# id user10
uid=512(user10) gid=512(user10) ?=512(user10)
#通过查看相关文件获取用户相关信息
[root@rhel6 data]# grep user10 /etc/passwd
user10:x:512:512::/data/user10:/bin/bash
#查找512对应的用户组名
[root@rhel6 data]# grep 512 /etc/group
user10:x:512:
```

7.5 范例——批量添加用户并设置密码

本节主要以批量添加用户为例来演示用户的相关操作。首先产生一个文本文件来保存要添加的用户名列表。useradd.sh 用户执行用户的添加，过程如示例 7-14 所示。

【示例 7-14】

```
[root@rhel6 ~]# cd /data
[root@rhel6 data]# mkdir user
[root@rhel6 data]# cd user/
[root@rhel6 user]# ls
```

```
#产生用户名文件
[root@rhel6 user]# for s in `seq -w 0 10`
> do
> echo user$s>>user.list
> done
#查看文件列表
[root@rhel6 user]# cat user.list
user00
user01
user02
user03
user04
user05
user06
user07
user08
user09
user10
[root@rhel6 user]# cat useradd.sh
cat user.list |while read user
do
#添加用户并指定用户的主目录，选择自动创建用户的主目录
    useradd -d /data/$user  -m $user
#产生随机密码
pass=pass$RANDOM
#修改新增用户的密码
echo "$user:$pass"|/usr/sbin/chpasswd
#显示添加的用户名和对应的密码
    echo $user $pass
done
#执行脚本进行用户的添加
[root@rhel6 user]# sh useradd.sh
user00 pass15650
user01 pass6485
user02 pass21640
user03 pass21459
user04 pass31852
user05 pass20711
user06 pass1055
```

```
user07 pass11192
user08 pass26127
user09 pass4172
user10 pass31201
#查看用户添加情况
[root@rhel6 user]# cat /etc/passwd|grep user
user00:x:502:502::/data/user00:/bin/bash
user01:x:503:503::/data/user01:/bin/bash
user02:x:504:504::/data/user02:/bin/bash
user03:x:505:505::/data/user03:/bin/bash
user04:x:506:506::/data/user04:/bin/bash
user05:x:507:507::/data/user05:/bin/bash
user06:x:508:508::/data/user06:/bin/bash
user07:x:509:509::/data/user07:/bin/bash
user08:x:510:510::/data/user08:/bin/bash
user09:x:511:511::/data/user09:/bin/bash
user10:x:512:512::/data/user10:/bin/bash
```

本示例首先读取指定的用户名列表文件，然后使用循环处理该文件，用户添加完成后每个用户的密码固定以 pass 开头并加上一串随机数。

7.6 小结

Linux 的安全就是因为有了用户权限机制，不同的用户具有不同的权限，可以操作不同的系统资源。root 是具有超级权限的账号。本章首先介绍 Linux 用户管理机制和登录过程，然后介绍用户和用户组，最后通过一个示例来演示如何批量增加用户。

7.7 习题

一、填空题

1. Linux 用户类型分为 3 类：＿＿＿＿＿＿、＿＿＿＿＿＿和＿＿＿＿＿＿。
2. Linux 中的用户管理涉及用户账号文件＿＿＿＿＿＿、用户密码文件＿＿＿＿＿＿、用户组文件＿＿＿＿＿＿。

二、选择题

1. 关于用户和组描述不正确的是（　　）。

A 当有属于该组的用户时,组是不允许被删除的。

B Linux 是一个多用户多任务的操作系统。

C 不是每个用户都有一个用户组。

D 用户所属的组有基本组和附加组之分。

2. 关于用户权限描述不正确的是（　　）。

A 通过 sudo 可以允许用户以特定的方式使用需要 root 才能运行的命令或程序。

B 如果一个用户属于多个组,则该用户所拥有的权限是它所在的组的权限之和。

C 多个不同的用户组不能使用相同的用户组 ID。

D 普通用户的日常操作权限是受到限制的。

第 8 章
应用程序的管理

> jQuery Mobile 是一个用来构建跨平台移动 Web 应用的轻量级开源 UI 框架，具有简单、高效的特点。它能够让没有美工基础的开发者在极短的时间内做出非常完美的界面设计，并且几乎支持市面上常见的所有移动平台。可以说，jQuery Mobile 是移动开发者梦寐以求的神器。本章先不涉及具体的知识，仅仅从当前移动设备硬件的发展和移动开发领域的竞争两个角度，来说明为什么使用 jQuery Mobile 是开发者明智的选择。

Linux 由开源内核和开源软件组成，软件的安装、升级和卸载是使用 Linux 操作系统最常见的操作。随着开源软件的不断发展，软件的安装管理机制成为 Linux 必须面对的问题。Linux 经过多年的发展有了 RPM（Redhat Package Manager）和 DPKG（Debian Package）包管理机制。包管理机制在方便用户操作的同时也使得 Linux 在软件管理方面更加便捷。

本章主要介绍 Linux 中应用程序的安装和管理。首先介绍两种 Linux 包管理基础和两种常见的包管理方式，然后介绍如何通过 RPM 安装、升级和卸载软件。

本章主要涉及的知识点有：

- Linux 软件包管理基础
- RPM 的使用
- 如何从源码安装软件
- 了解函数库基础
- 源码安装软件综合应用

本章最后的示例，演示了如何通过 RPM 包管理 Linux 中的软件包资源。

由于 RPM 和 DPKG 两种包管理机制类似，本章重点偏向于 RPM 包管理机制的介绍，如需了解 DPKG 详细信息，请参阅相关书籍。

8.1 软件包管理基础

完善的软件包管理机制对于操作系统来说是非常重要的，没有软件包管理器，用户使用操作系统将会变得非常困难，也不利于操作系统的推广。用户要使用 Linux 需要了解 Linux 的包管理机制，随着 Linux 的发展，目前形成了两种包管理机制：RPM（Redhat Package Manager）和 DPKG（Debian Package）。两者都是源代码经过编译之后，通过包管理机制将编译后的软件进行打包，避免了每次编译软件的繁琐过程。

8.1.1 RPM

RPM 英文原义为 Redhat Package Manager，类似于 Windows 里面的"添加/删除程序"，最早由 RedHat 公司研制。RPM 软件包以 rpm 为扩展名，同时 RPM 也是一种软件包管理器，用户可以通过 RPM 包管理机制方便地进行软件的安装、更新和卸载。操作 RPM 软件包对应的命令为 rpm。

RPM 包通常包含二进制包和源代码包。二进制包可以直接通过 rpm 命令安装在系统中，而源代码包则可以通过 rpm 命令提取对应软件的源代码，以便进行学习或二次开发。

8.1.2 DPKG

DPKG 英文原义为 Debian Package，和 RPM 类似，也用于软件的安装、更新和卸载，不同的是 DPKG 包管理机制对应的文件扩展名为 deb。

Ubuntu 发行版主要以 DPKG 机制管理软件，而 Fedora、CentOS 和 SUSE 主要为 RPM 包管理机制。

8.2 RPM 的使用

RPM 包管理机制最早由 Red Hat 公司研制的，然后由开源社区维护，所以 RPM 包管理机制非常强大。本章主要介绍 RPM 如何安装、升级和卸载软件包。

RPM 包管理机制可以把软件安装到指定的位置，安装前检查软件包的依赖、安装当前软件可能依赖的软件或需要的动态库，如检查不通过则会终止当前软件的安装。对于已经存在于操作系统中的软件，安装时 RPM 会检查当前的安装包是否和已经存在的软件相冲突，如发现冲突，则终止安装。

RPM 包管理机制可以执行安装前的环境检查，安装完毕后会将此次软件安装的相关信息记录到数据库中，以便日后的升级、查询和卸载。自定义的脚本程序可以在安装时加以调用，支持安装前调用或安装后调用，从而大大丰富了 RPM 软件包管理的功能。

8.2.1 安装软件包

RPM 提供了非常丰富的功能，RPM 软件包是通过一定机制把二进制文件或其他文件打包在一起的单个文件。当使用 RPM 包进行安装时，通常是一个把二进制程序或其他文件复制到系统指定路径的过程。RPM 包对应的管理命令为 rpm，下面演示如何使用 RPM 安装软件。

使用 SecureCRT 时常见的操作是使用 rz 或 sz 命令进行文件的上传下载，对应的软件包为 lrzsz-0.12.20-28.1.el6.x86_64.rpm，一般随附于 Linux 的发行版（软件版本可能有所不同），示例 8-1 演示了如何通过 RPM 包安装此软件。

【示例 8-1】

```
#建立目录
[root@rhel6 /]# mkdir -p /cdrom
#挂载光驱
[root@rhel6 /]# mount -t iso9660 /dev/cdrom /cdrom
mount: block device /dev/sr0 is write-protected, mounting read-only
#找到要安装的软件
[root@rhel6 /]# cd cdrom/Packages/
[root@rhel6 Packages]# ls -l lrzsz-0.12.20-28.1.el6.x86_64.rpm
-r--r--r--. 2 root root 72436 Jul  3  2011 lrzsz-0.12.20-28.1.el6.x86_64.rpm
#安装前执行此命令发现并不存在
[root@rhel6 Packages]# rz --version
-bash: rz: command not found
#进行软件包的安装
[root@rhel6 Packages]# rpm -ivh lrzsz-0.12.20-28.1.el6.x86_64.rpm
Preparing...                ########################################### [100%]
   1:lrzsz                  ########################################### [100%]
[root@rhel6 Packages]# rz --version
rz (lrzsz) 0.12.20
```

首先挂载光驱，找到指定的软件，通过 rpm 命令将软件安装到系统中。上述示例中的参数说明如表 8.1 所示。

表 8.1 rpm 安装软件参数说明

参数	说明
-i	安装软件时显示软件包的相关信息
-v	安装软件时显示命令的执行过程
-h	安装软件时输出 hash 记号：#

软件已经安装完毕，软件安装位置和安装文件列表的查看如示例 8-2 所示。

【示例 8-2】

```
#查看软件包文件列表及文件安装路径
[root@rhel6 Packages]# rpm -qpl lrzsz-0.12.20-28.1.el6.x86_64.rpm
/usr/bin/rb
/usr/bin/rx
```

```
/usr/bin/rz
/usr/bin/sb
/usr/bin/sx
/usr/bin/sz
/usr/share/locale/de/LC_MESSAGES/lrzsz.mo
/usr/share/man/man1/rz.1.gz
[root@rhel6 Packages]# which rz
/usr/bin/rz
#查看安装的文件
[root@rhel6 Packages]# ls -l /usr/bin/rz
-rwxr-xr-x. 3 root root 64K Aug 19  2010 /usr/bin/rz
```

上述示例演示了如何通过 rpm 命令查看软件的安装位置，参数说明如表 8.2 所示。

表 8.2　rpm 查看软件参数说明

参数	说明
-q	使用询问模式，当遇到任何问题时，rpm 指令会先询问用户
-p	查询软件包的文件
-l	显示软件包中的文件列表

如果软件包已经安装，但由于某些原因想重新安装，可以采用强制安装的方式，使用指定参数可以实现这个功能，方法如示例 8-2 所示。

【示例 8-2】续

```
[root@rhel6 Packages]# rpm -ivh ftp-0.18-53.el6.x86_64.rpm
warning: ftp-0.18-53.el6.x86_64.rpm: Header V3 RSA/SHA1 Signature, key ID c105b9de: NOKEY
    Preparing...                ########################################### [100%]
        package ftp-0.18-53.el6.x86_64 is already installed
[root@rhel6 Packages]# rpm -ivh --force ftp-0.18-53.el6.x86_64.rpm
warning: ftp-0.18-53.el6.x86_64.rpm: Header V3 RSA/SHA1 Signature, key ID c105b9de: NOKEY
    Preparing...                ########################################### [100%]
      1:ftp                     ########################################### [100%]
[root@rhel6 Packages]# rpm -ivh --nodeps --force ftp-0.18-53.el6.x86_64.rpm
warning: ftp-0.18-53.el6.x86_64.rpm: Header V3 RSA/SHA1 Signature, key ID c105b9de: NOKEY
    Preparing...                ########################################### [100%]
      1:ftp                     ########################################### [100%]
```

上述示例演示了如何强制更新已经安装的软件，如果安装软件时遇到互相依赖的软件包导致不能安装，可以使用 nodeps 参数先禁止检查软件包依赖以便完成软件的安装。

8.2.2 升级软件包

软件安装以后随着新功能的增加或 BUG 的修复，软件会持续更新，更新软件的方法如示例 8-3 所示。

【示例 8-3】

```
#更新已经安装的软件
[root@rhel6 Packages]#rpm -Uvh lrzsz-0.12.20-28.1.el6.x86_64.rpm
```

更新软件时常用的参数说明如表 8.3 所示。

表 8.3 更新软件 rpm 常用参数说明

参数	说明
-U	升级指定的软件

更新软件时如果遇到已有的配置文件，为保证新版本的运行，RPM 包管理器会将该软件对应的配置文件重命名，然后安装新的配置文件，新旧文件的保存使得用户有更多选择。

8.2.3 查看已安装的软件包

系统安装完会默认安装一系列的软件，RPM 包管理器提供了相应的命令查看已安装的安装包，如示例 8-4 所示。

【示例 8-4】

```
#查看系统中安装的所有包
[root@rhel6 Packages]# rpm -qa
lvm2-2.02.98-9.el6.x86_64
psutils-1.18-34.el6.x86_64
gnome-mag-0.15.9-2.el6.x86_64
iso-codes-3.16-2.el6.noarch
#中间结果省略
mozilla-filesystem-1.9-5.1.el6.x86_64
iwl5150-firmware-8.24.2.2-1.el6.noarch
alsa-lib-1.0.22-3.el6.x86_64
#查找指定的安装包
[root@rhel6 Packages]# rpm -qa |grep rz
lrzsz-0.12.20-28.1.el6.x86_64
```

通过使用 rpm 命令指定特定的参数可以查看系统中安装的软件包。查看已安装的软件包参数说明如表 8.4 所示。

表 8.4 查看已安装的软件包参数

参数	说明
-a	显示安装的所有软件列表

8.2.4 卸载软件包

RPM 包管理器提供了对应的参数进行软件的卸载，软件卸载方法如示例 8-5 所示。如果卸载的软件被别的软件依赖，则不能卸载，需要将对应的软件卸载后才能卸载当前软件。

【示例 8-5】

```
#查找指定的安装包
[root@rhel6 Packages]# rpm -qa  |grep rz
lrzsz-0.12.20-28.1.el6.x86_64
#卸载软件包
[root@rhel6 Packages]# rpm -e lrzsz-0.12.20-28.1.el6.x86_64
#卸载后命令不存在
[root@rhel6 Packages]# rz -version
-bash: rz: command not found
#无结果说明对应的软件包被成功卸载
[root@rhel6 Packages]# rpm -qa  |grep rz
#如软件之间存在依赖，则不能卸载，此时需要先卸载依赖的软件
[root@rhel6 Packages]# rpm -e glibc-devel-2.12-1.108.el6.x86_64
error: Failed dependencies:
       glibc-devel >= 2.2.90-12 is needed by (installed) gcc-4.4.8-3.el6.x86_64
```

上述示例演示了如何查找并卸载 lrzsz-0.12.20-28.1.el6.x86_64 软件。不幸的是卸载 glibc-devel-2.12-1.108.el6.x86_64 软件时因存在相应的软件依赖而卸载失败，此时需要首先卸载依赖的软件包。卸载软件包的参数说明如表 8.5 所示。

表 8.5 卸载软件包参数说明

参数	说明
-e	从系统中移除指定的软件包

8.2.5 查看一个文件属于哪个 RPM 包

RPM 包管理机制存放了安装包的详细信息，该数据库由 RPM 负责维护和更新。想查看文件属于哪个安装包，可使用以下命令：

```
[root@rhel6 ~]# which rz
```

```
/usr/bin/rz
#查看 rz 文件属于哪个软件包
[root@rhel6 ~]# rpm -qf /usr/bin/rz
lrzsz-0.12.20-28.1.el6.x86_64
```

8.2.6 获取 RPM 包的说明信息

RPM 包管理机制存放了安装包的详细信息,如果要查看某个 RPM 包的说明信息,可以使用以下命令查看:

```
[root@rhel6 Packages]# rpm -qip  ftp-0.18-53.el6.x86_64.rpm
warning: ftp-0.18-53.el6.x86_64.rpm: Header V3 RSA/SHA1 Signature, key ID c105b9de: NOKEY
Name        : ftp                          Relocations: (not relocatable)
Version     : 0.17                         Vendor: CentOS
Release     : 53.el6                       Build Date: Fri Nov  9 20:46:44 2012
Install Date: (not installed)              Build Host: c6b9.bsys.dev.centos.org
Group       : Applications/Internet        Source RPM: ftp-0.18-53.el6.src.rpm
Size        : 97005                        License: BSD with advertising
Signature   : RSA/SHA1, Fri Nov  9 23:37:40 2012, Key ID 0946fca2c105b9de
Packager    : CentOS BuildSystem <http://bugs.centos.org>
URL         : ftp://ftp.uk.linux.org/pub/linux/Networking/netkit
Summary     : The standard UNIX FTP (File Transfer Protocol) client
Description :
The ftp package provides the standard UNIX command-line FTP (File
Transfer Protocol) client. FTP is a widely used protocol for
transferring files over the Internet and for archiving files.

If your system is on a network, you should install ftp in order to do
file transfers.
```

8.3 从源代码安装软件

除了使用 Linux 的包管理机制进行软件的安装、更新和卸载之外,从源代码进行软件的安装也是非常常见的,开源软件提供了源代码包,开发者可以方便地通过源代码进行安装。从源码安装软件一般有软件配置、编译软件、软件安装 3 个步骤。

8.3.1 软件配置

由于软件要依赖系统的底层库资源，软件配置的主要功能为检查当前系统软硬件环境，确定当前系统是否满足当前软件需要的软件资源。配置命令一般如下：

```
[root@rhel6 vim73]#./congure --prefix=/usr/local/vim73
```

其中--prefix 用来指定安装路径，编译好的二进制文件和其他文件将被安装到此处。

不同的软件 configure 脚本都提供丰富的选项，在执行完成后，系统会根据执行的选项和系统的配置生成一个编译规则文件 Makefile。要查看当前软件配置时支持哪些参数，可以使用./configure --help 命令。

8.3.2 编译软件

在配置好编译选项后，系统已经生成了编译软件需要的 Makefile，然后利用这些 Makefile 进行编译即可。编译软件执行 make 命令：

```
[root@rhel6 vim73]# make
```

执行 make 命令后 make 会根据 Makefile 文件来生成目标文件，如二进制程序等。

8.3.3 软件安装

编译完成后，执行 make install 命令来安装软件：

```
[root@rhel6 vim73]# #make install
```

一般情况下，安装完成后就可以使用安装的软件了，如果没有指定安装路径，一般的软件会被安装在/usr/local 下面并创建对应的文件夹，部分软件二进制文件会被安装在/usr/bin 或/usr/local/bin/ 目录下，对应的头文件会被安装到/usr/include，软件帮助文档会被安装到/usr/local/share 目录下。

如果指定目录，则会在指定目录中创建相应的文件夹。安装软件完毕后使用该软件时需要使用绝对路径或对环境变量的进行配置，也就是需要把当前软件二进制文件的目录加入到系统的环境变量 PATH 中。

Vim 是一款优秀的文本编辑器，丰富扩展了 vi 编辑器的很多功能，被广大开发者广泛使用，同类型的编辑软件还有 Emacs 等。下面通过示例 8-6 演示如何通过源代码安装该软件。示例中同时包含了安装软件时遇到的问题及解决方法。

（1）首先查看系统中有无 Vim，如有先进行卸载，以免混淆。

【示例 8-6】

```
#查看系统中是否有Vim软件
```

```
[root@rhel6 ~]# vim --version|head
VIM - Vi IMproved 8.3 (2010 Aug 15, compiled Apr 11 2014 03:32:13)
#查看vim文件位置
[root@rhel6 ~]# which vim
/usr/bin/vim
#查看当前软件属于哪个软件包
[root@rhel6 ~]# rpm -qf /usr/bin/vim
vim-enhanced-8.2.411-1.8.el6.x86_64
#将当前已安装的软件包卸载掉
[root@rhel6 ~]# rpm -e vim-enhanced-8.2.411-1.8.el6.x86_64
#查看文件是否还存在
[root@rhel6 ~]# ls -lhtr /usr/bin/vim
ls: cannot access /usr/bin/vim: No such file or directory
```

（2）经过上面的步骤后，确认系统中已经不存在 Vim，下面进行 Vim 的安装。Vim 最新版可以在 http://www.vim.org/ 下载。

【示例8-6】续

```
[root@rhel6 ~ ]#cd /data/soft
#上传源代码包
[root@rhel6 soft]# rz -bye
rz waiting to receive.
#开始 zmodem 传输，按 Ctrl+C 键取消
Transferring vim-8.3.tar.bz2...
  100%    8867 KB 4433 KB/s 00:00:02       0 错误
#将源代码包解压
[root@rhel6 soft]#  tar xvf vim-8.3.tar.bz2
vim73/
vim73/Makefile
vim73/src/Makefile
vim73/configure
vim73/src/configure
vim73/src/auto/configure
#部分结果省略
vim73/src/configure.in
vim73/src/
[root@rhel6 soft]# cd vim73
#查看文件列表，部分结果省略
[root@rhel6 vim73]# ls
configure README_unix.txt Makefile src
```

```
#第1步：进行软件的配置
[root@rhel6 vim73]# ./configure
configure: creating cache auto/config.cache
checking whether make sets $(MAKE)... yes
checking for gcc... gcc
#部分结果省略
checking for tgetent()... configure: error: NOT FOUND!
     You need to install a terminal library; for example ncurses.
     Or specify the name of the library with --with-tlib.
#某些库不存在，查找到并安装，此时用的是rpm包安装方式
[root@rhel6 vim73]# cd -
/cdrom/Packages
[root@rhel6 Packages]# ls -l ncurses-devel-5.8-3.20090208.el6.x86_64.rpm
-r--r--r--. 2    root    root    657212    Jul    3    2011
ncurses-devel-5.8-3.20090208.el6.x86_64.rpm
#安装依赖的包
[root@rhel6 Packages]# rpm -ivh ncurses-devel-5.8-3.20090208.el6.x86_64.rpm
warning: ncurses-devel-5.8-3.20090208.el6.x86_64.rpm: Header V3 RSA/SHA256
Signature, key ID c105b9de: NOKEY
Preparing...                ########################################### [100%]
   1:ncurses-devel          ########################################### [100%]
[root@rhel6 Packages]# cd -
/data/soft/vim73
#再次进行软件的配置
[root@rhel6 vim73]# ./configure --prefix=/usr/local/vim73
configure: creating cache auto/config.cache
checking whether make sets $(MAKE)... yes
#部分结果省略
checking whether we need -D_FORTIFY_SOURCE=1... yes
configure: creating auto/config.status
config.status: creating auto/config.mk
config.status: creating auto/config.h
#第2步：进行软件的编译
[root@rhel6 vim73]# make
If there are problems, cd to the src directory and run make there
cd src && make first
make[1]: Entering directory `/data/soft/vim73/src'
mkdir objects
CC="gcc -Iproto -DHAVE_CONFIG_H         " srcdir=. sh ./osdef.sh
```

```
    gcc -c -I. -Iproto -DHAVE_CONFIG_H         -g -O2 -D_FORTIFY_SOURCE=1          -o
objects/buffer.o buffer.c
#部分结果省略
```

（3）经过上面的步骤后，Vim 软件已经编译完成，下面继续 Vim 的安装。

【示例 8-6】续

```
#第3步：进行Vim的安装
[root@rhel6 vim73]# make install
  Starting make in the src directory.
  If there are problems, cd to the src directory and run make there
  cd src && make install
  make[1]: Entering directory `/data/soft/vim73/src'
  if test -f /usr/local/vim73/bin/vim; then \
        mv -f /usr/local/vim73/bin/vim /usr/local/vim73/bin/vim.rm; \
        rm -f /usr/local/vim73/bin/vim.rm; \
     fi
  cp vim /usr/local/vim73/bin
#部分结果省略
[root@rhel6 vim73]# vim --version
VIM - Vi IMproved 8.3 (2010 Aug 15, compiled Apr 11 2014 03:32:13)
```

（4）至此 Vim 软件安装完成。如需使用，可使用绝对路径或设置环境变量 PATH。

【示例 8-6】续

```
#使用vim发现命令不存在
[root@rhel6 vim73]# vim -version
-bash: /usr/local/bin/vim: No such file or directory
[root@rhel6 vim73]# cd /usr/local/vim73/
[root@rhel6 vim73]# ls
bin   share
[root@rhel6 vim73]# export PATH=/usr/local/vim73/bin/:$PATH:.
[root@rhel6 vim73]# vim --version
VIM - Vi IMproved 8.3 (2010 Aug 15, compiled Apr 11 2014 03:32:13)
```

以上示例演示了如何通过源代码安装指定的软件，安装过程经过软件配置、软件编译和软件安装等步骤。安装软件时如果指定了安装目录，则需要使用绝对路径或将该软件的二进制文件所在的目录加入到系统变量 PATH 路径中，以便在不使用绝对路径时仍然可以使用安装的软件。

8.4 普通用户如何安装常用软件

普通用户安装软件时可以使用--prefix 指定路径，/usr/local 一般属于 root 用户，普通用户无法写入，不过有两种方法解决。一种方法是将/usr/local 设置成普通用户可以读写的权限，另一种是在该用户的主目录或有读写权限的目录下进行安装。安装过程如下：

```
#当前工作目录
[goss@rhel6 ~]$ pwd
/home/goss
#上传软件
[goss@rhel6 ~]$ rz -bye
rz waiting to receive.
#开始 zmodem 传输，按 Ctrl+C 键取消
Transferring curl-8.21.3.tar.gz...
  100%    2720 KB 2720 KB/s 00:00:01       0 错误
[goss@rhel6 ~]$ ls -l
-rw-r--r--. 1 goss goss 2785305 Apr 11 16:08 curl-8.21.3.tar.gz
#将上传的软件解包
  [goss@rhel6 ~]$ tar xvf curl-8.21.3.tar.gz
curl-8.21.3/
curl-8.21.3/missing
curl-8.21.3/Makefile
#部分结果省略
curl-8.21.3/m4/curl-functions.m4
curl-8.21.3/m4/ltsugar.m4
curl-8.21.3/Makefile.in
curl-8.21.3/buildconf
[goss@rhel6 ~]$ cd curl-8.21.3
#进行软件的配置、编译和安装
[goss@rhel6 curl-8.21.3]$ ./configure  --prefix=/home/goss/curl &&make &&make install
  checking whether to enable maintainer-specific portions of Makefiles... no
  checking whether to enable debug build options... no
  checking whether to enable compiler optimizer... (assumed) yes
#部分结果省略
make[3]: Leaving directory `/home/goss/curl-8.21.3'
make[2]: Leaving directory `/home/goss/curl-8.21.3'
```

```
make[1]: Leaving directory `/home/goss/curl-8.21.3'
[goss@rhel6 curl-8.21.3]$ cd /home/goss/curl
#查看安装的文件列表
[goss@rhel6 curl]$ ls
bin  include  lib  share
[goss@rhel6 curl]$ cd bin
#校验软件是否正常安装
[goss@rhel6 bin]$ ./curl --version
curl 8.21.3 (x86_64-unknown-linux-gnu) libcurl/8.21.3 zlib/1.2.3
#将软件路径设置到系统的环境变量中，以便使用软件时可以避免使用绝对路径
[goss@rhel6 bin]$ export PATH=/home/goss/curl/bin/:$PATH:.
[goss@rhel6 bin]$ curl --version
curl 8.21.3 (x86_64-unknown-linux-gnu) libcurl/8.21.3 zlib/1.2.3
```

上述示例演示了普通用户如何安装软件，首先确定当前用户有读写权限的目录，配置软件时-prefix 选项用于指定软件安装的位置。经过编译和安装后软件已经安装完毕，可以使用绝对路径或设置环境变量 PATH，以便使用新安装的软件。

8.5 Linux 函数库

函数库是一个文件，它包含已经编译好的代码和数据，这些编译好的代码和数据可以供其他的程序调用。程序函数库可以使程序更加模块化，更容易重新编译，而且更方便升级。程序函数库可分为 3 种类型：静态函数库、共享函数库和动态加载函数库。

- 静态函数库（static libraries）：在编译程序时如指定了静态函数库文件，编译时会将这些静态函数库一起编译进最终的可执行文件中，这些库在程序执行前就加入到目标程序中。
- 共享函数库（shared libraries）：在程序启动时加载到程序中，可以被不同的程序共享。
- 动态加载函数库（dynamically loaded libraries）：可以在程序运行的任何时候动态地加载。

一般静态函数库以.a 作为文件的后缀。共享函数库中的函数是在当一个可执行程序启动时被加载，一般动态函数库文件的扩展名为.so。在 Linux 系统中，系统的静态函数库主要存放在/usr/lib 目录下，而共享函数库文件主要存放在/lib 和/usr/lib 目录下。动态函数库一般都是共享函数库。通常静态函数库只有一个程序使用，而共享函数库会被许多程序使用。

在 Linux 系统中，如果一个函数库文件中的函数被某个文件调用，那么在执行使用了该函数库文件的程序时，必须要使执行程序能够找到函数库文件。系统通过两种方法来寻找函数库文件。

（1）通过缓存文件/etc/ld.so.cache

让系统在执行程序时可以从 ld.so.cache 文件中搜索到需要的库文件信息，需要经过以下步骤。

首先修改/etc/ld.so.conf 文件，将该库文件所在的路径添加到文件中。

```
[root@rhel6 ~]# echo "/usr/local/ssl/lib">>/etc/ld.so.conf
[root@rhel6 ~]# ldconfig
```

然后执行 ldconfig 命令，让系统升级 ld.so.cache 文件。

（2）通过环境变量 LD_LIBRARY_PATH

在上例中如果不想影响系统已有的配置，加载函数库也可以通过设置环境变量 LD_LIBRARY_PATH 来达到同样的效果，如下所示：

```
[root@rhel6 ~]# export LD_LIBRARY_PATH=/usr/local/ssl/lib:$LD_LIBRARY_PATH:.
```

如需查看程序使用了哪些动态库文件，可以使用 ldd 命令，如示例 8-7 所示。

【示例 8-7】
```
[root@rhel6 ~]# ldd /usr/local/apache2/bin/httpd
        linux-vdso.so.1 =>  (0x00007fff2d1ff000)
        libm.so.6 => /lib64/libm.so.6 (0x00007fb65e082000)
        libaprutil-1.so.0 => /usr/lib64/libaprutil-1.so.0 (0x00007fb65de5d000)
        libcrypt.so.1 => /lib64/libcrypt.so.1 (0x00007fb65dc26000)
        libexpat.so.1 => /lib64/libexpat.so.1 (0x00007fb65d9fe000)
        libdb-4.8.so => /lib64/libdb-4.8.so (0x00007fb65d689000)
        libapr-1.so.0 => /usr/lib64/libapr-1.so.0 (0x00007fb65d45d000)
        libpthread.so.0 => /lib64/libpthread.so.0 (0x00007fb65d240000)
        libc.so.6 => /lib64/libc.so.6 (0x00007fb65ceac000)
        libuuid.so.1 => /lib64/libuuid.so.1 (0x00007fb65cca8000)
        libfreebl3.so => /lib64/libfreebl3.so (0x00007fb65ca46000)
        /lib64/ld-linux-x86-64.so.2 (0x00007fb65e311000)
        libdl.so.2 => /lib64/libdl.so.2 (0x00007fb65c841000)
```

8.6 范例——从源码安装 Web 服务软件 Nginx

Nginx 和 Apache 是同类型的软件，支持高并发，为很多互联网网站和个人开发者提供高性能、稳定的 Web 服务。本节主要通过 Nginx 的安装掌握如何从源码安装软件，同时示例中演示了如何通过 RPM 包安装相关联的软件。

Nginx 是一款开源软件，其最新的版本可以在 http://nginx.org/下载，本例使用的版本为 nginx-1.2.8。

（1）下载源代码并上传到服务器，如示例8-8所示。

【示例8-8】

```
#创建工作目录
[root@rhel6 ~]# mkdir -p /data/soft
[root@rhel6 ~]# cd /data/soft/
#上传指定的软件
[root@rhel6 soft]# rz -bye
rz waiting to receive.
#开始 zmodem 传输。按 Ctrl+C 取消。
Transferring nginx-1.2.8.tar.gz...
  100%    713 KB  713 KB/s 00:00:01      0 错误
#将软件解包
[root@rhel6 soft]# tar xvf nginx-1.2.8.tar.gz
nginx-1.2.8
nginx-1.2.8/contrib
nginx-1.2.8/conf
nginx-1.2.8/src
nginx-1.2.8/auto
nginx-1.2.8/configure
#中间结果省略
nginx-1.2.8/contrib/unicode2nginx/win-utf
nginx-1.2.8/contrib/unicode2nginx/koi-utf
[root@rhel6 soft]
```

（2）进行 Nginx 源代码的配置。

【示例8-8】续

```
#第1步：进行软件的配置
[root@rhel6 nginx-1.2.8]# ./configure
checking for OS
 + Linux 2.6.32-358.el6.x86_64 x86_64
checking for C compiler ... not found
./configure: error: C compiler gcc is not found
```

由于安装系统时采用的最小化安装，gcc 等 C/C++编译器还没有安装，因此需要安装 gcc 编译器，安装过程如下所示。

【示例8-8】续

```
[root@rhel6 /]# mkdir -p /cdrom
[root@rhel6 /]# mount -t iso9660 /dev/cdrom /cdrom
```

```
mount: block device /dev/sr0 is write-protected, mounting read-only
[root@rhel6 cdrom]# cd /cdrom/Packages/
#首先安装glibc
[root@rhel6 Packages]# rpm -ivh glibc-headers-2.12-1.108.el6.x86_64.rpm
warning: glibc-headers-2.12-1.108.el6.x86_64.rpm: Header V3 RSA/SHA1 Signature, key ID c105b9de: NOKEY
error: Failed dependencies:
        kernel-headers is needed by glibc-headers-2.12-1.108.el6.x86_64
        kernel-headers >= 2.2.1 is needed by glibc-headers-2.12-1.108.el6.x86_64
#安装过程中需要安装对应的依赖包
[root@rhel6 Packages]# rpm -ivh kernel-he*
warning: kernel-headers-2.6.32-358.el6.x86_64.rpm: Header V3 RSA/SHA1 Signature, key ID c105b9de: NOKEY
Preparing...                ########################################### [100%]
   1:kernel-headers         ########################################### [100%]
[root@rhel6 Packages]# rpm -ivh glibc-headers-2.12-1.108.el6.x86_64.rpm
warning: glibc-headers-2.12-1.108.el6.x86_64.rpm: Header V3 RSA/SHA1 Signature, key ID c105b9de: NOKEY
Preparing...                ########################################### [100%]
   1:glibc-headers          ########################################### [100%]
[root@rhel6 Packages]# rpm -ivh glibc-devel-2.12-1.108.el6.x86_64.rpm
warning: glibc-devel-2.12-1.108.el6.x86_64.rpm: Header V3 RSA/SHA1 Signature, key ID c105b9de: NOKEY
Preparing...                ########################################### [100%]
   1:glibc-devel            ########################################### [100%]
[root@rhel6 Packages]#
#开始安装gcc,不幸的是并不顺利
[root@rhel6 Packages]# rpm -ivh gcc-4.4.8-3.el6.x86_64.rpm
warning: gcc-4.4.8-3.el6.x86_64.rpm: Header V3 RSA/SHA1 Signature, key ID c105b9de: NOKEY
error: Failed dependencies:
        cloog-ppl >= 0.15 is needed by gcc-4.4.8-3.el6.x86_64
        cpp = 4.4.8-3.el6 is needed by gcc-4.4.8-3.el6.x86_64
#需要安装cloog-ppl和cpp模块
[root@rhel6 Packages]# rpm -ivh cloog-ppl-0.15.8-1.2.el6.x86_64.rpm
warning: cloog-ppl-0.15.8-1.2.el6.x86_64.rpm: Header V3 RSA/SHA256 Signature, key ID c105b9de: NOKEY
error: Failed dependencies:
        libppl.so.7()(64bit) is needed by cloog-ppl-0.15.8-1.2.el6.x86_64
```

```
        libppl_c.so.2()(64bit) is needed by cloog-ppl-0.15.8-1.2.el6.x86_64
#需要安装ppl模块
[root@rhel6 Packages]# rpm -ivh ppl-0.10.2-11.el6.x86_64.rpm
warning: ppl-0.10.2-11.el6.x86_64.rpm: Header V3 RSA/SHA256 Signature, key ID c105b9de: NOKEY
Preparing...                ########################################### [100%]
   1:ppl                    ########################################### [100%]
[root@rhel6 Packages]# rpm -ivh cloog-ppl-0.15.8-1.2.el6.x86_64.rpm
warning: cloog-ppl-0.15.8-1.2.el6.x86_64.rpm: Header V3 RSA/SHA256 Signature, key ID c105b9de: NOKEY
Preparing...                ########################################### [100%]
   1:cloog-ppl              ########################################### [100%]
#需要安装cpp模块
[root@rhel6 Packages]# rpm -ivh cpp-4.4.8-3.el6.x86_64.rpm
warning: cpp-4.4.8-3.el6.x86_64.rpm: Header V3 RSA/SHA1 Signature, key ID c105b9de: NOKEY
error: Failed dependencies:
        libmpfr.so.1()(64bit) is needed by cpp-4.4.8-3.el6.x86_64
#cpp模块需要mpfr模块
[root@rhel6 Packages]# rpm -ivh mpfr-2.4.1-6.el6.x86_64.rpm
warning: mpfr-2.4.1-6.el6.x86_64.rpm: Header V3 RSA/SHA256 Signature, key ID c105b9de: NOKEY
Preparing...                ########################################### [100%]
   1:mpfr                   ########################################### [100%]
#然后安装cpp模块
[root@rhel6 Packages]# rpm -ivh cpp-4.4.8-3.el6.x86_64.rpm
warning: cpp-4.4.8-3.el6.x86_64.rpm: Header V3 RSA/SHA1 Signature, key ID c105b9de: NOKEY
Preparing...                ########################################### [100%]
   1:cpp                    ########################################### [100%]
[root@rhel6 Packages]# rpm -ivh gcc-4.4.8-3.el6.x86_64.rpm
warning: gcc-4.4.8-3.el6.x86_64.rpm: Header V3 RSA/SHA1 Signature, key ID c105b9de: NOKEY
Preparing...                ########################################### [100%]
   1:gcc                    ########################################### [100%]
#
```

经过以上步骤，gcc 安装完成，继续 Nginx 的配置。

【示例 8-8】续

```
[root@rhel6 Packages]# cd /data/soft/nginx-1.2.8
[root@rhel6 nginx-1.2.8]# ./configure
checking for OS
 + Linux 2.6.32-358.el6.x86_64 x86_64
checking for C compiler ... found
 + using GNU C compiler
 + gcc version: 4.4.7 20120313 (Red Hat 4.4.8-3) (GCC)
checking for gcc -pipe switch ... found
#中间结果省略
./configure: error: the HTTP rewrite module requires the PCRE library.
You can either disable the module by using --without-http_rewrite_module
option, or install the PCRE library into the system, or build the PCRE library
statically from the source with nginx by using --with-pcre=<path> option.
```

不幸的是提示 PCRE 模块和 zlib 开发包不存在，在光盘里找到并安装，对应的软件包为 pcre-devel-8.8-6.el6.x86_64.rpm 和 zlib-devel-1.2.3-29.el6.x86_64.rpm。

【示例 8-8】续

```
#安装 PCRE 的开发包
[root@rhel6 Packages]# rpm -ivh pcre-devel-8.8-6.el6.x86_64.rpm
warning: pcre-devel-8.8-6.el6.x86_64.rpm: Header V3 RSA/SHA1 Signature, key ID c105b9de: NOKEY
Preparing...                ########################################### [100%]
   1:pcre-devel             ########################################### [100%]
[root@rhel6 Packages]# cd -
/data/soft/nginx-1.2.8
[root@rhel6 nginx-1.2.8]# ./configure -
./configure: error: the HTTP gzip module requires the zlib library.
You can either disable the module by using --without-http_gzip_module
option, or install the zlib library into the system, or build the zlib library
statically from the source with nginx by using --with-zlib=<path> option.
#安装 zlib 开发包
[root@rhel6 Packages]# rpm -ivh zlib-devel-1.2.3-29.el6.x86_64.rpm
warning: zlib-devel-1.2.3-29.el6.x86_64.rpm: Header V3 RSA/SHA1 Signature, key ID c105b9de: NOKEY
Preparing...                ########################################### [100%]
   1:zlib-devel             ########################################### [100%]
[root@rhel6 Packages]# cd -
/data/soft/nginx-1.2.8
```

对应的依赖软件安装完毕后继续进行 Nginx 的配置阶段。

【示例 8-8】续

```
[root@rhel6 nginx-1.2.8]# ./configure
checking for OS
 + Linux 2.6.32-358.el6.x86_64 x86_64
checking for C compiler ... found
 + using GNU C compiler
 + gcc version: 4.4.7 20120313 (Red Hat 4.4.8-3) (GCC)
checking for gcc -pipe switch ... found
checking for gcc builtin atomic operations ... found
checking for C99 variadic macros ... found
checking for gcc variadic macros ... found
#中间结果省略
nginx http client request body temporary files: "client_body_temp"
nginx http proxy temporary files: "proxy_temp"
nginx http fastcgi temporary files: "fastcgi_temp"
nginx http uwsgi temporary files: "uwsgi_temp"
nginx http scgi temporary files: "scgi_temp"
```

至此，没有其他错误的话，Nginx 的配置阶段就完成了，经过此步操作，编译 Nginx 需要的 Makefile 已经生成。

（3）进行 Nginx 软件的编译，执行 make 即可，如下所示。

【示例 8-8】续

```
[root@rhel6 nginx-1.2.8]# make
make -f objs/Makefile
make[1]: Entering directory `/data/soft/nginx-1.2.8'
 gcc -c -pipe -O -W -Wall -Wpointer-arith -Wno-unused-parameter -Werror -g -I src/core -I src/event -I src/event/modules -I src/os/unix -I objs \-o objs/src/core/nginx.o \
src/core/nginx.c
#中间结果省略
 gcc -c -pipe -O -W -Wall -Wpointer-arith -Wno-unused-parameter -Werror -g -I src/core -I src/event -I src/event/modules -I src/os/unix -I objs \ -o objs/src/core/ngx_palloc.o \
 make[1]: Leaving directory `/data/soft/nginx-1.2.8'
```

如编译没有问题，下面进行二进制软件和其他文件的安装。

【示例 8-8】续

```
[root@rhel6 nginx-1.2.8]# make install
```

```
make -f objs/Makefile install
make[1]: Entering directory `/data/soft/nginx-1.2.8'
test -d '/usr/local/nginx' || mkdir -p '/usr/local/nginx'
test -d '/usr/local/nginx/sbin' || mkdir -p '/usr/local/nginx/sbin'
test ! -f '/usr/local/nginx/sbin/nginx' || mv '/usr/local/nginx/sbin/nginx' '/usr/local/nginx/sbin/nginx.old'
#中间结果省略
test -d '/usr/local/nginx/logs' || mkdir -p '/usr/local/nginx/logs'
make[1]: Leaving directory `/data/soft/nginx-1.2.8'
```

至此 Nginx 的安装已经完成了，配置时没有添加-prefix 参数，软件会安装在/usr/local 下，启动 Nginx 并测试。

【示例 8-8】续

```
#找到Nginx 的主目录
[root@rhel6 sbin]# cd /usr/local/nginx/sbin
#启动 Nginx
[root@rhel6 sbin]# ./nginx
#查看是否启动，Web 服务一般为80端口
[root@rhel6 sbin]# netstat -plnt|grep 80
Tcp 0 0 0.0.0.0:80 0.0.0.0:*   LISTEN   10601/nginx
#测试启动的 Nginx 服务器
[root@rhel6 sbin]# echo "wWelcome to nginx" >/usr/local/nginx/html/index.html
[root@rhel6 sbin]# curl http://192.168.78.100
wWelcome to nginx
```

 此例主要演示 Nginx 软件的安装，通过源码安装了解如何通过源代码安装常用软件，如需了解 Nginx 如何配置等，请参阅其他资料或书籍。

8.7 小结

软件的安装、升级和卸载是使用 Linux 操作系统最常见的操作。本章介绍了 RPM（Redhat Package Manager）和 DPKG（Debian Package）两种包管理机制。包管理机制在方便用户操作的同时，也让 Linux 的使用更加便捷。本章还介绍了函数库的基本知识，读者在这里有一个大概的了解即可。

8.8 习题

一、填空题

1. 随着 Linux 的发展，目前形成了两种包管理机制：_____和_____。
2. 普通用户安装常用软件有两种方法，一种是_____；一种是_____。
3. 从源码安装软件一般经过_____、_____和_____3 个步骤。

二、选择题

以下（　　）不是程序函数库？

A 静态函数库　　　　　　　B 静态加载函数库
C 动态加载函数库　　　　　D 共享函数库

第 9 章　系统启动控制与进程管理

Linux 系统是如何启动的？如果出现故障，应该在什么模式下修复？Linux 启动的同时会启动哪些服务？Linux 进程该如何管理？本章就来回答这一系列的问题。

本章首先介绍 Linux 的引导过程，介绍 Linux 运行级别、启动过程和服务控制，然后介绍进程管理的相关知识，并对进程管理常见的问题给出参考解答。

本章主要涉及的知识点有：

- Linux 的运行级别
- Linux 的启动过程
- Linux 系统服务控制
- Linux 下的进程管理

本章最后的示例演示如何通过 Shell 脚本进行进程监控。

9.1　启动管理

Linux 启动过程是如何引导的？系统服务如何设置？要深入了解 Linux，首先必须能回答这两个问题。本节主要介绍 Linux 启动的相关知识。

9.1.1　GRUB 管理器概述

GNU GRUB，简称 GRUB，是一个多操作系统启动程序。在 Linux 操作系统中，GRUB 是最为常用的启动引导程序，允许用户在同一台计算机内同时拥有多个操作系统，用户在系统启动时可自由选择。GRUB 用于选择操作系统分区上的不同内核，同时通过特定的设置可以向内核传递启动参数。Windows 下多系统启动引导管理器为 NTLOADER。示例 9-1 是 Linux 环境下的 GRUB 文件设置示例。

【示例 9-1】

```
[root@rhel6 ~]# cat -n /boot/grub/grub.conf
```

```
1  default=0
2  timeout=5
3  splashimage=(hd0,0)/boot/grub/splash.xpm.gz
4  hiddenmenu
5  title Red Hat Enterprise Linux (2.6.32-431.el6.x86_64)
6  root (hd0,0)
7  kernel /boot/vmlinuz-2.6.32-431.el6.x86_64 ro rhgb quiet root=/dev/sda1
8  initrd /boot/initramfs-2.6.32-431.el6.x86_64.img
```

说明如下。

- 第 1 行：default=0，如果有多个引导选项，系统启动时默认选择的条目，编号从 0 开始。
- 第 2 行：GRUB 引导菜单等待的时间，如指定的时间内用户没有选择，则选择 default 指定的条目引导系统，以秒为单位。
- 第 3 行：指定在 GRUB 引导时所使用的屏幕图像的位置。
- 第 4 行：这个命令被使用时，系统引导时不显示 GRUB 菜单接口，在超时时间过期后载入默认项。通过按 Esc 键可以看到标准的 GRUB 菜单。
- 第 5 行：title 设置 GRUB 菜单中显示的选项。
- 第 6 行：表示系统文件位于第一块 IDE 硬盘的第一个分区。IDE 硬盘用 hd 开头，SCSI 硬盘用 sd 开头。分区从 0 算起，(hd0,0)表示第一个硬盘驱动器上的第一个分区。
- 第 7 行：表示内核文件所在的路径。
- 第 8 行：initrd 是 initial ramdisk 的简写。initrd 一般被用来临时引导硬件到实际内核 vmlinuz 能够接管并继续引导的状态。initrd 映像中包含了支持 Linux 系统两阶段引导过程所需要的必要可执行程序和系统文件，比如加载必要的硬盘驱动等。

9.1.2　Linu 系统的启动过程

图 9.1 显示了 Linux 系统的启动过程。

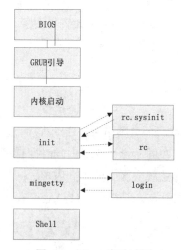

图 9.1　Linux 启动过程

具体的步骤如下。

- 步骤 01　开机自检。
- 步骤 02　从硬盘的 MBR 中读取引导程序 LILO 或 GRUB。
- 步骤 03　引导程序根据配置文件显示引导菜单。
- 步骤 04　如果选择进入 Linux 系统，此时引导程序加载 Linux 内核文件。
- 步骤 05　当内核全部载入内存后，GRUB 的任务完成，此时全部控制权限交给 Linux，CPU 开始执行 Linux 内核代码，如初始化任务调度、分配内存、加载驱动等。
- 步骤 06　内核代码执行完后，开始执行 Linux 系统的第一个进程——init 进程，进程号为 1。
- 步骤 07　init 进程根据系统初始化配置文件/etc/inittab 文件，执行相应的系统初始化脚本。
- 步骤 08　根据/etc/inittab 文件的配置，进入不同的运行级别。
- 步骤 09　启动或停止相应运行级别下的服务。
- 步骤 10　建立终端。
- 步骤 11　引 login 进程，进入登录界面。

当系统首次引导时，处理器会执行一个位于已知位置处的代码，一般保存在基本输入/输出系统 BIOS 中。当找到一个引导设备之后，第一阶段的引导加载程序就被装入 RAM 并执行。这个引导加载程序在大小上小于 512 字节（一个扇区），它是加载第二阶段的引导加载程序。

当第二阶段的引导加载程序被装入 RAM 并执行时，通常会显示一个引导屏幕，并将 Linux 和一个可选的初始 RAM 磁盘（临时根文件系统）加载到内存中。在加载映像时，第二阶段的引导加载程序就会将控制权交给内核映像，然后内核就可以进行解压和初始化。在这个阶段中，第二个阶段的引导加载程序会检测系统硬件、枚举系统链接的硬件设备、挂载根设备，然后加载必要的内核模块。完成这些操作之后启动第一个用户空间程序（init），并执行高级系统初始化工作。通过以上过程系统完成引导，等待用户登录。

9.1.3　Linux 运行级别

Linux 系统不同的运行级别可以启动不同的服务。Linux 系统共有 7 个运行级别，分别用数字 0~6 来表示，各个运行级别的定义如表 9.1 所示。

表 9.1　Linux 运行级别说明

参数	说明
0	停机，一般不推荐设置此级别
1	单用户模式
2	多用户，但是没有网络文件系统
3	完全多用户模式
4	没有用到
5	X11，一般对应图形界面接口
6	重新启动，一般不推荐设置此级别

标准的 Linux 运行级别为 3 或 5，如果是 3 的话，系统工作在多用户状态，5 级则是运行着 X Window 系统。

要查看当前用户所处的运行级别可以使用 runlevel 命令，如示例 9-2 所示。

【示例 9-2】
```
[root@rhel6 ~]# runlevel
N 3
[root@rhel6 ~]# init 5
[root@rhel6 ~]# runlevel
3 5
[root@rhel6 ~]# init 5
#系统重启，谨慎使用
[root@rhel6 ~]# init 6
```

其中 N 代表上次所处的运行级别，3 代表当前系统正运行在运行级别 3。由于系统开机就进入运行级别 3，因此上一次的运行级别没有，用 N 表示。要切换到其他运行级别，可使用 init 命令，例如现在运行在级别 3，即多用户文本登录界面，如要进入图形登录界面，则需进入级别 5，可以执行命令 "init 5"，如要重新启动系统，可以执行命令 "init 6"。

9.1.4 Linux 初始化配置脚本/etc/inittab 的解析

init 的进程号是 1，init 进程是系统所有进程的起点，Linux 在完成内核引导以后，就开始运行 init 程序。init 程序需要读取配置文件/etc/inittab。inittab 是一个不可执行的文本文件，有若干行指令所组成。文件中以 "#" 开头的行都是注释，如示例 9-3 所示。

【示例 9-3】
```
id:5:initdefault:
```

上面定义了系统启动时默认进入哪个运行级别。安装完系统后，默认级别是 5，如果要开机进入文本登录界面，将 5 改为 3 即可。

【示例 9-3】续
```
si::sysinit:/etc/rc.d/rc.sysinit
```

上面定义了系统初始化脚本为/etc/rc.d/rc.sysinit。可以查看该脚本来了解系统初始化时进行的操作，如设置主机名、加载文件系统等。

【示例 9-3】续
```
l0:0:wait:/etc/rc.d/rc 0
l1:1:wait:/etc/rc.d/rc 1
l2:2:wait:/etc/rc.d/rc 2
```

```
l3:3:wait:/etc/rc.d/rc 3
l4:4:wait:/etc/rc.d/rc 4
l5:5:wait:/etc/rc.d/rc 5
l6:6:wait:/etc/rc.d/rc 6
```

上面定义了各运行级别对应的启动脚本，"l3:3:wait:/etc/rc.d/rc 3"表示当进入运行级别 3 时执行/etc/rc.d/rc，并以 3 为脚本的参数，执行该脚本的结果是系统会去执行/etc/rc.d/rc3.d/目录下的守护进程的启动或停止脚本。因此，实际上/etc/rc.d/rcN.d 目录对应了进入不同的运行级别时应该执行的服务脚本。/etc/rc.d/rc3.d 目录下的文件如示例 9-4 所示。

【示例 9-4】

```
[root@rhel6 ~]# ls -l /etc/rc3.d/
total 0
lrwxrwxrwx. 1 root root 17 Apr 11 00:47 K75ntpdate -> ../init.d/ntpdate
lrwxrwxrwx. 1 root root 18 Apr 11 00:44 S08iptables -> ../init.d/iptables
#部分结果省略
lrwxrwxrwx. 1 root root 14 Apr 11 00:51 S55sshd -> ../init.d/sshd
lrwxrwxrwx. 1 root root 15 Jun  7 21:10 S64mysql -> ../init.d/mysql
lrwxrwxrwx. 1 root root 15 Apr 11 00:47 S90crond -> ../init.d/crond
lrwxrwxrwx. 1 root root 11 Apr 11 00:44 S99local -> ../rc.local
```

以上示例中，以 K 开头表示进入该运行级后要停止的服务，以 S 开头表示进入该运行级别后要启动的服务。K 或 S 后的数值表示优先级。如上述示例中进入运行级别 3 需要启动 sshd、iptables 和 crond 服务等。按字母顺序 K 在 S 的前面，K 先被执行。软链接对应的文件为系统服务启动停止脚本，启动服务时脚本参数为 start，停止服务传入脚本的参数为 stop。

【示例 9-4】续

```
ca::ctrlaltdel:/sbin/shutdown -t3 -r now
```

上面定义了当按 3 个重启热键 Ctrl+Alt+Del 时所执行的命令。默认当按下 3 个热键后，在 3 秒钟内重新启动计算机，为避免风险可以将该行注释掉。

【示例 9-4】续

```
pf::powerfail:/sbin/shutdown -f -h +2 "Power Failure; System Shutting Down"
# If power was restored before the shutdown kicked in, cancel it.
pr:12345:powerokwait:/sbin/shutdown -c "Power Restored; Shutdown Cancelled"
```

上面两行是对 UPS 电源电量不足的处理。第一行表示如果 UPS 给系统发出电量不足的警告，系统将执行/sbin/shutdown -f -h +2 "Power Failure; System Shutting Down"操作，该命令表示系统将在两分钟内关机，并向用户发出"Power Failure; System Shutting Down"的消息。第二个有效行表示，在运行级别 12345 下，如果在关机前电源恢复了正常，则取消关机，并发出消息"Power Restored; Shutdown Cancelled"。

【示例 9-4】续
```
1:2345:respawn:/sbin/mingetty tty1
2:2345:respawn:/sbin/mingetty tty2
3:2345:respawn:/sbin/mingetty tty3
4:2345:respawn:/sbin/mingetty tty4
5:2345:respawn:/sbin/mingetty tty5
6:2345:respawn:/sbin/mingetty tty6
```

上面定义了终端，在运行级别 2345 下，Linux 系统有 6 个终端，分别是 tty1~tty6，如果想再增加一个终端，则再添加一行 7:2345:respawn:/sbin/mingetty tty7 即可。

【示例 9-4】续
```
x:5:respawn:/etc/X11/prefdm -nodaemon
```

该行指明了在运行级别 5 下的登录界面程序。

9.1.5 Linux 启动服务的控制

在 Linux 系统中，服务的初始化脚本一般都存储在/etc/rc.d/init.d 符号链接为/etc/init.d 目录中，通常用 start 参数来启动服务，用 stop 参数来停止服务，如示例 9-5 所示。

【示例 9-5】
```
[root@rhel6 ~]# /etc/init.d/nfs start
[root@rhel6 ~]# /etc/init.d/nfs stop
```

在 Linux 系统中，一般可以使用 chkconfig 命令来查看各个服务在各运行级别的情况，示例 9-6 是执行命令 chkconfig 后部分服务的输出结果。

【示例 9-6】
```
[root@rhel6 ~]# chkconfig --list
crond           0:off   1:off   2:on    3:on    4:on    5:on    6:off
iptables        0:off   1:off   2:on    3:on    4:on    5:on    6:off
mysql           0:off   1:off   2:off   3:on    4:off   5:on    6:off
nfs             0:off   1:off   2:off   3:off   4:off   5:off   6:off
nfslock         0:off   1:off   2:off   3:on    4:on    5:on    6:off
ntpd            0:off   1:off   2:off   3:off   4:off   5:off   6:off
ntpdate         0:off   1:off   2:off   3:off   4:off   5:off   6:off
rpcbind         0:off   1:off   2:on    3:on    4:on    5:on    6:off
sshd            0:off   1:off   2:on    3:on    4:on    5:on    6:off
#部分结果省略
```

> 以 mysql 服务为例，输出结果表示进入运行级别 3 和 5 时，mysql 服务会启动。运行其他级别则不会启动 mysql 服务。

使用 chkconfig 可以单独查看某个服务的设置情况，如要修改某个服务在某些运行级别的状态，可以使用示例 9-7 中的命令。

【示例 9-7】

```
[root@rhel6 ~]# chkconfig --list mysql
mysql          0:off   1:off   2:off   3:on   4:off   5:on   6:off
#设置mysql 服务在1、2、4、5级别不启动
[root@rhel6 ~]# chkconfig --level 1245 mysql off
[root@rhel6 ~]# chkconfig --list mysql
mysql          0:off   1:off   2:off   3:on   4:off   5:off   6:off
```

除了系统中已经存在的服务之外，还可以手动将新的启动脚本加入系统服务中。下面以 Apache 服务为例来说明。

（1）编写启动脚本 http，内容如示例 9-8 所示。

【示例 9-8】

```
[root@rhel6 init.d]# cat -n http
     1  #!/bin/sh
     2  # @author me
     3  # chkconfig: 35 85 15
     4  # description: Apache is a World Wide Web server.
     5
     6
     7  if [ $# -gt 0 ]
     8  then
     9     sp=$1
    10  fi
    11  function startup()
    12  {
    13     /usr/local/apache2/bin/apachectl -k start
    14  }
    15
    16  function  shutdown()
    17  {
    18     /usr/local/apache2/bin/apachectl -k stop
    19  }
```

```
20
21
22  case $sp in
23  start)      startup;;
24  stop)       shutdown;;
25  restart)    shutdown;startup;;
26  *)          echo "Usage: $0 [start|stop|restart]";;
27  esac
```

以上示例用于 http 服务的启动和停止，脚本接收参数后按预定的命令执行，如传入 start 参数，则启动 httpd 服务。

（2）设置文件权限并添加到系统服务：

```
[root@rhel6 init.d]# chkconfig --add http
```

该命令用于将 http 服务添加到系统服务中。

（3）设置每个级别的启动方式，经过此步，系统会在/etc/rcN.d 目录下创建 http 文件的软链接以便系统启动时调用，如下所示：

```
[root@rhel6 init.d]# chkconfig --level 1245 http off
[root@rhel6 init.d]# chkconfig --level 3 http on
[root@rhel6 init.d]# chkconfig --list http
http            0:off   1:off   2:off   3:on    4:off   5:off   6:off
[root@rhel6 init.d]# ls -l /etc/rc3.d/|grep http
lrwxrwxrwx. 1 root root 14 Jun 12 08:08 S85http -> ../init.d/http
```

（4）测试 http 服务。

```
[root@rhel6 init.d]# service http start
httpd: Could not reliably determine the server's fully qualified domain name, using 127.0.0.1 for ServerName
[root@rhel6 init.d]# service http stop
```

系统服务已经添加完成，可以直接使用"service http start|stop"控制 Apache 服务的启动与停止。

9.2 Linux 进程管理

进程是系统分配资源的基本单位，当程序执行后，进程便会产生。本节主要介绍进程管理的相关知识。

9.2.1 进程的概念

程序是为了完成某种任务而设计的软件,比如 Apache 相关的二进制文件是程序,而进程就是运行中的程序。一个运行着的程序,可能有多个进程,比如当管理员启动 Apache 服务器后,随着访问量的增加会派生不同的进程以便处理请求。

1. 进程分类

进程一般分为交互进程、批处理进程和守护进程 3 类。

守护进程一般在后台运行,可以由系统在开机时通过脚本自动激活启动或由超级管理用户 root 来启动;也可以通过命令将要启动的程序放到后台执行。

由于守护进程是一直运行着的,一般所处的状态是等待请求处理任务,例如不管是否有人访问 www.linux.com,该服务器上的 httpd 服务都在运行。

2. 进程的属性

系统在管理进程时,按照进程的如下属性来进行管理。

- 进程 ID(PID):是唯一的数值,用来区分进程。
- 父进程和父进程的 ID(PPID)。
- 启动进程的用户 ID(UID)和所归属的组(GID)。
- 进程状态:状态分为运行 R、休眠 S、僵尸 Z。
- 进程执行的优先级;进程所连接的终端名。
- 进程资源占用:比如占用资源大小(内存、CPU 占用量)。

3. 父进程和子进程

两者的关系是管理和被管理的关系,当父进程终止时,子进程也随之而终止。但子进程终止,父进程并不一定终止,比如 httpd 服务器运行时,子进程如果被杀掉,父进程并不会因为子进程的终止而终止。在进程管理中,如果某一进程占用资源过多,或无法控制某一进程时,该进程应该被杀死,以保护系统的稳定安全运行。

9.2.2 进程管理工具与常用命令

进程管理工具主要进行进程的启动、监视和结束,要监视系统的运行并查看系统的进程状态,可以使用 ps、top、tree 等工具。本节主要介绍一些进程管理常用的管理工具和命令。

1. 进程监视 ps

ps 提供了对进程的一次性查看,所提供的查看结果并不是动态连续的;如果想监视进程的实时变化,可以使用 top 命令。ps 命令支持丰富的参数,其常用的参数如表 9.2 所示。

表9.2 ps 命令常用参数说明

参数	说明
l	长格式输出
u	按用户名和启动时间的顺序来显示进程
j	用任务格式来显示进程
f	用树形格式来显示进程
a	显示所有用户的所有进程（包括其他用户）
x	显示无控制终端的进程
r	显示运行中的进程
w	避免详细参数被截断
f	列出进程全部相关信息，通常和其他选项联用

如果要按照用户名和启动时间顺序显示进程并且要显示所有用户的进程和后台进程，可以执行 ps aux，使用方式如示例 9-9 所示。

【示例 9-9】
```
[root@rhel6 ~]# ps aux|head
USER       PID %CPU %MEM    VSZ   RSS TTY      STAT START   TIME COMMAND
root         1  0.0  0.1  19356  1508 ?        Ss   Jun11   0:03 /sbin/init
root         2  0.0  0.0      0     0 ?        S    Jun11   0:00 [kthreadd]
root         3  0.0  0.0      0     0 ?        S    Jun11   0:00 [migration/0]
root         4  0.0  0.0      0     0 ?        S    Jun11   0:00 [ksoftirqd/0]
[root@rhel6 ~]# ps -ef|head
UID        PID  PPID  C STIME TTY          TIME CMD
root         1     0  0 Jun11 ?        00:00:03 /sbin/init
#和管道结合使用
[root@rhel6 ~]# ps -ef|grep httpd|head
root      6051     1 53 00:50 ?        00:00:03 /usr/local/apache2/bin/httpd -k start
root      6056  6051  0 00:50 ?        00:00:00 /usr/local/apache2/bin/httpd -k start
```

第一行结果中，每列的含义如表 9.3 所示。

表9.3 ps 命令常用参数说明

参数	说明
USER	表示启动进程的用户
PID	进程的序号
%CPU	进程占用的 CPU 百分比
%MEM	进程使用的物理内存百分比
VSZ	进程使用的虚拟内存总量，单位为 KB，有的发行版此参数为 VIRT
RSS	进程使用的、未被换出的物理内存大小，单位为 KB，有的发行版此参数为 RES
TTY	终端 ID
STAT	进程状态
START	启动进程的时间
TIME	进程消耗 CPU 的时间
COMMAND	启动命令的名称和参数

其中 STAT 表示进程，如进程终止、死掉或成为僵尸进程，进程常见状态说明如表 9.4 所示。

表 9.4 进程常见状态说明

参数	说明
D	不能被中断的进程
R	正在运行中在队列中可过行的
S	处于休眠状态
T	停止或被追踪
W	进入内存交换，从内核 2.6 开始无效
X	死掉的进程
Z	僵尸进程
<	优先级较高的进程
N	优先级较低的进程
L	有些页被锁进内存
S	进程的领导者，该进程有子进程
L	多线程的宿主
+	位于后台的进程组

2．系统状态监视命令 top

使用 ps 命令只能看到某时刻的进程状态，如果要监视系统的实时状态，可以使用 top 命令，top 命令的输出结果如示例 9-10 所示。

【示例 9-10】

```
[root@rhel6 ~]# top
top - 00:53:22 up 1:43, 10 users, load average: 0.02, 0.03, 0.00
Tasks: 314 total,   1 running, 312 sleeping,   0 stopped,   1 zombie
Cpu(s):  1.0%us,  1.5%sy,  0.0%ni, 96.0%id,  1.2%wa,  0.0%hi,  0.2%si,  0.0%st
Mem:   1012548k total,   871864k used,   140684k free,    20360k buffers
Swap:  2031608k total,        0k used,  2031608k free,   455456k cached
  PID USER      PR  NI  VIRT  RES  SHR S %CPU %MEM    TIME+  COMMAND
 6368 root      20   0 15160 1268  820 R  3.7  0.1   0:00.03 top
    1 root      20   0 19356 1508 1188 S  0.0  0.1   0:03.13 init
    2 root      20   0     0    0    0 S  0.0  0.0   0:00.06 kthreadd
#部分结果省略
```

上述示例包含较多的信息，主要部分说明如下。

（1）当前系统时间是 00:53:22，系统刚启动了 1 小时 43 分，目前登录到系统中的用户有 10 个。load average 后面的 3 个值分别代表：最近 1 分钟、5 分钟、15 分钟的系统负载值。此部分值可参考 CPU 的个数，如超过 CPU 个数的两倍以上说明系统高负载，需立即处理，小于 CPU 的个数表示系统负载不高，服务器处于正常状态。

(2) Tasks 部分表示：有 314 个进程在内存中，其中 1 个正在运行，312 个正在睡眠，0 个进程处于停止状态，1 个进程处于僵尸状态。

(3) CPU 部分依次表示如下。

- %us(user)：用在用户态程序上的时间。
- %sy(sys)：用在内核态程序上的时间。
- %ni(nice)：用在 nice 优先级调整过的用户态程序上的时间。
- %id(idle)：CPU 空闲时间。
- %wa(iowait)：CPU 等待系统 io 的时间。
- %hi：CPU 处理硬件中断的时间。
- %si：CPU 处理软中断的时间。
- %st(steal)：用于有虚拟 CPU 的情况，用来指示被虚拟机偷掉的 CPU 时间。

通常 idle 值可以反映一个系统 CPU 的闲忙程度。另外，如果用户态进程的 CPU 百分比持续为 95%以上，说明应用程序需要优化。

(4) Mem 部分表示：总内存、已经使用的内存、空闲的内存、用于缓存文件系统的内存。

(5) Swap 部分表示：交换空间总大小、使用的交换内存空间、空闲的交换空间、用于缓存文件内容的交换空间。

"871864k used"并不是表示应用程序实际占用的内存，应用程序实际占用内存可以使用下列公式计算：MemTotal-MemFree-Buffers-Cached。对应本示例为 1012548-140684-20360-455456=396048KB，应用程序实际占用的内存为 396048KB。

默认情况下，top 命令每隔 5 秒钟刷新一次数据。top 命令常用的参数如表 9.5 所示，更多参数信息可以参考系统帮助。

表9.5 加命令常用参数说明

参数	说明
-b	以批量模式运行，但不能接受命令行输入
-c	显示命令完整启动方式，而不仅仅是命令名
-d N	设置两次刷新之间的时间间隔
-i	禁止显示空闲进程或僵尸进程
-n NUM	显示更新次数，然后退出
-p PID	仅监视指定进程的 ID
-u	只显示指定用户的进程信息
-s	安全模式运行，禁用一些交互指令
-S	累积模式，输出每个进程的总的 CPU 时间，包括已死的子进程

以上为终端执行 top 命令可以接收的参数，使用方法如示例 9-11 所示。

【示例 9-11】

```
#显式一次结果即退出
[root@rhel6 ~]# top -n 1
top - 03:19:25 up 4:10,  2 users,  load average: 3.00, 2.59, 1.43
Tasks: 167 total,   4 running, 163 sleeping,   0 stopped,   0 zombie
Cpu(s):  2.1%us,  2.4%sy,  0.0%ni, 94.8%id,  0.5%wa,  0.0%hi,  0.1%si,  0.0%st
Mem:   1012548k total,   846188k used,   166360k free,    43176k buffers
Swap:  2031608k total,        0k used,  2031608k free,   473472k cached
#部分结果省略
#显示某一进程当前的状态
[root@rhel6 ~]#
[root@rhel6 ~]# top -p     6051
#部分结果省略
 6051 root      20   0 92064 4336 2568 S  0.0  0.4   0:04.56 httpd
#显示某一用户的进程信息
[root@rhel6 ~]# top -u admin
#部分结果省略
 6351 admin     20   0 92200 2584  776 S  0.0  0.3   0:00.10 httpd
 6352 admin     20   0 92200 2580  772 S  0.0  0.3   0:00.00 httpd
```

top 在运行时可以接收一定的命令参数，比如按某列排序、查看某一用户的进程等，可以方便用户的调试，常见的命令参数如表 9.6 所示。

表 9.6　常见的可接收命令参数

参数	说明
空格	立即更新当前状态
c	显示整个命令，包含启动参数
f,F	增加显示字段，或删除显示字段
H	显示有关安全模式及累积模式的帮助信息
k	提示输入要杀死的进程 ID，用来杀死指定进程，默认信号为 15
l	切换到显法负载平均值和正常运行的时间等信息
m	切换到内存信息，并以内存占用大小排序
n	输入后将显示指定数量的进程数量
o,O	改变显示字段的顺序
r	更改进程优先级
s	改变两次刷新时间间隔，以秒为单位
t	切换到显示进程和 CPU 状态的信息
A	按进程生命大小进行排序，最新进程显示在最前
M	按内存占用大小排序，由大到小
N	以进程 ID 大小排序，由大到小
P	按 CPU 占用情况排序，由大到小
S	切换到累积时间模式
T	按时间/累积时间对任务排序
W	把当前的配置写到~/.toprc 中
q	要退出 top 程序

3．进程的启动

Linux 的进程分为前台进程和后台进程，前台进程会占用终端窗口，而后台进程不会占用终端窗口。要启动一个前台进程，只需要在命令行输入启动进程的命令即可，要让一个程序在后台运行，只需要在启动进程时，在命令后加上"&"符号即可，如下所示：

```
[root@rhel6 ~]# ps -ef
[root@rhel6 ~]# ps -ef &
```

进程可以在前后台之间进行切换，要将一个前台进程切换到后到执行，可首先按 Ctrl+Z 键，让正在前台执行的进程暂停，然后用 jobs 获取当前的后台作业号，通过命令"bg 作业号"将进程放入后台执行，如示例 9-12 所示。

【示例 9-12】

```
[root@rhel6 ~]# jobs
[1]   Stopped                 top
[2]-  Stopped                 top
[3]+  Stopped                 top
#输入 bg [作业号] 让进程在后台执行
[root@rhel6 ~]# bg 3
[3]+ top &
```

如要将一个进程从后台调到前台执行，可以使用以下的方法。

【示例 9-13】

```
#用 jobs 获取当前的后台作业号：
[root@rhel6 ~]# jobs
[1] Stopped top
[2]+ Stopped top
[3]- Stopped vim
#使用 fg [作业号] 命令使作业到前台执行：
[root@rhel6 ~]# fg 3
```

4．进程终止 kill 或 killall

如要终止一个进程或终止一个正在运行的程序，可以通过 kill 或 killall 完成。如进程挂死或系统负载较高时需要杀死异常的进程。需要注意的是，使用这些工具在强行终止正在运行的程序尤其是数据库程序时，会使程序来不及完成正常的工作，可能会引起数据丢失。kill 的用法为：kill ［信号代码］ 进程 ID。信号代码可以省略；常用的信号代码是-9，表示强制终止。kill 一般和 ps 命令结合使用，如示例 9-14 所示。

【示例 9-14】

```
[root@rhel6 ~]# ps -ef|pgrep -l top
```

```
    25355 top
    25370 top
    25440 top
#按进程号杀死进程
[root@rhel6 ~]# kill -9 25355
[1]   Killed                  top
#杀死同名的一批进程
[root@rhel6 ~]# killall -9 top
[2]-  Killed                  top
[3]+  Killed                  top
```

如果进程存在父进程，且直接杀死父进程，则子进程会一起被杀死，如果只杀死子进程，则父进程会仍然运行，如示例 9-14 所示。

【示例9-14】续

```
[root@rhel6 ~]# ps -ef|grep httpd
root       6051     1  0 00:50 ?        00:00:05 /usr/local/apache2/bin/httpd -k start
root       6351  6051  0 00:50 ?        00:00:00 /usr/local/apache2/bin/httpd -k start
root       6352  6051  0 00:50 ?        00:00:00 /usr/local/apache2/bin/httpd -k start
root       6353  6051  0 00:50 ?        00:00:00 /usr/local/apache2/bin/httpd -k start
root      26974  8676  0 05:29 pts/0    00:00:00 grep httpd
[root@rhel6 ~]# kill 6351
#子进程被杀死，其他子进程和父进程并不受影响
[root@rhel6 ~]# ps -ef|grep httpd
root       6051     1  0 00:50 ?        00:00:05 /usr/local/apache2/bin/httpd -k start
root       6352  6051  0 00:50 ?        00:00:00 /usr/local/apache2/bin/httpd -k start
root       6353  6051  0 00:50 ?        00:00:00 /usr/local/apache2/bin/httpd -k start
root      27031  8676  0 05:29 pts/0    00:00:00 grep httpd
#父进程被杀死则子进程一起终止
[root@rhel6 ~]# kill  6051
[root@rhel6 ~]# ps -ef|grep httpd
```

5．进程的优先级

在 Linux 操作系统中，各个进程都使用资源，比如 CPU 和内存是竞争的关系，这个竞争关系可通过一个数值人为地改变，如进程优先级较高，可以分配更多的时间片。优先级通过数字确认，负值或 0 表示高优先级，拥有优先占用系统资源的权利。优先级的数值为-20~19，对应的命令为 nice 和 renice。

nice 可以在创建进程时指定进程的优先级，进程优先级的值是父进程 Shell 优先级的值与所指定优先级的相加和，因此使用 nice 设置程序的优先级时，所指定数值是一个增量，并不是优先级的绝对值。

在启动一个进程时，其默认的优先级值为 0，可以通过 nice 命令来指定程序启动时的优先级，也可以通过 renice 来改变正在执行的进程的优先级，如示例 9-15 所示。

【示例 9-15】

```
#运行httpd服务，并指定优先级增量为5，正整数表示降低优先级
[root@rhel6 ~]# nice -n 5 /usr/local/apache2/bin/apachectl -k start
#按进程号提高某个进程的优先级，值越小表示优先级越高
[root@rhel6 ~]# renice -n -15 41375
41375: old priority 5, new priority -15
```

9.3 系统管理员常见操作

系统管理员在进行系统管理时，会使用一些小技巧提高工作效率，本节就介绍这些技巧。

9.3.1 更改 Linux 的默认运行级别

发行版一般默认启动级别为图形界面，对应的优先级数值为 5，此数值可以通过以下方法改变。通过文本编辑器修改/etc/inittab 文件，找到以下代码，可更改系统启动时默认的优先级：

```
id:5:initdefault:
```

如修改成 3，修改后保存重启，系统就默认启动到字符界面，不同运行级别之间的差别的在于系统默认启动的服务不同，各个服务在各个启动级别是否启动可以使用 chkconfig 命令查看。不管在何种运行级别，用户都可用 init 命令来切换到其他运行级别。

9.3.2 更改 sshd 默认端口 22

系统安装完毕后，ssh 端口一般为 22，由于是通用定义的端口，如服务器上有外网服务开放，则可能存在风险，通过以下步骤可更改 ssh 的默认端口。

首先修改 ssh 的配置文件：

```
#修改相关配置文件的启动端口
[root@rhel6 ~]#vim /etc/ssh/sshd_config
Port 12345
#重启 sshd 服务
[root@rhel6 ~]# /etc/init.d/sshd  restart
Stopping sshd:                                          [  OK  ]
Starting sshd:                                          [  OK  ]
#端口已经更改
[root@rhel6 ~]# netstat -plnt|grep 12345
tcp        0      0 0.0.0.0:12345           0.0.0.0:*               LISTEN      50905/sshd
```

如更改端口后不能登录，可能是防火墙设置原因，可执行"iptables -F"清除防火墙设置后重新登录/etc/init.d/iptables restart 重新启动防火墙的访问规则。

为防止在修改配置的过程中出现掉线、断网、误操作等未知情况，导致机器不能登录，可以同时指定监听两个端口，还能通过另外一个端口连接上去调试。

9.3.3 查看某一个用户的所有进程

如需查看某个用户的所有进程，可使用两种方法。一种是通过管道用 grep 命令查找，另外一种是使用 ps 命令提供的功能，如下所示：

```
#第1种方法，通过管道查找
[root@rhel6 ~]#  ps -ef|grep userA
#第2种方法，通过 ps 命令提供的参数
[root@rhel6 ~]# ps -f -ugoss
UID        PID  PPID  C STIME TTY          TIME CMD
goss     41734 41375  0 05:50 ?        00:00:00 /usr/local/apache2/bin/httpd -k start
goss     41736 41375  0 05:50 ?        00:00:00 /usr/local/apache2/bin/httpd -k start
```

9.3.4 确定占用内存比较高的程序

机器内存的占用情况可以通过 top 命令查看，通过对比 swap 内存空间的占用大小确认系统是否正常，如 swap 内存占用较高，此时需要进行优化，首先需要确认占用内存较高的业务进程，方法如下所示。

```
#输入 top 命令后按 F 键，然后选择 n: %MEM         = Memory usage (RES)，可通过按字符 n
```

```
#经过此步操作后进程会按占用内存的百分比排序,结果如下
#部分结果省略

 PID USER      PR  NI  VIRT  RES  SHR S %CPU %MEM   TIME+  COMMAND
1962 root      20   0  162m  39m 7416 S  0.0  3.9  0:25.76  Xorg
4213 root      20   0  178m  21m 4400 S  0.0  2.1  0:04.63  gnome--screensav
4338 root      20   0 45228  20m  500 S  0.0  2.1  0:00.12  restorecond
4133 root      20   0  219m  18m 9028 S  0.0  1.9  0:02.25  python
```

9.3.5 终止进程

如要终止一个进程或终止一个正在运行的程序,可以通过 kill 或 killall 来完成。如进程挂死,或系统负载较高时需要杀死异常的进程。需要注意使用这些工具在如强行终止正在运行的程序尤其是数据库程序,会使程序来不及完成正常的工作,数据库可能会引起数据丢失。常用的信号如下所示。

```
#举例
[root@rhel6 ~]# ps -ef|grep vim
root      49361  1336  0 Aug05 tty1     00:00:00 vim /etc/resolv.conf
#如需杀死进程,可以直接执行 kill
#按进程号杀死进程
[root@rhel6 ~]# kill   49361
#按进程名杀死进程
[root@rhel6 ~]# killall  vim
#如需强制终止程序,可以直接执行 kill -9 或 killall -9
[root@rhel6 ~]# killall  -9  vim
[root@rhel6 ~]# kill  -9 49361
```

其中 SIGKILL 和 SIGSTOP 信号不能被捕捉或忽略,其他信号可以,以上两个命令信号默认 15。

9.3.6 终止属于某一个用户的所有进程

如要终止某一个用户的全部进程,可使用如下的命令:

```
[root@rhel6 Packages]#  killall -u userA
```

9.3.7 根据端口号查找对应进程

如果需要根据端口号查找对应进程,可以使用 losf 命令,关于 lsof 的更多信息可查看系统帮

助。

```
[root@rhel6 ~]# lsof -i:12345
COMMAND    PID USER    FD   TYPE DEVICE SIZE/OFF NODE NAME
sshd     50378 root    3r   IPv4 7561673      0t0  TCP
192.168.3.100:italk->192.168.3.1:kana (ESTABLISHED)
#使用管道查找
[root@rhel6 Packages]# # lsof|grep 12345
rsync    19186        userA    4u   IPv4     3169031       TCP
192.168.92.100:12345 (LISTEN)
```

9.4 范例——进程监控

本节主要通过 rysnc 进程的监控演示进程管理的相关知识，主要代码如示例 9-16 所示。

【示例 9-16】

```
[root@rhel6 ~]# cat -n rsyncMon.sh
    1  #!/bin/bash
    2
    3  function LOG()
    4  {
    5          echo "["$(/bin/date +%Y-%m-%d" "%H:%M:%S -d "0 days ago")"]" "$1"
    6  }
    7
    8  function setENV()
    9  {
   10          export LOCAL_IP=`/sbin/ifconfig |grep -a1 eth0 |grep inet |awk '{print $2}' |awk -F ":" '{print $2}' |head -1`
   11  }
   12
   13  function sendmsg()
   14  {
   15          LOG "send alarm to me:$1 $2"
   16  }
   17
   18  function process()
   19  {
```

```
    20
    21      #rsync
    22      threadcount=`ps axu|grep "\brsync\b"|grep -v grep|grep -v bash|grep
12345|wc -l`
    23
    24      if [ $threadcount -lt 1 ]
    25      then
    26          LOG "rsync is not exists , restart it!"
    27              rsync --daemon --address=$LOCAL_IP --config=/etc/rsyncd.conf
--port=12345 &
    28          sendmsg tome  "rsync_restart_now_${LOCAL_IP}"
    29      else
    30          LOG "rsync normal"
    31      fi
    32  }
    33
    34  function main()
    35  {
    36      setENV
    37      process
    38  }
    39
    40  LOG "check rsync start"
    41  main
    42  LOG "check rsync end"
[root@rhel6 ~]# !kill
killall -9 rsync
[root@rhel6 ~]# sh rsyncMon.sh
[2014-03-24 11:55:54] check rsync start
[2014-03-24 11:55:54] rsync is not exists , restart it!
[2014-03-24 11:55:54] send alarm to me:tome rsync_restart_now_192.168.19.102
[2014-03-24 11:55:54] check rsync end
[root@rhel6 ~]# sh rsyncMon.sh
[2014-03-24 11:56:00] check rsync start
[2014-03-24 11:56:00] rsync normal
[2014-03-24 11:56:00] check rsync end
```

如系统中不存在rsync，可以使用以下方法安装，如示例9-17所示。

【示例 9-17】

```
[root@rhel6 Packages]# pwd
/cdrom/Packages
[root@rhel6 Packages]# rpm -ivh rsync-3.0.6-9.el6.x86_64.rpm
Preparing...              ########################################### [100%]
   1:rsync                ########################################### [100%]
```

9.5 小结

Linux 和 Windows 一样，也支持多个操作系统并存的情况，这主要通过 GRUB 管理器实现。本章重点讲解了 Linux 的启动过程，作为系统管理员，如果连 Linux 的启动过程都不清楚，可能会贻笑大方，还介绍了进程，读者应该了解什么是进程以及如何查看进程、监控进程和终止进程。

9.6 习题

一、填空题

1. Linux 系统共有_____个运行级别，分别用数字_____来表示。

2. 标准的 Linux 运行级为 3 或 5，如果是 3 的话，则系统工作在_____状态。5 级则是运行着_____系统。

3. 进程一般分为_____、_____和_____3 类。

二、选择题

关于进程描述错误的是（　　）。

A　进程是系统分配资源的基本单位，当程序执行后，进程便会产生。
B　当父进程终止时，子进程也随之而终止。
C　要监视系统的运行并查看系统的进程状态，可以使用 ps、top、tree 等工具。
D　一个运行着的程序只可能有一个进程。

第 10 章

◀ Linux网络管理 ▶

> Linux 系统在服务器市场占有很大的份额，尤其在互联网时代，要使用计算机就离不开网络。本章将讲解 Linux 系统的网络配置。在开始配置网络之前，需要了解一些基本的网络原理。

本章涉及的主要知识点有：

- 网络管理协议
- 常用的网络管理命令
- Linux 的网络配置方法
- Linux 内核防火墙的工作原理
- 高级网络管理工具
- 动态主机配置协议 DHCP
- 域名系统 DNS

本章最后两个示例演示了如何监控 Linux 系统中的网卡流量和如何使用防火墙阻止异常请求。

10.1 网络管理协议

要了解 Linux 的配置，首先需要了解相关的网络管理，本节主要介绍和网络配置密切相关的 TCP/IP 协议、UDP 协议和 ICMP 协议。

10.1.1 TCP/IP 协议简介

计算机网络是由地理上分散的、具有独立功能的多台计算机，通过通信设备和线路互相连接起来，在配有相应的网络软件的情况下，实现计算机之间通信和资源共享的系统。计算机网络按其所跨越的地理范围可分为局域网 LAN（Local Area Network）和广域网 WAN（Wide Area Network）。在整个计算机网络通信中，使用最为广泛的通信协议便是 TCP/IP 协议，它是网络互联事实上的标准协议，每个接入互联网的计算机如果进行信息传输必然使用该协议。TCP/IP 协议主要包含传输控制协议（Transmission Control Protocol，TCP）和网际协议（Internet Protocol，IP）。

1．OSI 参考模型

计算机网络可实现计算机之间的通信，任何双方要成功地进行通信，必须遵守一定的信息交换规则和约定，在所有的网络中，每一层的目的都是向上一层提供一定的服务，同时利用下一层所提供的功能。TCP/IP 协议体系在和 OSI 协议体系的竞争中取得了决定性的胜利，得到了广泛的认可，成为了事实上的网络协议体系标准。Linux 系统也是采用 TCP/IP 体系结构进行网络通信。TCP/IP 协议体系和 OSI 参考模型一样，也是一种分层结构，由基于硬件层次上的 4 个概念性层次构成，即网络接口层、互联网层、传输层和应用层。OSI 参考模型与 TCP/IP 对比如图 10.1 所示。

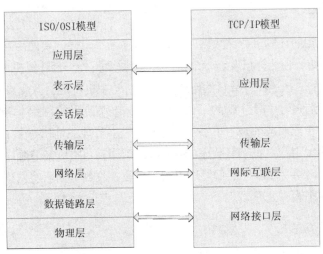

图 10.1　OSI 参考模型与 TCP/IP 协议对比

网络接口层主要为上层提供服务，完成链路控制等功能，网际互联层主要解决主机到主机之间的通信问题，其主要协议有：网际协议（IP）、地址解析协议（ARP）、反向地址解析协议（RARP）和互联网控制报文协议（ICMP）。传输层为应用层提供端到端的通信功能，同时提供流量控制，确保数据完整和正确。TCP 协议位于该层，提供一种可靠的、面向连接的数据传输服务；于此对应的是 UDP 协议，提供不可靠的、无连接的数据报传输服务。应用层对应于 OSI 参考模型中的上面 3 层，为用户提供所需要的各种应用服务，如 FTP、Telnet、DNS、SMTP 等。

TCP/IP 协议体系及其实现中有很多概念和术语，为方便理解，本节集中介绍一些最常用的概念与术语。

2．包 (packet)

包（packet）是网络上传输的数据片段，也称分组，同时称为 IP 数据报。用户数据按照规定划分为大小适中的若干组，每个组加上包头构成一个包，这个过程称为封装。网络上使用包为单位传输。包是一种统称，在不同的层次，包有不同的名字，如 TCP/IP 称作帧，而 IP 层称为 IP 数据报，TCP 层称为 TCP 报文等。图 10.2 是 IP 数据报格式。

0	4	8	16	20	31
版本	长度	服务类型	总长度		
标识			标志	分片位移	
时间		协议	包头校验和		
源IP地址					
目的IP地址					
选项				填充	
数据					
其他					

图 10.2　IP 数据报格式

3．网络字节顺序

由于不同体系结构的计算机存储数据的格式和顺序都不一样，要使用互联网互联必须定义一个数据的表示标准。如一台计算机发送一个 32 位的整数至另外一台计算机，由于机器上存储整数的字节顺序可能不一样，按照源计算机的格式发送到目的主机可能会改变数字的值。TCP/IP 协议定义了一种所有机器在互联网分组的二进制字段中必须使用的网络标准字节顺序（network standard byte order），于此对应的是主机字节顺序，主机字节顺序是和各个主机密切相关的。传输时需要遵循以下转换规则：主机字节顺序-->-网络字节顺序-->主机字节顺序。即发送方将主机字节顺序的整数转换为网络字节顺序然后发送出去，接收方收到数据后将网络字节顺序的整数转换为自己的主机字节顺序然后处理。

4．地址解析协议 ARP

TCP/IP 网络使用 IP 地址寻址，IP 包在 IP 层实现路由选择。但是 IP 包在数据链路层的传输却需要知道设备的物理地址，因此需要一种 IP 地址到物理地址的转换协议。TCP/IP 协议栈使用一种动态绑定技术，来实现一种维护起来既高效又容易的机制，这就是地址解析协议 ARP。

ARP 协议是在以太网这种有广播能力的网络中解决地址转换问题的方法。这种办法允许在不重新编译代码、不需维护一个集中式数据库的情况下，在网络中动态增加新机器。其原理简单描述为：当主机 A 想转换某一 IP 地址时，通过向网络中广播一个专门的报文分组，要求具有该 IP 地址机以其物理地址做出应答，当所有主机都收到这个请求，但是只有符合条件的主机才辨认该 IP 地址，同时发回一个应答，应答中包含其物理地址，主机 A 收到应答时便知道该 IP 地址对应的物理硬件地址，并使用这个地址直接把数据分组发送出去。

10.1.2　UDP 与 ICMP 协议简介

UDP（User Datagram Protocol）是一种无连接的传输层协议，主要用于不要求分组顺序到达的传输，分组传输顺序的检查与排序由应用层完成，提供面向事务的简单不可靠信息传送服务。由于其不提供数据包分组、组装和不能对数据包进行排序的缺点，当报文发送之后，是无法得知其是否安全完整到达的，同时流量不易控制，如果网络质量较差，则 UDP 协议数据包丢失会比较严重。但 UDP 协议具有资源消耗小、处理速度快的优点。

ICMP 是 Internet Control Message Protocol（Internet 控制报文协议）的缩写。它属于 TCP/IP 协议族的一个子协议，用于在 IP 主机、路由器之间传递控制消息。控制消息是指网络通不通、主机是否可达、路由是否可用等网络本身的消息。如经常使用的用于检查网络通不通的 ping 命令，ping 的过程实际上就是 ICMP 协议工作的过程。ICMP 唯一的功能是报告问题而不是纠正错误，纠正错误的任务由发送方完成。

10.2 网络管理命令

在进行网络配置之前首先需要了解网络管理命令的用法，本节主要介绍网络管理中常用的命令。

10.2.1 检查网络是否通畅或网络连接速度 ping

ping 命令常常用来测试目标主机或域名是否可达，通过发送 ICMP 数据包到网络主机，显示响应情况，并根据输出信息来确定目标主机或域名是否可达。ping 的结果通常情况下是可信的，由于有些服务器可以设置禁止 ping，从而使 ping 的结果并不是完全可信。ping 命令常用的参数说明如表 10.1 所示。

表 10.1　ping 命令常用参数说明

参数	说明
-d	使用 Socket 的 SO_DEBUG 功能
-f	极限检测。大量且快速地传送网络封包给一台机器，看其回应
-n	只输出数值
-q	不显示任何传送封包的信息，只显示最后的结果
-r	忽略普通的 Routing Table，直接将数据包发送到远端主机上
-R	记录路由过程
-v	详细显示指令的执行过程
-c	在发送指定数目的包后停止
-i	设定间隔几秒发送一个网络封包给一台机器，预设值是一秒发送一次
-I	使用指定的网络界面送出数据包
-l	设置在送出要求信息之前，先行发出的数据包
-p	设置填满数据包的范本样式
-s	指定发送的数据字节数
-t	设置存活数值 TTL 的大小

Linux 下 ping 命令不会自动终止，需要按 Ctrl+C 键终止或用参数-c 指定要求完成的回应次数。ping 命令常见的用法如示例 10-1 所示。

【示例 10-1】

```
#目的地址可以 ping 通
[root@rhel6 ~]# ping 192.168.3.100
PING 192.168.3.100 (192.168.3.100) 56(84) bytes of data.
64 bytes from 192.168.3.100: icmp_seq=1 ttl=64 time=0.742 ms
64 bytes from 192.168.3.100: icmp_seq=2 ttl=64 time=0.046 ms

--- 192.168.3.100 ping statistics ---
2 packets transmitted, 2 received, 0% packet loss, time 1993ms
rtt min/avg/max/mdev = 0.046/0.394/0.742/0.348 ms
#目的地址 ping 不通的情况
[root@rhel6 ~]# ping 192.168.3.102
PING 192.168.3.102 (192.168.3.102) 56(84) bytes of data.
From 192.168.3.100 icmp_seq=1 Destination Host Unreachable
From 192.168.3.100 icmp_seq=2 Destination Host Unreachable
From 192.168.3.100 icmp_seq=3 Destination Host Unreachable
^C
--- 192.168.3.102 ping statistics ---
4 packets transmitted, 0 received, +3 errors, 100% packet loss, time 3373ms
#ping 指定次数
[root@rhel6 ~]# ping -c 1 192.168.3.100
PING 192.168.3.100 (192.168.3.100) 56(84) bytes of data.
64 bytes from 192.168.3.100: icmp_seq=1 ttl=64 time=0.235 ms

--- 192.168.3.100 ping statistics ---
1 packets transmitted, 1 received, 0% packet loss, time 0ms
rtt min/avg/max/mdev = 0.235/0.235/0.235/0.000 ms
#指定时间间隔和次数限制的 ping
[root@rhel6 ~]# ping -c 3 -i 0.01 192.168.3.100
PING 192.168.3.100 (192.168.3.100) 56(84) bytes of data.
64 bytes from 192.168.3.100: icmp_seq=1 ttl=64 time=0.247 ms
64 bytes from 192.168.3.100: icmp_seq=2 ttl=64 time=0.030 ms
64 bytes from 192.168.3.100: icmp_seq=3 ttl=64 time=0.026 ms

--- 192.168.3.100 ping statistics ---
3 packets transmitted, 3 received, 0% packet loss, time 20ms
rtt min/avg/max/mdev = 0.026/0.101/0.247/0.103 ms
#ping 外网域名
[root@rhel6 ~]# ping  -c 2 www.php.net
```

```
PING www.php.net (69.147.83.199) 56(84) bytes of data.
64 bytes from www.php.net (69.147.83.199): icmp_seq=1 ttl=50 time=212 ms
64 bytes from www.php.net (69.147.83.199): icmp_seq=2 ttl=50 time=212 ms

--- www.php.net ping statistics ---
2 packets transmitted, 2 received, 0% packet loss, time 1001ms
rtt min/avg/max/mdev = 210.856/210.885/210.914/0.029 ms
```

除以上示例之外，ping 的各个参数还可以结合使用，读者可上机加以练习。

10.2.2 配置网络或显示当前网络接口状态 ifconfig

ifconfig 命令可以用于查看、配置、启用或禁用指定网络接口，如配置网卡的 IP 地址、掩码、广播地址、网关等，Windows 中类似的命令为 ipconfig。语法如下：

```
#ifconfig interface [[-net -host] address [parameters]]
```

其中 interface 是网络接口名，address 是分配给指定接口的主机名或 IP 地址。-net 和-host 参数分别告诉 ifconfig 将这个地址作为网络号或是主机地址。Linux 下的网卡命名规律为：第 1 块网卡为 eth0，第 2 块网卡为 eth1，以此类推。lo 为本地环回接口，IP 地址固定为 127.0.0.1，子网掩码 8 位，表示本机。ifconfig 常见使用方法如示例 10-2 所示。

【示例 10-2】

```
#查看网卡基本信息
[root@rhel6 ~]# ifconfig
eth0      Link encap:Ethernet  HWaddr 00:0C:29:7F:08:9D
          inet addr:192.168.3.100  Bcast:192.168.3.255  Mask:255.255.255.0
          inet6 addr: fe80::20c:29ff:fe7f:89d/64 Scope:Link
          UP BROADCAST RUNNING MULTICAST  MTU:1500  Metric:1
          RX packets:18233 errors:0 dropped:0 overruns:0 frame:0
          TX packets:18233 errors:0 dropped:0 overruns:0 carrier:0
          collisions:0 txqueuelen:1000
          RX bytes:1582899 (1.5 MiB)  TX bytes:9271561 (8.8 MiB)

lo        Link encap:Local Loopback
          inet addr:127.0.0.1  Mask:255.0.0.0
          inet6 addr: ::1/128 Scope:Host
          UP LOOPBACK RUNNING  MTU:16436  Metric:1
          RX packets:8466 errors:0 dropped:0 overruns:0 frame:0
          TX packets:8466 errors:0 dropped:0 overruns:0 carrier:0
```

```
            collisions:0 txqueuelen:0
            RX bytes:722934 (705.9 KiB)   TX bytes:722934 (705.9 KiB)#
#命令后面可接网络接口，用于查看指定网络接口的信息
[root@rhel6 ~]# ifconfig eth0
eth0      Link encap:Ethernet  HWaddr 00:0C:29:7F:08:9D
          inet addr:192.168.3.100  Bcast:192.168.3.255  Mask:255.255.255.0
          inet6 addr: fe80::20c:29ff:fe7f:89d/64 Scope:Link
          UP BROADCAST RUNNING MULTICAST  MTU:1500  Metric:1
          RX packets:18249 errors:0 dropped:0 overruns:0 frame:0
          TX packets:18245 errors:0 dropped:0 overruns:0 carrier:0
          collisions:0 txqueuelen:1000
          RX bytes:1584319 (1.5 MiB)  TX bytes:9273657 (8.8 MiB)
```

说明如下。

- 第 1 行：Ethernet（以太网）表示连接类型，HWaddr 为网卡的 MAC 地址。
- 第 2 行：依次为网卡 IP、广播地址、子网掩码。
- 第 3 行：IPv6 地址设置。
- 第 4 行：UP 表示此网络接口为启用状态，RUNNING 表示网卡设备已连接，MULTICAST 表示支持组播，MTU 为数据包最大传输单元。
- 第 5 行：接收数据包情况统计，如接收包的数量、丢包量、错误等。
- 第 6 行：发送数据包情况统计，如发送包的数量、丢包量、错误等。
- 第 7 行：接收、发送数据字节数统计信息。

设置 IP 地址可使用以下命令：

```
#设置网卡 IP 地址
[root@rhel6 ~]# ifconfig eth0:5 192.168.3.105 netmask 255.255.255.0 up
```

设置完后使用 ifconifg 命令查看，可以看到两个网卡信息，即 eth0 和 eth0:5。如继续设置其他 IP，可以使用类似的方法，如示例 10-3 所示。

【示例 10-3】

```
#更改网卡的 MAC 地址
[root@rhel6 ~]# ifconfig eth0:5  hw ether 00:0C:29:7F:08:9E
[root@rhel6 ~]# ifconfig eth0:5 |grep HWaddr
eth0:5    Link encap:Ethernet  HWaddr 00:0C:29:7F:08:9E
#将某个网络接口禁用
[root@rhel6 ~]# ifconfig eth0:5 192.168.3.105 netmask 255.255.255.0 up
[root@rhel6 ~]# ifconfig eth0:5  down
[root@rhel6 ~]# ifconfig
```

```
eth0      Link encap:Ethernet  HWaddr 00:0C:29:7F:08:9E
          inet addr:192.168.3.100  Bcast:192.168.3.255  Mask:255.255.255.0
          inet6 addr: fe80::20c:29ff:fe7f:89d/64 Scope:Link
          UP BROADCAST RUNNING MULTICAST  MTU:1500  Metric:1
          RX packets:18864 errors:0 dropped:0 overruns:0 frame:0
          TX packets:18733 errors:0 dropped:0 overruns:0 carrier:0
          collisions:0 txqueuelen:1000
          RX bytes:1641353 (1.5 MiB)  TX bytes:9337609 (8.9 MiB)
lo        Link encap:Local Loopback
          inet addr:127.0.0.1  Mask:255.0.0.0
          inet6 addr: ::1/128 Scope:Host
          UP LOOPBACK RUNNING  MTU:16436  Metric:1
          RX packets:8466 errors:0 dropped:0 overruns:0 frame:0
          TX packets:8466 errors:0 dropped:0 overruns:0 carrier:0
          collisions:0 txqueuelen:0
          RX bytes:722934 (705.9 KiB)  TX bytes:722934 (705.9 KiB)
```

除以上功能之外，ifconfig 还可以设置网卡的 MTU。以上设置会在重启后丢失，如需重启后依然生效，可以通过设置网络接口文件永久生效。更多使用方法可以参考系统帮助 man ifconfig。

10.2.3 显示添加或修改路由表 route

route 命令用于查看或编辑计算机的 IP 路由表。route 命令的语法如下：

```
route [-f] [-p] [command [destination] [mask netmask] [gateway] [metric][ [dev] If ]
```

参数说明如下：

- command 指定想要进行的操作，如 add、change、delete、print。
- destination 指定该路由的网络目标。
- mask netmask 指定与网络目标相关的子网掩码。
- gateway 为网关。
- metric 为路由指定一个整数成本指标，当在路由表的多个路由中进行选择时可以使用。
- dev if 为可以访问目标的网络接口指定接口索引。

route 使用方法如示例 10-4 所示。

【示例 10-4】
```
#显式所有路由表
[root@rhel6 ~]# route -n
```

```
Kernel IP routing table
Destination     Gateway         Genmask         Flags Metric Ref    Use Iface
192.168.3.0     0.0.0.0         255.255.255.0   U     1      0        0 eth0
#添加一条路由:发往192.168.60这个网段的全部要经过网关192.168.19.1
route add -net 192.168.60.0 netmask 255.255.255.0 gw 192.168.19.1
#删除一条路由,删除的时候不需网关
route del -net 192.168.60.0 netmask 255.255.255.0
```

10.2.4 复制文件至其他系统 scp

如果本地主机需要和远程主机进行数据迁移或文件传送，可以使用 ftp 或搭建 Web 服务，另外可选的方法有 scp 或 rsync。scp 可以将本地文件传送到远程主机或从远程主机拉取文件到本地，其一般语法如下所示。注意由于各个发行版不同，scp 语法也不尽相同，具体使用方法可查看系统帮助。

```
scp [-1245BCpqrv] [-c cipher] [F ssh_config] [-I identity_file] [-l limit] [-o ssh_option] [-P port] [-S program] [[user@]host1:] file1 […] [[suer@]host2:]file2
```

scp 命令执行成功返回 0，失败或有异常时返回大于 0 的值，常用参数说明参见表 10.2。

表 10.2 scp 命令常用参数说明

参数	说明
-P	指定连接远程连接端口
-q	把进度参数关掉
-r	递归地复制整个文件夹
-V	冗余模式。打印排错信息和问题定位

scp 命令的使用方法如示例 10-5 所示。

【示例 10-5】

```
#将本地文件传送至远程主机192.168.3.100的/usr路径下
[root@rhel6 ~]# scp -P 12345  cgi_mon    root@192.168.3.100:/usr
root@192.168.3.100's password:
cgi_mon
100% 6922      6.8KB/s    00:00
#拉取远程主机文件至本地路径
[root@rhel6 ~]# scp -P12345 root@192.168.3.100:/etc/hosts ./
root@192.168.3.100's password:
hosts
100%  284      0.3KB/s    00:00
#如需传送目录,可以使用参数 r
```

```
[root@rhel6 soft]# scp -r -P12345 root@192.168.3.100:/usr/local/apache2 .
root@192.168.3.100's password:
logresolve.8              100% 1407     1.4KB/s   00:00
rotatelogs.8              100% 5334     5.2KB/s   00:00
#部分结果省略
#将本地目录传送至远程主机指定目录
[root@rhel6 soft]# scp -r apache2 root@192.168.3.100:/data
root@192.168.3.100's password:
logresolve.8              100% 1407     1.4KB/s   00:00
rotatelogs.8              100% 5334     5.2KB/s   00:00
#部分结果省略
```

10.2.5 复制文件至其他系统 rsync

rsync 是 Linux 系统下常用的数据镜像备份工具，用于在不同的主机之间同步文件。除了单个文件之外，rsync 还可以镜像保存整个目录树和文件系统，可以增量同步，并保持文件原来的属性，如权限、时间戳等。Rsync 在数据传输过程中是加密的，保证了数据的安全性。rsync 命令语法如下：

```
Usage: rsync [OPTION]... SRC [SRC]... DEST
  or   rsync [OPTION]... SRC [SRC]... [USER@]HOST:DEST
  or   rsync [OPTION]... SRC [SRC]... [USER@]HOST::DEST
  or   rsync [OPTION]... SRC [SRC]... rsync://[USER@]HOST[:PORT]/DEST
  or   rsync [OPTION]... [USER@]HOST:SRC [DEST]
  or   rsync [OPTION]... [USER@]HOST::SRC [DEST]
  or   rsync [OPTION]... rsync://[USER@]HOST[:PORT]/SRC [DEST]
```

OPTION 可以指定某些选项，如压缩传输、是否递归传输等，SRC 为本地目录或文件，USER 和 HOST 表示可以登录远程服务的用户名和主机，DEST 表示远程路径。rsync 常用参数如表 10.3 所示，由于参数众多，这里只列出某些有代表性的参数。

表 10.3 rsync 命令常用参数说明

参数	说明
-v	详细输出模式
-q	精简输出模式
-c	打开校验开关，强制对文件传输进行校验
-a	归档模式，表示以递归方式传输文件，并保持所有文件属性，等于-rlptgoD
-r	对子目录以递归模式处理
-R	使用相对路径信息
-p	保持文件权限

(续表)

参数	说明
-o	保持文件属主信息
-g	保持文件属组信息
-t	保持文件时间信息
-n	指定哪些文件将被传输
-W	复制文件，不进行增量检测
-e	指定使用 rsh、ssh 方式进行数据同步
--delete	删除那些 DST 中 SRC 没有的文件
--timeout=TIME	IP 超时时间，单位为秒
-z	对备份的文件在传输时进行压缩处理
--exclude=PATTERN	指定排除不需要传输的文件模式
--include=PATTERN	指定不排除而需要传输的文件模式
--exclude-from=FILE	排除 FILE 中指定模式的文件
--include-from=FILE	不排除 FILE 指定模式匹配的文件
--version	打印版本信息
-address	绑定到特定的地址
--config=FILE	指定其他的配置文件，不使用默认的 rsyncd.conf 文件
--port=PORT	指定其他的 rsync 服务端口
--progress	在传输时实现传输过程
--log-format=format	指定日志文件格式
--password-file=FILE	从 FILE 中得到密码

rsync 命令的使用方法如示例 10-6 所示。

【示例 10-6】

```
#传送本地文件到远程主机
[root@rhel6 local]# rsync -v --port 56789 b.txt root@192.168.3.100::BACKUP
b.txt
sent 67 bytes  received 27 bytes  188.00 bytes/sec
total size is 2  speedup is 0.02
#传送目录至远程主机
[root@rhel6 local]# rsync -avz --port 56789 apache2 root@192.168.3.100::BACKUP
#部分结果省略
apache2/modules/mod_vhost_alias.so

sent 27983476 bytes  received 187606 bytes  5122014.91 bytes/sec
total size is 48113101  speedup is 1.71
#拉取远程文件至本地
[root@rhel6 local]# rsync --port 56789 -avz root@192.168.3.100::BACKUP/apache2/test.txt .
```

```
receiving incremental file list
test.txt
sent 47 bytes  received 102 bytes  298.00 bytes/sec
total size is 2  speedup is 0.01
#拉取远程目录至本地
[root@rhel6    local]#    rsync              --port    56789    -avz
root@192.168.3.100::BACKUP/apache2 .
#部分结果省略
apache2/modules/mod_version.so
apache2/modules/mod_vhost_alias.so
sent 16140 bytes  received 13866892 bytes  590767.32 bytes/sec
total size is 48113103  speedup is 3.47
```

rsync 还具有增量传输的功能，可以利用此特性进行文件的增量备份。通过 rsync 可以解决对实时性要求不高的数据备份需求。随着文件的增多，rsync 做数据同步时，需要扫描所有文件后进行对比，然后进行差量传输。如果文件很多，扫描文件是非常耗时的，使用 rsync 反而比较低效。

10.2.6 显示网络连接、路由表或接口状态 netstat

netstat 命令用于监控系统网络配置和工作状况，可以显示内核路由表、活动的网络状态以及每个网络接口的有用的统计数字。常用的参数如表 10.4 所示。

表 10.4 netstat 命令常用参数说明

参数	说明
-a	显示所有连接中的 Socket
-c	持续列出网络状态
-h	在线帮助
-i	显示网络界面
-l	显示监控中的服务器的 Socket
-n	直接使用 IP 地址
-p	显示正在使用 Socket 的程序名称
-r	显示路由表
-s	显示网络工作信息统计表
-t	显示 TCP 端口情况
-u	显示 UDP 端口情况
-v	显示命令执行过程
-V	显示版本信息

netstat 命令的常见使用方法如示例 10-7 所示。

【示例10-7】

```
#显示所有端口，包含UDP和TCP端口
[root@rhel6 local]# netstat -a|head -4
getnameinfo failed
Active Internet connections (servers and established)
Proto Recv-Q Send-Q Local Address           Foreign Address         State
tcp        0      0 *:rquotad               *:*                     LISTEN
tcp        0      0 *:55631                 *:*                     LISTEN
#部分结果省略
#显示所有TCP端口
[root@rhel6 local]# netstat -at
#部分结果省略
Active Internet connections (servers and established)
Proto Recv-Q Send-Q Local Address           Foreign Address         State
tcp        0      0 192.168.3.100:56789     *:*                     LISTEN
tcp        0      0 *:nfs                   *:*                     LISTEN
#
#显示所有UDP端口
[root@rhel6 local]# netstat -au
Active Internet connections (servers and established)
Proto Recv-Q Send-Q Local Address           Foreign Address         State
udp        0      0 *:nfs                   *:*
udp        0      0 *:43801                 *:*
#显示所有处于监听状态的端口并以数字方式显示而非服务名
[root@rhel6 local]# netstat -ln
Active Internet connections (only servers)
Proto Recv-Q Send-Q Local Address           Foreign Address         State
tcp        0      0 0.0.0.0:111             0.0.0.0:*               LISTEN
tcp        0      0 192.168.3.100:56789     0.0.0.0:*               LISTEN
#显式所有TCP端口并显示对应的进程名称或进程号
[root@rhel6 local]# netstat -plnt
Active Internet connections (only servers)
Proto Recv-Q Send-Q Local Address      Foreign Address State   PID/Program name
tcp        0      0 0.0.0.0:111        0.0.0.0:*       LISTEN  5734/rpcbind
tcp        0      0 0.0.0.0:58864      0.0.0.0:*       LISTEN  5818/rpc.mountd
#显示核心路由信息
[root@rhel6 local]# netstat -r
Kernel IP routing table
Destination     Gateway         Genmask         Flags   MSS Window  irtt Iface
```

```
 192.168.3.0         *               255.255.255.0    U         0 0          0 eth0
#显示网络接口列表
[root@rhel6 local]# netstat -i
Kernel Interface table
Iface       MTU Met    RX-OK RX-ERR RX-DRP RX-OVR    TX-OK TX-ERR TX-DRP TX-OVR Flg
eth0       1500   0    26233      0      0      0    27142      0      0      0 BMRU
eth0:5     1500   0        - no statistics available -                           BMRU
lo        16436   0    45402      0      0      0    45402      0      0      0 LRU
#综合示例，统计各个 TCP 连接的各个状态对应的数量
[root@rhel6 local]# netstat -plnta|sed '1,2d'|awk '{print $6}'|sort|uniq -c
     1 ESTABLISHED
    21 LISTEN
```

10.2.7　探测至目的地址的路由信息 traceroute

traceroute 跟踪数据包到达网络主机所经过的路由，原理是试图以最小的 TTL 发出探测包来跟踪数据包到达目标主机所经过的网关，然后监听一个来自网关 ICMP 的应答。其使用语法下：

```
traceroute [-m Max_ttl] [-n ] [-p Port] [-q Nqueries] [-r] [-s SRC_Addr]
[-t TypeOfService] [-v] [-w WaitTime] Host [PacketSize]
```

traceroute 命令的常用参数如表 10.5 所示。

表 10.5　traceroute 命令常用参数说明

参数	说明
-f	设置第一个检测数据包的存活数值 TTL 的大小
-g	设置来源路由网关，最多可设置 8 个
-i	使用指定的网络界面送出数据包
-I	使用 ICMP 回应取代 UDP 资料信息
-m	设置检测数据包的最大存活数值 TTL 的大小，默认值为 30 次
-n	直接使用 IP 地址而非主机名称。当 DNS 不起作用时常用到这个参数
-p	设置 UDP 传输协议的通信端口。默认值是 33434
-r	忽略普通的路由表 Routing Table，直接将数据包送到远端主机上
-s	设置本地主机送出数据包的 IP 地址
-t	设置检测数据包的 TOS 数值
-v	详细显示指令的执行过程
-w	设置等待远端主机回报的时间。默认值为 3 秒
-x	开启或关闭数据包的正确性检验
-q n	在每次设置生存期时，把探测包的个数设置为值 n，默认为 3

traceroute 常用操作如示例 10-8 所示。

【示例 10-8】

```
[root@rhel6 local]# ping www.php.net
PING www.php.net (69.147.83.199) 56(84) bytes of data.
64 bytes from www.php.net (69.147.83.199): icmp_seq=1 ttl=50 time=213 ms
#显示本地主机到www.php.net 所经过的路由信息
[root@rhel6 local]# traceroute -n www.php.net
traceroute to www.php.net (69.147.83.199), 30 hops max, 40 byte packets
#第3跳到达深圳联通
 3  120.80.198.245 (120.80.198.245)  4.722 ms  4.273 ms  1.925 ms
#第9跳到达美国
 9  208.178.58.173 (208.178.58.173)  185.117 ms 64.210.107.149 (64.210.107.149)
184.838 ms 208.178.58.173 (208.178.58.173)  185.422 ms
#美国
13   98.136.16.61  (98.136.16.61)   216.602 ms 209.131.32.53 (209.131.32.53)
216.779 ms 209.131.32.55 (209.131.32.55)  214.934 ms
#第14跳到达 php.net 对应的主机信息
14  69.147.83.199 (69.147.83.199)  213.893 ms  213.536 ms  213.476 ms
#域名不可达，最大30跳
[root@rhel6 local]# traceroute -n www.mysql.com
traceroute to www.mysql.com (137.254.60.6), 30 hops max, 40 byte packets
16  141.146.0.137 (141.146.0.137)  201.945 ms  201.372 ms  201.241 ms
17  * * *
#部分结果省略
29  * * *
30  * * *
```

以上示例每行记录对应一跳，每跳表示一个网关，每行有 3 个时间，单位是 ms，如域名不通或主机不通可根据显示的网关信息定位。星号表示 ICMP 信息没有返回，以上示例访问 www.mysql.com 不通，数据包到达某一节点时没有返回，可以将此结果提交 IDC 运营商，以便解决问题。

traceroute 实际上是通过给目标机的一个非法 UDP 端口号发送一系列 UDP 数据包来工作的。使用默认设置时，本地机给每个路由器发送 3 个数据包，最多可经过 30 个路由器。如果已经经过了 30 个路由器，但还未到达目标机，那么 traceroute 将终止。每个数据包都对应一个 Max_ttl 值，同一跳步的数据包，该值一样，不同跳步的数据包的值从 1 开始，每经过一个跳步值加 1。当本地机发出的数据包到达路由器时，路由器就响应一个 ICMPTimeExceed 消息，于是 traceroute 就显示出当前跳步数、路由器的 IP 地址或名字以及 3 个数据包分别对应的周转时间（以 ms 为单位）。如果本地机在指定的时间内未收到响应包，那么在数据包的周转时间栏就显示出一个星号。当一个跳步结束时，本地机根据当前路由器的路由信息，给下一个路由器又发出 3 个数据包，周而复始，直到收到一个 ICMPPORT_UNREACHABLE 的消息，意味着已到达目标机，或已达到指定的最大跳步数。

10.2.8 测试、登录或控制远程主机 telnet

telnet 命令通常用来进行远程登录。telnet 程序是基于 TELNET 协议的远程登录客户端程序。TELNET 协议是 TCP/IP 协议族中的一员,是 Internet 远程登录服务的标准协议和主要方式,为用户提供了在本地计算机上完成远程主机工作的能力。在客户端可以使用 telnet 程序输入命令,可以在本地控制服务器。由于 telnet 采用明文传送报文,安全性较差。telnet 可以确定远程服务端口的状态,以便确认服务是否正常。telnet 常用使用方法如示例 10-9 所示。

【示例 10-9】

```
#检查对应服务是否正常
[root@rhel6 Packages]# telnet 192.168.3.100 56789
Trying 192.168.3.100...
Connected to 192.168.3.100.
Escape character is '^]'.
@RSYNCD: 30.0
as
@ERROR: protocol startup error
Connection closed by foreign host.
[root@rhel6 local]# telnet www.php.net 80
Trying 69.147.83.199...
Connected to www.php.net.
Escape character is '^]'.
test
#部分结果省略
</html>Connection closed by foreign host.
```

可以发现如果端口能正常 telnet 登录,则表示远程服务正常。除确认远程服务是否正常之外,对于提供开放 telnet 功能的服务,使用 telnet 可以登录远程端口,输入合法的用户名和口令后,就可以进行其他工作了。更多的使用帮助可以查看系统帮助。

10.2.9 下载网络文件 wget

wget 类似于 Windows 中的下载工具,大多数 Linux 发行版本都默认包含此工具。其用法比较简单,如要下载某个文件,可以使用以下命令:

```
#使用语法为 wget [参数列表] [目标软件、网页的网址]
[root@rhel6 data]# wget http://ftp.gnu.org/gnu/wget/wget-1.14.tar.gz
```

wget 常用参数说明如表 10.6 所示。

表 10.6 wget 命令常用参数说明

参数	说明
-b	后台执行
-d	显示调试信息
-nc	不覆盖已有的文件
-c	断点下传
-N	该参数指定 wget 只下载更新的文件
-S	显示服务器响应
-T timeout	超时时间设置（单位为秒）
-w time	重试延时（单位为秒）
-Q quota=number	重试次数
-nd	不下载目录结构，把从服务器所有指定目录下载的文件都堆到当前目录里
-nH	不创建以目标主机域名为目录名的目录，将目标主机的目录结构直接下载到当前目录下
-l [depth]	下载远程服务器目录结构的深度
-np	只下载目标站点指定目录及其子目录的内容

wget 具有强大的功能，比如断点续传，可同时支持 FTP 或 HTTP 协议下载，并可以设置代理服务器。其常用使用方法如示例 10-10 所示。

【示例 10-10】

```
#下载某个文件
[root@rhel6 data]# wget http://ftp.gnu.org/gnu/wget/wget-1.14.tar.gz
--15:47:51--  http://ftp.gnu.org/gnu/wget/wget-1.14.tar.gz
           => `wget-1.14.tar.gz'
Resolving ftp.gnu.org... 208.118.235.20, 2001:4830:134:3::b
Connecting to ftp.gnu.org|208.118.235.20|:80... connected.
HTTP request sent, awaiting response... 200 OK
Length: 3,118,130 (3.0M) [application/x-gzip]

100%[====================================================================>]
3,118,130    333.55K/s    ETA 00:00

15:48:03 (273.52 KB/s) - `wget-1.14.tar.gz' saved [3118130/3118130]
#断点续传
[root@rhel6 data]# wget -c http://ftp.gnu.org/gnu/wget/wget-1.14.tar.gz
--15:49:55--  http://ftp.gnu.org/gnu/wget/wget-1.14.tar.gz
           => `wget-1.14.tar.gz'
Resolving ftp.gnu.org... 208.118.235.20, 2001:4830:134:3::b
Connecting to ftp.gnu.org|208.118.235.20|:80... connected.
HTTP request sent, awaiting response... 206 Partial Content
```

```
    Length: 3,118,130 (3.0M), 1,404,650 (1.3M) remaining [application/x-gzip]


    100%[+++++++++++++++++++++++++++++++++++=========================>]
3,118,130    230.83K/s    ETA 00:00

    15:50:04 (230.52 KB/s) - `wget-1.14.tar.gz' saved [3118130/3118130]
    #批量下载，其中download.txt文件中是一系列网址
    [root@rhel6 data]# wget -i download.txt
```

wget 的其他用法可参考系统帮助，其功能可慢慢探索。

10.3 Linux 网络配置

Linux 系统在服务器中占用较大份额，要使用计算首先要了解网络配置，本节主要介绍 Linux 系统的网络配置。

10.3.1 Linux 网络相关配置文件

Linux 网络配置相关的文件根据不同的发行版目录名称有所不同，但大同小异，主要有以下目录或文件。

- /etc/sysconfig/network：主要用于修改主机名称和是否启动 network。
- /etc/sysconfig/network-scrips/ifcfg-ethN：是设置网卡参数的文件，比如 IP 地址、子网掩码、广播地址、网关等。N 为数字，第 1 块网卡对应的文件名为 ifcfg-eth0，第 2 块为 ifcfg-eth1，以此类推。
- /etc/resolv.conf：此文件设置了 DNS 的相关信息，用于将域名解析到 IP。
- /etc/hosts：计算机的 IP 对应的主机名称或域名对应的 IP 地址，通过设置/etc/nsswitch.conf 中的选项可以选择是 DNS 解析优先还是本地设置优先。
- /etc/nsswitch.conf（Name Service Switch Configuration，名字服务切换配置）：规定通过哪些途径，以及按照什么顺序来查找特定类型的信息。

10.3.2 配置 Linux 系统的 IP 地址

要设置主机的 IP 地址，可以直接通过终端命令设置，如想设置在系统重启后依然生效，可以通过设置对应的网络接口文件，如示例 10-11 所示。

【示例 10-11】

```
[root@rhel6 network-scripts]# cat ifcfg-eth0
DEVICE=eth0
HWADDR=00:0C:29:7F:08:9D
ONBOOT=yes
BOOTPROTO=static
BROADCAST=192.168.3.255
IPADDR=192.168.3.100
NETMASK=255.255.255.0
```

每个字段的含义如表 10.7 所示。

表 10.7　网卡设置参数说明

参数	说明
DEVICE	设备名，此处为第 1 块网卡，对应网络接口为 eth0
HWADDR	网卡的 MAC 地址
ONBOOT	系统启动时是否设置此网络接口
BOOTPROTO	使用动态 IP 还是静态 IP
BROADCAST	广播地址
IPADDR	IP 地址
NETMASK	子网掩码

设置完 ifcfg-eth0 文件后，需要重启网络服务才能生效，重启后可使用 ifconfig 查看设置是否生效：

```
[root@rhel6 network-scripts]# service network restart
```

同一个网络接口可以设置多个 IP 地址，如示例 10-12 所示。

【示例 10-12】

```
[root@rhel6 ~]# ifconfig eth0:5 192.168.3.105 netmask 255.255.255.0 up
[root@rhel6 network-scripts]# ifconfig
eth0      Link encap:Ethernet  HWaddr 00:0C:29:7F:08:9D
          inet addr:192.168.3.100  Bcast:192.168.3.255  Mask:255.255.255.0
          inet6 addr: fe80::20c:29ff:fe7f:89d/64 Scope:Link
          UP BROADCAST RUNNING MULTICAST  MTU:1500  Metric:1
          RX packets:27400 errors:0 dropped:0 overruns:0 frame:0
          TX packets:28086 errors:0 dropped:0 overruns:0 carrier:0
          collisions:0 txqueuelen:1000
          RX bytes:2375573 (2.2 MiB)  TX bytes:12120151 (10.5 MiB)

eth0:5    Link encap:Ethernet  HWaddr 00:0C:29:7F:08:9D
          inet addr:192.168.3.105  Bcast:192.168.3.255  Mask:255.255.255.0
          UP BROADCAST RUNNING MULTICAST  MTU:1500  Metric:1
```

如需服务器重启后依然生效，可以将此命令加入/etc/rc.d/rc.local 文件中。

10.3.3 设置主机名

主机名是识别某个计算机在网络中的标识，可以使用 hostname 命令设置主机名。在单机情况下主机名可任意设置，如以下命令，重新登录后发现主机名已经改变。

```
[root@rhel6 network-scripts]# hostname mylinux
```

如要修改重启后依然生效，可以修改/etc/sysconfig/network 文件中对应的 HOSTNAME 一行，如示例 10-13 所示。

【示例 10-13】
```
[root@mylinux ~]# cat   /etc/sysconfig/network
NETWORKING=yes
HOSTNAME=mylinux
```

10.3.4 设置默认网关

设置好 IP 地址以后，如果要访问其他的子网或 Internet，用户还需要设置路由，在此不做介绍，这里采用设置默认网关的方法。在 Linux 中，设置默认网关有两种方法。

（1）第 1 种方法就是直接使用 route 命令，在设置默认网关之前，先用 route –n 命令查看路由表。执行如下命令设置网关：

```
[root@CenOS /]# route add default gw 192.168.1.254
```

（2）第 2 种方法是在/etc/sysconfig/network 文件中添加如下字段：

```
GATEWAY=192.168.10.254
```

同样，只要更改了脚本文件，必须重启网络服务来使设置生效，可执行下面的命令：

```
[root@rhel6 /]#/etc/rc.d/init.d/network restart
```

对于第 1 种方法，如果不想每次开机都执行 route 命令，则应该把要执行的命令写入/etc/rc.d/rc.local 文件中。

10.3.5 设置 DNS 服务器

要设置 DNS 服务器，只需修改/etc/resolv.conf 文件即可，下面是一个 resolv.conf 文件的示例。

【示例 10-14】
```
[root@rhel6 ~]# cat /etc/resolv.conf
nameserver 192.168.3.1
nameserver 192.168.3.2
options rotate
options timeout:1 attempts:2
```

其中 192.168.3.1 为第一名字服务器，192.168.3.2 为第二名字服务器，option rotate 选项指在这两个 DNS Server 之间轮询，options timeout:1 表示解析超时时间为 1s（默认为 5s），attempts 表示解析域名尝试的次数。如需添加 DNS 服务器，可直接修改此文件。

10.4 动态主机配置协议 DHCP

如果管理的计算机有几十台，那么初始化服务器配置 IP 地址、网关和子网掩码等参数是一个繁琐耗时的过程。如果网络结构要更改，需要重新初始化网络参数，使用动态主机配置协议 DHCP（Dynamic Host Configuration Protocol）则可以避免此问题，客户端可以从 DHCP 服务端检索相关信息并完成相关网络配置，在系统重启后依然可以工作。尤其在移动办公领域，只要区域内有一台 DHCP 服务器，用户就可以在办公室之间自由活动而不必担心网络参数配置的问题。DHCP 提供一种动态指定 IP 地址和相关网络配置参数的机制。DHCP 基于 C/S 模式，主要用于大型网络。本节主要介绍 DHCP 的工作原理及 DHCP 服务端与 DHCP 客户端的部署过程。

10.4.1 DHCP 的工作原理

动态主机配置协议（DHCP）用来自动给客户端分配 TCP/IP 信息的网络协议，如 IP 地址、网关、子网掩码等信息。每个 DHCP 客户端通过广播连接到区域内的 DHCP 服务器，该服务器会响应请求，返回包括 IP 地址、网关和其他网络配置信息。DHCP 的请求过程如图 10.3 所示。

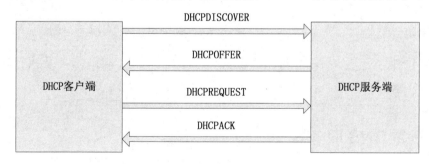

图 10.3　DHCP 请求过程

客户端请求 IP 地址和配置参数的过程有以下几个步骤：

（1）客户端需要寻求网络 IP 地址和其他网络参数，然后向网络中广播，客户端发出的请求名称为 DHCPDISCOVER。如广播网络中有可以分配 IP 地址的服务器，服务器会返回相应应答，告诉客户端可以分配，服务器返回包的名称为 DHCPOFFER，包内包含可用的 IP 地址和参数。

（2）如果客户在发出 DHCPOFFER 包后一段时间内没有接收到响应，会重新发送请求，如广播区域内有多于一台的 DHCP 服务器，由客户端决定使用哪个。

（3）当客户端选定了某个目标服务器后，会广播 DHCPREQUEST 包，用以通知选定的 DHCP 服务器和未选定的 DHCP 服务器。

（4）服务端收到 DHCPREQUEST 后会检查收到的包，如果包内的地址和所提供的地址一致，证明现在客户端接收的是自己提供的地址，如果不是，则说明自己提供的地址未被采纳。如被选定的服务器在接收到 DHCPREQUEST 包以后，因为某些原因可能不能向客户端提供这个 IP 地址或参数，可以向客户端发送 DHCPNAK 包。

（5）客户端在收到包后，检查内部的 IP 地址和租用时间，如发现有问题，则发包拒绝这个地址，然后重新发送 DHCPDISCOVER 包。如无问题，就接受这个配置参数。

10.4.2 配置 DHCP 服务器

本节主要介绍 DHCP 服务器的配置过程，包括安装、配置文件设置、服务器启动等步骤。

1．软件安装

DHCP 服务依赖的软件可以从 rpm 包安装或从源码进行安装，本节以 rpm 包为例说明 DHCP 服务的安装过程，如示例 10-15 所示。

【示例 10-15】

```
#确认当前系统是否安装相应软件包
[root@rhel6 ~]# rpm -qa|grep dhcp
dhcp-common-4.1.1-38.P1.el6.x86_64
#如使用 rpm 安装，使用如下命令
[root@rhel6 Packages]# rpm -ivh dhcp-4.1.1-38.P1.el6.x86_64.rpm
```

经过上面的设置，DHCP 服务已经安装完毕，主要的文件如下：

- /etc/dhcp/dhcpd.conf 为 DHCP 主配置文件。
- /etc/init.d/dhcpd 为 DHCP 服务起停脚本。

2．编辑配置文件/etc//dhcpd.conf

要配置 DHCP 服务器，需修改配置文件/etc/dhcp/dhcpd.conf。如果不存在则创建该文件。示例 10-16 实现的功能为当前网络内的服务器分配指定 IP 段的 IP 地址，并设置过期时间为 2 天。配置文件如下。

【示例 10-16】

```
[root@rhel6 Packages]# cat -n /etc/dhcp/dhcpd.conf
     1  #定义所支持的 DNS 动态更新类型。none 表示不支持动态更新,interim 表示 DNS 互动更新模
式,ad-hoc 表示特殊 DNS 更新模式
     2  ddns-update-style ad-hoc;
     3  #指定接收 DHCP 请求的网卡的子网地址，注意不是本机的 IP 地址。netmask 为子网掩码
     4  subnet  192.168.19.0  netmask 255.255.255.0{
     5  #指定默认网关
     6  option routers 192.168.19.1;
     7  #指定默认子网掩码
     8  option subnet-mask 255.255.255.0;
     9  #指定最大租用周期
    10  max-lease-time 172800 ;
    11  #此 DHCP 服务分配的 IP 地址范围
    12  range 192.168.19.230 192.168.19.240;
    13  }
```

以上示例文件列出了一个子网的声明，包括 routers 默认网关、subnet-mask 子网掩码和 max-lease-time 最大租用周期，单位是秒。有关配置文件的更多选项，可以参考 man dhcpd.conf 获取更多帮助信息。

【示例 10-17】

```
[root@rhel6 Packages]# /etc/init.d/dhcpd start
Starting dhcpd:                                            [  OK  ]
```

如启动失败可以参考屏幕输出定位错误内容，或查看/var/log/messages 的内容，然后参考 dhcpd.conf 的帮助文档。

10.4.3 配置 DHCP 客户端

当服务端启动成功后，客户端需要做以下配置以便自动获取 IP 地址。客户端网卡配置如示例 10-18 所示。

【示例 10-18】

```
[root@rhel6 ~]# cat /etc/sysconfig/network-scripts/ifcfg-eth1
DEVICE=eth1
HWADDR=00:0c:29:be:db:d5
TYPE=Ethernet
UUID=363f47a9-dfb8-4c5a-bedf-3f060cf99eab
ONBOOT=yes
```

```
NM_CONTROLLED=yes
BOOTPROTO=dhcp
```

如需使用 DHCP 服务，BOOTPROTO=dhcp 表示将当前主机的网络 IP 地址设置为自动获取方式。测试过程如示例 10-19 所示。

【示例 10-19】
```
[root@rhel6 ~]# service network restart
Shutting down interface eth1:              [  OK  ]
Shutting down loopback interface:          [  OK  ]
Bringing up loopback interface:            [  OK  ]
Bringing up interface eth1:
Determining IP information for eth1... done. [  OK  ]
#启动成功后确认成功获取到指定 IP 段的 IP 地址。
[root@rhel6 ~]# ifconfig
eth1     Link encap:Ethernet  HWaddr 00:0C:29:BE:DB:D5
         inet addr:192.168.19.230  Bcast:192.168.19.255  Mask:255.255.255.0
         inet6 addr: fe80::20c:29ff:febe:dbd5/64 Scope:Link
         UP BROADCAST RUNNING MULTICAST  MTU:1500  Metric:1
         RX packets:573 errors:0 dropped:0 overruns:0 frame:0
         TX packets:482 errors:0 dropped:0 overruns:0 carrier:0
         collisions:0 txqueuelen:1000
         RX bytes:59482 (58.0 KiB)  TX bytes:67044 (65.4 KiB)
```

客户端配置为自动获取 IP 地址，然后重启网络接口，启动成功后使用 ifconfig 查看是否成功获取到 IP 地址。

 本节介绍了 DHCP 的基本功能，DHCP 包含其他更多的功能，如需了解可参考 DHCP 的帮助文档或其他资料。

10.5 Linux 域名服务 DNS

如今互联网应用越来越丰富，如仅仅用 IP 地址标识网络上的计算机是不可能完成的任务，也没有必要，于是产生了域名系统。域名系统通过一系列有意义的名称标识网络上的计算机，用户按域名请求某个网络服务时，域名系统负责将其解析为对应的 IP 地址，这便是 DNS。本节将详细介绍有关 DNS 的一些知识。

10.5.1 DNS 简介

目前提供网络服务的应用使用唯一的 32 位 IP 地址来标识，但由于数字比较复杂、难以记忆，因此产生了域名系统。通过域名系统，可以使用易于理解和形象的字符串名称来标识网络应用。访问互联网应用可以使用域名，也可以通过 IP 地址直接访问该应用。在使用域名访问网络应用时，DNS 负责将其解析为 IP 地址。

DNS 是一个分布式数据库系统，扩充性好，由于是分布式的存储，数据量的增长并不会影响其性能。新加入的网络应用可以由 DNS 负责将新主机的信息传播到网络中的其他部分。

域名查询有两种常用的方式：递归查询和迭代查询。

- 递归查询由最初的域名服务器代替客户端进行域名查询。如该域名服务器不能直接回答，则会在域中的各分支的上下进行递归查询，最终将返回查询结果给客户端，在域名服务器查询期间，客户端将完全处于等待状态。
- 迭代查询则每次由客户端发起请求，如请求的域名服务器能提供需要查询的信息则返回主机地址信息。如不能提供，则引导客户端到其他域名服务器查询。

以上两种方式类似于寻找东西的过程，一种是找个人替自己寻找，另外一种是自己完成，首先到一个地方寻找，如没有则向另外一个地方寻找。

DNS 域名服务器的类别有高速缓存服务器、主 DNS 服务器和辅助 DNS 服务器。高速缓存服务器将每次域名查询的结果缓存到本机，主 DNS 服务器则提供特定域的权威信息，是可信赖的，辅助 DNS 服务器信息则来源于主 DNS 服务器。

10.5.2 DNS 服务器配置

目前网络上的域名服务系统使用最多的为 BIND（Berkeley Internet Name Domain）软件，该软件实现了 DNS 协议。本节主要介绍 DNS 服务器的配置过程，包括安装、配置文件设置、服务器启动等步骤。

1．软件安装

DNS 服务器依赖的软件可以从 rpm 包安装或从源码进行安装，本节以 rpm 包为例说明 DNS 服务器的安装过程，如示例 10-20 所示。

【示例 10-20】

```
#确认系统中相关的软件是否已经安装
[root@rhel6 Packages]# rpm -qa|grep bind
bind-libs-9.8.2-0.17.rc1.el6.x86_64
bind-9.8.2-0.17.rc1.el6.x86_64
bind-utils-9.8.2-0.17.rc1.el6.x86_64
#如使用 rpm 安装，使用如下命令
```

```
[root@rhel6 Packages]# rpm -ivh bind-9.8.2-0.17.rc1.el6.x86_64.rpm
warning: bind-9.8.2-0.17.rc1.el6.x86_64.rpm: Header V3 RSA/SHA1 Signature, key ID
c105b9de: NOKEY
Preparing...                ########################################### [100%]
   1:bind                   ########################################### [100%]
```

经过上面的设置，DNS 服务器已经安装完毕，主要的文件如下：

- /etc/named.conf 为 DNS 主配置文件。
- /etc/init.d/named 为 DNS 服务器起停脚本。

2．编辑配置文件/etc/named.conf

要配置 DNS 服务器，需修改配置文件/etc/named.conf。如果不存在则创建该文件。

本示例实现的功能为搭建一个域名服务器 ns.oa.com，位于 192.168.19.101，其他主机可以通过该域名服务器解析已经注册的以 oa.com 结尾的域名。配置文件如示例 10-21 所示，如需添加注释，行可以以 "#"、"//"、";" 开头或使用 "/* */" 包含。

【示例 10-21】

```
[root@rhel6 named]# cat -n /etc/named.conf
    1  options {
    2          listen-on port 53 { any; };
    3          directory       "/var/named";
    4          dump-file       "/var/named/data/cache_dump.db";
    5          statistics-file "/var/named/data/named_stats.txt";
    6          memstatistics-file "/var/named/data/named_mem_stats.txt";
    7          allow-query     { any; };
    8  };
    9
   10  zone "." IN {
   11          type hint;
   12          file "named.ca";
   13  };
   14
   15  zone "oa.com" IN {
   16          type master;
   17          file "oa.com.zone";
   18          allow-update { none; };
   19  };
   20
   21  include "/etc/named.root.key";
```

说明如下。

- options：options 是全局服务器的配置选项，即在 options 中指定的参数，对配置中的任何域都有效，如要在服务器上配置多个域，如 test1.com 和 test2.com，在 option 中指定的选项对这些域都生效。
- listen-on port：DNS 服务实际是一个监听在本机 53 端口的 TCP 服务程序。该选项用于指定域名服务监听的网络接口。如监听在本机 IP 上或 127.0.0.1。此处 any 表示接收所有主机的连接。
- directory：指定 named 从 /var/named 目录下读取 DNS 数据文件，这个目录用户可自行指定并创建，指定后所有的 DNS 数据文件都存放在此目录下，注意此目录下的文件所属的组应为 named，否则域名服务无法读取数据文件。
- dump-file：当执行导出命令时将 DNS 服务器的缓存数据存储到指定的文件中。
- statistics-file：指定 named 服务的统计文件。当执行统计命令时，会将内存中的统计信息追加到该文件中。
- allow-query：允许哪些客户端可以访问 DNS 服务，此处 any 表示任意主机。
- zone：每个 zone 就是定义一个域的相关信息及指定 named 服务从哪些文件中获得 DNS 各个域名的数据文件。

3．编辑 DNS 数据文件 /var/named/oa.com.zone

该文件为 DNS 数据文件，可以配置每个域名指向的实际 IP，文件配置内容如示例 10-22 所示。

【示例 10-22】

```
[root@rhel6 named]# cat -n  oa.com.zone
  1  $TTL 3600
  2  @       IN SOA  ns.oa.com root (
  3                                       2013     ; serial
  4                                       1D       ; refresh
  5                                       1H       ; retry
  6                                       1W       ; expire
  7                                       3H )     ; minimum
  8          NS      ns
  9  ns      A  192.168.19.101
 10  test    A  192.168.19.101
 11  bbs     A  192.168.19.102
```

下面说明各个参数的含义。

- TTL：表示域名缓存周期字段，指定该资源文件中的信息存放在 DNS 缓存服务器的时间，此处设置为 3600 秒，表示超过 3600 秒则 DNS 缓存服务器重新获取该域名的信息。
- @：表示本域，SOA 描述了一个授权区域，如有 oa.com 的域名请求将到 ns.oa.com 域查找。root 表示接收信息的邮箱，此处为本地的 root 用户。
- serial：表示该区域文件的版本号。当区域文件中的数据改变时，这个数值将要改变。从服务器在一定时间以后请求主服务器的 SOA 记录，并将该序列号值与缓存中的 SOA 记录的序列号相比较，如果数值改变了，从服务器将重新拉取主服务器的数据信息。
- refresh：指定了从域名服务器将要检查主域名服务器的 SOA 记录的时间间隔，单位为秒。
- retry：指定了从域名服务器的一个请求或一个区域刷新失败后，从服务器重新与主服务器联系的时间间隔，单位是秒。
- expire：指在指定的时间内，如果从服务器还不能联系到主服务器，从服务器将丢去所有的区域数据。
- minimum：如果没有明确指定 TTL 的值，则 minimum 表示域名默认的缓存周期。
- A：表示主机记录，用于将一个主机名与一个或一组 IP 地址相对应。
- NS：一条 NS 记录指向一个给定区域的主域名服务器，以及包含该服务器主机名的资源记录。

第 9~11 行分别定义了相关域名指向的 IP 地址。

4．启动域名服务

启动域名服务可以使用 BIND 软件提供的/etc/init.d/named 脚本，如示例 10-23 所示。

【示例 10-23】
```
[root@rhel6 Packages]# /etc/init.d/named start
Starting named:                                            [  OK  ]
```

如启动失败可以参考屏幕输出定位错误内容，或查看/var/log/messages 的内容，更多信息可参考系统帮助 man named.conf。

10.5.3　DNS 服务测试

经过上一节的步骤，DNS 服务端已经部署完毕，客户端需要做一定设置才能访问域名服务器，操作步骤如下。

（1）配置/etc/resolv.conf

如需正确地解析域名，客户端需要设置 DNS 服务器地址。DNS 服务器地址修改如示例 10-24 所示。

【示例 10-24】
```
[root@rhel6 ~]# cat  /etc/resolv.conf
nameserver 192.168.19.101
```

（2）域名测试

域名测试可以使用 ping、nslookup 或 dig 命令。

【示例 10-25】
```
[root@rhel6 ~]# nslookup  bbs.oa.com
Server:         192.168.19.101
Address:        192.168.19.101#53

Name:   bbs.oa.com
Address: 192.168.19.102
```

上述示例说明 bbs.oa.com 成功解析到 192.168.19.102。

经过以上部署和测试演示了 DNS 域名系统的初步功能，要了解更进一步的信息可参考系统帮助或其他资料。

10.6 配置精确时间协议

RHEL 6.5 中一个非常重要的功能就是全面支持精确时间协议（Precision Time Protocol，PTP）。这对金融行业的应用来说是一个很好的消息，因为这些应用系统通常要求亚微秒级的时钟精度。本节将介绍精确时间协议的含义以及如何在 RHEL 6.5 中配置和使用精确时间协议。

10.6.1　精确时间协议

精确时间协议（Precision Time Protocol，PTP）是一个用来通过网络同步时钟的协议。在硬件支持的情况下，PTP 可以达到亚微秒级的精确度，这比网络时间协议（Network Time Protocol，NTP）要好得多。一般情况下，操作系统对于 PTP 协议的支持分为内核和用户空间支持两种方式。在网络驱动程序的协助下，RHEL 6.5 在内核上提供了对于 PTP 的支持。

从本质上讲，PTP 是一种主从架构的协议，对时间信息进行编码，利用网络的对称性和延时测量技术，实现主从时间的同步。

在系统的同步过程中，主时钟周期性发布 PTP 时间同步协议及时间信息，从时钟端口接收主时钟端口发来的时间戳信息，系统据此计算出主从线路时间延迟及主从时间差，并利用该时间差调整本地时间，使从设备时间保持与主设备时间一致的频率与相位。

图 10.4 描述了 PTP 协议的基本原理。通常情况下，应用了 PTP 协议的网络被称为 PTP 域。PTP 域内有且只有一个同步时钟，域内的所有设备都与该时钟保持同步。

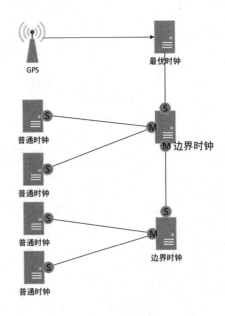

图 10.4　PTP 的基本原理

PTP 域中的设备上运行了 PTP 协议的端口，称为 PTP 端口。PTP 端口的角色主要可分为两种，即主端口（Master Port）和从端口（Slave Port），前者的功能是发布同步时间，后者的功能是接收同步时间。

PTP 域中的节点称为时钟节点，PTP 协议定义了两种主要的基本时钟节点，分别是普通时钟（Ordinary Clock，OC）和边界时钟（Boundary Clock，BC）。普通时钟在同一个 PTP 域内只有一个 PTP 端口参与时间同步，并通过该端口从上游时钟节点同步时间。边界时钟节点在同一个 PTP 域内拥有多个 PTP 端口参与时间同步，它通过其中一个端口从上游时钟节点同步时间，并通过其余端口向下游时钟节点发布时间。

PTP 域中所有的时钟节点都按一定层次组织在一起，整个域的参考时间就是最优时钟（Grandmaster Clock，GM），即最高层次的时钟。通过各时钟节点间 PTP 协议报文的交互，最优时钟的时间最终将被同步到整个 PTP 域中，因此也称其为时钟源。最优时钟可以通过全球定位系统（GPS）与其他的源同步时间。

与网络时间协议（Network Time Protocol，NTP）相比，PTP 更加精确，可以达到亚微秒级。

在 RHEL 6.5 中，PTP 是通过 linuxptp 软件包实现的。该软件包包括 ptp4l 和 phc2sys 这两种主要的工具，前者实现了普通时钟和边界时钟；后者主要用于将系统时钟同步到网络接口的硬件时钟。

10.6.2　使用精确时间协议

为了能够使用 PTP 协议，网络接口的驱动程序必须同时支持软件时间戳和硬件时间戳。用户可以通过 ethtool 命令来验证驱动程序和网络接口是否支持时间戳。该命令通常用来查询网络驱动程序和网络接口的配置情况。如果想要查询时间戳功能，可以使用-T 选项。

【示例 10-26】

```
[root@rhel6 ~]# ethtool -T eth0
Time stamping parameters for eth0:
Capabilities:
        hardware-transmit     (SOF_TIMESTAMPING_TX_HARDWARE)
        software-transmit     (SOF_TIMESTAMPING_TX_SOFTWARE)
        hardware-receive      (SOF_TIMESTAMPING_RX_HARDWARE)
        software-receive      (SOF_TIMESTAMPING_RX_SOFTWARE)
        software-system-clock (SOF_TIMESTAMPING_SOFTWARE)
        hardware-raw-clock    (SOF_TIMESTAMPING_RAW_HARDWARE)
PTP Hardware Clock: 0
Hardware Transmit Timestamp Modes:
        off                   (HWTSTAMP_TX_OFF)
        on                    (HWTSTAMP_TX_ON)
Hardware Receive Filter Modes:
        none                  (HWTSTAMP_FILTER_NONE)
        all                   (HWTSTAMP_FILTER_ALL)
```

如果支持软件时间戳，则 ethtool 命令的输出结果中会包含 SOF_TIMESTAMPING_SOFTWARE、SOF_TIMESTAMPING_TX_SOFTWARE 和 SOF_TIMESTAMPING_RX_SOFTWARE。如果支持硬件时间戳，则 ethtool 命令的输出结果中会包含 SOF_TIMESTAMPING_RAW_HARDWARE、SOF_TIMESTAMPING_TX_HARDWARE 和 SOF_TIMESTAMPING_RX_HARDWARE。

在 RHEL 6.5 中，安装 linuxptp 软件包的操作比较简单，直接使用以下命令即可：

```
[root@rhel6 ~]# yum install linxuptp
```

安装完成之后，用户可以使用以下命令启动 ptp4l：

```
[root@rhel6 ~]# ptp4l -i eth0 -m
```

在上面的命令中，-i 选项用来指定网络接口。默认情况下，ptp4l 命令会尽量使用硬件时间戳。如果执行成功，则会输出以下信息：

```
[root@rhel6 ~]# ptp4l -i eth3 -m
selected eth3 as PTP clock
port 1: INITIALIZING to LISTENING on INITIALIZE
port 0: INITIALIZING to LISTENING on INITIALIZE
port 1: new foreign master 00a069.fffe.0b552d-1
selected best master clock 00a069.fffe.0b552d
port 1: LISTENING to UNCALIBRATED on RS_SLAVE
```

```
master offset -23947 s0 freq +0 path delay    11350
master offset -28867 s0 freq +0 path delay    11236
master offset -32801 s0 freq +0 path delay    10841
master offset -37203 s1 freq +0 path delay    10583
master offset  -7275 s2 freq -30575 path delay 10583
port 1: UNCALIBRATED to SLAVE on MASTER_CLOCK_SELECTED
master offset  -4552 s2 freq -30035 path delay 10385
```

在 PTP 协议中,主、从时钟之间交互同步报文并记录报文的收发时间,通过计算报文往返的时间差来计算主、从时钟之间的往返总延时,如果网络是对称的(即两个方向的传输延时相同),则往返总延时的一半就是单向延时,这个单向延时便是主、从时钟之间的时钟偏差,从时钟按照该偏差来调整本地时间,就可以实现其与主时钟的同步。

PTP 协议定义了两种传播延时测量机制,分别为请求应答(Requset_Response)机制和端延时(Peer Delay)机制,且这两种机制都以网络对称为前提。

1. 请求应答机制

请求应答方式用于端到端的延时测量,其实现过程如下:

步骤 01 主时钟向从时钟发送 Sync 报文,并记录发送时间 t1;从时钟收到该报文后,记录接收时间 t2。

步骤 02 主时钟发送 Sync 报文之后,紧接着发送一个带有 t1 的 Follow_Up 报文。

步骤 03 从时钟向主时钟发送 Delay_Req 报文,用于发起反向传输延时的计算,并记录发送时间 t3;主时钟收到该报文后,记录接收时间 t4。

步骤 04 主时钟收到 Delay_Req 报文之后,回复一个带有 t4 的 Delay_Resp 报文。

此时,从时钟便拥有了 t1~t4 这 4 个时间戳,由此可计算出主、从时钟间的往返总延时为[(t2 - t1) + (t4 - t3)],由于网络是对称的,所以主、从时钟间的单向延时为[(t2 - t1) + (t4 - t3)] / 2。因此,从时钟相对于主时钟的时钟偏差为:

$$Offset = (t2 - t1) - [(t2 - t1) + (t4 - t3)] / 2 = [(t2 - t1) - (t4 - t3)] / 2$$

2. 端延时机制

与请求应答机制相比,端延时机制不仅对转发延时进行扣除,还对上游链路的延时进行扣除。其实现过程如下:

步骤 01 主时钟向从时钟发送 Sync 报文,并记录发送时间 t1;从时钟收到该报文后,记录接收时间 t2。

步骤 02 主时钟发送 Sync 报文之后,紧接着发送一个带有 t1 的 Follow_Up 报文。

步骤 03 从时钟向主时钟发送 Pdelay_Req 报文,用于发起反向传输延时的计算,并记录发送时间 t3;主时钟收到该报文后,记录接收时间 t4。

步骤 04 主时钟收到 Pdelay_Req 报文之后，回复一个带有 t4 的 Pdelay_Resp 报文，并记录发送时间 t5；从时钟收到该报文后，记录接收时间 t6。

步骤 05 主时钟回复 Pdelay_Resp 报文之后，紧接着发送一个带有 t5 的 Pdelay_Resp_Follow_Up 报文。

此时，从时钟便拥有了 t1～t6 这 6 个时间戳，由此可计算出主、从时钟之间的往返总延时为：

```
[(t4 - t3) + (t6 - t5)]
```

由于网络是对称的，所以主、从时钟间的单向延时为：

```
[(t4 - t3) + (t6 - t5)] / 2
```

因此，从时钟相对于主时钟的时钟偏差为：

```
Offset = (t2 - t1) - [(t4 - t3) + (t6 - t5)] / 2
```

用户可以在 ptp4l 命令中使用 -P 选项选择端延时机制，使用 -E 选项选择请求应答机制，使用 -A 选项自动选择延时机制。

10.6.3 使用 PTP 客户端

linuxp 软件包还提供了一个名称为 pmc 的客户端管理工具。通过该工具，系统管理员可以获得某些额外的信息。该工具的基本语法如下：

```
pmc action MANAGEMENT IDS
```

其中，action 参数表示要执行的操作，常用的操作有 GET、SET、CMD 或者 COMMAND，其中 GET 用来获取某条信息，SET 用来更新某条信息，CMD 用来初始化某个事件。MANAGEMENT IDS 参数表示要获取的消息的 ID，用户可以使用以下命令获取所有的值。

【示例 10-27】

```
[root@rhel6 ~]# pmc help

       [action] USER_DEscRIPTION
       [action] DEFAULT_DATA_SET
       [action] CURRENT_DATA_SET
       [action] PARENT_DATA_SET
       [action] TIME_PROPERTIES_DATA_SET
       [action] PRIORITY1
       [action] PRIORITY2
       [action] DOMAIN
       [action] SLAVE_ONLY
```

```
[action] CLOCK_ACCURACY
[action] TRACEABILITY_PROPERTIES
[action] TIMEscALE_PROPERTIES
[action] TIME_STATUS_NP
[action] GRANDMASTER_SETTINGS_NP
[action] NULL_MANAGEMENT
[action] CLOCK_DEscRIPTION
[action] PORT_DATA_SET
[action] LOG_ANNOUNCE_INTERVAL
[action] ANNOUNCE_RECEIPT_TIMEOUT
[action] LOG_SYNC_INTERVAL
[action] VERSION_NUMBER
[action] DELAY_MECHANISM
[action] LOG_MIN_PDELAY_REQ_INTERVAL


The [action] can be GET, SET, CMD, or COMMAND
Commands are case insensitive and may be abbreviated.


TARGET [portIdentity]
TARGET *
```

例如，下面的命令获取 ID 为 CURRENT_DATA_SET 的消息：

```
[root@rhel6 ~]# pmc -u -b 0 'GET CURRENT_DATA_SET'
sending: GET CURRENT_DATA_SET
    90e2ba.fffe.20c7f8-0 seq 0 RESPONSE MANAGMENT CURRENT_DATA_SET
        stepsRemoved          1
        offsetFromMaster      -142.0
        meanPathDelay         9310.0
```

10.6.4　同步时钟

系统管理员可以使用 phc2sys 命令将系统时钟同步到网卡上的硬件时钟。该命令的基本语法如下：

```
phc2sys [options]
```

其中，options 表示 phc2sys 命令的选项，常用的有 s 和 w 等，s 选项用来指定主时钟，w 选项表示等待 ptp4l 命令同步完成。

例如，下面的命令将当前的系统时钟同步到 eth0 网络接口的硬件时钟：

```
[root@rhel6 ~]# phc2sys -s eth0 -w
```

 phc2sys 工具可以以服务的方式运行，命令如下：

```
[root@rhel6 ~]# service phc2sys start
```

10.6.5 验证时间同步

用户可以通过日志来了解时间同步是否正常。在/var/log/messages 日志文件中，会周期性地记录时间偏移。例如，下面的代码就是某个系统中 ptp4l 的日志的一部分。

【示例 10-28】

```
[root@rhel6 ~]# more /var/log/messages
ptp4l[352.359]: selected /dev/ptp0 as PTP clock
ptp4l[352.361]: port 1: INITIALIZING to LISTENING on INITIALIZE
ptp4l[352.361]: port 0: INITIALIZING to LISTENING on INITIALIZE
ptp4l[353.210]: port 1: new foreign master 00a069.fffe.0b552d-1
ptp4l[357.214]: selected best master clock 00a069.fffe.0b552d
ptp4l[357.214]: port 1: LISTENING to UNCALIBRATED on RS_SLAVE
ptp4l[359.224]: master offset       3304 s0 freq      +0 path delay      9202
ptp4l[360.224]: master offset       3708 s1 freq  -29492 path delay      9202
ptp4l[361.224]: master offset      -3145 s2 freq  -32637 path delay      9202
ptp4l[361.224]: port 1: UNCALIBRATED to SLAVE on MASTER_CLOCK_SELECTED
ptp4l[362.223]: master offset       -145 s2 freq  -30580 path delay      9202
ptp4l[363.223]: master offset       1043 s2 freq  -29436 path delay      8972
ptp4l[364.223]: master offset        266 s2 freq  -29900 path delay      9153
ptp4l[365.223]: master offset        430 s2 freq  -29656 path delay      9153
ptp4l[366.223]: master offset        615 s2 freq  -29342 path delay      9169
...
```

下面的代码是 phc2sys 工具的部分日志：

```
[root@rhel6 ~]# more /var/log/messages
phc2sys[526.527]: Waiting for ptp4l...
phc2sys[527.528]: Waiting for ptp4l...
phc2sys[528.528]: phc offset    55341 s0 freq     +0 delay  2729
phc2sys[529.528]: phc offset    54658 s1 freq -37690 delay  2725
phc2sys[530.528]: phc offset      888 s2 freq -36802 delay  2756
phc2sys[531.528]: phc offset     1156 s2 freq -36268 delay  2766
phc2sys[532.528]: phc offset      411 s2 freq -36666 delay  2738
phc2sys[533.528]: phc offset      -73 s2 freq -37026 delay  2764
```

```
phc2sys[534.528]: phc offset      39 s2 freq  -36936 delay  2746
phc2sys[535.529]: phc offset      95 s2 freq  -36869 delay  2733
phc2sys[536.529]: phc offset    -359 s2 freq  -37294 delay  2738
phc2sys[537.529]: phc offset    -257 s2 freq  -37300 delay  2753
...
```

10.7 范例——监控网卡流量

监控网卡流量可以使用 ifconfig 提供的结果或查看系统文件/proc/net/dev 中的数据，/proc/net/dev 中提供的数据更全面些。本节主要演示如何利用系统提供的信息监控网卡流量，如示例 10-29 所示。

【示例 10-29】

```
[root@rhel6 ~]# ifconfig
eth0    Link encap:Ethernet  HWaddr 00:0C:29:F2:BB:39
        inet addr:192.168.19.102  Bcast:192.168.19.255  Mask:255.255.255.0
        inet6 addr: fe80::20c:29ff:fef2:bb39/64 Scope:Link
        UP BROADCAST RUNNING MULTICAST  MTU:1500  Metric:1
        RX packets:5046 errors:0 dropped:0 overruns:0 frame:0
        TX packets:4587 errors:0 dropped:0 overruns:0 carrier:0
        collisions:0 txqueuelen:1000
        RX bytes:484515 (473.1 KiB)  TX bytes:766211 (748.2 KiB)
[root@rhel6 ~]# cat /proc/net/dev
Inter-|   Receive                |  Transmit
 face |bytes    packets |bytes    packets
    lo:      0        0        0        0
  eth0: 497721     5204   792363     4715
```

网卡的流量包含接收量和发送量，可以通过以下方法获得。

1．使用 ifconfig

ifconfig 结果解释如下。

- RX packets:5046 表示接收到的包量，是个累计值。
- TX packets:4587 表示发送的包量，也是个累计值。
- RX bytes 表示接收的字节数。
- TX bytes 表示发送的字节数。

以上数值都是网卡设备从启动值当前时间的流量累计值。

2./proc/net/dev

/proc/net/dev 文件记录了不同网络接口（interface）上的各种包的记录，第 1 列是接口名称，一般你能看到 lo（自环，loopback 接口）和 eth0（网卡），第 2 大列是这个接口上收到的包统计，第 3 大列是发送的统计，每一大列下又分为以下小列收（如果是第 3 大列，就是发）字节数（byte）、包数（packet）、错误包数（errs）、丢弃包数（drop）、fifo（First in first out）包数、frame（帧，这一项对普通以太网卡应该无效的）数、压缩（compressed）包数（不了解）和多播（multicast，比如广播包或组播包）包数。

 本程序主要实现网卡流量的数据采集，每分钟运行一次，然后将采集到的数据放到数据库里面便于后续处理，如超过指定阈值则告警。

```
#监控网卡流量程序
JingKai_10_163_137_57:~ # cat -n netMon.sh
     1  #!/bin/sh
     2
     3  function setENV()
     4  {
     5          export PATH=/usr/local/mysql/bin:$PATH:.
     6          export LOCAL_IP=`/sbin/ifconfig |grep -a1 eth1 |grep inet |awk '{print $2}' |awk -F ":" '{print $2}' |head -1`
     7          export mysqlCMD="mysql -unetMon -pnetMon -h192.128.19.102 netMon"
     8          export oldData=`pwd`/.old
     9          export newData=`pwd`/.new
    10          export statTime=`/bin/date +%Y-%m-%d" "%H:%M -d "1 minutes ago"`
    11  }
    12
    13  function LOG()
    14  {
    15    echo "["$(/bin/date +%Y-%m-%d" "%H:%M:%S -d "0 days ago")"]" "$1"
    16  }
    17  function process()
    18  {
    19      cat /proc/net/dev|grep  eth1|sed 's/[:|]/ /g'|awk '{print "ReceiveBytes "$2"\nReceivePackets "$3" \nTransmitBytes "$10"\nTransmitPackets "$11}'>$newData
    20      join $newData $oldData|awk '{print $1" "$2-$3}'|tr '\n' ' '|awk '{print $2" "$4" "$6" "$8}'|while read ReceiveBytes ReceivePackets TransmitBytes TransmitPackets
```

```
 21        do
 22            echo "insert into netMon.netStat(statTime,ReceiveBytes,ReceivePackets,
TransmitBytes,TransmitPackets) values ('$statTime', $ReceiveBytes, $ReceivePackets,
$TransmitBytes, $TransmitPackets)"
 23            echo "insert into netMon.netStat(statTime,ReceiveBytes,ReceivePackets,
TransmitBytes,TransmitPackets) values ('$statTime', $ReceiveBytes, $ReceivePackets,
$TransmitBytes, $TransmitPackets)"|$mysqlCMD
 24        done
 25        cp $newData $oldData
 26
 27  }
 28
 29  function main()
 30  {
 31        setENV
 32        process
 33  }
 34
 35  LOG "stat start"
 36  main
 37  LOG "stat end"
```

10.8 小结

本章主要讲解了 Linux 系统的网络配置。在开始配置网络之前，介绍了一些网络协议和概念。Linux 高级网络管理工具 iproute2 提供了更加丰富的功能，本章介绍了其中的一部分。网络数据采集与分析工具 tcpdump 在网络程序的调试过程中具有非常重要的作用，需上机多加练习。

10.9 习题

一、填空题

1. TCP/IP 协议主要包含两个协议：_____ 和 _____。
2. NAT 分为两种不同的类型：_____ 和 _____。
3. iptables 预定义了 5 个链，分别对应 netfilter 的 5 个钩子函数，这 5 个链分别是：_____、

_____、_____、_____和_____。

4. 在对包进行过滤时，常用的有 3 个动作：_____、_____和_____。
5. 域名查询有两种常用的方式：_____和_____。

二、选择题

1. 以下哪个不是 DNS 域名服务器（　　）。
   A　高速缓存服务器　　　　　B　主 DNS 服务器
   C　静态缓存服务器　　　　　D　辅助 DNS 服务器

2. 以下哪项描述不正确（　　）。
   A　主机名用于识别某个计算机在网络中的标识，设置主机名可以使用 hostname 命令
   B　Linux 的内核提供的防火墙功能通过 iptables 框架实现
   C　DHCP 服务依赖的软件可以从 rpm 包安装或从源码进行安装
   D　DNS 是一个分布式数据库系统，扩充性好

第 11 章

网络文件共享 NFS、Samba 和 FTP

类似于 Windows 上的网络共享功能，Linux 系统也提供了多种网络文件共享方法，常见的有 NFS、Samba 和 FTP。

本章首先介绍网络文件系统 NFS 的安装与配置，然后介绍文件服务器 Samba 的安装与设置，最后介绍常用的 FTP 软件的安装与配置。通过本章，用户可以了解 Linux 系统中常见的几种网络文件共享方式。

本章主要涉及的知识点有：

- NFS 的安装与使用
- Samba 的安装与使用
- FTP 软件的安装与使用

11.1 网络文件系统 NFS

NFS 是 Network File System 的简称，是一种分布式文件系统，允许网络中不同操作系统的计算机间共享文件，其通信协议基于 TCP/IP 协议层，可以将远程计算机磁盘挂载到本地，读写文件时像本地磁盘一样操作。

11.1.1 网络文件系统 NFS 简介

NFS 为 Network File system 的缩写，即网络文件系统。NFS 在文件传送或信息传送过程中依赖于 RPC（Remote Procedure Call）协议。RPC 协议可以在不同的系统间使用，此通信协议设计与主机及操作系统无关。使用 NFS 时用户端只需使用 mount 命令就可把远程文件系统挂接在自己的文件系统之下，操作远程文件和使用本地计算机上的文件一样。NFS 本身可以认为是 RPC 的一个程序。只要用到 NFS 的地方都要启动 RPC 服务，不论是服务端还是客户端，NFS 是一个文件系统，而 RPC 负责信息的传输。

例如在服务器上，要把远程服务器 192.168.3.101 上的/nfsshare 挂载到本地目录，可以执行如下命令：

```
mount 192.168.3.101:/nfsshare /nfsshare
```

当挂载成功后,本地/nfsshare 目录下如果有数据,则原有的数据都不可见,用户看到的是远程主机 192.168.3.101 上面的/nfsshare 目录文件列表。

11.1.2 配置 NFS 服务器

NFS 的安装需要两个软件包,通常情况下是作为系统的默认包安装的,版本因为系统的不同而不同。

- nfs-utils-1.2.3-36.el6.x86_64.rpm 包含一些基本的 NFS 命令与控制脚本。
- rpcbind-0.2.0-11.el6.x86_64.rpm 是一个管理 RPC 连接的程序,类似的管理工具为 portmap。

安装方法如示例 11-1 所示。

【示例 11-1】

```
#首先确认系统中是否安装了对应的软件
[root@rhel6 Packages]# rpm -qa|grep -i nfs
#安装 nfs 软件包
[root@rhel6 Packages]# rpm -ivh nfs-utils-1.2.3-36.el6.x86_64.rpm
warning: nfs-utils-1.2.3-36.el6.x86_64.rpm: Header V3 RSA/SHA1 Signature, key ID c105b9de: NOKEY
Preparing...                ########################################### [100%]
   1:nfs-utils              ########################################### [100%]
#安装的主要文件列表
[root@rhel6 Packages]# rpm -qpl nfs-utils-1.2.3-36.el6.x86_64.rpm
/etc/nfsmount.conf
/etc/rc.d/init.d/nfs
/usr/sbin/exportfs
/usr/sbin/rpc.mountd
/usr/sbin/rpc.nfsd
/usr/sbin/showmount
#安装 rpcbind 软件包
[root@rhel6 Packages]# rpm -ivh rpcbind-0.2.0-11.el6.x86_64.rpm
warning: rpcbind-0.2.0-11.el6.x86_64.rpm: Header V3 RSA/SHA1 Signature, key ID c105b9de: NOKEY
Preparing...                ########################################### [100%]
   1:rpcbind                ########################################### [100%]
```

在安装好软件之后,接下来就可以配置 NFS 服务器了,配置之前先了解一下 NFS 主要的文件和进程。

(1) nfs 有的发行版名字叫做 nfsserver，主要用来控制 NFS 服务的启动和停止，安装完毕后位于/etc/init.d 目录下。

(2) rpc.nfsd 是基本的 NFS 守护进程，主要功能是控制客户端是否可以登录服务器，另外可以结合/etc/hosts.allow /etc/hosts.deny 进行更精细的权限控制。

(3) rpc.mountd 是 RPC 安装守护进程，主要功能是管理 NFS 的文件系统。通过配置文件共享指定的目录，同时根据配置文件做一些权限验证。

(4) rpcbind 是一个管理 RPC 连接的程序，rpcbind 服务对 NFS 是必需的，因为是 NFS 的动态端口分配守护进程，如果 rpcbind 不启动，NFS 服务则无法启动。类似的管理工具为 portmap。

(5) exportfs 如果修改了/etc/exports 文件后不需要重新激活 NFS，只要重新扫描一次/etc/exports 文件，并重新将设定加载即可。exportfs 参数说明如表 11.1 所示。

表 11.1 exportfs 命令常用参数说明

参数	说明
-a	全部挂载/etc/exports 文件中的设置
-r	重新挂载/etc/exports 中的设置
-u	卸载某一目录
-v	在 export 时将共享的目录显示在屏幕上

(6) showmount 显示指定 NFS 服务器连接 NFS 客户端的信息，常用参数如表 11.2 所示。

表 11.2 showmount 命令常用参数说明

参数	说明
-a	列出 NFS 服务共享的完整目录信息
-d	仅列出客户机远程安装的目录
-e	显示导出目录的列表

配置 NFS 服务器时首先需要确认共享的文件目录和权限及访问的主机列表，这些可通过/etc/exports 文件配置。一般系统都有一个默认的 exports 文件，可以直接修改。如果没有，可创建一个，然后通过启动命令启动守护进程。

1．配置文件/etc/exports

要配置 NFS 服务器，首先就是编辑/etc/exports 文件。在该文件中，每一行代表一个共享目录，并且描述了该目录如何被共享。exports 文件的格式和使用如示例 11-2 所示。

【示例 11-2】

```
#<共享目录> [客户端1 选项] [客户端2 选项]
/nfsshare *(rw,all_squash,sync,anonuid=1001,anongid=1000)
```

每行一条配置，可指定共享的目录、允许访问的主机及其他选项设置。上面的配置说明在这台服务器上共享了一个目录/nfsshare，参数说明如下。

- 共享目录：NFS 系统中需要共享给客户端使用的目录。

- 客户端：网络中可以访问这个 NFS 共享目录的计算机。

客户端常用的指定方式如下。

- 指定 ip 地址的主机：192.168.3.101。
- 指定子网中的所有主机：192.168.3.0/24 192.168.0.0/255.255.255.0。
- 指定域名的主机：www.domain.com。
- 指定域中的所有主机：*.domain.com。
- 所有主机：*。

语法中的选项用来设置输出目录的访问权限、用户映射等。NFS 常用的选项如表 11.3 所示。

表 11.3 NFS 常用选项说明

参数	说明
ro	该主机有只读的权限
rw	该主机对该共享目录有可读可写的权限
all_squash	将远程访问的所有普通用户及所属组都映射为匿名用户或用户组，相当于使用 nobody 用户访问该共享目录。注意此参数为默认设置
no_all_squash	与 all_squash 取反，该选项默认设置
root_squash	将 root 用户及所属组都映射为匿名用户或用户组，为默认设置
no_root_squash	与 rootsquash 取反
anonuid	将远程访问的所有用户都映射为匿名用户，并指定该用户为本地用户
anongid	将远程访问的所有用户组都映射为匿名用户组账户，并指定该匿名用户组账户为本地用户组账户
sync	将数据同步写入内存缓冲区和磁盘中，效率低，但可以保证数据的一致性
async	将数据先保存在内存缓冲区中，必要时才写入磁盘

exports 文件的使用方法如示例 11-3 所示。

【示例 11-3】

```
/nfsshare *.*(rw)
```

该行设置表示共享/nfsshare 目录，所有主机都可以访问该目录，并且都有读写的权限，客户端上的任何用户在访问时都映射成 nobody 用户。如果客户端要在该共享目录上保存文件，则服务器上的 nobody 用户对/nfsshare 目录必须要有写的权限。

【示例 11-4】

```
/nfsshare2  192.168.19.0/255.255.255.0
 (rw,all_squash,anonuid=1001,anongid=100) 192.168.32.0/255.255.255.0(ro)
```

该行设置表示共享/nfsshare2 目录，192.168.19.0/24 网段的所有主机都可以访问该目录，对该目录有读写的权限，并且所有的用户在访问时都映射成服务器上 uid 为 1001、gid 为 100 的用户；192.168.32.0/24 网段的所有主机对该目录有只读访问权限，并且在访问时所有的用户都映射成

nobody 用户。

2．启动服务

配置好服务器之后，要使客户端能够使用 NFS，必须要先启动服务。启动过程如示例 11-5 所示。

【示例 11-5】

```
[root@rhel6 Packages]# cat /etc/exports
/nfsshare  *(rw)
[root@rhel6 Packages]# service rpcbind start
正在启动 rpcbind：                                    [确定]
[root@rhel6 Packages]# service nfs start
启动 NFS 服务：                                       [确定]
关掉 NFS 配额：                                       [确定]
启动 NFS mountd：                                     [确定]
正在启动 RPC idmapd：                                 [确定]
正在启动 RPC idmapd：                                 [确定]
启动 NFS 守护进程：                                   [确定]
```

NFS 服务由 5 个后台进程组成，分别是 rpc.nfsd、rpc.lockd、rpc.statd、rpc.mountd 和 rpc.rquotad，rpc.nfsd 负责主要的工作；rpc.lockd 和 rpc.statd 负责抓取文件锁；rpc.mountd 负责初始化客户端的 mount 请求；rpc.rquotad 负责对客户文件的磁盘配额限制。这些后台程序是 nfs-utils 的一部分，如果是使用的 RPM 包，它们存放在/usr/sbin 目录下。大多数的发行版本都会带有 NFS 服务的启动脚本。在 Redhat Linux 中，要启动 NFS 服务，执行/etc/init.d/nfs start 即可。

3．确认 NFS 是否已经启动

可以使用 rpcinfo 命令来确认，如果 NFS 服务正常运行，应该有下面的输出，如示例 11-6 所示。

【示例 11-6】

```
[root@rhel6 Packages]# rpcinfo -p
   program vers proto   port  service
    100000    4   tcp    111  portmapper
    100000    3   tcp    111  portmapper
    100000    2   tcp    111  portmapper
    100000    4   udp    111  portmapper
    100000    3   udp    111  portmapper
    100000    2   udp    111  portmapper
```

经过以上的步骤，NFS 服务器端已经配置完成，接下来进行客户端的配置。

11.1.3 配置 NFS 客户端

要在客户端使用 NFS，首先需要确定要挂载的文件路径，并确认该路径中没有已经存在的数据文件，然后确定要挂载的服务器端的路径，然后使用 mount 挂载到本地磁盘，如示例 11-7 所示，mount 命令的详细用法可参考前面的章节。

【示例 11-7】
```
[root@rhel6 test]# mount -t nfs -o rw 192.168.12.102:/nfsshare /test
[root@rhel6 test]# touch s
cannot touch `s': Permission denied
```

以读写模式挂载了共享目录，但 root 用户并不可写，其原因在于 /etc/exports 中的文件设置。由于 all_squash 和 root_squash 为 NFS 的默认设置，会将远程访问的用户映射为 nobody 用户，而 /test 目录下的 nobody 用户是不可写的，通过修改共享设置可以解决这个问题。

```
/nfsshare  *(rw,all_squash,sync,anonuid=1001,anongid=1000)
```

完成以上设置然后重启 NFS 服务，这时目录挂载后可以正常读写了。

11.2 文件服务器 Samba

Samba 是一种在 Linux 环境中运行的免费软件，利用 Samba，Linux 可以创建基于 Windows 的计算机使用共享。另外，Samba 还提供一些工具，允许 Linux 用户从 Windows 计算机进入共享和传输文件。Samba 基于 Server Messages Block 协议，可以为局域网内的不同计算机系统之间提供文件及打印机等资源的共享服务。

11.2.1 Samba 服务简介

SMB（Server Messages Block，信息服务块）是一种在局域网上共享文件和打印机的通信协议，它为局域网内的不同计算机之间提供文件及打印机等资源的共享服务。SMB 协议是客户机/服务器型协议，客户机通过该协议可以访问服务器上的共享文件系统、打印机及其他资源。通过设置 NetBIOS over TCP/IP 使得 Samba 方便地在网络中共享资源。

Windows 与 Linux 之间的文件共享可以采用多种方式，常用的是 Samba 或 FTP。如果 Linux 系统的文件需要在 Windows 中编辑，也可以使用 Samba。

11.2.2 Samba 服务的安装与配置

在进行 Samba 服务安装之前首先了解一下网上邻居的工作原理。网上邻居的工作模式是一个典型的客户端/服务器工作模型，首先，单击【网络邻居】图标，打开网上邻居列表，这个阶断的实质是列出一个网上可以访问的服务器的名字列表。其次，单击【打开目标服务器】图标，列出目标服务器上的共享资源，接下来，单击需要的共享资源图标进行需要的操作（这些操作包括列出内容，增加、修改或删除内容等）。在单击一台具体的共享服务器时，先发生了一个名字解析过程，计算机会尝试解析名字列表中的这个名称，并尝试进行连接。在连接到该服务器后，可以根据服务器的安全设置对服务器上的共享资源进行允许的操作。Samba 服务提供的功能为可以在 Linux 之间或 Linux 与 Windows 之间共享资源。

1．Samba 的安装

要安装 samba 服务器，可以采用两种方法：从二进制代码安装和从源代码安装。建议初学者使用 RPM 来安装；较为熟练的使用者可以采用源码安装的方式。本节采用源码安装的方式，最新的源码可以在 http://www.samba.org/获取，本节采用的软件包为 samba-4.0.8.tar.gz，安装过程如示例 11-8 所示。

【示例 11-8】

```
#解压压缩包
[root@rhel6 soft]# tar xvf samba-4.0.8.tar.gz
[root@rhel6 soft]# cd samba-4.0.8/source3
#首先检查系统环境并生成MakeFile
[root@rhel6 source3]# ./configure --prefix=/usr/local/samba
#编译
[root@rhel6 source3]# make
#安装
[root@rhel6 source3]# make install
#安装完毕后主要的目录
[root@rhel6 samba]# ls
bin  include  lib  private  sbin  share  var
```

Samba 是 SMB 客户程序/服务器软件包，它主要包含以下程序。

- smbd: SMB 服务器，为客户机如 Windows 等提供文件和打印服务。
- nmbd: NetBIOS 名字服务器，可以提供浏览支持。
- smbclient: SMB 客户程序，类似于 FTP 程序，用以从 Linux 或其他操作系统上访问 SMB 服务器上的资源。
- smbmoun: 挂载 SMB 文件系统的工具，对应的卸载工具为 smbumount。
- smbpasswd: 用户增删登录服务端的用户和密码。

2．配置文件

以下是一个简单的配置，允许特定的用户读写指定的目录，如示例 11-9 所示。

【示例 11-9】

```
#创建共享的目录并赋予相关用户权限
[root@rhel6 bin]# chown -R test1.users /data/test1
[root@rhel6 bin]# mkdir -p /data/test2
[root@rhel6 bin]# chown -R test2.users /data/test2
#samba 配置文件默认位于此目录
[root@rhel6 etc]# pwd
/usr/local/samba/etc
[root@rhel6 etc]# cat smb.conf
[global]
workgroup = mySamba
netbios name = mySamba
server string = Linux Samba Server Test
security=user
[test1]
     path = /data/test1
     writeable = yes
     browseable = yes
[test2]
     path = /data/test2
     writeable = yes
     browseable = yes
     guest ok = yes
```

[global]表示全局配置，是必须有的选项。以下是每个选项的含义。

- workgroup：在 Windows 中显示的工作组。
- netbios name：在 Windows 中显示出来的计算机名。
- server string：就是 Samba 服务器说明，可以自己来定义。
- security：这是验证和登录方式，share 表示不需要用户名和密码，对应的另外一种为 user 验证方式，需要用户名和密码。
- [test]：表示 Windows 中显示出来是共享的目录。
- path：共享的目录。
- writeable：共享目录是否可写。
- browseable：共享目录是否可以浏览。
- guest ok：是否允许匿名用户以 guest 身份登录。

3.启动服务

首先创建用户目录并设置允许的用户名和密码,认证方式为系统用户认证,要添加的用户名需要在/etc/passwd 中存在,如示例 11-10 所示。

【示例 11-10】

```
#设置用户test1的密码
[root@rhel6 bin]# ./smbpasswd -a test1
New SMB password:
Retype new SMB password:
#设置用户test2的密码
[root@rhel6 bin]# ./smbpasswd -a test2
New SMB password:
Retype new SMB password:
#启动命令
[root@rhel6 ~]# /usr/local/samba/sbin/smbd
[root@rhel6 ~]# /usr/local/samba/sbin/nmbd
#停止命令
[root@rhel6 ~]# killall -9 smbd
[root@rhel6 ~]# killall -9 nmbd
```

启动完毕可以使用 ps 命令和 netstat 命令查看进程和端口是否启动成功。

4.服务测试

打开 Windows 中的资源管理器,输入地址\\192.168.19.103,按 Enter 键,弹出用户名和密码校验界面,输入用户名和密码,如图 11.1 所示。

图 11.1 Samba 登录验证界面

验证成功后可以看到共享的目录,进入 test2,创建目录 testdir,如图 11.2 所示。可以看到此目录对于 test2 用户是可读可写的,与之对应的是进入目录 test1,发现没有权限写入,如图 11.3 所示。

图 11.2　验证目录权限

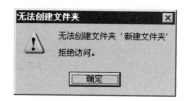
图 11.3　无权限，目录无法访问

以上演示了 Samba 的用法，要求用户在访问共享资源之前必须先提供用户名和密码进行验证。Samba 其他的功能可以参考系统帮助。

11.3　FTP 服务器

FTP 文件共享基于 TCP/IP 协议，目前绝大多数系统都有支持 FTP 的工具存在，FTP 是一种通用性比较强的网络文件共享方式。

11.3.1　FTP 服务概述

FTP 方便地解决了文件的传输问题，从而让人们可以方便地从计算机网络中获得资源。FTP 已经成为计算机网络上文件共享的一个标准。FTP 服务器中的文件按目录结构进行组织，用户通过网络与服务器建立连接。FTP 仅基于 TCP 的服务，不支持 UDP。与众不同的是 FTP 使用两个端口，一个数据端口和一个命令端口，也可叫做控制端口。通常来说这两个端口是 21（命令端口）和 20（数据端口）。由于 FTP 工作方式的不同，因此数据端口并不总是 20，分为主动 FTP 和被动 FTP。

1．主动 FTP

主动方式的 FTP 客户端从一个任意的非特权端口 N（N>1024）连接到 FTP 服务器的命令端口 21，然后客户端开始监听端口 N+1，并发送 FTP 命令"port N+1"到 FTP 服务器。接着服务器会从自己的数据端口（20）连接到客户端指定的数据端口（N+1）。主动模式下，服务器端开启的是 20 和 21 端口，客户端开启的是 1024 以上的端口。

2．被动 FTP

为了解决服务器发起到客户的连接的问题采取了被动方式，或叫做 PASV，当客户端通知服务器处于被动模式时才启用。在被动方式 FTP 中，命令连接和数据连接都由客户端发起，当开启一个 FTP 连接时，客户端打开两个任意的非特权本地端口（N > 1024 和 N+1）。第一个端口连接服务器的 21 端口，但与主动方式的 FTP 不同，客户端不会提交 PORT 命令并允许服务器来回连接它的数据端口，而是提交 PASV 命令。这样做的结果是服务器会开启一个任意的非特权端口（P

>1024),并发送 PORT P 命令给客户端。然后客户端发起从本地端口 N+1 到服务器的端口 P 的连接,用来传送数据,此时服务端的数据端口不再是 20 端口。此时服务端开启的是 21 命令端口和大于 1024 的数据连接端口,客户端开启的是大于 1024 的两个端口。

主动模式是从服务器端向客户端发起连接;而被动模式是客户端向服务器端发起连接。两者的共同点是都使用 21 端口进行用户验证及管理,差别在于传送数据的方式不同。

11.3.2 vsftp 的安装与配置

在 Linux 系统下,vsftp 是一款应用比较广泛的 FTP 软件,其特点是小巧轻快,安全易用。目前在开源操作系统中常用的 FTP 软件除 vsftp 外,主要有 proftpd、pureftpd 和 wu-ftpd,各个 FTP 软件并无优劣之分,读者可选择熟悉的 FTP 软件。

1.安装 vsftpd

安装此 FTP 软件可以采用 rpm 包或源码的方式,rpm 包可以在系统安装盘中找到。安装过程如示例 11-11 所示。

【示例 11-11】

```
#使用 rpm 包安装 vsftp 软件
[root@rhel6 Packages]# rpm -ivh vsftpd-2.2.2-11.el6_3.1.x86_64.rpm
Preparing...                ########################################### [100%]
   1:vsftpd                 ########################################### [100%]
#安装的主要文件及其安装路径,部分结果省略
[root@rhel6 Packages]# rpm -qpl vsftpd-2.2.2-11.el6_3.1.x86_64.rpm
#vsftp 起停脚本
/etc/rc.d/init.d/vsftpd
#保存认证用户
/etc/vsftpd/ftpusers
/etc/vsftpd/user_list
#主配置文件
/etc/vsftpd/vsftpd.conf
#主程序
/usr/sbin/vsftpd
#安装完毕后检查是否安装成功
[root@rhel6 Packages]# rpm -qa|grep vsftp
vsftpd-2.2.2-11.el6_3.1.x86_64
#源码安装过程
#解压源码包
[root@rhel6 soft]# tar xvf vsftpd-2.2.2.tar.gz
#编译
```

```
[root@rhel6 vsftpd-2.2.2]# make
#安装
[root@rhel6 vsftpd-2.2.2]# make install
if [ -x /usr/local/sbin ]; then \
        install -m 755 vsftpd /usr/local/sbin/vsftpd; \
    else \
        install -m 755 vsftpd /usr/sbin/vsftpd; fi
if [ -x /usr/local/man ]; then \
        install -m 644 vsftpd.8 /usr/local/man/man8/vsftpd.8; \
        install -m 644 vsftpd.conf.5 /usr/local/man/man5/vsftpd.conf.5; \
    elif [ -x /usr/share/man ]; then \
        install -m 644 vsftpd.8 /usr/share/man/man8/vsftpd.8; \
        install -m 644 vsftpd.conf.5 /usr/share/man/man5/vsftpd.conf.5; \
    else \
        install -m 644 vsftpd.8 /usr/man/man8/vsftpd.8; \
        install -m 644 vsftpd.conf.5 /usr/man/man5/vsftpd.conf.5; fi
if [ -x /etc/xinetd.d ]; then \
        install -m 644 xinetd.d/vsftpd /etc/xinetd.d/vsftpd; fi
```

2．匿名 FTP 设置

示例 11-12 所示的情况允许匿名用户访问并上传文件，配置文件路径一般为/etc/vsftpd.conf，如果是使用 rpm 包安装，配置文件位于/etc/vsftpd/vsftpd.conf。

【示例 11-12】

```
#将默认目录赋予用户 ftp 权限以便可以上传文件
[root@rhel6 Packages]# chown -R ftp.users /var/ftp/pub/
[root@rhel6 Packages]# cat /etc/vsftpd/vsftpd.conf
listen=YES
#允许匿名登录
anonymous_enable=YES
#允许上传文件
anon_upload_enable=YES
write_enable=YES
#启用日志
xferlog_enable=YES
#日志路径
vsftpd_log_file=/var/log/vsftpd.log
#使用匿名用户登录时，映射到的用户名
ftp_username=ftp
```

3．启动 FTP 服务

启动 FTP 服务的过程如示例 11-13 所示。

【示例 11-13】

```
[root@rhel6 Packages]# /etc/init.d/vsftpd start
start vsftpd                                    [OK"]
#检查是否启动成功，默认配置文件位于/etc/vsftpd/vsftpd.conf
[root@rhel6 Packages]# ps -ef|grep vsftp
root       35417     1  0 18:09 ?        00:00:00 /usr/sbin/vsftpd /etc/vsftpd/vsftpd.conf
```

4．匿名用户登录测试

匿名用户登录测试的过程如示例 11-14 所示。

【示例 11-14】

```
#登录 ftp
[root@rhel6 Packages]# ftp 192.168.19.102 21
Connected to 192.168.19.102 (192.168.19.102).
220-welcome
220
#输入匿名用户名
Name (192.168.19.102:root): anonymous
331 Please specify the password.
#密码为空
Password:
#登录成功
230 Login successful.
Remote system type is UNIX.
Using binary mode to transfer files.
ftp> cd pub
250 Directory successfully changed.
#上传文件测试
ftp> put vsftpd-2.2.2-11.el6_3.1.x86_64.rpm
local: vsftpd-2.2.2-11.el6_3.1.x86_64.rpm        remote: vsftpd-2.2.2-11.el6_3.1.x86_64.rpm
227 Entering Passive Mode (192,168,19,102,126,133).
150 Ok to send data.
226 Transfer complete.
154584 bytes sent in 0.00748 secs (20663.55 Kbytes/sec)
```

```
#文件上传成功后退出
ftp> quit
221 Goodbye.
#查看上传后的文件信息，文件属于ftp用户
[root@rhel6 Packages]# ll /var/ftp/pub/
-rw------- 1 ftp ftp 154584 8ÔÂ  3 18:04 vsftpd-2.2.2-11.el6_3.1.x86_64.rpm
```

5．实名 FTP 设置

除配置匿名 FTP 服务之外，vsftp 还可以配置实名 FTP 服务器，以便实现更精确的权限控制。实名需要的用户认证信息位于/etc/vsftpd/目录下，vsftpd.conf 也位于此目录，用户启动时可以单独指定其他的配置文件，示例 11-15 中 FTP 认证采用虚拟用户认证。

【示例 11-15】

```
#编辑配置文件/etc/vsftpd/vsftpd.conf，配置如下
[root@rhel6 Packages]# cat /etc/vsftpd.conf
listen=YES
#绑定本机 IP
listen_address=192.168.3.100
#禁止匿名用户登录
anonymous_enable=NO
anon_upload_enable=NO
anon_mkdir_write_enable=NO
anon_other_write_enable=NO
#不允许 FTP 用户离开自己的主目录
chroot_list_enable=NO
#虚拟用户列表，每行一个用户名
chroot_list_file=/etc/vsftpd.chroot_list
#允许本地用户访问，默认为 YES
local_enable=YES
#允许写入
write_enable=YES
#上传后的文件默认的权限掩码
local_umask=022
#禁止本地用户离开自己的 FTP 主目录
chroot_local_user=YES
#权限验证需要的加密文件
pam_service_name=vsftpd.vu
#开启虚拟用户的功能
guest_enable=YES
```

```
#虚拟用户的宿主目录
guest_username=ftp
#用户登录后操作主目录和本地用户具有同样的权限
virtual_use_local_privs=YES
#虚拟用户主目录设置文件
user_config_dir=/etc/vsftpd/vconf
#编辑/etc/vsftpd.chroot_list，每行一个用户名
[root@rhel6 Packages]# cat /etc/vsftpd.chroot_list
user1
user2
#增加用户并指定主目录
[root@rhel6 Packages]# chmod -R 775 /data/user1 /data/user2
#设置用户名密码数据库
[root@rhel6 Packages]# echo -e "user1\npass1\nuser2\npass2">/etc/vsftpd/vusers.list
[root@rhel6 Packages]# cd /etc/vsftpd
[root@rhel6 vsftpd]# db_load -T -t hash -f vusers.list vusers.db
[root@rhel6 vsftpd]# chmod 600 vusers.*
#指定认证方式
[root@rhel6 vsftpd]# echo -e "#%PAM-1.0\n\nauth    required    pam_userdb.so db=/etc/vsftpd/vusers\naccount required pam_userdb.so db=/etc/vsftpd/vusers">/etc/pam.d/vsftpd.vu
[root@rhel6 vconf]# cd /etc/vsftpd/vconf
[root@rhel6 vconf]# ls
user1  user2
#编辑对用户的用户名文件，指定主目录
[root@rhel6 vconf]# cat user1
local_root=/data/user1
[root@rhel6 vconf]# cat user2
local_root=/data/user2
#创建标识文件
[root@rhel6 vconf]# touch /data/user1/user1
[root@rhel6 vconf]# touch /data/user2/user2
[root@rhel6 vconf]# ftp 192.168.3.100
Connected to 192.168.3.100.
220 (vsFTPd 2.2.4)
#输入用户名和密码
Name (192.168.3.100:root): user1
331 Please specify the password.
Password:
```

```
230 Login successful.
Remote system type is UNIX.
Using binary mode to transfer files.
#查看文件
ftp> ls
229 Entering Extended Passive Mode (|||12332|)
150 Here comes the directory listing.
-rw-r--r--    1 0        0               0 Aug 07 03:14 user1
226 Directory send OK.
ftp> quit
221 Goodbye.
[root@rhel6 vconf]# ftp 192.168.3.100
Connected to 192.168.3.100.
220 (vsFTPd 2.0.4)
Name (192.168.3.100:root): user2
331 Please specify the password.
Password:
230 Login successful.
Remote system type is UNIX.
Using binary mode to transfer files.
ftp> ls
229 Entering Extended Passive Mode (|||53953|)
150 Here comes the directory listing.
-rw-r--r--    1 0        0               0 Aug 07 03:14 user2
226 Directory send OK.
#上传文件测试
ftp> put tt
local: tt remote: tt
229 Entering Extended Passive Mode (|||65309|)
150 Ok to send data.
100% |***********************************************************************|
20    558.03 KB/s    00:00 ETA
226 File receive OK.
20 bytes sent in 00:00 (82.75 KB/s)
ftp> quit
```

vsftp 可以指定某些用户不能登录 ftp 服务器、支持 SSL 连接、限制用户上传速率等，更多配置可参考帮助文档。

11.3.3 proftpd 的安装与配置

proftpd 为开放源码的 FTP 软件，其配置与 Apache 类似，相对于 wu-ftpd，其在安全性和可伸缩性等方面都有很大的提高。

1．安装 proftpd

最新的源码可以在 http://www.proftpd.org/获取，最新版本为 1.3.5，本节采用源码安装的方式安装，安装过程如示例 11-16 所示。

【示例 11-16】

```
#使用源码安装
[root@rhel6 soft]# tar xvf proftpd-1.3.4d.tar.gz
[root@rhel6 soft]# cd proftpd-1.3.4d
[root@rhel6 proftpd-1.3.4d]#
[root@rhel6 proftpd-1.3.4d]# ./configure --prefix=/usr/local/proftp
[root@rhel6 proftpd-1.3.4d]# make
[root@rhel6 proftpd-1.3.4d]# make install
#安装完毕后主要的目录
[root@rhel6 proftpd-1.3.4d]# cd /usr/local/proftp/
[root@rhel6 proftp]# ls
bin  etc  include  lib  libexec  sbin  share  var
```

2．匿名 FTP 设置

根据上面的安装路径，配置文件默认位置在/usr/local/proftp/etc/proftpd.conf，允许匿名用户访问并上传文件的配置，如示例 11-17 所示。

【示例 11-17】

```
#将默认目录赋予用户 ftp 权限以便上传文件
[root@rhel6 Packages]# chown -R ftp.users /var/ftp/pub/
[root@rhel6 proftp]# cat /usr/local/proftp/etc/proftpd.conf
ServerName                      "ProFTPD Default Installation"
ServerType                      standalone
DefaultServer                   on
Port                            21
Umask                           022
#最大实例数
MaxInstances                    30
#FTP 启动后将切换到此用户和组运行
User     myftp
```

```
  Group                 myftp


  AllowOverwrite         on
#匿名服务器配置
<Anonymous ~>
  User                   ftp
  Group                  ftp
  UserAlias              anonymous ftp
  MaxClients             10
#权限控制,设置可写
  <Limit WRITE>
    AllowAll
  </Limit>
</Anonymous>
```

3. 启动 FTP 服务

启动 FTP 服务的过程如示例 11-18 所示。

【示例 11-18】

```
[root@rhel6 proftp]# /usr/local/proftp/sbin/proftpd  &
#检查是否启动成功,默认配置文件位于/etc/vsftpd/vsftpd.conf
[root@rhel6 proftp]# ps -ef|grep proftpd
myftp     21685     1  0 02:33 ?        00:00:00 proftpd: (accepting connections)
```

4. 匿名用户登录测试

匿名用户登录测试的过程如示例 11-19 所示。

【示例 11-19】

```
#登录 ftp
[root@rhel6 proftp]# ftp 192.168.3.100
Connected to 192.168.3.100 (192.168.3.100).
220 ProFTPD 1.3.4d Server (ProFTPD Default Installation) [::ffff:192.168.3.100]
Name (192.168.3.100:root): anonymous
331 Anonymous login ok, send your complete email address as your password
Password:
230 Anonymous access granted, restrictions apply
Remote system type is UNIX.
Using binary mode to transfer files.
ftp> put /etc/vsftpd.conf vsftpd.conf
local: /etc/vsftpd.conf remote: vsftpd.conf
```

```
227 Entering Passive Mode (192,168,3,100,218,82).
150 Opening BINARY mode data connection for vsftpd.conf
226 Transfer complete
456 bytes sent in 7.4e-05 secs (6162.16 Kbytes/sec)
ftp> ls -l
227 Entering Passive Mode (192,168,3,100,215,195).
150 Opening ASCII mode data connection for file list
-rw-r--r--   1 ftp      ftp           456 Jun 13 19:13 vsftpd.conf
ftp> quit
221 Goodbye.
#查看上传后的文件信息,文件属于ftp用户
[root@rhel6 proftp]# ls -l /var/ftp/vsftpd.conf
-rw-r--r--. 1 ftp ftp 456 Jun 14 03:13 /var/ftp/vsftpd.conf
```

5．实名FTP设置

除配置匿名 FTP 服务之外，proftpd 还可以配置实名 FTP 服务器，以便实现更精确的权限控制。比如登录权限、读写权限，并可以针对每个用户单独控制，配置过程如示例 11-20 所示，本示例用户认证方式为 Shell 系统用户认证。

【示例 11-20】

```
#登录使用系统用户验证
[root@rhel6 bin]# useradd -d /data/user1 -m user1
[root@rhel6 bin]# useradd -d /data/user2 -m user2
#编辑配置文件,增加以下配置
[root@rhel6 bin]# cat    /usr/local/proftp/etc/proftpd.conf
#部分内容省略
<VirtualHost 192.168.3.100>
    DefaultRoot          /data/guest
    AllowOverwrite       no
    <Limit STOR MKD RETR >
        AllowAll
    </Limit>
    <Limit DIRS WRITE READ DELE RMD>
        AllowUser user1 user2
        DenyAll
    </Limit>
</VirtualHost>
#启动
[root@rhel6 bin]# /usr/local/proftp/sbin/proftpd &
```

```
[root@rhel6 bin]# chmod -R 777 /data/guest/
[root@rhel6 bin]# ftp 192.168.3.100
Connected to 192.168.3.100 (192.168.3.100).
220 ProFTPD 1.3.4d Server (ProFTPD Default Installation) [::ffff:192.168.3.100]
#输入用户名和密码
Name (192.168.3.100:root): user2
331 Password required for user2
Password:
230 User user2 logged in
Remote system type is UNIX.
Using binary mode to transfer files.
#上传文件测试
ftp> put    prxs
local: prxs remote: prxs
227 Entering Passive Mode (192,168,3,100,186,130).
150 Opening BINARY mode data connection for prxs
226 Transfer complete
7700 bytes sent in 0.000126 secs (61111.11 Kbytes/sec)
ftp> quit
221 Goodbye.
```

proftpd 设置文件中使用原始的 FTP 指令实现更细粒度的权限控制，可以针对每个用户设置单独的权限，常见的 FTP 命令集如下。

- ALL 表示所有指令，但不包含 LOGIN 指令。
- DIRS 包含 CDUP、CWD、LIST、MDTM、MLSD、MLST、NLST、PWD、RNFR、STAT、XCUP、XCWD、XPWD 指令集。
- LOGIN 包含客户端登录指令集。
- READ 包含 RETR、SIZE 指令集。
- WRITE 包含 APPE、DELE、MKD、RMD、RNTO、STOR、STOU、XMKD、XRMD 指令集，每个指令集的具体作用可参考帮助文档。

以上示例为使用当前的系统用户登录 FTP 服务器，为避免安全风险，proftpd 的权限可以和 MySQL 相结合以实现更丰富的功能，更多配置可参考帮助文档。

11.3.4　如何设置 FTP 才能实现文件上传

FTP 的登录方式可分为系统用户和虚拟用户。

- 系统用户是指使用当前 Shell 中的系统用户登录 FTP 服务器，用户登录后对于主目录具有和 Shell 中相同的权限，目录权限可以通过 chmod 和 chown 命令设置。
- 虚拟用户的特点是只能访问服务器为其提供的 FTP 服务，而不能访问系统的其他资源。所以，如果想让用户对 FTP 服务器站内具有写权限，但又不允许访问系统其他资源，可以使用虚拟用户来提高系统的安全性。在 vsftp 中，认证这些虚拟用户使用的是单独的口令库文件（pam_userdb），由可插入认证模块（PAM）认证。使用这种方式更加安全，并且配置更加灵活。

11.4 小结

本章介绍了 NFS 的原理及其配置过程。NFS 主要用于需要数据一致性的场合，比如 Apache 服务可能需要共同的存储服务，而前端的 Apache 接入则可能有多台服务器，通过 NFS 用户可以将一份数据挂载到多台机器上，这时客户端看到的数据将是一致的，如需修改则修改一份数据即可。

Samba 常用于 Linux 和 Windows 中的文件共享，本章介绍了 Samba 的原理及其配置过程。通过 Samba，开发者可以在 Windows 中方便地编辑 Linux 系统的文件，通过利用 Windows 中强大的编辑工具可以大大提高开发者的效率。

11.5 习题

一、填空题

1．NFS 服务由 5 个后台进程组成，分别是_____、_____、_____、_____和_____。

2．Windows 与 Linux 之间的文件共享可以采用多种方式，常用的是_____和_____。

3．要安装 samba 服务器，可以采用两种方法：_____和_____。

二、选择题

关于 FTP 描述不正确的是（　　）。

A　FTP 使用两个端口，一个数据端口和一个命令端口

B　FTP 的登录方式可分为系统用户和普通用户

C　FTP 是仅基于 TCP 的服务，不支持 UDP

D　FTP 已经成为计算机网络上文件共享的一个标准

第 12 章
搭建MySQL服务

MySQL 是一个关系型数据库管理系统，是目前使用最多的开放源代码的免费数据库软件。无论是在 Linux 平台，还是在 Windows 平台，都有很多中小企业用它来存储和管理数据。在 MySQL 的官方网站 http://www.mysql.com 上，有关于 MySQL 的最新信息。要使用 MySQL 数据库，首先要了解如何进行安装和配置。

本章主要涉及的知识点有：

- MySQL 的安装与配置
- MySQL 的存储引擎
- MySQL 的权限管理、日志管理、备份与恢复
- MySQL 的复制功能

12.1 MySQL 简介

MySQL 是世界上最流行的开源数据库，源码公开意味着任何开发者只要遵守 GPL 的协议都可以对 MySQL 的源码使用或修改。MySQL 可以支持多种平台。从小型的 Web 应用到大型企业的应用，MySQL 都能经济有效地支撑。

MySQL 虽然是免费的，但同其他商业数据库一样，也具有数据库系统的通用性，提供了数据的存取、增加、修改、删除或更加复杂的数据操作。同时 MySQL 是关系型数据库系统，支持标准的结构化查询语言，同时 MySQL 为客户端提供了不同的程序接口和链接库，如 C、C++、Java、PHP 等。

MySQL 如此多的优点给许多中小应用提供了不错的选择。尤其是对一些中小企业，无论是从降低成本，还是从性能方面考虑，采用 MySQL 作为其数据支撑系统都是一种可行的方案。

12.2 MySQL 服务的安装与配置

MySQL 可以支持多种平台，如 Windows、UNIX、FreeBSD 或其他 Linux 系统。MySQL 如何安装、如何配置，MySQL 有哪些启动方式，MySQL 服务如何停止，要了解这些知识，就要阅读本节的内容。

12.2.1 MySQL 的版本选择

安装 MySQL 首先要确定使用哪个版本。MySQL 的开发有几个发布系列，可以选择最适合要求的一个版本。MySQL 的每个版本提供了二进制版本和源码，开发者可以自由选择安装。在最新的 5.6 版本中，数据库的可扩展性、集成度以及查询性能都得到了提升。新增功能包括实现全文搜索、开发者可以通过 InnoDB 存储引擎列表进行索引和搜索基于文本的信息；InnoDB 重写日志文件容量也增至 2TB，能够提升写密集型应用程序的负载性能；加速 MySQL 复制；提供新的编程接口，使用户可以将 MySQL 与新的和原有的应用程序以及数据存储无缝集成。MySQL 5.1 是当前稳定并且使用广泛的发布系列。它只针对漏洞修复重新发布；没有增加会影响稳定性的新功能。MySQL 4.x 是旧的稳定发布系列，目前只有少量用户使用。

本章将以 MySQL 5.1.71 版本为例说明 MySQL 的安装和使用。安装之前有必要了解一下 MySQL 的版本命名机制。

12.2.2 MySQL 的版本命名机制

MySQL 的版本命名机制使用由数字和一个后缀组成的版本号，如 mysql-5.1.71 版本号的解释如下。

- 第 1 个数字 5 是主版本号，相同主版本号具有相同的文件格式。
- 第 2 个数字 1 是发行级别，主版本号和发行级别组合到一起便构成了发行序列号。
- 第 3 个数字 71 是在此发行系列的版本号，随每个新分发版本递增。

同时版本号可能包含后缀，如 alpha、beta 和 rc。

alpha 表明发行包含大量未被彻底测试的新代码，包含新功能，一般作为新功能体验使用。beta 意味着该版本功能是完整的，并且所有的新代码被测试，没有增加重要的新特征，没有已知的缺陷。rc 是发布版本，表示一个发行了一段时间的 beta 版本，运行正常，只增加了很少的修复。如果没有后缀，如 mysql-5.1.71-linux-i686-icc-glibc23.tar，这意味着该版本已经在很多地方运行一段时间了，而且没有非平台特定的缺陷报告，可以认为是稳定版。

12.2.3　MySQL rpm 包安装

MySQL 的安装可以通过源码或 rpm 包安装，如要避免编译源代码的复杂配置，可以使用 rpm 包安装，MySQL 安装包的主要文件及安装过程如示例 12-1 所示。

【示例 12-1】

```
[root@rhel6 Packages]# ls
#主要包含 MySQL 客户端的一些工具，如 mysql、mysqlbinlog 等
mysql-5.1.71-2.el6_3.x86_64.rpm
#MySQL 开发包，包含了 MySQL 开发需要的一些头文件
mysql-devel-5.1.71-2.el6_3.x86_64.rpm
#主要包含 MySQL 开发时需要的库文件
mysql-libs-5.1.71-2.el6_3.x86_64.rpm
#MySQL 服务端，如 mysqld_safe、mysqld 等
mysql-server-5.1.71-2.el6_3.x86_64.rpm
#使用 rpm 安装 MySQL
[root@rhel6 Packages]# rpm -ivh mysql-libs-5.1.71-2.el6_3.x86_64.rpm
warning: mysql-libs-5.1.71-2.el6_3.x86_64.rpm: Header V3 RSA/SHA1 Signature, key ID c105b9de: NOKEY
   Preparing...                ########################################### [100%]
      1:mysql-libs             ########################################### [100%]
[root@rhel6 Packages]# rpm -ivh mysql-5.1.71-2.el6_3.x86_64.rpm
warning: mysql-5.1.71-2.el6_3.x86_64.rpm: Header V3 RSA/SHA1 Signature, key ID c105b9de: NOKEY
   Preparing...                ########################################### [100%]
      1:mysql                  ########################################### [100%]
[root@rhel6 Packages]# rpm -ivh mysql-devel-5.1.71-2.el6_3.x86_64.rpm
warning: mysql-devel-5.1.71-2.el6_3.x86_64.rpm: Header V3 RSA/SHA1 Signature, key ID c105b9de: NOKEY
   Preparing...                ########################################### [100%]
      1:mysql-devel            ########################################### [100%]
[root@rhel6 Packages]# rpm -ivh mysql-server-5.1.71-2.el6_3.x86_64.rpm
warning: mysql-server-5.1.71-2.el6_3.x86_64.rpm: Header V3 RSA/SHA1 Signature, key ID c105b9de: NOKEY
   Preparing...                ########################################### [100%]
      1:mysql-server           ########################################### [100%]
#查看安装后的文件路径
[root@rhel6 Packages]# which mysql mysqld_safe mysqlbinlog mysqldump
/usr/bin/mysql
```

```
/usr/bin/mysqld_safe
/usr/bin/mysqlbinlog
/usr/bin/mysqldump
```

如需查看每个安装包包含的详细文件列表，可以使用"rpm -qpl 包名"查看，该命令列出了当前 rpm 包的文件列表及安装位置。安装过程中如果提示依赖关系，一般可以从操作系统安装盘中找到，如示例 12-2 所示。

【示例 12-2】

```
[root@rhel6 Packages]# rpm -ivh mysql-server-5.1.71-2.el6_3.x86_64.rpm
warning: mysql-server-5.1.71-2.el6_3.x86_64.rpm: Header V3 RSA/SHA1 Signature, key ID c105b9de: NOKEY
error: Failed dependencies:
        perl-DBD-MySQL is needed by mysql-server-5.1.71-2.el6_3.x86_64
#在操作系统安装盘中找到并安装
[root@rhel6 Packages]# rpm -ivh perl-DBD-MySQL-4.013-3.el6.x86_64.rpm
warning: perl-DBD-MySQL-4.013-3.el6.x86_64.rpm: Header V3 RSA/SHA256 Signature, key ID c105b9de: NOKEY
Preparing...                ########################################### [100%]
   1:perl-DBD-MySQL         ########################################### [100%]
```

安装 mysql-server-5.1.71-2.el6_3.x86_64.rpm 时提示依赖的 perl-DBD-MySQL 没有安装，从安装盘中找到安装后，mysql-server-5.1.71-2.el6_3.x86_64.rpm 顺利完成安装，其他依赖关系可参考此方法。经过上述过程，使用 rpm 包安装 MySQL 已经完成，安装的二进制文件一般位于/usr/bin 目录。

12.2.4 MySQL 源码安装

用户可以从 http://dev.mysql.com/Downloads/ 下载最新稳定版的源代码，下面说明 MySQL 的安装过程，其他版本的安装过程类似，如示例 12-3 所示。

【示例 12-3】

```
[root@rhel6 soft]# tar xvf mysql-5.1.71.tar.gz
#MySQL 服务启动后默认以 mysql 用户和用户组运行，因此需要添加对应的用户和用户组
[root@rhel6 soft]# useradd mysql
[root@rhel6 soft]# groupadd mysql
[root@rhel6 soft]# cd mysql-5.1.71
#检查系统环境并配置
[root@rhel6 mysql-5.1.71]#  ./configure  --prefix=/usr/local/mysql/
--enable-local-infile --with-extra-charsets=all  --with-plugins=innobase
```

```
checking build system type... x86_64-unknown-linux-gnu
checking host system type... x86_64-unknown-linux-gnu
checking target system type... x86_64-unknown-linux-gnu
checking for a BSD-compatible install... /usr/bin/install -c
checking whether build environment is sane... yes
checking for a thread-safe mkdir -p... /bin/mkdir -p
#中间结果省略
checking for gawk... gawk
#编译 MySQL
[root@rhel6 mysql-5.1.71]#make
#安装 MySQL
[root@rhel6 mysql-5.1.71]#make install
```

上述命令表示将 MySQL 软件安装到/usr/local/mysql 目录下，--enable-local-infile 表示可以使用 LOAD 命令导入本地和远程文件，--with-extra-charsets 表示支持更多的字符集，--with-plugins 表示 MySQL 数据库可以支持哪些数据库引擎。

安装过程中如提示 "g++ not found"，可使用以下方法安装，如示例 12-4 所示。

【示例 12-4】

```
#首先挂载完光驱，然后执行以下操作
[root@rhel6 Packages]# rpm -ivh libstdc++-devel-4.4.7-3.el6.x86_64.rpm
warning: libstdc++-devel-4.4.7-3.el6.x86_64.rpm: Header V3 RSA/SHA1 Signature, key ID c105b9de: NOKEY
   Preparing...                ########################################### [100%]
      1:libstdc++-devel        ########################################### [100%]
[root@rhel6 Packages]# rpm -Uvh gcc-c++-4.4.7-3.el6.x86_64.rpm
warning: gcc-c++-4.4.7-3.el6.x86_64.rpm: Header V3 RSA/SHA1 Signature, key ID c105b9de: NOKEY
   Preparing...                ########################################### [100%]
      1:gcc-c++                ########################################### [100%]
```

安装 MySQL 过程中如需查看其他选项设置，可以使用./configure --help 查看或参考相关文档。

12.2.5 MySQL 程序介绍

MySQL 版本中提供了几种类型的命令行程序，主要有以下几类。

（1）MySQL 服务器和服务器启动脚本

- mysqld 是 MySQL 服务器主程序
- mysqld_safe、mysql.server 和 mysqld_multi 是服务器启动脚本
- mysql_install_db 是初始化数据目录和初始数据库

(2) 访问服务器的客户程序

- mysql 是一个命令行客户程序，用于交互式或以批处理模式执行 SQL 语句
- mysqladmin 是用于管理功能的客户程序
- mysqlcheck 执行表维护操作
- mysqldump 和 mysqlhotcopy 负责数据库备份
- mysqlimport 导入数据文件
- mysqlshow 显示信息数据库和表的相关信息
- mysqldumpslow 分析慢查询日志的工具

(3) 独立于服务器操作的工具程序

- myisamchk 执行表维护操作
- myisampack 产生压缩、只读的表
- mysqlbinlog 是查看二进制日志文件的实用工具
- perror 显示错误代码的含义

除了上面介绍的这些随 MySQL 一起发布的命令行工具外，还有一些 GUI 工具，需单独下载使用。

12.2.6 MySQL 配置文件介绍

如使用 rpm 包安装，MySQL 的配置文件位于/etc/my.cnf，MySQL 配置文件的搜索顺序可以使用以下命令查看，如示例 12-5 所示。

【示例 12-5】

```
[root@rhel6 Packages]# /usr/libexec/mysqld --help --verbose|grep -B1 -i "my.cnf"
Default options are read from the following files in the given order:
/etc/mysql/my.cnf /etc/my.cnf ~/.my.cnf
```

上述示例结果表示该版本的 MySQL 搜索配置文件的路径依次为/etc/mysql/my.cnf、/etc/my.cnf 和~/.my.cnf。为便于管理，在只有一个 MySQL 实例的情况下一般将配置文件部署在/etc/my.cnf。

如使用源码包安装，如安装在/usr/local/mysql，一些参考配置文件可以位于/usr/local/mysql/share/mysql 目录下，MySQL 配置文件常用选项（mysqld 选项段）说明如表 12.1 所示。

表 12.1 MySQL 配置文件常用参数说明

参数	说明
bind-address	MySQL 实例启动后绑定的 IP
port	MySQL 实例启动后监听的端口
socket	本地 socket 方式登录 MySQL 时的 socket 文件路径

(续表)

参数	说明
datadir	MySQL 数据库相关的数据文件主目录
tmpdir	MySQL 保存临时文件的路径
skip-external-locking	跳过外部锁定
back_log	在 MySQL 的连接请求等待队列中允许存放的最大连接数
character-set-server	MySQL 默认字符集
key_buffer_size	索引缓冲区,决定了 myisam 数据库索引处理的速度
max_connections	MySQL 允许的最大链接数
max_connect_errors	客户端连接指定次数后,服务器将屏蔽该主机的连接
table_cache	设置表高速缓存的数量
max_allowed_packet	网络传输中,一次消息传输量的最大值
binlog_cache_size	在事务过程中容纳二进制日志 SQL 语句的缓存大小
sort_buffer_size	用来完成排序操作的线程使用的缓冲区大小
join_buffer_size	将为两个表之间的每个完全连接分配连接缓冲区
thread_cache_size	线程缓冲区所能容纳的最大线程个数
thread_concurrency	限制了一次有多少线程能进入内核
query_cache_size	为缓存查询结果分配的内存数量
query_cache_limit	如查询结果超过此参数设置的大小将不进行缓存
ft_min_word_len	加入索引的词的最小长度
thread_stack	每个连接创建时分配的内存
transaction_isolation	MySQL 数据库事务隔离级别
tmp_table_size	临时表的最大大小
net_buffer_length	服务器和客户之间通信所使用的缓冲区长度
read_buffer_size	对数据表作顺序读取时分配的 MySQL 读入缓冲区大小
read_rnd_buffer_size	MySQL 的随机读缓冲区大小
max_heap_table_size	HEAP 表允许的最大值
default-storage-engine	MySQL 创建表时默认的字符集
log-bin	MySQL 二进制文件 binlog 的路径和文件名
server-id	主从同步时标识唯一的 MySQL 实例
slow_query_log	是否开启慢查询,为 1 表示开启
long_query_time	超过此值则认为是慢查询,记录到慢查询日志
log-queries-not-using-indexes	如 SQL 语句没有使用索引,则将 SQL 语句记录到慢查询日志中
expire-logs-days	MySQL 二进制文件 binlog 保留的最长时间
replicate_wild_ignore_table	MySQL 主从同步时忽略的表
replicate_wild_do_table	与 replicate_wild_ignore_table 相反,指定 MySQL 主从同步时需要同步的表
innodb_data_home_dir	InnoDB 数据文件的目录
innodb_file_per_table	启用独立表空间
innodb_data_file_path	Innodb 数据文件位置
innodb_log_group_home_dir	用来存放 InnoDB 日志文件的目录路径
innodb_additional_mem_pool_size	InnoDB 存储的数据目录信息和其他内部数据结构的内存池大小

(续表)

参数	说明
innodb_buffer_pool_size	InnoDB 存储引擎的表数据和索引数据的最大内存缓冲区大小
innodb_file_io_threads	I/O 操作的最大线程个数
innodb_thread_concurrency	Innodb 并发线程数
innodb_flush_log_at_trx_commit	Innodb 日志提交方式
innodb_log_buffer_size	InnoDB 日志缓冲区大小
innodb_log_file_size	InnoDB 日志文件大小
innodb_log_files_in_group	Innodb 日志个数
innodb_max_dirty_pages_pct	当内存中的脏页量达到 innodb_buffer_pool 大小的该比例时%时，刷新脏页到磁盘
innodb_lock_wait_timeout	InnoDB 行锁导致的死锁等待时间
slave_compressed_protocol	主从同步时是否采用压缩传输 binlog
skip-name-resolve	跳过域名解析

不同版本的配置文件参数略有不同，具体可参考官方网站的帮助文档。如果选项名称配置错误，MySQL 将不能启动。

12.2.7 MySQL 的启动与停止

MySQL 服务可以通过多种方式启动，常见的是利用 MySQL 提供的系统服务脚本启动，另外一种是通过命令行 mysqld_safe 启动。

1．通过系统服务启动与停止

如使用 rpm 包安装，rpm 包会自动将 MySQL 设置为系统服务，同时可以利用 service mysql start 查看 MySQL 是否为系统服务，可以使用下面的命令，如示例 12-6 所示。

【12-6】

```
[root@rhel6 mysql]# chkconfig --list|grep -i mysql
mysqld          0:off   1:off   2:off   3:off   4:off   5:off   6:off
[root@rhel6 mysql]# chkconfig --level 35 mysqld on
#查看系统启动脚本位置
[root@rhel6 mysql]# ls -l /etc/rc3.d/*mysql*
lrwxrwxrwx 1 root root 16 Aug  6 22:12 /etc/rc3.d/S64mysqld -> ../init.d/mysqld
```

首先利用 chkconfig 查看系统服务，显示结果为 off，表示 MySQL 并没有设置为开机自动启动模式，可以通过 chkconfig 命令将 mysqld 系统服务设置为开机自动启动，同时/etc/rcN.d 目录下存放了控制 mysqld 服务起停的控制脚本。

经过上述步骤,MySQL 成为系统服务并且开机自动启动,如需启动或停止 MySQL,可以使用示例 12-7 中的命令。

【示例 12-7】

```
#安装完成后提供的默认配置文件
[root@rhel6 ~]# cat  /etc/my.cnf
[root@rhel6 ~]# cat  -n /etc/my.cnf
    1  [mysqld]
    2  datadir=/var/lib/mysql
    3  socket=/var/lib/mysql/mysql.sock
    4  user=mysql
    5  # Disabling symbolic-links is recommended to prevent assorted security risks
    6  symbolic-links=0
    7
    8  [mysqld_safe]
    9  log-error=/var/log/mysqld.log
   10  pid-file=/var/run/mysqld/mysqld.pid
#启动 MySQL 服务
[root@rhel6 ~]# service mysqld  start
Starting mysqld:                                           [  OK  ]
#查看 MySQL 启动状态
[root@rhel6 ~]# service mysqld  status
mysqld (pid  20530) is running...
#利用 ps 命令查看 MySQL 服务相关进程
[root@rhel6 ~]# ps -ef|grep mysql
root      20662     1  0 22:23 pts/4    00:00:00 /bin/sh /usr/bin/mysqld_safe
--datadir=/var/lib/mysql                   --socket=/var/lib/mysql/mysql.sock
--pid-file=/var/run/mysqld/mysqld.pid --basedir=/usr --user=mysql
   mysql   20751 20662  1 22:23 pts/4    00:00:00 /usr/libexec/mysqld --basedir=/usr
--datadir=/var/lib/mysql       --user=mysql        --log-error=/var/log/mysqld.log
--pid-file=/var/run/mysqld/mysqld.pid --socket=/var/lib/mysql/mysql.sock
   root    20799 23692  1 22:23 pts/4    00:00:00 grep mysql
#MySQL 启动后默认的数据目录
[root@rhel6 ~]# ls -lh /var/lib/mysql
total 21M
-rw-rw---- 1 mysql mysql 5.0M Aug  6 22:23 ib_logfile0
-rw-rw---- 1 mysql mysql 5.0M Aug  6 12:42 ib_logfile1
-rw-rw---- 1 mysql mysql  10M Aug  6 22:19 ibdata1
drwx------ 2 mysql root  4.0K Aug  6 12:42 mysql
```

```
srwxrwxrwx 1 mysql mysql    0 Aug  6 22:23 mysql.sock
drwx------ 2 mysql root  4.0K Aug  6 13:36 test
#登录测试
[root@rhel6 ~]# mysql -uroot
Welcome to the MySQL monitor.  Commands end with ; or \g.
Your MySQL connection id is 2
Server version: 5.1.71 Source distribution

Copyright (c) 2000, 2012, Oracle and/or its affiliates. All rights reserved.

Oracle is a registered trademark of Oracle Corporation and/or its
affiliates. Other names may be trademarks of their respective
owners.

Type 'help;' or '\h' for help. Type '\c' to clear the current input statement.

mysql> SELECT version();
+-----------+
| version() |
+-----------+
| 5.1.71    |
+-----------+
1 row in set (0.00 sec)

mysql> quit
Bye
#通过系统服务停止 MySQL 服务
[root@rhel6 ~]# service mysqld stop
Stopping mysqld:                                           [  OK  ]
```

查看了通过 rpm 包安装后的配置文件内容，分别指定了 datadir、socket 和启动后以什么用户运行，然后利用系统服务启动 MySQL，命令为 service mysqld start，启动后利用 service mysqld status 或 ps 命令查看 MySQL 服务状态。同时 ps 命令显示了更多的信息。

 如果 MySQL 服务后查看相关的数据目录和文件，除通过配置文件之外，还可以通过 ps 命令查看，如上述示例中的 datadir 位于 /var/lib/mysql 目录下。

MySQL 成功启动后就可以进行正常的操作了，初始化用户名为 root，密码为空。使用 mysql -uroot 可以成功登录 mysql。

如需停止 MySQL，可以通过 service mysqld stop 的方式停止 MySQL。

2．利用 mysqld_safe 程序启动和停止 MySQL 服务

如同一系统中存在多个 MySQL 实例，使用 MySQL 提供的系统服务已经不能满足要求，这时可以通过 MySQL 安装程序提供的 mysqld_safe 程序启动和停止 MySQL 服务。

由于/var/lib/mysql 为 MySQL 服务的默认数据目录，同时可以通过配置指定其他数据目录。假设 MySQL 数据文件目录位于/data/mysql_data_3307，端口设置为 3307，示例 12-8 演示了设置启动和停止过程。

【示例 12-8】

```
[root@rhel6 ~]# mkdir -p /data/mysql_data_3307
[root@rhel6 ~]# chown -R mysql.mysql /data/mysql_data_3307/
[root@rhel6 ~]# mysql_install_db --datadir=/data/mysql_data_3307/ --user=mysql
#部分结果省略
Installing MySQL system tables...
OK
Filling help tables...
OK
#部分结果省略
#查看系统表相关数据库
[root@rhel6 ~]# ls -lh /data/mysql_data_3307/
total 8.0K
drwx------ 2 mysql root 4.0K Aug  6 22:41 mysql
drwx------ 2 mysql root 4.0K Aug  6 22:41 test
[root@rhel6      ~]#      mysqld_safe           --datadir=/data/mysql_data_3307
--socket=/data/mysql_data_3307/mysql.sock  --port=3307  --user=mysql &
[1] 21127
[root@rhel6      ~]#      130806      22:42:36      mysqld_safe      Logging     to
'/data/mysql_data_3307/rhel6.err'.
130806  22:42:36  mysqld_safe  Starting  mysqld  daemon  with  databases  from
/data/mysql_data_3307
[root@rhel6 ~]#
[root@rhel6 ~]# ps -ef|grep mysqld_safe
root       20953      1  0 22:33 pts/4    00:00:00 /bin/sh /usr/bin/mysqld_safe
--datadir=/var/lib/mysql                   --socket=/var/lib/mysql/mysql.sock
--pid-file=/var/run/mysqld/mysqld.pid --basedir=/usr --user=mysql
root       21127  23692  0 22:42 pts/4    00:00:00 /bin/sh /usr/bin/mysqld_safe
--datadir=/data/mysql_data_3307           --socket=/data/mysql_data_3307/mysql.sock
--port=3307 --user=mysql
```

```
    root       21203 23692  4 22:42 pts/4    00:00:00 grep mysqld_safe
[root@rhel6 ~]# netstat -plnt|grep 3307
tcp        0      0 0.0.0.0:3307                0.0.0.0:*                   LISTEN      21193/mysqld
[root@rhel6 ~]# mysql -S /data/mysql_data_3307/mysql.sock  -uroot
Welcome to the MySQL monitor.  Commands end with ; or \g.
Your MySQL connection id is 1
Server version: 5.1.71 Source distribution

Copyright (c) 2000, 2012, Oracle and/or its affiliates. All rights reserved.

Oracle is a registered trademark of Oracle Corporation and/or its
affiliates. Other names may be trademarks of their respective
owners.

Type 'help;' or '\h' for help. Type '\c' to clear the current input statement.
mysql> \s
--------------
mysql  Ver 12.14 Distrib 5.1.71, for redhat-linux-gnu (x86_64) using readline 5.1

Connection id:          2
Current database:
Current user:           root@localhost
SSL:                    Not in use
Current pager:          stdout
Using outfile:          ''
Using delimiter:        ;
Server version:         5.1.71 Source distribution
Protocol version:       10
Connection:             Localhost via UNIX socket
Server characterset:    latin1
Db     characterset:    latin1
Client characterset:    latin1
Conn.  characterset:    latin1
UNIX socket:            /data/mysql_data/mysql.sock
Uptime:                 10 min 11 sec

Threads: 1  Questions: 7  Slow queries: 0  Opens: 15  Flush tables: 1  Open tables: 8  Queries per second avg: 0.11
```

上述示例首先创建了启动 MySQL 服务需要的数据目录/data/mysql_data_3307，创建完成后通过 chown 将目录权限赋予 mysql 用户和 mysql 用户组。

mysql_install_db 程序用于初始化 MySQL 系统表，比如权限管理相关的 mysql.user 表等，初始化完成以后利用 mysqld_safe 程序启动，由于此示例并没有使用配置文件，需要设置的参数通过命令行参数指定，没有设置的参数则为默认值。

系统启动完成后可以通过本地 socket 方式登录，另外一种登录方式为 TCP 方式，这点将在下一节介绍，登录命令为 "mysql -S /data/mysql_data_3307/mysql.sock -uroot"。登录完成后第 1 行为欢迎信息，第 2 行显示了 MySQL 服务给当前连接分配的连接 ID，ID 用于标识唯一的连接。接着显示的为 MySQL 版本信息，然后是版权声明。同时给出了查看系统帮助的方法。"\s" 命令显示了 MySQL 服务的基本信息，如字符集、启动时间、查询数量、打开表的数量等，更多的信息可以查阅 MySQL 帮助文档。

以上示例演示了如何通过 mysqld_safe 命令启动 MySQL 服务，如需停止，可以使用示例 12-9 中的方法。

【示例 12-9】
```
[root@rhel6 ~]# mysqladmin -S /data/mysql_data/mysql.sock -uroot shutdown
130806 22:56:11 mysqld_safe mysqld from pid file /data/mysql_data/rhel6.pid ended
[1]+   Done          mysqld_safe   --datadir=/data/mysql_data
--socket=/data/mysql_data/mysql.sock --port=3307 --user=mysql
```

通过命令 mysqladmin 可以方便地控制 MySQL 服务的停止。同时 mysqladmin 支持更多的参数，比如查看系统变量信息、查看当前服务的连接等，更多信息可以通过 "mysqladmin –help" 命令查看。

除通过本地 socket 程序可以停止 MySQL 服务外，还可以通过远程 TCP 停止 MySQL 服务，前提为该账号具有 shutdown 权限，如示例 12-10 所示。

【示例 12-10】
```
[root@rhel6 ~]# mysql -S /data/mysql_data/mysql.sock -uroot
mysql> grant all on *.* to admin@'192.168.19.101' identified by "pass123";
Query OK, 0 rows affected (0.00 sec)
[root@rhel6 ~]# mysqladmin -uadmin -ppass123 -h192.168.19.101 -P3307 shutdown
[root@rhel6 ~]# 130806 23:01:22 mysqld_safe mysqld from pid file
/data/mysql_data/rhel6.pid ended
[1]+ Done mysqld_safe --datadir=/data/mysql_data --socket=/data/mysql_data/mysql.sock --port=3307 --user=mysql
[root@rhel6 ~]# mysql -S /data/mysql_data/mysql.sock -uroot
ERROR 2002 (HY000): Can't connect to local MySQL server through socket '/data/mysql_data/mysql.sock' (2)
```

由于具有 shutdown 等权限的用户可以远程停止 MySQL 服务，因此日常应用中应该避免分配具有此权限的账户。

除通过命令行指定参数设置方法外，另外可以指定配置文件，需要设置的参数都可以定义在文件中，使用配置文件启动和停止 MySQL 服务的操作如示例 12-11 所示。

【示例 12-11】
```
[root@rhel6 mysql_data]# cat -n my.cnf
    1  [mysqld]
    2  datadir = /data/mysql_data_3307
    3  socket  = /data/mysql_data_3307/mysql.sock
    4  port    = 3307
    5  user    = mysql
[root@rhel6 mysql_data]# mysqld_safe --defaults-file=/data/mysql_data_3307/my.cnf &
[1] 21496
[root@rhel6 mysql_data]# 130806 23:08:27 mysqld_safe Logging to '/data/mysql_data_3307/rhel6.err'.
130806 23:08:27 mysqld_safe Starting mysqld daemon with databases from /data/mysql_data_3307
[root@rhel6 mysql_data]# mysqladmin --defaults-file=/data/mysql_data_3307/my.cnf shutdown
```

如需禁止 MySQL 服务自动搜寻配置文件，可使用参数"--defaults-file"指定配置文件位置，上述示例演示了通过配置文件的方法启动和停止 MySQL 服务。

12.3 MySQL 基本管理

本节主要从 MySQL 登录方式、MySQL 存储引擎选择方面介绍 MySQL 的基本管理。

12.3.1 使用本地 socket 方式登录 MySQL 服务器

登录 MySQL 服务有两种方式，一种为本地的 socket 连接，只适用于本机登录本机；另一种为远程连接，是 TCP 连接，使用范围比较广泛，操作示例如示例 12-12 所示。

【示例 12-12】

```
#如直接使用 mysql 命令，首先会查找本地的 mysql.sock 文件
[root@rhel6 mysql-5.1.71]# mysql
ERROR 2002 (HY000): Can't connect to local MySQL server through socket '/tmp/mysql.sock' (2)
#查找 mysql.sock
[root@rhel6 mysql-5.1.71]# ps -ef|grep mysql|grep sock
mysql     4890  4821  0 21:54 pts/2    00:00:00 /usr/local/libexec/mysqld --basedir=/usr/local     --datadir=/var/lib/mysql     --user=mysql --log-error=/var/log/mysqld.log     --pid-file=/var/run/mysqld/mysqld.pid --socket=/var/lib/mysql/mysql.sock
#使用本地 mysql.sock 登录
[root@rhel6 mysql-5.1.71]# mysql -S /var/lib/mysql/mysql.sock
mysql> SELECT VERSION();
+-----------+
| VERSION() |
+-----------+
| 5.1.71    |
+-----------+
1 row in set (0.01 sec)
```

以上示例为使用默认的 root 用户登录数据库，MySQL 启动后 root 密码默认为空。

12.3.2 使用 TCP 方式登录 MySQL 服务器

如需要远程连接，要使用 MySQL 的 TCP 登录方式。通常需要提供一个 MySQL 用户名和密码。如果服务器运行在登录服务器之外的其他机器上，还需要指定主机名。远程连接的格式如示例 12-13 所示。

远程连接 MySQL 一般格式为：

```
mysql -uusername r -ppasswd -hhostname -Pport。
```

- -h 指定主机名或远程 MySQL 实例的 IP。
- -u 后面跟用户名。
- -p 后面跟连接 MySQL 的密码。
- -P 后面跟要连接的 MySQL 端口。

【示例 12-13】

```
[root@rhel6 mysql-5.1.71]# mysql -utestuser -ppasss123456 -h192.168.3.100 -P3307
Welcome to the MySQL monitor.  Commands end with ; or \g.
```

```
Your MySQL connection id is 5
Server version: 5.1.71 Source distribution
Copyright (c) 2000, 2010, Oracle and/or its affiliates. All rights reserved.
This software comes with ABSOLUTELY NO WARRANTY. This is free software,
and you are welcome to modify and redistribute it under the GPL v2 license
Type 'help;' or '\h' for help. Type '\c' to clear the current input statement.
mysql> \s
--------------
mysql  Ver 12.14 Distrib 5.1.71, for unknown-linux-gnu (x86_64) using EditLine wrapper

Connection id:          4
Current database:
Current user:           testuser@192.168.3.100
SSL:                    Not in use
Current pager:          stdout
Using outfile:          ''
Using delimiter:        ;
Server version:         5.1.71 Source distribution
Protocol version:       10
Connection:             192.168.3.100 via TCP/IP
Server characterset:    latin1
Db     characterset:    latin1
Client characterset:    latin1
Conn.  characterset:    latin1
TCP port:               3307
Uptime:                 44 min 2 sec
Threads: 1  Questions: 19  Slow queries: 0  Opens: 15  Flush tables: 1  Open tables: 8  Queries per second avg: 0.7
```

密码可以不在命令行指定，回车后显示 Enter password，如果密码输入正确则成功登录 MySQL。登录完毕显示一些介绍信息，比如 MySQL 发行版本、版权信息等。"mysql>" 提示符表示等待用户输入操作命令，用户就可以进行一些基本的操作了。

 如主机名为本机，采用此种方式时登录方式仍然为 TCP 方式，需要单独给本机 IP 或主机名分配权限。

12.3.3 MySQL 存储引擎

MySQL 支持多种存储引擎,如需查看当前 MySQL 服务器支持的存储引擎,可使用示例 12-14 中的命令。

【示例 12-14】

```
mysql> SHOW ENGINES \G
*************************** 1. row ***************************
      Engine: InnoDB
     Support: DEFAULT
     Comment: Supports transactions, row-level locking, and foreign keys
Transactions: YES
          XA: YES
  Savepoints: YES
*************************** 2. row ***************************
      Engine: MRG_MYISAM
     Support: YES
     Comment: Collection of identical MyISAM tables
Transactions: NO
          XA: NO
  Savepoints: NO
*************************** 3. row ***************************
      Engine: BLACKHOLE
     Support: YES
     Comment: /dev/null storage engine (anything you write to it disappears)
Transactions: NO
          XA: NO
  Savepoints: NO
*************************** 4. row ***************************
      Engine: CSV
     Support: YES
     Comment: CSV storage engine
Transactions: NO
          XA: NO
  Savepoints: NO
*************************** 5. row ***************************
      Engine: MEMORY
     Support: YES
     Comment: Hash based, stored in memory, useful for temporary tables
```

```
    Transactions: NO
             XA: NO
     Savepoints: NO
*************************** 6. row ***************************
         Engine: FEDERATED
        Support: NO
        Comment: Federated MySQL storage engine
   Transactions: NULL
             XA: NULL
     Savepoints: NULL
*************************** 7. row ***************************
         Engine: ARCHIVE
        Support: YES
        Comment: Archive storage engine
   Transactions: NO
             XA: NO
     Savepoints: NO
*************************** 8. row ***************************
         Engine: MyISAM
        Support: YES
        Comment: Default engine as of MySQL 3.23 with great performance
   Transactions: NO
             XA: NO
     Savepoints: NO
8 rows in set (0.00 sec)
```

MySQL 常用的存储引擎有 MyISAM、InnoDB、MEMORY、MERGE 等，其中 InnoDB 提供事务支持，其他存储引擎则不支持事务功能。

MyISAM 存储引擎不支持事务，不支持外键，但其访问速度快，适用于对事务完整性没有要求的场合。

InnoDB 存储引擎提供事务支持，并支持外键，具有提交、回滚和崩溃恢复能力。相对于 MyISAM 存储引擎，InnoDB 需要更多的磁盘空间以便存储数据和索引。

MEMORY 存储引擎表相关的操作如创建、增删改查等操作都在内存中进行。由于数据是存在内存中的，访问速度会非常快。缺点在于数据库服务一旦重启则所有数据会丢失。

MERGE 存储引擎可以组合一组具有相同表结构的 MyISAM 表，访问时和访问单独的表相同，本身并不存储数据，因此对表的相关操作实际上是对内部 MyISAM 表的操作。

MySQL 表的存储引擎可以在创建表时指定，如示例 12-15 所示。

【示例 12-15】

```
#创建表时指定需要的存储引擎
mysql> CREATE TABLE  TBL_1(ID INT )   ENGINE=INNODB;
Query OK, 0 rows affected (0.01 sec)

mysql> SHOW CREATE TABLE TBL_1\G
*************************** 1. row ***************************
      Table: TBL_1
Create Table: CREATE TABLE `TBL_1` (
  `ID` int(11) DEFAULT NULL
) ENGINE=InnoDB DEFAULT CHARSET=latin1
1 row in set (0.00 sec)
```

已经存在的表的存储引擎是可以修改的，修改方法可以使用示例 12-16 中的命令。

【示例 12-16】

```
mysql> ALTER  TABLE  TBL_1 ENGINE=MyISAM;
Query OK, 0 rows affected (0.09 sec)
Records: 0  Duplicates: 0  Warnings: 0

mysql> SHOW CREATE TABLE TBL_1\G
*************************** 1. row ***************************
      Table: TBL_1
Create Table: CREATE TABLE `TBL_1` (
  `ID` int(11) DEFAULT NULL
) ENGINE=MyISAM DEFAULT CHARSET=latin1
1 row in set (0.00 sec)
```

MyISAM 和 InnoDB 区别如下。

（1）文件构成上的区别。每个 MyISAM 表都在磁盘上存储 3 个文件。如示例 12-17 所示，每种文件名和表名相同，扩展名不同：.frm 文件为表结构定义文件，.MYD 为数据文件，.MYI 扩展名的文件为索引文件。

InnoDB 文件如采用共享表空间，则数据和索引位于 Innodb 表空间中，如 ibdata1.ibd、ibdata2.ibd 等文件中。InnoDB 如采用 innodb_file_per_table 启用独立表空间，则在该选项生效后新建立的表的数据则位于独立表空间中，以表 test_5 为例，此时磁盘上会存在两个文件：test_5.frm 文件为表结构定义文件，而 test_5.ibd 存储数据和索引。

（2）事务区别。MyISAM 类型的表不支持事务，而 InnoDB 类型的表提供事务支持并提供外键等高级数据库功能。

（3）锁的粒度。InnoDB 类型的表一般情况下提供行锁，适用于更新频繁的场景，而 MyISAM

为表锁,粒度比 InnoDB 大,因此频繁更新的表不适合采用 MyISAM 存储引擎。

【示例 12-17】

```
#MyISAM 类型表包含3个文件
[root@rhel6 ~]# find /var/lib/mysql -name "user*"
/var/lib/mysql/mysql/user.MYD
/var/lib/mysql/mysql/user.MYI
/var/lib/mysql/mysql/user.frm
#启用独立表空间后新创建的表有两个文件
[root@rhel6 ~]# ll  /var/lib/mysql/test/b*
-rw-rw---- 1 mysql mysql  8554 8?  8 00:02 /var/lib/mysql/test/b.frm
-rw-rw---- 1 mysql mysql 98304 8?  8 00:02 /var/lib/mysql/test/b.ibd
```

 即使采用了独立表空间,原有的表数据和索引等仍然存储在共享表空间如 ibdata1.ibd 文件中,如采用 ALTER 更改了存储引擎,则该表采用独立表空间。

12.4 MySQL 日常维护

MySQL 的日常维护包含权限管理、日志管理、备份与恢复和复制等,本节主要介绍这方面的知识。

12.4.1 MySQL 权限管理

MySQL 权限管理基于主机名、用户名和数据库表,可以根据不同的主机名、用户名和数据库表分配不同的权限。当用户连接至 MySQL 服务后,权限即被确定,用户只能做权限内的操作。

MySQL 账户权限信息被存储在 mysql 数据库的 user、db、host、tables_priv、columns_priv 和 procs_priv 表中。在 MySQL 启动时服务器将这些数据库表内容读入内存。要修改一个用户的权限,可以直接修改上面的几个表,也可以使用 GRANT 和 REVOKE 语句。推荐使用后者。如需添加新账号,可以使用 GRANT 语句,MySQL 的常见权限说明如表 12.2 所示。

表 12.2 MySQL 权限说明

参数	说明
CREATE	创建数据库、表
DROP	删除数据库、表
GRANT OPTION	可以对用户授权的权限
REFERENCES	可以创建外键
ALTER	修改数据库、表的属性

（续表）

参数	说明
DELETE	在表中删除数据
INDEX	创建和删除索引
INSERT	向表中添加数据
SELECT	从表中查询数据
UPDATE	修改表的数据
CREATE VIEW	创建视图
SHOW VIEW	显示视图的定义
ALTER ROUTINE	修改存储过程
CREATE ROUTINE	创建存储过程
EXECUTE	执行存储过程
FILE	读、写服务器上的文件
CREATE TEMPORARY TABLES	创建临时表
LOCK TABLES	锁定表格
CREATE USER	创建用户
PROCESS	管理服务器和客户连接进程
RELOAD	重载服务
REPLICATION CLIENT	用于复制
REPLICATION SLAVE	用于复制
SHOW DATABASES	显示数据库
SHUTDOWN	关闭服务器
SUPER	超级用户

1．分配账号

如主机 192.168.1.12 需要远程访问 MySQL 服务器的 account.users 表，权限为 SELECT 和 UPDATE，则可以使用以下命令分配，操作过程如示例 12-18 所示。

【示例 12-18】

```
#分配用户名、密码和对应权限
mysql> grant select,update  ON account.users TO   user1@192.168.1.12 IDENTIFIED by 'pass123456';
Query OK, 0 rows affected (0.00 sec)
mysql>flush privileges;

#账户创建成功后查看mysql 数据库表的变化
mysql> select * from user where user='user1'\G
*************************** 1. row ***************************
            Host: 192.168.1.12
            User: user1
        Password: *AB48367D337F60962B15F2DD7A6D005CE2793115
```

```
            Select_priv: N
            Insert_priv: N
            Update_priv: N
            Delete_priv: N
            Create_priv: N
              Drop_priv: N
            Reload_priv: N
          Shutdown_priv: N
           Process_priv: N
              File_priv: N
             Grant_priv: N
        References_priv: N
             Index_priv: N
             Alter_priv: N
           Show_db_priv: N
             Super_priv: N
  Create_tmp_table_priv: N
        Lock_tables_priv: N
           Execute_priv: N
        Repl_slave_priv: N
       Repl_client_priv: N
        Create_view_priv: N
          Show_view_priv: N
     Create_routine_priv: N
      Alter_routine_priv: N
        Create_user_priv: N
             Event_priv: N
           Trigger_priv: N
               ssl_type:
             ssl_cipher:
            x509_issuer:
           x509_subject:
          max_questions: 0
            max_updates: 0
        max_connections: 0
   max_user_connections: 0
1 row in set (0.00 sec)

mysql> select * from db where user='user1'\G
```

```
Empty set (0.00 sec)

mysql> select * from tables_priv where user='user1'\G
*************************** 1. row ***************************
       Host: 192.168.1.12
         Db: account
       User: user1
 Table_name: users
    Grantor: root@localhost
  Timestamp: 2013-06-18 23:38:03
 Table_priv: Select,Update
Column_priv:
1 row in set (0.00 sec)
```

上述示例为 MySQL 服务器给远程主机 192.168.1.12 分配了访问表 accout.users 的读取和更新权限。当用户登录时，首先检查 user 表，发现对应记录，但由于各个权限都为 N，因此继续寻找 db 表中的记录，如没有则继续寻找 tables_priv 表中的记录，通过对比发现当前连接的账户具有 account.users 表的 SELECT 和 UPDATE 权限，权限验证通过，用户登录成功。

> MySQL 权限按照 user→db→tables_priv→columns_priv 的顺序检查，如果 user 表中对应的权限为 Y，则不会检查后面表中的权限。

2．查看或修改账户权限

如需查看当前用户的权限，可以使用 SHOW GRANTS FOR 命令，如示例 12-19 所示。

【示例 12-19】

```
mysql> show grants for user1@192.168.1.12  \G
*************************** 1. row ***************************
Grants for user1@192.168.1.12: GRANT USAGE ON *.* TO 'user1'@'192.168.1.12'
IDENTIFIED BY PASSWORD '*AB48367D337F60962B15F2DD7A6D005CE2793115'
*************************** 2. row ***************************
Grants for user1@192.168.1.12: GRANT SELECT, UPDATE ON `bbs`.* TO
'user1'@'192.168.1.12'
*************************** 3. row ***************************
Grants for user1@192.168.1.12: GRANT SELECT, UPDATE ON `account`.`users` TO
'user1'@'192.168.1.12'
 3 rows in set (0.00 sec)
```

上述示例查看指定账户和主机的权限，user1@192.168.1.12 具有的权限为三条记录的综合。密码为经过 MD5 算法加密后的结果。USAGE 权限表示当前用户只具有连接数据库的权限，但不能操作数据库表,其他记录表示该账户具有表 bbs.*和表 account.users 的查询和更新权限。

MySQL 用户登录成功后权限加载到内存中,此时如果在另一会话中更改该账户的权限并不会影响之前会话中用户的权限,如需使用最新的权限,用户需要重新登录。

3.回收账户权限

如需回收账户的权限,MySQL 提供了 REVOKE 命令,可以对应账户的部分或全部权限,注意此权限操作的账户需具有 GRANT 权限。使用方法如示例 12-20 所示。

【示例 12-20】
```
mysql> revoke insert on *.* from test3@'%';
Query OK, 0 rows affected (0.00 sec)
mysql> revoke ALL on *.* from test3@'%';
Query OK, 0 rows affected (0.00 sec)
```

账户所有权限回收后用户仍然可以连接该 MySQL 服务器,如需彻底删除用户,可以使用 DROP USER 命令,如示例 12-21 所示。

【示例 12-21】
```
mysql> show grants for test3@'%';
+-----------------------------------+
| Grants for test3@%                |
+-----------------------------------+
| GRANT USAGE ON *.* TO 'test3'@'%' |
+-----------------------------------+
1 row in set (0.00 sec)

mysql> drop user test3@'%';
Query OK, 0 rows affected (0.00 sec)

mysql> show grants for test3@'%';
ERROR 1141 (42000): There is no such grant defined for user 'test3' on host '%'
```

12.4.2 MySQL 日志管理

MySQL 服务提供了多种日志,用于记录数据库的各种操作,通过日志可以追踪 MySQL 服务器的运行状态,及时发现服务运行中的各种问题。MySQL 服务支持的日志有二进制日志、错误日志、访问日志和慢查询日志。

1．二进制日志

二进制日志也通常被称为 binlog，它记录了数据库表的所有 DDL 和 DML 操作，但并不包括数据查询语句。

如需启用二进制日志，可以通过在配置文件中添加 "--log-bin=[file-name]" 选项指定二进制文件存放的位置，位置可以为相对路径或绝对路径。

由于 binlog 以二进制方式存储，如需查看其内容需要通过 MySQL 提供的工具 mysqlbinlog 查看，如示例 12-22 所示。

【示例 12-22】

```
[root@MySQL_192_168_19_230 binlog]# mysqlbinlog mysql-bin.000005|cat -n
  1 /*!40019 SET @@session.max_insert_delayed_threads=0*/;
  2 /*!50003 SET @OLD_COMPLETION_TYPE=@@COMPLETION_TYPE,COMPLETION_TYPE=0*/;
  3 DELIMITER /*!*/;
  4 # at 4
  5 #130809 18:20:51 server id 1  end_log_pos 106   Start: binlog v 4, server
v 5.1.71-log created 130809 18:20:51
  6 # Warning: this binlog is either in use or was not closed properly.
  7 BINLOG '
  8 g8IEUg8BAAAAZgAAAGoAAAABAAQANS4xLjY2LWxvZwAAAAAAAAAAAAAAAAAAAAAAAAAAAAAA
  9 AAAAAAAAAAAAAAAAAAAAAAAAEzgNAAgAEgAEBAQEEgAAUwAEGggAAAAICAgC
 10 '/*!*/;
 11 # at 106
 12 #130809 18:21:25 server id 1  end_log_pos 228   Query    thread_id=3
exec_time=0    error_code=0
 13 use testDB_1/*!*/;
 14 SET TIMESTAMP=1376043685/*!*/;
 15 SET @@session.pseudo_thread_id=3/*!*/;
 16 SET @@session.foreign_key_checks=1, @@session.sql_auto_is_null=1, @@session.
unique_checks=1, @@session.autocommit=1/*!*/;
 17 SET @@session.sql_mode=0/*!*/;
 18 SET @@session.auto_increment_increment=1, @@session.auto_increment_
offset=1/*!*/;
 19 /*!\C latin1 *//*!*/;
 20 SET @@session.character_set_client=8,@@session.collation_connection=8,
@@session.collation_server=8/*!*/;
 21 SET @@session.lc_time_names=0/*!*/;
 22 SET @@session.collation_database=DEFAULT/*!*/;
 23 update users_myisam  set name="xxx" where name='petter'
```

```
24  /*!*/;
25  # at 228
26  #130809 18:21:32 server id 1  end_log_pos 350   Query    thread_id=3
exec_time=0    error_code=0
27  SET TIMESTAMP=1376043692/*!*/;
28  update users_myisam set name="xxx" where name='myisam'
29  /*!*/;
30  DELIMITER ;
31  # End of log file
32  ROLLBACK /* added by mysqlbinlog */;
33  /*!50003 SET COMPLETION_TYPE=@OLD_COMPLETION_TYPE*/;
```

第 5 行记录了当前 MySQL 服务的 server id、偏移量、binlog 版本、MySQL 版本等信息，第 26~28 行则记录了执行的 SQL 及时间。

如需删除 binlog，可以使用"purge master logs"命令，该命令可以指定删除的 binlog 序号或删除指定时间之前的日志，如示例 12-23 所示。

【示例 12-23】

```
#删除指定序号之前的二进制日志
PURGE BINARY LOGS TO 'mysql-bin.010';
#删除指定时间之前的二进制日志
PURGE BINARY LOGS BEFORE '2008-04-02 22:46:26';
```

除通过以上方法外，还可以在配置文件中指定"expire_logs_days=#"参数设置二进制文件的保留天数，此参数也可以通过 MySQL 变量设置，如需删除 7 天之前的 binlog，可以使用示例 12-24 的命令。

【示例 12-24】

```
mysql> set global expire_logs_days=7;
Query OK, 0 rows affected (0.01 sec)
```

此参数设置了 binlog 日志的过期天数，此时 MySQL 可以自动清理指定天数之前的二进制日志文件。

2．操作错误日志

MySQL 的操作错误日志记录了 MySQL 启动、运行至停止过程中的相关异常信息，在 MySQL 故障定位方面有重要的作用。

可以通过在配置文件中设置"--log-error=[file-name]"指定错误日志存放的位置，如没有设置，则错误日志默认位于 MySQL 服务的 datadir 目录下。

错误日志如示例 12-25 所示。

【示例 12-25】

```
[root@rhel6 tmp]# cat /data/master/dbdata/rhel6.err
  1  130810 00:00:09 mysqld_safe Starting mysqld daemon with databases from /data/master/dbdata
  2  /usr/libexec/mysqld: Can't find file: './mysql/plugin.frm' (errno: 13)
  3  130810  0:00:09 [ERROR] Can't open the mysql.plugin table. Please run mysql_upgrade to create it.
  4  130810  0:00:09 InnoDB: Initializing buffer pool, size = 8.0M
  5  130810  0:00:09 InnoDB: Completed initialization of buffer pool
  6  InnoDB: The first specified data file ./ibdata1 did not exist:
  7  InnoDB: a new database to be created!
  8  130810  0:00:09 InnoDB: Setting file ./ibdata1 size to 10 MB
  9  InnoDB: Database physically writes the file full: wait...
 10  130810  0:00:09 InnoDB: Log file ./ib_logfile0 did not exist: new to be created
 11  InnoDB: Setting log file ./ib_logfile0 size to 5 MB
 12  InnoDB: Database physically writes the file full: wait...
 13  130810  0:00:10 InnoDB: Log file ./ib_logfile1 did not exist: new to be created
 14  InnoDB: Setting log file ./ib_logfile1 size to 5 MB
 15  InnoDB: Database physically writes the file full: wait...
 16  InnoDB: Doublewrite buffer not found: creating new
 17  InnoDB: Doublewrite buffer created
 18  InnoDB: Creating foreign key constraint system tables
 19  InnoDB: Foreign key constraint system tables created
 20  130810  0:00:10 InnoDB: Started; log sequence number 0 0
 21  130810  0:00:10 [ERROR] Can't start server: Bind on TCP/IP port: Address already in use
 22  130810  0:00:10 [ERROR] Do you already have another mysqld server running on port: 3306 ?
 23  130810  0:00:10 [ERROR] Aborting
 24  130810  0:00:10  InnoDB: Starting shutdown...
 25  130810  0:00:15  InnoDB: Shutdown completed; log sequence number 0 44233
 26  130810  0:00:15 [Note] /usr/libexec/mysqld: Shutdown complete
 27       130810   00:00:15  mysqld_safe  mysqld  from  pid  file /data/master/dbdata/rhel6.pid ended
```

以上日志信息记录了第 1 次运行 MySQL 时的错误信息，其中第 2~3 行的错误信息说明在启动 MySQL 之前并没有初始化 MySQL 系统表，错误码 13 对应的错误提示可以使用命令"perror

13"查看。第 21~23 行则说明系统中已经启动了同样端口的实例，当前启动的 MySQL 实例将自动退出。

3．访问日志

此日志记录了所有关于客户端发起的连接、查询和更新语句，由于其记录了所有操作，在相对繁忙的系统中建议将此设置关闭。

该日志可以通过在配置文件中设置"--log=[file-name]"指定访问日志存放的位置，另外一种方法是可以在登录 MySQL 实例后通过设置变量启用此日志，如示例 12-26 所示。

【示例 12-26】

```
#启用该日志
mysql> set global general_log=on;
Query OK, 0 rows affected (0.01 sec)
#查询日志位置
mysql> show variables like '%general_log%';
+------------------+----------------------------------------------+
| Variable_name    | Value                                        |
+------------------+----------------------------------------------+
| general_log      | ON                                           |
| general_log_file | /data/slave/dbdata/MySQL_192_168_19_230.log  |
+------------------+----------------------------------------------+
2 rows in set (0.00 sec)
#关闭该日志
mysql> set global general_log=off;
Query OK, 0 rows affected (0.01 sec)
```

如果没有指定[file-name]，则默认将主机名（hostname）作为文件名，存放在数据目录中。文件记录内容如示例 12-27 所示。

【示例 12-27】

```
[root@MySQL_192_168_19_230 ~]# cat -n /data/slave/dbdata/MySQL_192_168_19_230.log
     1  /usr/libexec/mysqld, Version: 5.1.71-log (Source distribution). started
with:
     2  Tcp port: 3306  Unix socket: /data/slave/dbdata/mysql.sock
     3  Time              Id Command    Argument
     4  130809 18:43:20    5 Query      show variables like '%general_log%'
     5  130809 18:44:24    5 Query      update users_myisam set name="xxx" where
name='petter'
     6  130809 18:44:31    5 Query      SELECT DATABASE()
     7                     5 Init DB    testDB_1
```

```
    8                      5 Query       show databases
    9                      5 Query       show tables
   10                      5 Field List              users_myisam
   11 130809 18:44:32      5 Query       update users_myisam set name="xxx" where
name='petter'
   12 130809 18:44:33      5 Quit
   13 130809 18:45:00      6 Connect     root@localhost on
   14                      6 Query       select @@version_comment limit 1
   15 130809 18:45:05      6 Query       set global general_log=off
```

上述日志记录了所有客户端的操作,系统管理员可根据此日志发现异常信息以便及时处理。

4.慢查询日志

慢查询日志是记录了执行时间超过参数 long_query_time(单位是秒)所设定值的 SQL 语句日志,对于 SQL 审核和开发者发现性能问题以便及时进行应用程序的优化具有重要意义。

如需启用该日志可以在配置文件中设置 slow_query_log 来指定是否开启慢查询。如果没有指定文件名,默认将 hostname-slow.log 作为文件名,并存放在数据目录中。配置如示例 12-28 所示。

【示例 12-28】

```
[root@MySQL_192_168_19_101 ~]# cat /etc/master.cnf
[mysqld]
slow_query_log = 1
long_query_time = 1
log-queries-not-using-indexes

[root@MySQL_192_168_19_101 ~]# cat /data/master/dbdata/MySQL_192_168_19_101-slow.log
/usr/libexec/mysqld, Version: 5.1.71-log (Source distribution). started with:
Tcp port: 3306  Unix socket: /data/master/dbdata/mysql.sock
Time                Id Command    Argument
# Time: 130811  0:11:41
# User@Host: root[root] @ localhost []
# Query_time: 1.016963  Lock_time: 0.000000 Rows_sent: 1  Rows_examined: 0
SET timestamp=1376151101;
select sleep(1);
```

说明如下。

- long_query_time = 1 定义超过 1 秒的查询计数到变量 Slow_queries。

- log-slow-queries = /usr/local/mysql/data/slow.log 定义慢查询日志路径。
- log-queries-not-using-indexes 说明未使用索引的查询也被记录到慢查询日志中（可选）。

MySQL 提供了慢日志分析的工具 mysqldumpslow，可以按时间或出现次数统计慢查询的情况，常用参数如表 12.3 所示。

表 12.3 mysqldumpslow 参数说明

参数	说明
-s	排序参数，可选的有： al: 平均锁定时间 ar: 平均返回记录数 at: 平均查询时间
-t	只显示指定的行数

用此工具可以分析系统中哪些 SQL 是性能的瓶颈，以便进行优化，比如加索引、优化应用程序等。

12.4.3 MySQL 备份与恢复

为了在数据库数据丢失或被非法篡改时恢复数据，数据库的备份是非常重要的。MySQL 的备份方式有通过直接备份数据文件或使用 mysqldump 命令将数据库数据导出到文本文件。直接备份数据库文件适用于 MyISAM 和 InnoDB 存储引擎，由于备份时数据库表正在读写，备份出的文件可能损坏无法使用，不推荐直接使用此方法。另外一种可以实时备份的开源工具为 xtrabackup，本节主要介绍这两种备份工具的使用。

1．使用 mysqldump 进行 MySQL 备份与恢复

mysqldump 是 MySQL 提供的数据导出工具，适用于大多数需要备份数据的场景。表数据可以导出成 SQL 语句或文本文件，常见的使用方法如示例 12-29 所示。

【示例 12-29】

```
#导出整个数据库
[root@rhel6 ~]# mysqldump -uroot  test>test.sql
#导出一个表
[root@rhel6 ~]# mysqldump -uroot test TBL_2 >test.TBL_2.sql
#只导出数据库表结构
[root@rhel6 ~]# mysqldump -uroot  -d --add-drop-table test>test.sql
-d 没有数据 --add-drop-table 在每个 create 语句之前增加一个 drop table
#恢复数据库
[root@rhel6 ~]# mysql -uroot  test<test.sql
#恢复数据的另外一种方法
```

```
[root@rhel6 ~]# mysql -uroot test
mysql> source /root/test.sql
```

mysqldump 支持丰富的选项，mysqldump 部分选项说明如表 12.4 所示。

表 12.4 mysqldump 部分选项说明

参数	说明
-A	等同于--all-databases，导出全部数据库
--add-drop-database	每个数据库创建之前添加 drop 语句
--add-drop-table	每个数据表创建之前添加 drop 表语句，默认为启用状态
--add-locks	在每个表导出之前增加 LOCK TABLES 并且之后增加 UNLOCK TABLE，默认为启用状态
-c	等同于--complete-insert，导出时使用完整的 insert 语句
-B	等同于--databases，导出多个数据库
--default-character-set	设置默认字符集
-x	等同于--lock-all-tables，提交请求锁定所有数据库中的所有表，以保证数据的一致性
-l	等同于--lock-tables，开始导出前，锁定所有表
-n	等同于--no-create-db，只导出数据，而不添加 CREATE DATABASE 语句
-t	等同于--no-create-info，只导出数据，而不添加 CREATE TABLE 语句
-d	等同于--no-data，不导出任何数据，只导出数据库表结构
--tables	此参数会覆盖--databases (-B)参数，指定需要导出的表名
-w	等同于—WHERE，只导出给定的 WHERE 条件选择的记录

以上给出了 mysqldump 常用参数说明，更多的参数含义说明可参考系统帮助"man mysqldump"。

2．使用 Xtrabackup 在线备份

使用 mysqldump 进行数据库或表的备份非常方便，操作简单，使用灵活，在小数据量时，备份和恢复时间可以接受，如果数据量较大，mysqldump 恢复的时间会很长而难以接受。xtrabackup 是一款高效的备份工具，备份时并不会影响原数据库的正常更新，最新版本为 2.1.8 可以在 http://www.percona.com/downloads/ 下载。Xtrabackup 提供了 Linux 下常见的安装方式，包括 RPM 安装、源码编译方式以及二进制版本安装，本节以源码安装 percona-xtrabackup-2.0.7 为例说明 Xtrabackup 的使用方法，如示例 12-30 所示。

【示例 12-30】
```
[root@rhel6 soft]# tar xvf percona-xtrabackup-2.0.7.tar.gz
#查看编译帮助信息
[root@rhel6 percona-xtrabackup-2.0.7]# ./utils/build.sh
Build an xtrabackup binary against the specified InnoDB flavor.

Usage: build.sh CODEBASE
```

```
where CODEBASE can be one of the following values or aliases:
  innodb50         | 5.0                       build against innodb 5.1 builtin, but should
be compatible with MySQL 5.0
  innodb51_builtin | 5.1                       build against built-in InnoDB in MySQL 5.1
  innodb51         | plugin                    build agsinst InnoDB plugin in MySQL 5.1
  innodb55         | 5.5                       build against InnoDB in MySQL 5.5
  innodb56         | 5.6,xtradb56,             build against InnoDB in MySQL 5.6
                   | mariadb100
  xtradb51         | xtradb,mariadb51          build against Percona Server with XtraDB 5.1
                   | mariadb52,mariadb53
  xtradb55         | galera55,mariadb55        build against Percona Server with XtraDB
5.5
```

#编译针对MySQL 5.1版本的二进制文件

[root@rhel6 percona-xtrabackup-2.0.7]# ./utils/build.sh innodb51_builtin

#编译完成后二进制文件位于percona-xtrabackup-2.0.7/src目录下

[root@rhel6 5.1]# cd /data/xtrabackup/5.1

[root@rhel6 5.1]# cp /data/soft/percona-xtrabackup-2.0.7/src/xtrabackup_51 .

[root@rhel6 5.1]# cp /data/soft/percona-xtrabackup-2.0.7/innobackupex .

[root@rhel6 5.1]# export PATH=`pwd`:$PATH:.

[root@rhel6 5.1]#./innobackupex--defaults-file=/etc/my.cnf --socket=/data/mysql_data/mysql.sock --user=root --password=123456 --slave-info /data/backup/

#部分结果省略

130822 12:13:10 innobackupex: Starting mysql with options: --defaults-file='/etc/my.cnf' --password=xxxxxxxx --user='root' --socket='/data/mysql_data/mysql.sock' --unbuffered --

130822 12:13:10 innobackupex: Connected to database with mysql child process (pid=41953)

130822 12:13:16 innobackupex: Connection to database server closed

IMPORTANT: Please check that the backup run completes successfully.
           At the end of a successful backup run innobackupex
           prints "completed OK!".

innobackupex: Using mysql Ver 12.14 Distrib 5.1.49, for unknown-linux-gnu (x86_64) using EditLine wrapper

innobackupex: Using mysql server version Copyright (c) 2000, 2010, Oracle and/or its affiliates. All rights reserved.

innobackupex: Created backup directory /data/backup/2014-03-22_12-13-16

130822 12:13:16 innobackupex: Starting mysql with options: --defaults-file=

```
'/etc/my.cnf' --password=xxxxxxxx --user='root' --socket='/data/mysql_data/mysql.sock' --unbuffered --
    130822 12:13:16  innobackupex: Connected to database with mysql child process (pid=42688)
    130822 12:13:18  innobackupex: Connection to database server closed


    130822 12:13:18  innobackupex: Starting ibbackup with command: xtrabackup_51 --defaults-file="/etc/my.cnf" --defaults-group="mysqld" --backup --suspend-at-end --target-dir=/data/backup/2014-03-22_12-13-16 --tmpdir=/tmp
    innobackupex: Waiting for ibbackup (pid=42935) to suspend
    innobackupex: Suspend file '/data/backup/2014-03-22_12-13-16/xtrabackup_suspended'

    xtrabackup_51 version 2.0.7 for MySQL server 5.1.59 unknown-linux-gnu (x86_64) (revision id: undefined)
    xtrabackup: uses posix_fadvise().
    xtrabackup: cd to /data/mysql_data
    xtrabackup: Target instance is assumed as followings.
    xtrabackup:   innodb_data_home_dir = ./
    xtrabackup:   innodb_data_file_path = ibdata1:10M:autoextend
    xtrabackup:   innodb_log_group_home_dir = ./
    xtrabackup:   innodb_log_files_in_group = 2
    xtrabackup:   innodb_log_file_size = 5242880
>> log scanned up to (0 1089752)
[01] Copying ./ibdata1 to /data/backup/2014-03-22_12-13-16/ibdata1
[01]        ...done

    130822 12:13:19  innobackupex: Continuing after ibbackup has suspended
    130822 12:13:19  innobackupex: Starting mysql with options: --defaults-file='/etc/my.cnf' --password=xxxxxxxx --user='root' --socket='/data/mysql_data/mysql.sock' --unbuffered --
    130822 12:13:19  innobackupex: Connected to database with mysql child process (pid=43055)
    130822 12:13:21  innobackupex: Starting to lock all tables...
    130822 12:13:32  innobackupex: All tables locked and flushed to disk

    130822 12:13:34  innobackupex: Starting to backup non-InnoDB tables and files
    innobackupex: in subdirectories of '/data/mysql_data'
    innobackupex: Backing up file '/data/mysql_data/test/test_1.frm'
    innobackupex: Backing up files '/data/mysql_data/mysql/*.{frm,isl,MYD,MYI,MAD,
```

```
MAI,MRG,TRG,TRN,ARM,ARZ,CSM,CSV,opt,par}' (69 files)
  130822 12:13:34  innobackupex: Finished backing up non-InnoDB tables and files

  130822 12:13:34  innobackupex: Waiting for log copying to finish

xtrabackup: The latest check point (for incremental): '0:1164431'
xtrabackup: Stopping log copying thread.
.>> log scanned up to (0 1164431)

xtrabackup: Transaction log of lsn (0 1059943) to (0 1164431) was copied.
  130822 12:13:37  innobackupex: All tables unlocked
  130822 12:13:37  innobackupex: Connection to database server closed

innobackupex: Backup created in directory '/data/backup/2014-03-22_12-13-16'
innobackupex: MySQL binlog position: filename 'mysql-bin.000001', position 144432
innobackupex: MySQL slave binlog position: master host '', filename '', position
  130822 12:13:37  innobackupex: completed OK!
```

首先解压源码包，然后使用提供的./utils/build.sh 工具进行编译安装，编译时需要指定版本的 MySQL 源码，比如 mysql-5.1.59.tar.gz，源码可以从 MySQL 官方网站下载然后复制到指定目录，执行编译，编译时可以指定 MySQL 5.1 和 MySQL 5.5，编译完成后二进制文件位于 src 目录下，复制到指定位置。

通过设置环境变量 PATH 指定了二进制文件的寻找路径，然后执行 innobackupex 脚本备份文件，脚本执行时指定了 MySQL 实例的配置文件和登录方式，如该备份程序在从库上运行，可以指定--slave-info 参数，用于记录备份完成时同步的位置。当出现"innobackupex: completed OK！"时说明备份成功。文件的位置位于/data/backup/2014-03-22_12-13-16 目录下。

恢复过程如示例 12-31 所示。

【示例 12-31】

```
[root@rhel6 2014-03-22_12-13-16]# cat -n /etc/new.cnf
    1  [mysqld]
    2  port            = 3308
    3  socket          = /data/mysql_new/mysql.sock
    4  datadir=/data/mysql_new
    5  log-bin=/data/mysql_new/mysql-bin
  [root@rhel6      2014-03-22_12-13-16]#      xtrabackup_51         --prepare
--target-dir=/data/backup/2014-03-22_12-
  2014-03-22_12-02-11/        2014-03-22_12-07-20/        2014-03-22_12-08-19/
2014-03-22_12-10-22/ 2014-03-22_12-13-16/
```

```
[root@rhel6     2014-03-22_12-13-16]#     xtrabackup_51          --prepare
--target-dir=/data/backup/2014-03-22_12-10-22/
    xtrabackup_51 version 2.0.7 for MySQL server 5.1.59 unknown-linux-gnu (x86_64)
(revision id: undefined)
    xtrabackup: cd to /data/backup/2014-03-22_12-10-22/
    xtrabackup: This target seems to be not prepared yet.
    xtrabackup: xtrabackup_logfile detected: size=2097152, start_lsn=(0 703883)
    xtrabackup: Temporary instance for recovery is set as followings.
    xtrabackup:   innodb_data_home_dir = ./
    xtrabackup:   innodb_data_file_path = ibdata1:10M:autoextend
    xtrabackup:   innodb_log_group_home_dir = ./
    xtrabackup:   innodb_log_files_in_group = 1
    xtrabackup:   innodb_log_file_size = 2097152
    xtrabackup: Temporary instance for recovery is set as followings.
    xtrabackup:   innodb_data_home_dir = ./
    xtrabackup:   innodb_data_file_path = ibdata1:10M:autoextend
    xtrabackup:   innodb_log_group_home_dir = ./
    xtrabackup:   innodb_log_files_in_group = 1
    xtrabackup:   innodb_log_file_size = 2097152
    xtrabackup: Starting InnoDB instance for recovery.
    xtrabackup: Using 104857600 bytes for buffer pool (set by --use-memory parameter)
    InnoDB: The InnoDB memory heap is disabled
    130822 13:28:19 InnoDB: Initializing buffer pool, size = 100.0M
    130822 13:28:19 InnoDB: Completed initialization of buffer pool
    InnoDB: Log scan progressed past the checkpoint lsn 0 703883
    130822 13:28:19 InnoDB: Database was not shut down normally!
    InnoDB: Starting crash recovery.
    InnoDB: Reading tablespace information from the .ibd files...
    InnoDB: Doing recovery: scanned up to log sequence number 0 765235 (3 %)
    130822 13:28:19 InnoDB: Starting an apply batch of log records to the database...
    InnoDB: Progress in percents: 54 55 56 57 58 59 60 61 62 63 64 65 66 67 68 69 70
71 72 73 74 75 76 77 78 79 80 81 82 83 84 85 86 87 88 89 90 91 92 93 94 95 96 97 98
99
    InnoDB: Apply batch completed
    130822 13:28:20 InnoDB: Started; log sequence number 0 765235

    [notice (again)]
      If you use binary log and don't use any hack of group commit,
      the binary log position seems to be:
```

```
xtrabackup: starting shutdown with innodb_fast_shutdown = 1
130822 13:28:20  InnoDB: Starting shutdown...
130822 13:28:25  InnoDB: Shutdown completed; log sequence number 0 765235
   [root@rhel6      2014-03-22_12-13-16]#      xtrabackup_51      --prepare
--target-dir=/data/backup/2014-03-22_12-10-22/
   xtrabackup_51 version 2.0.7 for MySQL server 5.1.59 unknown-linux-gnu (x86_64)
(revision id: undefined)
xtrabackup: cd to /data/backup/2014-03-22_12-10-22/
xtrabackup: This target seems to be already prepared.
xtrabackup: notice: xtrabackup_logfile was already used to '--prepare'.
xtrabackup: Temporary instance for recovery is set as followings.
xtrabackup:   innodb_data_home_dir = ./
xtrabackup:   innodb_data_file_path = ibdata1:10M:autoextend
xtrabackup:   innodb_log_group_home_dir = ./
xtrabackup:   innodb_log_files_in_group = 2
xtrabackup:   innodb_log_file_size = 5242880
xtrabackup: Temporary instance for recovery is set as followings.
xtrabackup:   innodb_data_home_dir = ./
xtrabackup:   innodb_data_file_path = ibdata1:10M:autoextend
xtrabackup:   innodb_log_group_home_dir = ./
xtrabackup:   innodb_log_files_in_group = 2
xtrabackup:   innodb_log_file_size = 5242880
xtrabackup: Starting InnoDB instance for recovery.
xtrabackup: Using 104857600 bytes for buffer pool (set by --use-memory parameter)
InnoDB: The InnoDB memory heap is disabled
130822 13:28:26  InnoDB: Initializing buffer pool, size = 100.0M
130822 13:28:26  InnoDB: Completed initialization of buffer pool
130822 13:28:26  InnoDB: Log file ./ib_logfile0 did not exist: new to be created
InnoDB: Setting log file ./ib_logfile0 size to 5 MB
InnoDB: Database physically writes the file full: wait...
130822 13:28:26  InnoDB: Log file ./ib_logfile1 did not exist: new to be created
InnoDB: Setting log file ./ib_logfile1 size to 5 MB
InnoDB: Database physically writes the file full: wait...
InnoDB: The log sequence number in ibdata files does not match
InnoDB: the log sequence number in the ib_logfiles!
130822 13:28:26  InnoDB: Database was not shut down normally!
InnoDB: Starting crash recovery.
InnoDB: Reading tablespace information from the .ibd files...
```

```
130822 13:28:26  InnoDB: Started; log sequence number 0 765452


[notice (again)]
  If you use binary log and don't use any hack of group commit,
  the binary log position seems to be:

xtrabackup: starting shutdown with innodb_fast_shutdown = 1
130822 13:28:26  InnoDB: Starting shutdown...
130822 13:28:32  InnoDB: Shutdown completed; log sequence number 0 765452
[root@rhel6 ~]# mkdir -p /data/mysql_new
[root@rhel6      ~]#       chown      -R     mysql.mysql        /data/mysql_new
/data/backup/2014-03-22_12-13-16/
[root@rhel6 ~]# mv /data/backup/2014-03-22_12-13-16/* /data/mysql_new
[root@rhel6 ~]# mysqld_safe --defaults-file=/etc/new.cnf --user=mysql &
[root@rhel6 ~]# mysql -S /data/mysql_new/mysql.sock -p123456
mysql> select * from test.test_1 limit 3;
+--------+--------+
| a      | b      |
+--------+--------+
| 123450 | 123450 |
|  27175 |  22781 |
|   8802 |   2618 |
+--------+--------+
3 rows in set (0.00 sec)
```

12.4.4　MySQL 复制

借助 MySQL 提供的复制功能，应用者可以经济高效地提高应用程序的性能、扩展力和高可用性。全球许多流量较大的网站都通过 MySQL 复制来支持数以亿计、呈指数级增长的用户群，其中不乏 eBay、Facebook、Tumblr、Twitter 和 YouTube 等互联网巨头。MySQL 复制，既支持简单的主从拓扑，也可实现复杂、极具可伸缩性的链式集群。

注意，当使用 MySQL 复制时，所有对复制中的表的更新必须在主服务器上进行，否则可能引起主服务器上的表进行的更新与对从服务器上的表所进行的更新产生冲突。

利用 MySQL 进行复制有以下好处。

（1）增强 MySQL 服务健壮性

数据库复制功能实现了主服务器与从服务器之间数据的同步，增加了数据库系统的可用性。当主服务器出现问题时，数据库管理员可以马上让从服务器作为主服务器以便接管服务。之后有充足的时间检查主服务器的故障。

(2)实现负载均衡

通过在主服务器和从服务器之间实现读写分离,可以更快地响应客户端的请求。如主服务器上只实现数据的更新操作,包括数据记录的更新、删除、插入等操作,而不关心数据的查询请求。数据库管理员将数据的查询请求全部转发到从服务器中。同时通过设置多台从服务器处理用户的查询请求。

通过将数据更新与查询分别放在不同的服务器上进行,既可以提高数据的安全性,同时也可缩短应用程序的响应时间、提高系统的性能。用户可根据数据库服务的负载情况便可灵活、弹性地添加或删除实例,以便动态按需调整容量。

(3)实现数据备份

首先通过 MySQL 实时地将数据从主服务器上复制到从服务器上,从服务器可以设置在本地也可以设置在异地,从而增加了容灾的健壮性,为避免异地传输速度过慢,MySQL 服务可以通过设置参数 slave_compressed_protocol 启用 binlog 压缩传输,数据传输效率大大提高,通过异地备份增加了数据的安全性。

当使用 mysqldump 导出数据进行备份时,如果作用于主服务器可能会影响主服务器的服务,而在从服务器进行数据的导出操作不但能达到数据备份的目的而且不会影响主服务器上的客户请求。

MySQL 使用 3 个线程来执行复制功能,其中一个在主服务器上,另两个在从服务器上。当执行 START SLAVE 时,主服务器创建一个线程负责发送二进制日志。从服务器创建一个 I/O 线程,负责读取主服务器上的二进制日志,然后将该数据保存到从服务器数据目录中的中继日志文件中。从服务器的 SQL 线程负责读取中继日志并重做日志中包含的更新,从而达到主从数据库数据的一致性。整个过程如示例 12-32 所示。

【示例 12-32】

```
#主服务器上,SHOW PROCESSLIST 的输出
mysql> show processlist \G
*************************** 1. row ***************************
     Id: 2
   User: rep
   Host: 192.168.19.102:43986
     db: NULL
Command: Binlog Dump
   Time: 100
  State: Has sent all binlog to slave; waiting for binlog to be updated
   Info: NULL
#在从服务器上,SHOW PROCESSLIST 的输出
mysql> show processlist \G
*************************** 1. row ***************************
     Id: 5
```

```
      User: system user
      Host:
        db: NULL
   Command: Connect
      Time: 46
     State: Waiting for master to send event
      Info: NULL
*************************** 2. row ***************************
        Id: 6
      User: system user
      Host:
        db: NULL
   Command: Connect
      Time: 125
     State: Has read all relay log; waiting for the slave I/O thread to update it
      Info: NULL
2 rows in set (0.00 sec)
```

这里，线程 2 是一个连接从服务器的复制线程。该信息表示所有主要更新已经被发送到从服务器，主服务器正等待更多的更新出现。

该信息表示线程 5 是同主服务器通信的 I/O 线程，线程 6 是处理保存在中继日志中的更新的 SQL 线程。SHOW PROCESSLIST 运行时，两个线程均空闲，等待其他更新。

Time 列的值可以显示从服务器比主服务器滞后多长时间。

12.4.5 MySQL 复制搭建过程

本节示例涉及的主从数据库信息为：主 MySQL 服务器 192.168.19.101:3306，从 MySQL 服务器为 192.168.19.102:3306。为便于演示主从复制的部署过程，以上两个实例都为新部署的实例。

步骤 01 确认主从服务器上安装了相同版本的数据库，本节以 MySQL 5.1.71 为例。

步骤 02 确认主从服务器已经启动并正常提供服务，主从服务器的关键配置如下：

【示例 12-33】

```
[root@rhel6 ~]# cat -n /etc/master.cnf
    1  [mysqld]
    2  bind-address = 192.168.19.101
    3  port         = 3306
    4  log-bin      = /data/master/binlog/mysql-bin
    5  server-id    = 1
```

```
    6  datadir        = /data/master/dbdata
[root@rhel6 ~]# cat -n /etc/slave.cnf
    1  [mysqld]
    2  bind-address = 192.168.19.102
    3  port         = 3306
    4  log-bin      = /data/slave/binlog/mysql-bin
    5  server-id    = 2
    6  datadir      = /data/slave/dbdata
```

步骤 03 在 MySQL 主服务器上，分配一个复制使用的账户给 MySQL 从服务器，并授予 replication slave 权限。

【示例 12-34】

```
mysql> grant replication slave on *.* to rep@192.168.19.102;
Query OK, 0 rows affected (0.00 sec)
```

步骤 04 登录主服务器得到当前 binlog 的文件名和偏移量。

【示例 12-35】

```
mysql> show master logs;
+------------------+-----------+
| Log_name         | File_size |
+------------------+-----------+
| mysql-bin.000001 |       125 |
| mysql-bin.000002 |       106 |
| mysql-bin.000003 |       106 |
| mysql-bin.000004 |       106 |
| mysql-bin.000005 |       233 |
+------------------+-----------+
5 rows in set (0.01 sec)
```

步骤 05 登录从服务器设置主备关系。

对从数据库服务器做相应的设置，指定复制使用的用户、主服务器的 IP、端口，开始执行复制的文件和偏移量等。

【示例 12-36】

```
mysql> change master to
    ->        master_host='192.168.19.101',
    ->        master_port=3306,
    ->        master_user='rep',
    ->        master_password='',
```

```
            ->          master_log_file='mysql-bin.000005',
            ->          master_log_pos=233;
Query OK, 0 rows affected (0.05 sec)
```

步骤 06 登录从服务器上启动 slave 线程并检查同步状态。

【示例 12-37】

```
mysql> start slave;
Query OK, 0 rows affected (0.01 sec)

mysql> show slave status \G
*************************** 1. row ***************************
             Slave_IO_State: Waiting for master to send event
                Master_Host: 192.168.19.101
                Master_User: rep
                Master_Port: 3306
              Connect_Retry: 60
            Master_Log_File: mysql-bin.000006
        Read_Master_Log_Pos: 106
             Relay_Log_File: rhel6-relay-bin.000004
              Relay_Log_Pos: 251
      Relay_Master_Log_File: mysql-bin.000006
           Slave_IO_Running: Yes
          Slave_SQL_Running: Yes
            Replicate_Do_DB:
        Replicate_Ignore_DB:
         Replicate_Do_Table:
     Replicate_Ignore_Table:
    Replicate_Wild_Do_Table:
Replicate_Wild_Ignore_Table:
                 Last_Errno: 0
                 Last_Error:
               Skip_Counter: 0
        Exec_Master_Log_Pos: 106
            Relay_Log_Space: 679
            Until_Condition: None
             Until_Log_File:
              Until_Log_Pos: 0
         Master_SSL_Allowed: No
         Master_SSL_CA_File:
```

```
           Master_SSL_CA_Path:
              Master_SSL_Cert:
            Master_SSL_Cipher:
               Master_SSL_Key:
        Seconds_Behind_Master: 0
Master_SSL_Verify_Server_Cert: No
                Last_IO_Errno: 0
                Last_IO_Error:
               Last_SQL_Errno: 0
               Last_SQL_Error:
1 row in set (0.01 sec)
```

如 Slave_IO_Running 和 Slave_SQL_Running 都为 Yes 说明主从已经正常工作了。如其中一个为 NO，则需要根据 Last_IO_Errno 和 Last_IO_Error 显示的信息定位主从同步失败的原因。

步骤 07 主从同步测试。

【示例 12-38】

```
#登录主服务器执行
[root@rhel6 ~]# mysql -S /data/master/dbdata/mysql.sock
mysql> create database ms;
Query OK, 1 row affected (0.03 sec)
mysql> show master logs;
+------------------+-----------+
| Log_name         | File_size |
+------------------+-----------+
| mysql-bin.000001 |       125 |
| mysql-bin.000002 |       106 |
| mysql-bin.000003 |       106 |
| mysql-bin.000004 |       106 |
| mysql-bin.000005 |       360 |
| mysql-bin.000006 |       185 |
+------------------+-----------+
6 rows in set (0.00 sec)
#登录从服务器执行
mysql> show databases;
+--------------------+
| Database           |
+--------------------+
| information_schema |
| ms                 |
| mysql              |
| test               |
```

```
+--------------------+
4 rows in set (0.00 sec)

mysql> show slave status \G
*************************** 1. row ***************************
               Slave_IO_State: Waiting for master to send event
                  Master_Host: 192.168.19.101
                  Master_User: rep
                  Master_Port: 3306
                Connect_Retry: 60
              Master_Log_File: mysql-bin.000006
          Read_Master_Log_Pos: 185
               Relay_Log_File: rhel6-relay-bin.000004
                Relay_Log_Pos: 330
        Relay_Master_Log_File: mysql-bin.000006
             Slave_IO_Running: Yes
            Slave_SQL_Running: Yes
              Replicate_Do_DB:
          Replicate_Ignore_DB:
           Replicate_Do_Table:
       Replicate_Ignore_Table:
      Replicate_Wild_Do_Table:
  Replicate_Wild_Ignore_Table:
                   Last_Errno: 0
                   Last_Error:
                 Skip_Counter: 0
          Exec_Master_Log_Pos: 185
              Relay_Log_Space: 758
              Until_Condition: None
               Until_Log_File:
                Until_Log_Pos: 0
           Master_SSL_Allowed: No
           Master_SSL_CA_File:
           Master_SSL_CA_Path:
              Master_SSL_Cert:
            Master_SSL_Cipher:
               Master_SSL_Key:
        Seconds_Behind_Master: 0
Master_SSL_Verify_Server_Cert: No
                Last_IO_Errno: 0
                Last_IO_Error:
               Last_SQL_Errno: 0
               Last_SQL_Error:
```

```
1 row in set (0.00 sec)
```

首先登录主数据库，然后创建了表，同时此语句会写入到主数据库的 binlog 日志中，从数据库的 IO 线程读取到该日志写入到本地的中继日志，从数据库的 SQL 线程重新执行该语句，从而使主从数据库数据一致。

12.5 小结

MySQL 因其开源、高效和使用方便等优点赢得了开发者的信赖。本章从 MySQL 的安装与配置开始介绍，让读者可以初步掌握 Linux 系统中 MySQL 的安装方法与配置过程。

MySQL 日常使用中经常遇到的如登录方式、存储引擎选择等操作，本章也通过详细的示例给出了应用过程。

12.6 习题

一、填空题

1. 登录 MySQL 服务有两种方式，一种为_____；另一种为_____

2. MySQL 常用的存储引擎有_____、_____、_____和_____等，其中_____提供事务支持，其他存储引擎则不支持事务功能。

二、选择题

关于备份描述错误的有（　　）。

A　MySQL 的备份方式可以通过直接备份数据文件或使用 mysqldump 命令将数据库数据导出到文本文件

B　直接备份数据库文件适用于 MyISAM 和 InnoDB 存储引擎

C　mysqldump 是 MySQL 提供的数据导出工具，适用于大多数需要备份数据的场景

D　使用 mysqldump，表数据只能导出成 SQL 语句

第 13 章
安装和配置Oracle数据库管理系统

Oracle 是目前最为流行的数据库管理系统之一，尤其是在中、高端领域，例如电信、证券等行业，Oracle 更是占据了绝大部分的市场份额。由于 Linux 系统成本较低，对于服务器硬件的兼容性强，从而使得它成为运行 Oracle 数据库管理系统的最佳环境。本章将介绍如何在 Linux 上面安装和配置 Oracle 数据库管理系统。

本章主要涉及的知识点有：

- Oracle 数据库管理系统简介
- Oracle 数据库体系结构
- 安装 Oracle 数据库服务器软件
- 创建数据库
- 配置 Oracle 数据库管理系统

13.1 Oracle 数据库管理系统简介

Oracle 数据库管理系统是一个比较复杂的软件系统。为了能够使初学者对于该软件有个初步了解，便于后面的学习，本节将对 Oracle 的相关情况进行简单介绍。

13.1.1 Oracle 的版本命名机制

Oracle 公司对于 Oracle 数据库管理系统的版本命名有着非常明确的规则，这一点可以从官方的文档中了解到。在软件不断的升级过程中，Oracle 数据库管理系统的命名规则也发生了几次变化。

从 Oracle 7 开始，Oracle 的版本号包括 4 部分内容，这个风格一直沿用到 Oracle 8i 之前。图 13.1 显示了早期的 Oracle 版本号的各组成部分。

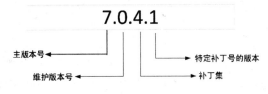

图 13.1 早期的 Oracle 版本号

从图中可以看出，早期的 Oracle 版本号的 4 个组成部分的含义如下。

- 主版本号：即产品的大版本号，当主版本号发生变化时，表示较之前的版本有着重大的功能的变革。例如从 Oracle 9 升级到 Oracle 10，这种大版本升级带来的是全方位的变化，不仅数据库的数据格式发生变化，还包括 RDBMS 软件功能、特性的改进和丰富，也包括应用软件必要的改造等。
- 维护版本号：即在同一个大版本下做的改进，旨在标识不同的版本之间修复了一些重要的 Bug 等。Oracle 7、8 和 9 这 3 个版本的维护版本号都是从 0 开始。但是从 Oracle 10g 开始，维护版本号从 1 开始，例如 10.1、10.2 等。
- 补丁集：在两次产品版本之间发布的一组经过全面测试的累积整体修复程序，例如 10.2.0.4、10.2.0.5。其主要目的是在当前的一个维护版本中出现了一些重大的问题，等不到下一个维护版本发布。
- 特定补丁号的版本：其含义是针对某些特定重要问题或者 Bug 的修复，也就是在补丁集没有发布之前的一个针对特定问题的补丁号。

从 Oracle 8i 开始，Oracle 的发行版本号包含 5 个部分，在原来的第 1 个数字和第 2 个数字之间增加了一个数字，表示新功能发布，如图 13.2 所示。例如，在 Oracle 8i 中，Oracle 开始有了图形化的安装工具，与 Java 的结合也更加紧密，成为第 1 个 Java 数据库。另外，最后两位数字的含义也发生了变化，分别称为通用补丁集和平台专用补丁集。

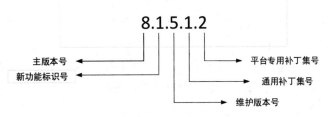

图 13.2 Oracle 8i 版本号

从 Oracle 9.2 开始，版号的 5 个组成部分含义又做了一些改变，如图 13.3 所示。第 1 个数字依然是代表主版本号，且含义不变。第 2 个数字为维护版本号。第 3 个数字，是新增加应用服务器版本号，很明显就是专门为 Oracle 9i Application Server 增加的版本号。第 4 个数字为组件专用版本号，表示与 Oracle 数据库管理系统相关的一些中间件的版本。第 5 个数字没有变化，仍然是平台专用版本号。

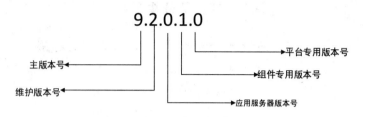

图 13.3　Oracle 9i 的版本号

除了数字方面的版本号，读者可能还会发现，从 Oracle 8 开始，每个主版本号后面都会有一个字母，例如 Oracle 8i、Oracle 9i、Oracle 10g、Oracle 11g，目前最新的版本是 Oracle 12c。这些字母都有具体的含义，表示 Oracle 数据库管理系统随着当时信息技术发展而提供的一些特性。其中字母 i 表示国际互联网（Internet），因为 Oracle 8i 发布的时候是 1999 年左右，Oracle 9i 发布的时候大约是 2001 年，当时正是互联网发展迅速的时期。字母 g 表示网格（Grid），同样也是因为 2003 年左右是网格计算技术兴起的时期，表示 Oracle 10g 和 11g 都提供了网格计算的相关技术。字母 c 表示云计算（Cloud），2013 年是云计算技术非常热门的时期，表示 Oracle 12c 已经为云计算提供了相关的技术。

13.1.2　Oracle 的版本选择

Oracle 的版本选择受许多因素的影响，包括应用环境、运营成本、操作系统平台以及硬件环境等。用户可以根据自己的实际情况进行选择。

从 Oracle 10g 开始，对于每个主版本，Oracle 数据库管理系统都提供了标准版 1（Standard Edition One）、标准版（Standard Edition）以及企业版（Enterprise Edition）这 3 个版本供用户选择，用于生产环境。

其中标准版 1 为工作组、部门级和互联网应用程序提供了非常好的易用性和性价比。它包含了构建关键商务的应用程序所必需的全部工具。标准版 1 仅许可在最多为两个处理器的服务器上使用。

标准版提供了与标准版 1 同样的易用性、能力和性能，并且提供了对更大型的计算机和服务集群的支持。它可以在最高容量为 4 个处理器的单台服务器上，或者在一个支持最多 4 个处理器的服务器的集群上使用。

企业版为关键任务的应用程序，例如大业务量的在线事务处理（OLTP）环境、查询密集的数据仓库和要求苛刻的互联网应用程序，提供了高效、可靠、安全的数据管理。Oracle 数据库企业版为企业提供了满足当今关键任务应用程序的可用性和可伸缩性需求的工具和功能。它包含 Oracle 数据库的所有组件。

除了以上可以用于生产环境的版本之外，Oracle 还提供了一些免费版，例如 Oracle 数据库 10g 个人版（Oracle Database 10g Personal Edition）和 Oracle 11g 快捷版（Oracle Database 11g Express Edition）这些版本主要为开发者提供一个测试环境，一般不用于生产环境中。

在每个版本当中，Oracle 都为当前的主流操作系统提供了相应的版本，例如 Oracle 11g 就提供了 Windows、Linux、Solaris 以及 HP-UX 4 种操作系统的发行版，并且为每种操作系统都提供了 32 和 64 位的版本。

 Oracle 的发行版可能会随着当时的软硬件发展水平而变化，例如 Oracle 12c 就只为 Windows 提供了 64 位的发行版，这主要是因为目前已经很少在 32 位的 Windows 上面安装和使用 Oracle 数据库管理系统了。

13.2　Oracle 数据库体系结构

了解和掌握 Oracle 数据库的体系结构是学习 Oracle 的重中之重，许多初学者就是因为不从整体上了解 Oracle 的系统结构，才使得自己在学习了多年 Oracle 之后，仍然不得其门，遇到问题后也不知如何处理。本节将对 Oracle 数据库系统的体系结构进行宏观讲解。

13.2.1　认识 Oracle 数据库管理系统

Oracle 数据库管理系统是一套相对较为复杂的软件系统，它由多个部分构成。图 13.4 描述了 Oracle 整个体系结构。

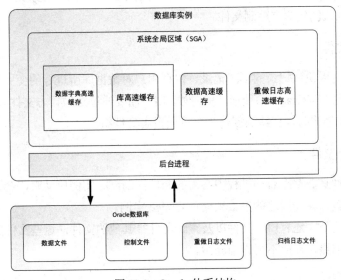

图 13.4　Oracle 体系结构

从图 13.4 可以看出，Oracle 数据库管理系统主要由数据库实例和数据库组成。在 Oracle 中，这两部分相对较为独立。在创建 Oracle 数据库的时候，用户总是先创建一个实例，然后再创建数据库。在只有一个实例的环境中，实例与数据库是一对一的。当然，在某些情况下，可以多个实例共用一个数据库，从而形成多对一的关系。

图 13.4 仅仅描述了一个简化的 Oracle 系统结构，在实际应用环境中，除了图 13.4 所示的组成部分之外，还可能会有用户进程以及应用程序等。

13.2.2 物理存储结构

Oracle 数据库的物理结构主要由一系列的磁盘文件组成，是数据库中的数据在磁盘上面的存储方式。Oracle 中的文件比较多，包括数据文件、日志文件、控制文件以及归档文件等，用户需要把这些文件的功能搞清楚，管理起 Oracle 系统来才会得心应手。下面对这些文件的功能进行简单的介绍。

1．数据文件

数据文件是数据库中所有用户数据的实际存储位置，所有数据文件的大小的和构成了数据库的大小。数据文件又分为永久性数据文件和临时性数据文件。Oracle 11g 数据库在创建的时候，会默认创建 5 个永久性的文件和一个临时性的文件。

2．控制文件

控制文件是记录数据库结构信息的重要的二进制文件，由 Oracle 系统进行读写操作，系统管理员不能直接操作该文件。控制文件中主要保存数据库名称以及数据文件位置等信息。Oracle 11g 数据库默认创建两个控制文件。

3．重做日志文件

重做日志文件是以重做记录的形式记录、保存用户对数据库所进行的变更操作，是数据库中非常重要的物理文件。当 Oracle 系统崩溃的时候，用户需要通过重做日志文件来恢复数据库实例。Oracle 11g 数据库在创建时，会默认创建 3 个重做日志文件组。

4．初始化参数文件

初始化参数文件是数据库启动过程中必需的文件，Oracle 实例启动时，会读入初始化参数文件中的每个参数配置，并使用这些参数来配置 Oralce 实例。

除了以上文件之外，还有口令文件以及跟踪文件等其他的文件，这些文件的作用相对较小，读者可以参考相关书籍，在此不再详细介绍。

13.2.3 逻辑存储结构

Oracle 数据库的逻辑结构从逻辑的角度来分析数据库系统的构成，即从逻辑上来描述 Oracle 数据库数据的组织和管理形式。通常情况下，Oracle 数据库的逻辑存储结构分为数据块、区、段和表空间 4 种。

数据块是 Oracle 数据库最小的逻辑单元，也是数据库执行输入、输出操作的最小单位，由一个或多个操作系统块构成。

区由若干个数据块组成。区是 Oracle 最小的存储分配单元。引入区的目的是为了提高系统存储空间分配的效率。

段是由一个或多个连续或不连续的区组成的逻辑存储单元，是表空间的组成单位。

表空间是 Oracle 数据库最大的逻辑存储结构单元。实际上，系统管理员主要是通过表空间来管理 Oracle 数据库的存储空间的。根据存储数据不同，表空间可以分为系统表空间和非系统表空间，前者主要用来存储数据库系统的信息，后者则主要用来存储用户数据。表 13.1 列出了常见的表空间以及功能。

表 13.1 常见表空间类型

名称	类型	说明
system	系统表空间	存储数据字典、数据库对象定义以及 PL/SQL 程序源代码等系统信息
sysaux	系统表空间	辅助系统表空间，存储数据库组件等信息
temp	临时表空间	存储临时数据，用于排序等操作
undotbs1	撤销表空间	存储回滚信息
users	用户表空间	存储用户数据

通常情况下，一个数据库可以包含多个表空间，但是一个表空间只能属于一个数据库，即表空间不能跨数据库。

13.2.4 数据库实例

Oracle 数据库实例包括数据库服务器的内存以及相关的处理程序。其中，与数据库性能关系最大的是 SGA，即系统全局区（System Global Area）。SGA 包括 3 个组成部分。

- 数据缓冲区。用于缓存从数据文件中检索出来的数据块，可以大大提高查询和更新数据的性能。
- 日志缓冲区。主要是重做日志缓冲区，对数据库的任何修改都按顺序被记录在该缓冲区中。
- 共享池。使相同的 SQL 语句不再编译，提高了 SQL 的执行速度。

除此之外，还包括一些后台进程，主要有系统监控进程、数据库写进程、日志写进程以及检查点进程等。关于这些进程的功能，不再详细介绍。

13.3 安装 Oracle 数据库服务器

对于 Linux 来说，安装 Oracle 是一个相对较为简单的操作。但是安装前的准备工作比较充分，则可以按部就班地顺利完成 Oracle 在 Linux 上的安装。本节将以目前最为流行的版本 Oracle 11g 为例，来说明如何在 RedHat Enterprise 上面安装 Oracle。

13.3.1 检查软硬件环境

Oracle 对于软件平台的支持非常广泛，几乎所有的主流操作系统都有相应的版本提供，例如 Windows、Solaris 以及各种 Linux 发行版，用户可以通过查看 Oracle 11g 的相关文档来了解 Oracle 11g 所支持的操作系统。另外，当前的操作系统都有 32 位和 64 位的区分，对于数据库服务器来说，64 位的操作系统有着明显的性能优势，所以，在硬件支持的前提下，应该尽可能地选择 64 位的系统平台。

Oracle 对于服务器硬件的要求比较苛刻，因为数据库的某些操作，例如排序和联接都需要大量的内存来支持。通常情况下，Oracle 11g 的最小物理内存要求为 1GB。此外，还应该设置相应数量的交换空间（Swap），以供 Oracle 临时使用。交换空间的设置与物理内存密切相关，用户可以参考表 13.2 来设置。

表 13.2 Linux 交换空间设置

物理内存	交换空间
1~2GB	物理内存的 1.5 倍
2~16GB	与物理内存相等
超过 16GB	16GB

在 RHEL 6.5 中，用户可以通过以下命令来查看系统的物理内存和交换空间的大小，如下所示：

```
[root@rhel6 Desktop]# grep MemTotal /proc/meminfo
MemTotal:        1914492 kB
[root@rhel6 Desktop]# grep SwapTotal /proc/meminfo
SwapTotal:       3145720 kB
```

在上面的命令中，/proc/meminfo 是存在于 proc 虚拟文件系统中的一个文件，该文件记录了当前系统的内存信息。其中物理内存以 MemTotal 表示，交换内存以 SwapTotal 表示，grep 命令正是通过这两个标记来查找相关的信息。可以得知，当前系统的物理内存约为 1.9GB，交换内存空间约为 3.1GB。

在磁盘空间方面，Oracle 11g 的最小要求为 4GB 以上，当然，作为数据库服务器，磁盘空间越大越好。并且，出于数据安全要求，Oracle 的数据库文件不应该放在单独的磁盘上面，最好放在磁盘阵列，例如 RAID 5 或者 RAID 1 上面。用户可以通过 df 命令来查看当前服务器的文件系统以及空间大小，如下所示：

```
[root@rhel6 Desktop]# df -ah
Filesystem       Size     Used Avail Use% Mounted on
/dev/sda3        27G      3.1G  22G  13%    /
```

proc	0	0	0	-	/proc
sysfs	0	0	0	-	/sys
devpts	0	0	0	-	/dev/pts
tmpfs	935M	224K	935M	1%	/dev/shm
/dev/sda1	291M	39M	238M	14%	/boot

13.3.2 下载 Oracle 安装包

当用户明确了当前服务器的软硬件环境符合 Oracle 的要求之后，就可以到 Oracle 的官方网站下载相应的版本，如图 13.5 所示。在 RHEL 6.5 上面安装 Oracle 11g 需要下载 Linux x86 或者 Linux x86-64，前者是 32 位，后者是 64 位，用户可以根据自己的实际情况来选择，在本例中，下载的是 64 位的版本。

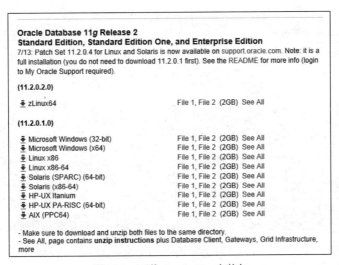

图 13.5 下载 Oracle 11g 安装包

从官方网站下载的 Oracle 安装包有两个文件，其文件名分别为 linux.x64_11gR2_database_1of2.zip 和 linux.x64_11gR2_database_2of2.zip，用户需要将这两个压缩文件分别解压后，再合并在一起，这样才能组成完整的安装文件。

13.3.3 创建 Oracle 用户组和用户

用户不能以 root 用户的身份来安装 Oracle。因此，用户需要另外创建用户组和用户来执行安装操作。按照惯例，执行 Oralce 安装任务的用户组应该命名为 oinstall，执行数据库管理任务的用户组应该命名为 dba。另外，执行与 Oracle 数据库管理系统相关操作的用户应该命名为 oracle，该用户可以同时属于 oinstall 和 dba 这两个用户组。

创建用户组的命令如下：

```
[root@rhel6 ~]# groupadd oinstall
```

```
[root@rhel6 ~]# groupadd dba
```

创建 oracle 用户的命令如下：

```
[root@rhel6 ~]# useradd -m -g oinstall -G dba oracle
```

在上面的命令中，通过-m 参数表示同时创建 oracle 用户的主目录。

13.3.4 修改内核参数

为了能够使得 Oracle 更好地运行，用户需要修改某些相关的系统参数，这些参数主要涉及内存和文件系统。在 RHEL 6.5 中，内核参数存储在/etc/sysctl.conf 文件中。使用 vi 命令打开该文件，并做以下修改：

```
fs.aio-max-nr = 1048576
fs.file-max = 6815744
kernel.shmall = 4294967296
kernel.shmmax = 68719476736
kernel.shmmni = 4096
kernel.sem = 250 32000 100 128
net.ipv4.ip_local_port_range = 9000 65500
net.core.rmem_default = 262144
net.core.rmem_max = 4194304
net.core.wmem_default = 262144
net.core.wmem_max = 1048586
```

在上面的代码中，fs.aio-max-nr 表示文件系统最大异步 I/O 数。fs.file-max 表示文件句柄的最大数量。kernel.shmall 表示可用共享内存的总量，通常不需要修改。kernel.shmmni 和 kernel.shmmax 分别表示可用共享内存的最小值和最大值，这两个参数通常也不需要修改。kernel.sem 表示设置的信号量，这 4 个参数内容大小固定。net.ipv4.ip_local_port_range 表示本地端口范围。net.core.rmem_default 表示接收套接字缓冲区大小的默认值，net.core.rmem_max 表示接收套接字缓冲区大小的最大值，net.core.wmem_default 表示发送套接字缓冲区大小的默认值，net.core.wmem_max 表示发送套接字缓冲区大小的最大值，这 4 个参数都以字节为单位。

 文件句柄表示在 Linux 系统中可以打开的文件数量。

修改完内核参数之后，用户可以通过重新启动操作系统，使得这些改动生效。如果不想立即重新启动操作系统，也可以通过 sysctl 命令来载入配置文件，使得前面的改动即时生效，如下所示：

```
[root@rhel6 ~]# sysctl -p
```

13.3.5 修改用户限制

在 Linux 系统中，出于安全考虑，对于用户可以使用的文件句柄数量进行了限制，其默认值通常为 1024。用户可以使用 ulimit 命令来查看，如示例 13-1 所示。

【示例 13-1】
```
[root@rhel6 ~]# ulimit -a
core file size          (blocks, -c)    0
data seg size           (kbytes, -d)    unlimited
scheduling priority     (-e)            0
file size               (blocks, -f)    unlimited
pending signals         (-i)            14795
max locked memory       (kbytes, -l)    64
max memory size         (kbytes, -m)    unlimited
open files              (-n)            1024
pipe size               (512 bytes, -p) 8
POSIX message queues    (bytes, -q)     819200
real-time priority      (-r)            0
stack size              (kbytes, -s)    10240
cpu time                (seconds, -t)   unlimited
max user processes      (-u)            14795
virtual memory          (kbytes, -v)    unlimited
file locks              (-x)            unlimited
```

在 Oracle 运行的过程中，很容易会超过这个限制，从而导致数据库读写文件错误。所以，在安装 Oracle 之前，最好先调整该参数，以适应 Oracle 的需求。在 RHEL 中，这些参数保存在 /etc/security/limits.conf 文件中。通过 vi 命令打开该文件，增加以下代码：

```
oracle    soft    nproc    2047
oracle    hard    nproc    16384
oracle    soft    nofile   1024
oracle    hard    nofile   65536
```

在上面的代码中，第 1 列表示用户名，第 2 列表示设置的类型，其中 soft 表示当前的默认值，而 hard 表示最大值。第 3 列是项目，其中 nproc 表示进程数，nofile 表示打开的文件数。

修改完成之后，需要重新启动 RHEL，使得改动生效。

13.3.6 修改用户配置文件

在 Oracle 中，有一些环境变量非常重要，例如 ORACLE_BASE、ORACLE_HOME 以及 ORACLE_SID 等，其中 ORACLE_BASE 表示 Oracle 相关软件的起始目录，是 Oracle 软件和管理文件的最上层目录。ORACLE_HOME 表示 Oracle 数据库的主目录。ORACLE_SID 表示 Oracle 数据库实例的标识。

通过 su 命令切换到 oracle 用户，然后修改 Bash Shell 的用户配置文件.bash_profile。

【示例 13-2】
```
[root@rhel6 ~]# su - oracle
[oracle@rhel6 ~]$ vi .bash_profile
```

在下面一行：
```
export PATH
```

前面插入以下代码：
```
export ORACLE_BASE=/oracle
export ORACLE_HOME=$ORACLE_BASE/oracle11g
export ORACLE_SID=orcl
export PATH=$ORACLE_HOME/bin:$PATH:$HOME/bin
```

从上面的代码可以得知，当前数据库实例的标识设置为 orcl。

 .bash_profile 是 Bash Shell 的用户配置文件，如果 oracle 用户使用其他的 Shell，则应该修改相应的文件。

13.3.7 准备安装目录

接下来准备 Oracle 数据库安装的目录，命令如下：
```
[root@rhel6 Desktop]# mkdir /oracle
[root@rhel6 Desktop]# chown -R oracle:oinstall /oracle
[root@rhel6 Desktop]# chmod -R 775 /oracle
```

上面的命令表示，创建了目录之后，需要使用 chown 命令将/oracle 目录的所有者修改为 oinstall 用户组的 oracle 用户。另外，为了能够使得同组的用户完全控制该目录，需要将该目录的权限设置为 775。

13.3.8 安装软件

接下来介绍具体的安装过程。以 oracle 用户登录 RHEL，进入 Oracle 11g 安装文件所在的目录下的 database 目录中，执行 runInstaller 命令，启动安装向导，如下所示：

```
[oracle@rhel6 database]$ ./runInstaller
```

Oracle 11g 安装向导的界面分为左右两部分，左边为整个流程图，右边是当前所要进行的操作。下面给出详细的安装步骤。

步骤 01 Oracle 安全更新订阅（Configuration Security Updates）页面如图 13.6 所示，如果用户不需要设置，可以直接单击【Next】按钮进入下一步。

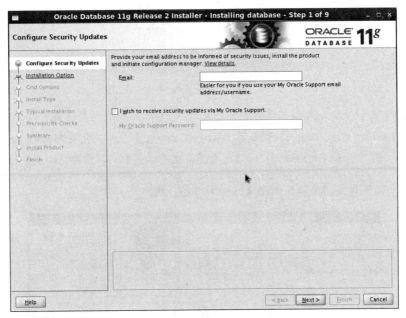

图 13.6 Oracle 安全更新订阅

步骤 02 选择安装选项【Installation Options】，如图 13.7 所示。Oracle 11g 提供了 3 个选项，分别是创建和配置数据库、安装 Oracle 软件以及升级现有的数据库。通常情况下，用户应该选择第 1 个选项，该选项会执行一次完整的 Oracle 安装操作，不仅安装了 Oracle 软件，还创建数据库。而第 2 个选项则仅仅安装 Oracle 软件本身，不会创建数据库，用户需要单独创建数据库。

在本例中，选择第 1 个选项。单击【Next】按钮，进入下一步。

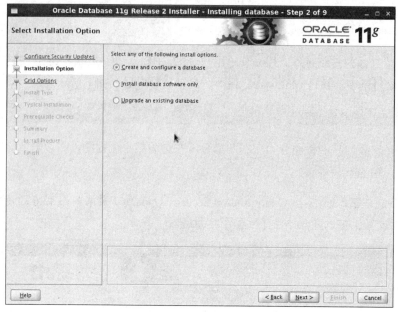

图 13.7 安装选项

步骤 03 系统级别（System Class）页面如图 13.8 所示。Oracle 安装向导提供了两个级别，分别是桌面（Desktop Class）级别和服务器（Server Class）。如果用户需要测试 Oracle 或者进行相关开发，则可以选择桌面级别；如果想要用在生产环境中，则需要选择服务器级别。

在本例中，选择服务器级别，单击【Next】按钮，进入下一步。

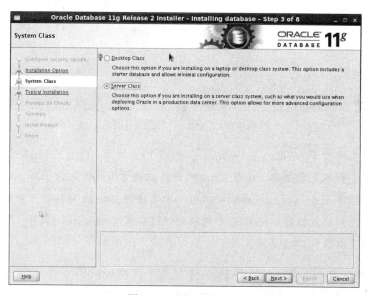

图 13.8 选择系统级别

步骤 04 网格选项（Grid Options）页面如图 13.9 所示。网格选项包括两个选项，分别是单实例（Single instance）安装和集群（Real Application Clusters）环境。在本例中，选择单实例安装，单击【Next】按钮，进入下一步。

第 13 章 安装和配置 Oracle 数据库管理系统

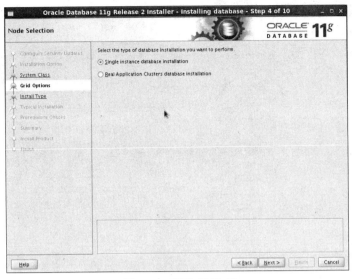

图 13.9 配置网格选项

步骤 05 安装类型（Installation Type）页面如图 13.10 所示。其中包括典型安装和高级安装两个选项。对于初学者来说，执行典型安装比较容易上手，而高级安装则通常针对对 Oracle 比较熟悉的用户。在本例中，选择典型安装，单击【Next】按钮，进入下一步。

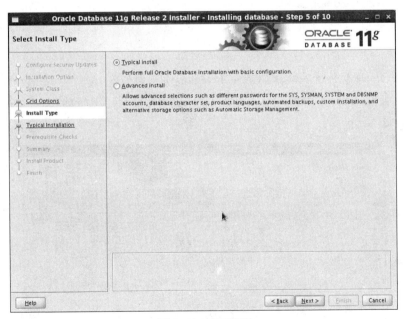

图 13.10 安装类型

步骤 06 典型安装配置页面如图 13.11 所示。由于在前面已经设置了相关的系统变量，所以 Oracle 安装向导会自动根据这些系统变量来设置相关选项。

343

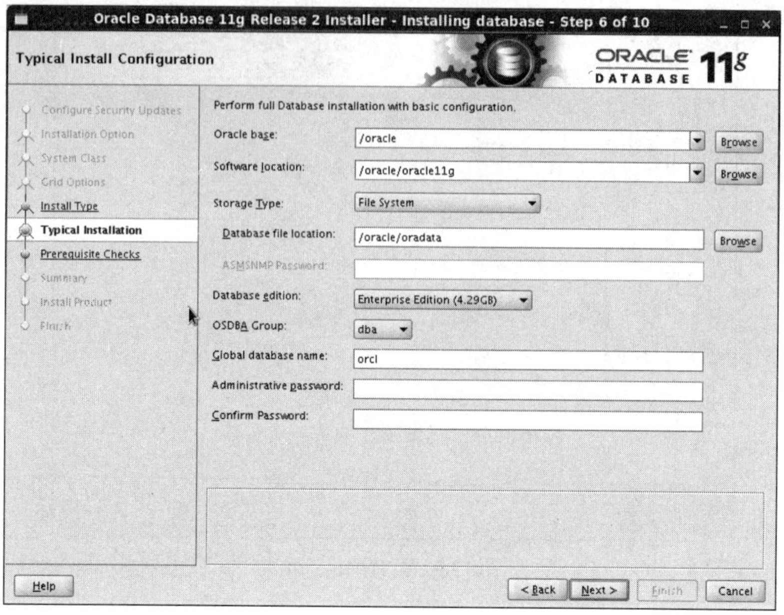

图 13.11　典型安装选项

用户只需要修改数据库版本（Database edition），全局数据库名称（Global database name）以及管理员密码（Administrator password）即可。设置完成之后单击【Next】按钮，进入下一步。在本例中，数据库版本选择企业版，全局数据库名称填入 orcl，管理员密码可以根据自己的实际情况来设定。设置完成之后，单击【Next】按钮，进入下一步。

步骤 07　设置 Oracle 软件清单目录（Create Inventory）页面如图 13.12 所示。软件清单目录会包含所有的 Oracle 软件的清单，将该目录设置为【/oracle/oraInventory】，单击【Next】按钮，进入下一步。

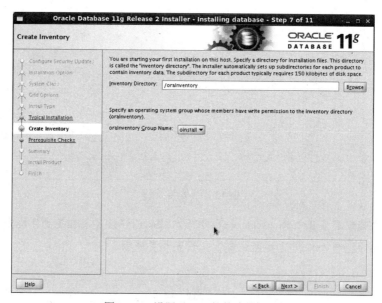

图 13.12　设置 Oracle 软件清单目录

第 13 章　安装和配置 Oracle 数据库管理系统

步骤 08　执行先决条件检查，如图 13.13 所示。如果当前的软硬件环境在某些方面不符合 Oracle 11g 的需求，则会给出提示，用户可以根据情况来修正某些问题。

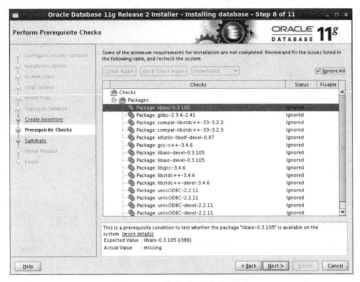

图 13.13　执行先决条件检查

 尽管用户应该尽量去满足 Oracle 的安装需求，但是对于某些条件，则可以忽略。

步骤 09　安装概要（Summary）页面如图 13.14 所示。在正式执行安装操作之前，Oracle 安装向导会给出一个关于本次安装的汇总，以便于用户确认。如果用户觉得存在某些问题，则可以单击【Back】按钮，返回到前面去修改；否则，则可以单击【Finish】按钮，开始正式安装。

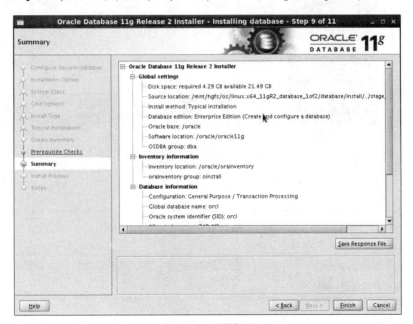

图 13.14　安装概要

345

步骤 10　安装过程页面如图 13.15 所示。当进度条达到 100% 以后，则表示 Oracle 软件已经安装完成。

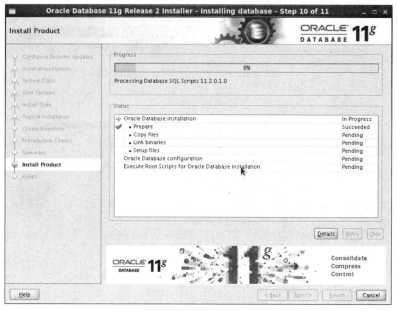

图 13.15　安装过程

步骤 11　数据库配置向导（Database Configuration Assistant）页面如图 13.16 所示。当 Oracle 软件安装完成之后，便自动启动数据库配置向导，以帮助用户完成数据库的创建。

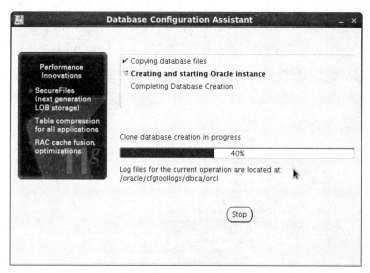

图 13.16　数据库配置向导

 如果在步骤 02 中选择了第 2 项，即只安装数据库软件，则安装向导到本步骤就结束了，不会再弹出数据库配置向导。

步骤 12　设置密码，如图 13.17 所示。如果用户想要修改 Oracle 系统用户的密码，则可以单击

【Password Management】按钮，进行设置。

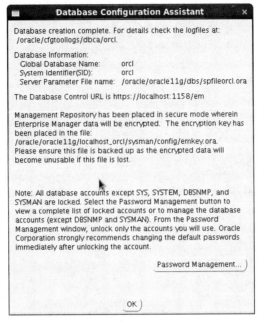

图 13.17 设置数据库用户密码

步骤 13 执行配置脚本，如图 13.18 所示。Oracle 11g 需要以 root 用户的身份执行两个脚本文件。

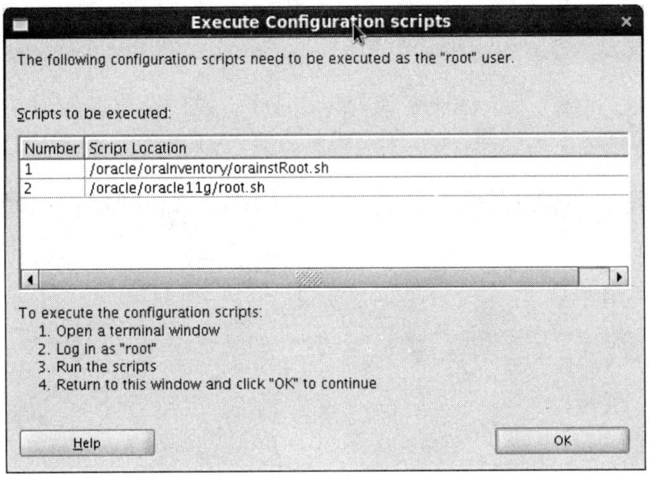

图 13.18 执行配置脚本

右击桌面，在弹出的快捷菜单上面选择 Terminal，打开终端窗口，通过 su 命令切换到 root 用户，执行以下脚本：

```
[root@rhel6 ~]# /oracle/oraInventory/orainstRoot.sh
Changing permissions of /oracle/oraInventory.
Adding read,write permissions for group.
Removing read,write,execute permissions for world.
```

```
Changing groupname of /oracle/oraInventory to oinstall.
The execution of the script is complete.
[root@rhel6 ~]# /oracle/oracle11g/root.sh
Running Oracle 11g root.sh script...

The following environment variables are set as:
    ORACLE_OWNER= oracle
    ORACLE_HOME=  /oracle/oracle11g

Enter the full pathname of the local bin directory: [/usr/local/bin]:
    Copying dbhome to /usr/local/bin ...
    Copying oraenv to /usr/local/bin ...
    Copying coraenv to /usr/local/bin ...

Creating /etc/oratab file...
Entries will be added to the /etc/oratab file as needed by
Database Configuration Assistant when a database is created
Finished running generic part of root.sh script.
Now product-specific root actions will be performed.
Finished product-specific root actions.
```

当上面的命令执行完成之后，Oracle 就安装完成了，这时会出现如图 13.19 所示的窗口，单击【Close】按钮，退出安装向导。

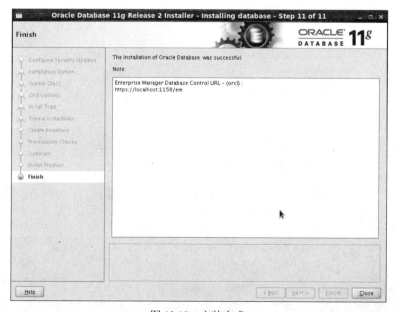

图 13.19　安装完成

13.4 创建数据库

通常情况下，系统管理员可以通过3种方式来创建数据库，分别为使用 Oracle 数据库配置助手（Oracle Database Configuration Assistant）、命令行以及运行自定义批处理脚本。其中前面两种是经常用到的方法，本节将介绍如何使用 DBCA 以及命令行来创建数据库。

13.4.1 用 DBCA 创建数据库

DBCA，即 Oracle 数据库配置助手，是一个图形界面的数据库管理工具。该工具通常位于 Oracle 主目录下面的 bin 目录中。以 oracle 用户登录 RHEL，在命令行中输入 dbca 就可以启动，如下所示：

```
[oracle@rhel6 bin]$ dbca
```

DBCA 启动之后，出现如图 13.20 所示的画面。

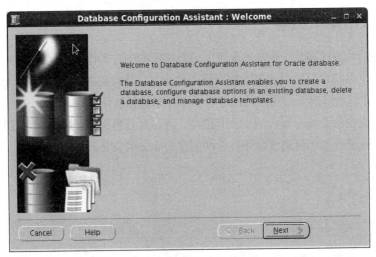

图 13.20　DBCA 欢迎界面

单击【Next】按钮，出现操作类型选择对话框，如图 13.21 所示。如果用户需要创建数据库，则应该选择第一个选项，即创建一个数据库（Create a Database）。然后，单击【Next】按钮，进行下面的操作。

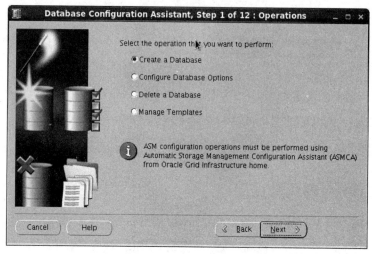

图 13.21　操作类型选择

接下来的操作与 13.3 小节中安装 Oracle 时创建数据库的步骤基本相同，读者可以参考前面的介绍自己操作，在此不再详细介绍。

13.4.2　手工创建数据库

前面介绍的两种方法都是在图形界面下完成数据库的创建操作。尽管这些方法都非常方便，但是在某些情况下系统管理员可能无法使用图形界面来创建数据库。例如，通过 SSH 远程连接 RHEL 的时候。在这种情况下，用户只能通过命令行来执行操作。

幸运的是，最初的 Oracle 是没有图形界面的，并且到目前为止，仍然保留了通过命令行创建数据库的途径。下面介绍如何通过命令行手动创建 Oracle 数据库。

（1）通过 SSH 客户端（例如 SSH Secure Shell Client）连接到 RHEL，然后通过 su 命令切换到 oracle 用户，如下所示：

```
[root@rhel6 ~]# su - oracle
```

（2）创建初始化参数文件。Oracle 实例在启动的时候会自动读取一个初始化参数文件，该文件启动所必需的一些参数，默认情况下，该文件的名称为 init<SID>.ora，其中 SID 表示实例名。在手工创建数据库的情况下，该文件需要系统管理员自己创建。在 RHEL 中，该文件的默认位置为 $ORACLE_HOME/dbs。在本例中，创建一个名称为 initorcl.ora 的文件，其内容如下所示：

```
db_name='ORCL'
processes = 150
audit_trail ='db'
db_block_size=8192
db_domain=''
dispatchers='(PROTOCOL=TCP) (SERVICE=ORCLXDB)'
open_cursors=300
```

```
remote_login_passwordfile='EXCLUSIVE'
# You may want to ensure that control files are created on separate physical
# devices
control_files = (ora_control1, ora_control2)
compatible ='11.2.0'
```

（3）通过 sqlplus 连接到 Oracle 实例，然后启动实例。

```
[oracle@rhel6 dbs]$ sqlplus /nolog

SQL*Plus: Release 11.2.0.1.0 Production on Mon Mar 31 07:02:49 2014

Copyright (c) 1982, 2009, Oracle.  All rights reserved.

SQL> conn system as sysdba
Enter password:
Connected to an idle instance.
SQL> startup pfile=/oracle/oracle11g/dbs/initorcl.ora nomount
ORACLE instance started.

Total System Global Area    217157632 bytes
Fixed Size                    2211928 bytes
Variable Size               159387560 bytes
Database Buffers             50331648 bytes
Redo Buffers                  5226496 bytes
```

在上面的命令中，system 用户必须以 dba 的身份登录才可以启动实例。另外，startup 命令通过 pfile 参数指定步骤（1）中创建的参数文件。由于还没有创建数据库，所以只能指定 nomount 参数，暂时不挂载数据库。

（4）创建数据库。使用 create database 命令创建数据库，如下所示：

```
SQL> create database orcl datafile '/oracle/oracle11g/oradata/orcl/system01.dbf'
size 100M SYSAUX DATAFILE '/oracle/oracle11g/oradata/orcl/sysaux01.dbf' size 100M
undo tablespace undotbs datafile '/oracle/oracle11g/oradata/orcl/undotbs01.dbf' size
150M reuse autoextend on next 5120K maxsize unlimited logfile group 1
('/oracle/oracle11g/oradata/orcl/redo01.log')      size       100M,group       2
('/oracle/oracle11g/oradata/orcl/redo02.log')      size       100M,group       3
('/oracle/oracle11g/oradata/orcl/redo03.log') size 100M character set zhs16GBK;

Database created.
```

在上面的代码中，最后一行表示数据库已经成功创建。当用户使用 create database 语句创建完数据库之后，Oracle 会自动挂载并打开刚刚被创建的数据库。用户可以通过查询 v$instance 视图来了解当前实例的状态，如下所示：

```
SQL> select instance_name,status from v$instance;

INSTANCE_NAME    STATUS
---------------- ------------
orcl             OPEN
```

13.4.3　打开数据库

在某些情况下，需要系统管理员按照一定的步骤手工打开数据库。首先，系统管理员需要以系统管理员的身份连接到 Oracle 软件；然后使用含有 nomount 选项的 startup 命令启动数据库实例；接下来使用 alter database 命令修改数据库状态为 mount，即挂载数据库；最后，通过 alter database 命令将数据库的状态修改为 open。

【示例 13-3】

```
[oracle@rhel6 bin]$ sqlplus /nolog

SQL*Plus: Release 11.2.0.1.0 Production on Sun Mar 23 06:02:21 2014

Copyright (c) 1982, 2009, Oracle.  All rights reserved.

SQL> conn system as sysdba
Enter password:
Connected.
SQL> startup nomount
ORACLE instance started.

Total System Global Area  217157632 bytes
Fixed Size                  2211928 bytes
Variable Size             159387560 bytes
Database Buffers           50331648 bytes
Redo Buffers                5226496 bytes
SQL> alter database mount;

Database altered.

SQL> alter database open;

Database altered.
```

13.4.4 关闭数据库

关闭数据库需要使用 shutdown 命令,该命令有多个选项,这些选项分别表示不同的功能,例如 normal 选项按照正常的步骤关闭数据库实例;immediate 选项表示在尽可能短的时间内关闭数据库实例;transactional 表示在尽可能短的时间内关闭数据库,并且保证当前所有的活动的事务都可以被提交;abort 表示立即关闭数据库实例,当前面的选项都无效的时候,可以使用该选项。下面的示例通过 immediate 选项来关闭数据库实例。

【示例 13-4】
```
SQL> shutdown immediate;
Database closed.
Database dismounted.
ORACLE instance shut down.
```

13.5 小结

本章介绍了如何在 RHEL 上面安装和配置 Oracle 数据库管理系统。主要包括 Oracle 数据库管理系统简介,Oracle 数据库体系结构,安装 Oracle 数据库服务器以及创建数据库等。重点介绍了 Oracle 服务器的安装过程以及如何通过 DBCA 和手工创建数据库。

13.6 习题

1. 下面哪一条是错误的启动语句?( )

   A STARTUP NORMAL   B STARTUP NOMOUNT
   C START MOUNT   D STARTUP FORCE

2. 下面哪一个不是数据库物理存储结构中的对象?( )

   A 数据文件   B 重做日志文件
   C 控制文件   D 表空间

3. 下面哪个组件不是 Oracle 实例的组成部分?( )

   A 系统全局区 SGA   B PMON 后台进程
   C 控制文件   D 调度进程

第 14 章

◀ Apache 服务和 LAMP ▶

Apache 是世界上应用最广泛的 Web 服务器之一，尤其是现在，使用 LAMP（Linux+Apache+MySQL+PHP）来搭建 Web 应用已经是一种流行的方式，因此，掌握 Apache 的配置是系统工程师必备的技能之一。本章首先介绍与 LAMP 密切相关的 HTTP 协议，然后介绍 Apache 服务的安装与配置，最后给出使用 LAMP 时的常见问题。

本章主要涉及的知识点有：

- Apache 的安装与配置
- LAMP 应用
- 演示如何使用 LAMP 搭建 Web 服务。

MySQL 服务的安装与管理可以参考第 12 章。本章不涉及 LAMP 性能优化的内容，如需了解相关知识，请参阅相关书籍。

14.1 Apache HTTP 服务的安装与配置

本节首先介绍 HTTP 协议，然后介绍 Apache 的安装与配置。

14.1.1 HTTP 协议简介

超文本传送协议（Hypertext Transfer Protocol，HTTP）是因特网（World Wide Web，WWW，也简称为 Web）的基础。HTTP 服务器与 HTTP 客户机（通常为网页浏览器）之间的会话如图 14.1 所示。

第 14 章　Apache 服务和 LAMP

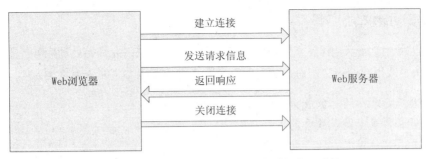

图 14.1　HTTP 服务端与 HTTP 客户端的交互过程

下面对这一交互过程进行详细分析。

1．客户端与服务器建立连接

首先客户端与服务器建立连接，就是 SOCKET 连接，因此要指定机器名称、资源名称和端口号，可以通过 URL 来提供这些信息。URL 的格式如示例 14-1 所示。

【示例 14-1】

```
HTTP://<IP 地址>/[端口号]/[路径][ <其他信息>]
http://dev.mysql.com/get/Downloads/MySQL-5.1/mysql-5.1.49.tar.gz
```

2．客户端向服务器提出请求

请求信息包括希望返回的文件名和客户端信息。客户端信息以请求头发送给服务器，请求头包括 HTTP 方法和头字段。

HTTP 方法常用的有 GET、HEAD、POST，头字段主要包含以下字段。

- DATE：请求发送的日期和时间。
- PARGMA：用于向服务器传输与实现无关的信息。这个字段还用于告诉代理服务器，要从实际服务器而不是从高速缓存取资源。
- FORWARDED：可以用来追踪机器之间，而不是客户机和服务器之间的消息。这个字段可以用来追踪代理服务器之间的传递路由。
- MESSAGE_ID：用于唯一地标识消息。
- ACCEPT：通知服务器客户所能接受的数据类型和尺寸。
- FROM：当客户应用程序希望服务器提供有关其电子邮件地址时使用。
- IF-MODIFIED-SINCE：如果所请求的文档自从所指定的日期以来没有发生变化，则服务器不应发送该对象。如果所发送的日期格式不合法，或晚于服务器的日期，服务器会忽略该字段。
- BEFERRER：向服务器进行资源请求用到的对象。
- MIME-VERTION：用于处理不同类型文件的 MIME 协议版本号。
- USER-AGENT：有关发出请求的客户信息。

3．服务器对请求作出应答

服务器收到一个请求，就会立刻解释请求中所用到的方法，并开始处理应答。服务器的应答消息也包含头字段形式的报文信息。状态码是一个 3 位数字码，主要分为 4 类：

- 以 2 开头，表示请求被成功处理。
- 以 3 开头，表示请求被重定向。
- 以 4 开头，表示客户的请求有错。
- 以 5 开头，表示服务器不能满足请求。

响应报文除了返回状态行之外，还向客户返回以下几个头字段。

- DATE：服务器的时间。
- LAST-MODIFIED：网页最后被修改的时间。
- SERVER：服务器信息。
- CONTENT_TYPE：数据类型。
- RETRY_AFTER：服务器太忙时返回这个字段。

4．关闭客户与服务器之间的连接

此步主要关闭客户端与服务器的连接。

14.1.2 Apache 服务的安装、配置与启动

Apache 由于其跨平台和安全性被广泛使用，其特点是简单、快速、性能稳定，并可作为代理服务器来使用。可以支持 SSL 技术，并且支持多个虚拟主机，是 Web 服务的优先选择。

本机主要以 httpd-2.2.24.tar.gz 源码安装 Apache HTTP 服务为例说明其安装过程。如果系统要使用 https 协议来进行访问，需要 Apache 支持 SSL，因此，在开始安装 Apache 软件之前，首先要安装 OpenSSL，其源码可以在 http://www.openssl.org 下载。安装 OpenSSL 的步骤如示例 14-2 所示。

【示例 14-2】

```
#解压源码包
[root@rhel6 soft]# tar xvf openssl-1.0.0c.tar.gz
[root@rhel6 soft]# cd openssl-1.0.0c
#配置编译选项
[root@rhel6 openssl-1.0.0c]# ./config  --prefix=/usr/local/ssl --shared
#编译
[root@rhel6 openssl-1.0.0c]# make
[root@rhel6 openssl-1.0.0c]# make install
#将动态库路径加入系统路径中
```

```
[root@rhel6 openssl-1.0.0c]# echo /usr/local/ssl/lib/ >>/etc/ld.so.conf
#加载动态库以便系统共享
[root@rhel6 openssl-1.0.0c]# ldconfig
```

在安装完 OpenSSL 后，接下来就可以安装 Apache 了，安装步骤如示例 14-3 所示。

【示例 14-3】
```
#解压源码包
[root@rhel6 soft]# tar xvf httpd-2.2.24.tar.gz
[root@rhel6 soft]# cd httpd-2.2.24
#配置编译选项
[root@rhel6 httpd-2.2.24]# ./configure --prefix=/usr/local/apache2 --enable-so --enable-rewrite -enable-ssl --with-ssl=/usr/local/ssl
#编译
[root@rhel6 httpd-2.2.24]# make
[root@rhel6 httpd-2.2.24]# make install
```

Apache 是模块化的服务器，核心服务器中只包含功能最常用的模块，而扩展功能由其他模块提供。设置过程中，可以指定包含哪些模块。Apache 有两种使用模块的方法。

- 一是静态编译至二进制文件。如果操作系统支持动态共享对象（DSO），而且能为 autoconf 所检测，则模块可以使用动态编译。DSO 模块的存储是独立于核心的，可以被核心使用由 mod_so 模块提供的运行时刻配置指令包含或排除。如果编译中包含任何动态模块，则 mod_so 模块会被自动包含进核心。如果希望核心能够装载 DSO，而不实际编译任何动态模块，需要明确指定--enable-so。在当前的示例中，核心模块功能全部启用。
- 二是需要启用 SSL 加密和 mod_rewrite，并且采用动态编译模式以便后续可以动态添加模块而不重新编译 apache，因此需要启用 mod_so。

基于上面的分析，配置编译选项时推荐使用以下方法，如示例 14-4 所示。

【示例 14-4】
```
[root@rhel6 httpd-2.2.24]# ./configure --prefix=/usr/local/apache2 --enable-so --enable-rewrite -enable-ssl --with-ssl=/usr/local/ssl
[root@rhel6 httpd-2.2.24]# make
[root@rhel6 httpd-2.2.24]# make install
```

由于每个项目和网站的情况不同，如果还需要支持其他的模块，可以在编译时使用相应的选项。经过上面的过程，Apache 已经安装完毕，安装目录位于/usr/local/apache2 目录下。常见的目录说明如表 14.1 所示。

表 14.1 Apache 目录说明

参数	说明
/usr/local/apache2/bin	Apache bin 文件位置
/usr/local/apache2/modules	Apache 需要的模块
/usr/local/apache2/logs	Apache log 文件位置
/usr/local/apache2/htdocs	Apache 资源位置
/usr/local/apache2/conf	Apache 配置文件

Apache 主配置文件 httpd.conf 包含丰富的选项配置供用户选择，下面是一些常用配置的含义说明。

【示例 14-5】

```
#设置服务器的基础目录，默认为 Apache 安装目录
ServerRoot "/usr/local/apache2"
#设置服务器监听的 IP 和端口
Listen 80
#设置管理员邮件地址
ServerAdmin root@test.com
#设置服务器，用于辨识自己的主机名和端口号
ServerName www.test.com:80
#设置动态加载的 DSO 模块
#如需提供基于文本文件的认证则启用此模块
LoadModule authn_file_module modules/mod_authn_file.so
#如需提供基于 DBM 文件的认证则启用此模块
#LoadModule authn_dbm_module modules/mod_authn_dbm.so
#如需提供匿名用户认证则启用此模块
LoadModule authn_anon_module modules/mod_authn_anon.so
#如需提供基于 SQL 数据库的认证则启用此模块
#LoadModule authn_dbd_module modules/mod_authn_dbd.so
#如需在未正确配置认证模块的情况下简单拒绝一切认证信息则启用此模块
LoadModule authn_default_module modules/mod_authn_default.so
#此模块提供基于主机名、IP 地址、请求特征的访问控制，Allow、Deny 指令需要，推荐加载。
LoadModule authz_host_module modules/mod_authz_host.so
#如需使用纯文本文件为组提供授权支持则启用此模块
LoadModule authz_groupfile_module modules/mod_authz_groupfile.so
#如需提供基于每个用户的授权支持则启用此模块
LoadModule authz_user_module modules/mod_authz_user.so
#如需使用 DBM 文件为组提供授权支持则启用此模块
LoadModule authz_dbm_module modules/mod_authz_dbm.so
#如需基于文件的所有者进行授权则启用此模块
```

```
LoadModule authz_owner_module modules/mod_authz_owner.so
#如需在未正确配置授权支持模块的情况下简单拒绝一切授权请求则启用此模块
LoadModule authz_default_module modules/mod_authz_default.so
#如需提供基本的HTTP认证则启用此模块,此模块至少需要同时加载一个认证支持模块和一个授权支持模块
LoadModule auth_basic_module modules/mod_auth_basic.so
#如需提供HTTP MD5摘要认证则启用此模块,此模块至少需要同时加载一个认证支持模块和一个授权支持模块
LoadModule auth_digest_module modules/mod_auth_digest.so
#此模块提供文件描述符缓存支持,从而提高Apache性能,推荐加载,但请小心使用
LoadModule file_cache_module modules/mod_file_cache.so
#此模块提供基于URI键的内容动态缓存从而提高Apache性能,必须与mod_disk_cache/mod_mem_cache同时使用,推荐加载
LoadModule cache_module modules/mod_cache.so
#此模块为mod_cache提供基于磁盘的缓存管理,推荐加载
LoadModule disk_cache_module modules/mod_disk_cache.so
#此模块为mod_cache提供基于内存的缓存管理,推荐加载
LoadModule mem_cache_module modules/mod_mem_cache.so
#如需管理SQL数据库连接,为需要数据库功能的模块提供支持则启用此模块(推荐)
LoadModule dbd_module modules/mod_dbd.so
#此模块将所有I/O操作转储到错误日志中,会导致在日志中写入极其海量的数据,建议只在发现问题并进行调试时使用
LoadModule dumpio_module modules/mod_dumpio.so
#如需使用外部程序作为过滤器,加载此模块(不推荐),否则注释掉
LoadModule ext_filter_module modules/mod_ext_filter.so
#如需实现服务端包含文档(SSI)处理,加载此模块(不推荐),否则注释掉
LoadModule include_module modules/mod_include.so
#如需根据上下文实际情况对输出过滤器进行动态配置则启用此模块
LoadModule filter_module modules/mod_filter.so
#如需服务器在将输出内容发送到客户端以前进行压缩以节约带宽,加载此模块(推荐),否则注释掉
#LoadModule deflate_module modules/mod_deflate.so
#如需记录日志和定制日志文件格式,加载此模块(推荐),否则注释掉
#LoadModule log_config_module modules/mod_log_config.so
#如需对每个请求的输入/输出字节数以及HTTP头进行日志记录则启用此模块
LoadModule logio_module modules/mod_logio.so
#如果允许Apache修改或清除传送到CGI脚本和SSI页面的环境变量则启用此模块
LoadModule env_module modules/mod_env.so
#如果允许通过配置文件控制HTTP的"Expires:"和"Cache-Control:"头内容,加载此模块(推荐),否则注释掉
LoadModule expires_module modules/mod_expires.so
```

#如果允许通过配置文件控制任意的 HTTP 请求和应答头信息则启用此模块
LoadModule headers_module modules/mod_headers.so
#如需实现 RFC1413 规定的 ident 查找，加载此模块（不推荐），否则注释掉
LoadModule ident_module modules/mod_ident.so
#如需根据客户端请求头字段设置环境变量则启用此模块
LoadModule setenvif_module modules/mod_setenvif.so
#此模块是 mod_proxy 的扩展，提供 Apache JServ Protocol 支持，只在必要时加载
LoadModule proxy_ajp_module modules/mod_proxy_ajp.so
#此模块是 mod_proxy 的扩展，提供负载均衡支持，只在必要时加载
LoadModule proxy_balancer_module modules/mod_proxy_balancer.so
#如需根据文件扩展名决定应答的行为（处理器/过滤器）和内容（MIME 类型/语言/字符集/编码）则启用此模块
LoadModule mime_module modules/mod_mime.so
#如果允许 Apache 提供 DAV 协议支持则启用此模块
LoadModule dav_module modules/mod_dav.so
#此模块生成描述服务器状态的 Web 页面，只建议在追踪服务器性能和问题时加载
LoadModule status_module modules/mod_status.so
#如需自动对目录中的内容生成列表则加载此模块，否则注释掉
LoadModule autoindex_module modules/mod_autoindex.so
#如需服务器发送自己包含 HTTP 头内容的文件则启用此模块
LoadModule asis_module modules/mod_asis.so
#如需生成 Apache 配置情况的 Web 页面，加载此模块（会带来安全问题，不推荐），否则注释掉
LoadModule info_module modules/mod_info.so
#如需在非线程型 MPM (prefork) 上提供对 CGI 脚本执行的支持则启用此模块
LoadModule cgi_module modules/mod_cgi.so
#此模块在线程型 MPM (worker) 上用一个外部 CGI 守护进程执行 CGI 脚本，如果正在多线程模式下使用 CGI 程序，推荐替换 mod_cgi 加载，否则注释掉
LoadModule cgid_module modules/mod_cgid.so
#此模块为 mod_dav 访问服务器上的文件系统提供支持，如果加载 mod_dav，则也应加载此模块，否则注释掉
LoadModule dav_fs_module modules/mod_dav_fs.so
#如需提供大批量虚拟主机的动态配置支持则启用此模块
LoadModule vhost_alias_module modules/mod_vhost_alias.so
#如需提供内容协商支持（从几个有效文档中选择一个最匹配客户端要求的文档），加载此模块（推荐），否则注释掉
LoadModule negotiation_module modules/mod_negotiation.so
#如需指定目录索引文件以及为目录提供"尾斜杠"重定向，加载此模块（推荐），否则注释掉
LoadModule dir_module modules/mod_dir.so
#如需处理服务器端图像映射则启用此模块

```
LoadModule imagemap_module modules/mod_imagemap.so
#如需针对特定的媒体类型或请求方法执行 CGI 脚本则启用此模块
LoadModule actions_module modules/mod_actions.so
#如果希望服务器自动纠正 URL 中的拼写错误，加载此模块（推荐），否则注释掉
LoadModule speling_module modules/mod_speling.so
#如果允许在 URL 中通过"/~username"形式从用户自己的主目录中提供页面则启用此模块
LoadModule userdir_module modules/mod_userdir.so
#此模块提供从文件系统的不同部分到文档树的映射和 URL 重定向，推荐加载
LoadModule alias_module modules/mod_alias.so
#如需基于一定规则实时重写 URL 请求，加载此模块（推荐），否则注释掉
LoadModule rewrite_module modules/mod_rewrite.so
#设置子进程的用户和组
<IfModule !mpm_netware_module>
User  apache
Group apache
</IfModule>
#设置默认 Web 文档根目录
DocumentRoot "/usr/local/apache2/htdocs"
#设置 Web 文档根目录的默认属性
<Directory />
    Options FollowSymLinks
    AllowOverride None
    Order deny, allow
    Allow from all
</Directory>
#设置 DocumentRoot 指定目录的属性
<Directory "/usr/local/apache2/htdocs">
    Options FollowSymLinks
    AllowOverride None
    Order allow, deny
    Allow from all
</Directory>
#设置默认目录资源列表文件
<IfModule dir_module>
    DirectoryIndex index.html
</IfModule>
#拒绝对.ht 开头文件的访问，以保护.htaccess 文件
<FilesMatch "^\.ht">
    Order allow, deny
```

```
        Deny from all
        Satisfy All
    </FilesMatch>
    #指定错误日志文件
    ErrorLog "|/usr/local/apache2/bin/rotatelogs /data/logs/www.test.com-error_log.
%Y-%m-%d 86400 480"
    #指定记录到错误日志的消息级别
    LogLevel warn
    #定义访问日志的格式
    <IfModule log_config_module>
        LogFormat "%h %l %u %t \"%r\" %>s %b \"%{Referer}i\" \"%{User-Agent}i\""
combined
        LogFormat "%h %l %u %t \"%r\" %>s %b" common
        <IfModule logio_module>
        LogFormat "%h %l %u %t \"%r\" %>s %b \"%{Referer}i\" \"%{User-Agent}i\" %I %O"
combinedio
        </IfModule>
    #指定访问日志及使用的格式
    CustomLog "|/usr/local/apache2/bin/rotatelogs /data/logs/www.test.com-access_log.%Y
-%m-%d  86400 480"  combined
    </IfModule>
    #设定默认 CGI 脚本目录及别名
    <IfModule alias_module>
        ScriptAlias /cgi-bin/ "/usr/local/apache2/cgi-bin/"
    </IfModule>
    #设定默认 CGI 脚本目录的属性
    <Directory "/usr/local/apache2/cgi-bin">
        AllowOverride None
        Options None
        Order allow, deny
        Allow from all
    </Directory>
    #设定默认 MIME 内容类型
    DefaultType text/plain
    <IfModule mime_module>
    #WEB 指定 MIME 类型映射文件
        TypesConfig conf/mime.types
    #WEB 增加.Z .tgz 的类型映射
        AddType application/x-compress .Z
```

```
    AddType application/x-gzip .gz .tgz
</IfModule>
#启用内存映射
EnableMMAP on
#使用操作系统内核的sendfile支持来将文件发送到客户端
EnableSendfile on
#指定多路处理模块(MPM)配置文件并将其附加到主配置文件
Include conf/extra/httpd-mpm.conf
#指定多语言错误应答配置文件并将其附加到主配置文件
Include conf/extra/httpd-multilang-errordoc.conf
#指定目录列表配置文件并将其附加到主配置文件
Include conf/extra/httpd-autoindex.conf
#指定语言配置文件并将其附加到主配置文件
Include conf/extra/httpd-languages.conf
#指定用户主目录配置文件并将其附加到主配置文件
Include conf/extra/httpd-userdir.conf
#指定用于服务器信息和状态显示的配置文件并将其附加到主配置文件
Include conf/extra/httpd-info.conf
#指定提供Apache文档访问的配置文件并将其附加到配置文件
Include conf/extra/httpd-manual.conf
#指定DAV配置文件并将其附加到主配置文件
Include conf/extra/httpd-dav.conf
#指定与Apache服务自身相关的配置文件并将其附加到主配置文件
Include conf/extra/httpd-default.conf
#指定mod_deflate压缩模块配置文件并将其附加到主配置文件
Include conf/extra/httpd-deflate.conf
#指定mod_expires模块配置文件并将其附加到主配置文件
Include conf/extra/httpd-expires.conf
#指定虚拟主机配置文件并将其附加到主配置文件
Include conf/extra/httpd-vhosts.conf
#指定SSL配置文件并将其附加到主配置文件
Include conf/extra/httpd-ssl.conf
#SSL默认配置
<IfModule ssl_module>
SSLRandomSeed startup builtin
SSLRandomSeed connect builtin
</IfModule>
```

设置prefork模块相关参数如下，这里会重点说明一下各个指令的意义。

```
<IfModule mpm_prefork_module>
    StartServers         5
    MinSpareServers      5
    MaxSpareServers     10
    ServerLimit       4000
    MaxClients        4000
    MaxRequestsPerChild  0
</IfModule>
```

指令说明如下。

- StartServers：设置服务器启动时建立的子进程数量。因为子进程数量动态地取决于负载的轻重，所有一般没有必要调整这个参数。
- MinSpareServers：设置空闲子进程的最小数量。所谓空闲子进程是指没有正在处理请求的子进程。如果当前空闲子进程数少于 MinSpareServers，那么 Apache 将以最大每秒一个的速度产生新的子进程。只有在非常繁忙的机器上才需要调整这个参数。将此参数设得太大通常是一个坏主意。
- MaxSpareServers：设置空闲子进程的最大数量。如果当前有超过 MaxSpareServers 数量的空闲子进程，那么父进程将杀死多余的子进程。只有在非常繁忙的机器上才需要调整这个参数。将此参数设得太大通常是一个坏主意。如果将该指令的值设置为比 MinSpareServers 小，Apache 将会自动将其修改成 MinSpareServers+1。
- ServerLimit：服务器允许配置的进程数上限。只有在需要将 MaxClients 设置成高于默认值 256 时才需要使用。要将此指令的值保持和 MaxClients 一样。修改此指令的值必须完全停止服务后再启动才能生效，以 restart 方式重启将不会生效。
- MaxClients：用于客户端请求的最大请求数量（最大子进程数），任何超过 MaxClients 限制的请求都将进入等候队列。默认值是 256，如果要提高这个值必须同时提高 ServerLimit 的值。笔者建议将初始值设为以 MB 为单位的最大物理内存/2，然后根据负载情况进行动态调整。比如一台 4GB 内存的机器，那么初始值就是 4000/2=2000。
- MaxRequestsPerChild：设置每个子进程在其生存期内允许伺服的最大请求数量。到达 MaxRequestsPerChild 的限制后，子进程将会结束。如果 MaxRequestsPerChild 为 0，子进程将永远不会结束。将 MaxRequestsPerChild 设置成非零值有两个好处：可以防止（偶然的）内存泄漏无限进行而耗尽内存；给进程一个有限寿命，从而有助于当服务器负载减轻时减少活动进程的数量。

下面设置 worker 模块相关参数。

```
<IfModule mpm_worker_module>
    StartServers         5
    ServerLimit         20
    ThreadLimit        200
```

```
    MaxClients           4000
    MinSpareThreads      25
    MaxSpareThreads      250
    ThreadsPerChild      200
    MaxRequestsPerChild  0
</IfModule>
```

指令说明如下。

- StartServers：设置服务器启动时建立的子进程数量。因为子进程数量动态地取决于负载的轻重，所有一般没有必要调整这个参数。
- ServerLimit：服务器允许配置的进程数上限。只有在需要将 MaxClients 和 ThreadsPerChild 设置成超过默认的 16 个子进程时才使用这个指令。不要将该指令的值设置得比 MaxClients 和 ThreadsPerChild 需要的子进程数量高。修改此指令的值必须完全停止服务后再启动才能生效，以 restart 方式重启将不会生效。
- ThreadLimit：设置每个子进程可配置的线程数 ThreadsPerChild 上限，该指令的值应当和 ThreadsPerChild 可能达到的最大值保持一致。修改此指令的值必须完全停止服务后再启动才能生效，以 restart 方式重启动将不会生效。
- MaxClients：用于伺服客户端请求的最大接入请求数量（最大线程数）。任何超过 MaxClients 限制的请求都将进入等候队列。默认值是 400，16（ServerLimit）乘以 25（ThreadsPerChild）的结果。因此要增加 MaxClients 时，必须同时增加 ServerLimit 的值。笔者建议将初始值设为以 MB 为单位的最大物理内存/2，然后根据负载情况进行动态调整。比如一台 4GB 内存的机器，那么初始值就是 4000/2=2000。
- MinSpareThreads：最小空闲线程数，默认值是 75。这个 MPM 将基于整个服务器监视空闲线程数。如果服务器中总的空闲线程数太少，子进程将产生新的空闲线程。
- MaxSpareThreads：设置最大空闲线程数。默认值是 250。这个 MPM 将基于整个服务器监视空闲线程数。如果服务器中总的空闲线程数太多，子进程将杀死多余的空闲线程。
  MaxSpareThreads 的取值范围是有限制的。Apache 将按照如下限制自动修正你设置的值：worker 要求其大于等于 MinSpareThreads 加上 ThreadsPerChild 的和。
- ThreadsPerChild：每个子进程建立的线程数。默认值是 25。子进程在启动时建立这些线程后就不再建立新的线程了。每个子进程所拥有的所有线程的总数要足够大，以便可以处理可能的请求高峰。
- MaxRequestsPerChild：设置每个子进程在其生存期内允许伺服的最大请求数量。

14.1.3 Apache 基于 IP 的虚拟主机配置

Apache 配置虚拟主机支持 3 种方式：基于 IP 的虚拟主机配置，基于端口的虚拟主机配置，基于域名的虚拟主机配置。本节主要介绍基于 IP 的虚拟主机配置。

如果同一台服务器有多个 IP，可以使用基于 IP 的虚拟主机配置，将不同的服务绑定在不同的 IP 上。

步骤 01 假设服务器有一个 IP 地址为 192.168.3.100，首先使用 ifconfig 在同一个网络接口 eth0 上绑定其他 3 个 IP，如示例 14-6 所示。

【示例 14-6】

```
[root@rhel6 ~]# ifconfig eth0:1 192.168.3.101
[root@rhel6 ~]# ifconfig eth0:2 192.168.3.102
[root@rhel6 ~]# ifconfig eth0:3 192.168.3.103
[root@rhel6 ~]# ifconfig
eth0      Link encap:Ethernet  HWaddr 00:0C:29:7F:08:9D
          inet addr:192.168.3.100  Bcast:192.168.3.255  Mask:255.255.255.0
          inet6 addr: fe80::20c:29ff:fe7f:89d/64 Scope:Link
          UP BROADCAST RUNNING MULTICAST  MTU:1500  Metric:1
          RX packets:126162 errors:0 dropped:0 overruns:0 frame:0
          TX packets:91221 errors:0 dropped:0 overruns:0 carrier:0
          collisions:0 txqueuelen:1000
          RX bytes:105534673 (100.6 MiB)  TX bytes:11581808 (11.0 MiB)

eth0:1    Link encap:Ethernet  HWaddr 00:0C:29:7F:08:9D
          inet addr:192.168.3.101  Bcast:192.168.3.255  Mask:255.255.255.0
          UP BROADCAST RUNNING MULTICAST  MTU:1500  Metric:1

eth0:2    Link encap:Ethernet  HWaddr 00:0C:29:7F:08:9D
          inet addr:192.168.3.102  Bcast:192.168.3.255  Mask:255.255.255.0
          UP BROADCAST RUNNING MULTICAST  MTU:1500  Metric:1

eth0:3    Link encap:Ethernet  HWaddr 00:0C:29:7F:08:9D
          inet addr:192.168.3.103  Bcast:192.168.3.255  Mask:255.255.255.0
          UP BROADCAST RUNNING MULTICAST  MTU:1500  Metric:1

lo        Link encap:Local Loopback
          inet addr:127.0.0.1  Mask:255.0.0.0
          inet6 addr: ::1/128 Scope:Host
          UP LOOPBACK RUNNING  MTU:16436  Metric:1
          RX packets:110 errors:0 dropped:0 overruns:0 frame:0
          TX packets:110 errors:0 dropped:0 overruns:0 carrier:0
          collisions:0 txqueuelen:0
```

```
                    RX bytes:8246 (8.0 KiB)  TX bytes:8246 (8.0 KiB)
```

步骤02　3 个 IP 对应的域名如下，配置主机的 host 文件以便于测试。

【示例 14-7】
```
[root@rhel6 conf]# cat /etc/hosts
127.0.0.1         localhost
192.168.3.101     www.test101.com
192.168.3.102     www.test102.com
192.168.3.103     www.test103.com
```

步骤03　建立虚拟主机存放网页的根目录，并创建首页文件 index.html。

【示例 14-8】
```
[root@rhel6 ~]# mkdir /data/www
[root@rhel6 ~]# cd /data/www
[root@rhel6 www]# mkdir 101
[root@rhel6 www]# mkdir 102
[root@rhel6 www]# mkdir 103
[root@rhel6 www]# echo "192.168.3.101" >101/index.html
[root@rhel6 www]# echo "192.168.3.102" >102/index.html
[root@rhel6 www]# echo "192.168.3.103" >103/index.html
```

步骤04　修改 httpd.conf，在文件末尾加入以下配置。

【示例 14-9】
```
Listen 192.168.3.101:80
Listen 192.168.3.102:80
Listen 192.168.3.103:80
NameVirtualHost 192.168.3.101:80
NameVirtualHost 192.168.3.102:80
NameVirtualHost 192.168.3.103:80
Include conf/vhost/*.conf
```

步骤05　编辑每个 IP 的配置文件。

【示例 14-10】
```
[root@rhel6 conf]# mkdir -p vhost
[root@rhel6 conf]# cd vhost/
[root@rhel6 vhost]# cat www.test101.conf
<VirtualHost 192.168.3.101:80>
    ServerName www.test101.com
```

```
        DocumentRoot /data/www/101
        <Directory "/data/www/101/">
                Options Indexes FollowSymLinks
                AllowOverride None
                Order allow, deny
                Allow From All
        </Directory>
</VirtualHost>
[root@rhel6 vhost]# cat www.test102.conf
<VirtualHost 192.168.3.102:80>
        ServerName www.test102.com
        DocumentRoot /data/www/102
        <Directory "/data/www/102/">
                Options Indexes FollowSymLinks
                AllowOverride None
                Order allow, deny
                Allow From All
        </Directory>
</VirtualHost>
[root@rhel6 vhost]# cat www.test103.conf
<VirtualHost 192.168.3.103:80>
        ServerName www.test103.com
        DocumentRoot /data/www/103
        <Directory "/data/www/103/">
                Options Indexes FollowSymLinks
                AllowOverride None
                Order allow, deny
                Allow From All
        </Directory>
</VirtualHost>
[root@rhel6 vhost]# cat /data/www/101/index.html
192.168.3.101
[root@rhel6 vhost]# cat /data/www/102/index.html
192.168.3.102
[root@rhel6 vhost]# cat /data/www/103/index.html
192.168.3.103
```

步骤 06 配置完以后可以启动 Apache 服务并进行测试。

【示例 14-11】
```
[root@rhel6 conf]# /usr/local/apache2/bin/apachectl -k start
httpd: Could not reliably determine the server's fully qualified domain name, using
127.0.0.1 for ServerName
[root@rhel6 conf]# curl http://www.test101.com
192.168.3.101
[root@rhel6 conf]# curl http://www.test102.com
192.168.3.102
[root@rhel6 conf]# curl http://www.test103.com
192.168.3.103
```

14.1.4 Apache 基于端口的虚拟主机配置

如果一台服务器只有一个 IP 或需要通过不同的端口访问不同的虚拟主机，可以使用基于端口的虚拟主机配置。

步骤 01　假设服务器有一个 IP 地址为 192.168.3.104，如示例 14-12 所示。

【示例 14-12】
```
[root@rhel6 httpd-2.2.24]# ifconfig eth0:4 192.168.3.104
[root@rhel6 httpd-2.2.24]# ifconfig eth0:4
eth0:4    Link encap:Ethernet  HWaddr 00:0C:29:7F:08:9D
          inet addr:192.168.3.104  Bcast:192.168.3.255  Mask:255.255.255.0
          UP BROADCAST RUNNING MULTICAST  MTU:1500  Metric:1
```

步骤 02　需要配置的虚拟主机分别为 7081、8081 和 9081，配置主机的 host 文件以便于测试。

【示例 14-13】
```
[root@rhel6 conf]# cat /etc/hosts|grep 192.168.3.104
192.168.3.104    www.test104.com
```

步骤 03　建立虚拟主机存放网页的根目录，并创建首页文件 index.html。

【示例 14-14】
```
[root@rhel6 www]# mkdir port
[root@rhel6 www]# cd port/
[root@rhel6 port]# ls
[root@rhel6 port]# mkdir 7081
[root@rhel6 port]# mkdir 8081
[root@rhel6 port]# mkdir 9081
[root@rhel6 port]# echo "port 7081" >7081/index.html
```

```
[root@rhel6 port]# echo "port 8081" >8081/index.html
[root@rhel6 port]# echo "port 9081" >9081/index.html
```

步骤 04 修改 httpd.conf，在文件末尾加入以下配置。

【示例 14-15】
```
Listen 192.168.3.104:7081
Listen 192.168.3.104:8081
Listen 192.168.3.104:9081
NameVirtualHost 192.168.3.104:7081
NameVirtualHost 192.168.3.104:8081
NameVirtualHost 192.168.3.104:9081
```

步骤 05 编辑每个 IP 的配置文件。

【示例 14-16】
```
[root@rhel6 vhost]# cat www.test104.7081.conf
<VirtualHost 192.168.3.104:7081>
        ServerName www.test104.com
        DocumentRoot /data/www/port/7081
        <Directory "/data/www/port/7081/">
                Options Indexes FollowSymLinks
                AllowOverride None
                Order allow, deny
                Allow From All
        </Directory>
</VirtualHost>
[root@rhel6 vhost]# cat www.test104.8081.conf
<VirtualHost 192.168.3.104:8081>
        ServerName www.test104.com
        DocumentRoot /data/www/port/8081
        <Directory "/data/www/port/8081/">
                Options Indexes FollowSymLinks
                AllowOverride None
                Order allow, deny
                Allow From All
        </Directory>
</VirtualHost>
[root@rhel6 vhost]# cat www.test104.9081.conf
<VirtualHost 192.168.3.104:9081>
```

```
            ServerName www.test104.com
            DocumentRoot /data/www/port/9081
            <Directory "/data/www/port/9081/">
                    Options Indexes FollowSymLinks
                    AllowOverride None
                    Order allow,deny
                    Allow From All
            </Directory>
</VirtualHost>
```

步骤 06 配置完以后可以启动 Apache 服务并进行测试。

【示例 14-17】
```
[root@rhel6 vhost]# /usr/local/apache2/bin/apachectl -k start
httpd: Could not reliably determine the server's fully qualified domain name, using 127.0.0.1 for ServerName
[root@rhel6 vhost]# curl http://www.test104.com:7081
port 7081
[root@rhel6 vhost]# curl http://www.test104.com:8081
port 8081
[root@rhel6 vhost]# curl http://www.test104.com:9081
port 9081
```

14.1.5 Apache 基于域名的虚拟主机配置

使用基于域名的虚拟主机配置是比较流行的方式，可以在同一个 IP 上配置多个域名并且都通过 80 端口访问。

步骤 01 假设服务器有一个 IP 地址为 192.168.3.105，如示例 14-18 所示。

【示例 14-18】
```
[root@rhel6 ~]# ifconfig eth0:5 192.168.3.105
[root@rhel6 ~]# ifconfig eth0:5
eth0:5    Link encap:Ethernet  HWaddr 00:0C:29:7F:08:9D
          inet addr:192.168.3.105  Bcast:192.168.3.255  Mask:255.255.255.0
          UP BROADCAST RUNNING MULTICAST  MTU:1500  Metric:1
```

步骤 02 192.168.3.105 对应的域名如下，配置主机的 host 文件，便于测试。

【示例 14-19】
```
[root@rhel6 conf]# cat /etc/hosts|grep 192.168.3.105
```

```
192.168.3.105 www.oa.com
192.168.3.105 www.bbs.com
192.168.3.105 www.test.com
```

步骤 03 建立虚拟主机存放网页的根目录，并创建首页文件 index.html。

【示例 14-20】
```
[root@rhel6 ~]# cd /data/www/
[root@rhel6 www]# mkdir www.oa.com
[root@rhel6 www]# mkdir www.bbs.com
[root@rhel6 www]# mkdir www.test.com
[root@rhel6 www]# echo www.oa.com>www.oa.com/index.html
[root@rhel6 www]# echo www.bbs.com>www.bbs.com/index.html
[root@rhel6 www]# echo www.test.com>www.test.com/index.html
```

步骤 04 修改 httpd.conf，在文件末尾加入以下配置。

【示例 14-21】
```
Listen 192.168.3.105:80
NameVirtualHost 192.168.3.105:80
```

步骤 05 编辑每个域名的配置文件。

【示例 14-22】
```
[root@rhel6 vhost]# cat www.oa.com.conf
<VirtualHost 192.168.3.105:80>
        ServerName www.oa.com
        DocumentRoot /data/www/www.oa.com
        <Directory "/data/www/www.oa.com/">
                Options Indexes FollowSymLinks
                AllowOverride None
                Order allow,deny
                Allow From All
        </Directory>
</VirtualHost>
[root@rhel6 vhost]# cat www.bbs.com.conf
<VirtualHost 192.168.3.105:80>
        ServerName www.bbs.com
        DocumentRoot /data/www/www.bbs.com
        <Directory "/data/www/www.bbs.com/">
                Options Indexes FollowSymLinks
```

```
                AllowOverride None
                Order allow,deny
                Allow From All
        </Directory>
</VirtualHost>
[root@rhel6 vhost]# cat www.test.com.conf
<VirtualHost 192.168.3.105:80>
        ServerName www.test.com
        DocumentRoot /data/www/www.test.com
        <Directory "/data/www/www.test.com/">
                Options Indexes FollowSymLinks
                AllowOverride None
                Order allow,deny
                Allow From All
        </Directory>
</VirtualHost>
[root@rhel6 vhost]# cat /data/www/www.oa.com/index.html
www.oa.com
[root@rhel6 vhost]# cat /data/www/www.test.com/index.html
www.test.com
[root@rhel6 vhost]# cat /data/www/www.bbs.com/
cat: /data/www/www.bbs.com/: Is a directory
[root@rhel6 vhost]# cat /data/www/www.bbs.com/index.html
www.bbs.com
```

步骤06 配置完以后可以启动 Apache 服务并进行测试。在浏览器上测试是同样的效果。

【示例 14-23】
```
[root@rhel6 vhost]# /usr/local/apache2/bin/apachectl -k start
httpd: Could not reliably determine the server's fully qualified domain name, using 127.0.0.1 for ServerName
[root@rhel6 vhost]# curl www.oa.com
www.oa.com
[root@rhel6 vhost]# curl www.bbs.com
www.bbs.com
[root@rhel6 vhost]# curl www.test.com
www.test.com
```

为了使用基于域名的虚拟主机，必须指定服务器 IP 地址和可能的端口来使主机接受请求，这个可以用 NameVirtualHost 指令来进行配置。如果服务器上所有的 IP 地址都会用到，可以用"*"

作为 NameVirtualHost 的参数。如果使用多端口运行 SSL 则必须在参数中指定一个端口号，比如"*:80"。

 在 NameVirtualHost 指令中指定 IP 地址并不会使服务器自动侦听那个 IP 地址。请参阅设置 Apache 使用的地址和端口一章获取更多详情。另外，这里设定的 IP 地址必须对应服务器上的一个网络接口。

如果需要在现有的 Web 服务器上增加虚拟主机，必须为现存的主机建造一个<VirtualHost>定义块。可以用一个固定的 IP 地址来代替 NameVirtualHost 和<VirtualHost>指令中的"*"，以达到某些特定的目的。比如说，如果在一个 IP 地址上运行一个基于域名的虚拟主机，而在另外一个 IP 地址上运行一个基于 IP 的或是另外一套基于域名的虚拟主机。如域名希望能通过不只一个域名被访问。可以把 ServerAlias 指令放入<VirtualHost>小节中来解决这个问题。比如说在上面的第一个<VirtualHost>配置段中 ServerAlias 指令中列出的名字就是用户可以用来访问同一个 web 站点的其他名字。

第一个列出的虚拟主机充当了默认虚拟主机的角色。当一个 IP 地址与 NameVirtualHost 指令中的配置相符时，主服务器中的 DocumentRoot 将永远不会被用到。所以，如果需要创建一段特殊的配置用于处理不对应任何一个虚拟主机的请求的话，只要简单地把这段配置放到<VirtualHost>段中，并把它放到配置文件的最前面即可。

至此，3 种虚拟主机配置方法介绍完毕，有关配置文件的其他选项可以参考相关资料或 Apache 的帮助手册。

14.1.6　Apache 安全控制与认证

Apache 提供了多种安全控制手段，包括设置 Web 访问控制、用户登录密码认证及.htaccess 文件等。通过这些技术手段，可以进一步提升 Apache 服务器的安全级别，减少服务器受攻击或数据被窃取的风险。

1．Apache 安全控制

要进行 Apache 的访问控制，首先要了解 Apache 的虚拟目录。虚拟目录可以用指定的指令设置，设置虚拟目录的好处除便于访问之外，还可以增强安全性，类似于软链接的概念，客户端并不知道文件的实际路径。虚拟目录的格式如示例 14-24 所示。

【示例 14-24】
```
<Diretory 目录的路径>
    目录相关的配置参数和指令
</Diretory>
```

每个 Diretory 段都以<Diretory>开始，以</Diretory>结束，段作用于<Diretory>中指定的目录及其里面的所有文件和子目录。在段中可以设置与目录相关的参数和指令，包括访问控制和认证。

Apache 中的访问控制指令有以下 3 种：Allow 指令、Deny 指令和 Order 指令。

（1）Allow 指令

Allow 指令用于设置允许哪些客户端访问 Apache。域名或 IP 列表可以按以下规则指定：

```
Allow  from  All  表示所有主机
Allow  from  domain.com  表示某个域名
Allow  from  IP   IP可以指定某个具体IP或IP段
```

Allow 指令中可以指定多个地址，不同地址间通过空格进行分隔。

（2）Deny 指令

Deny 指令用于设置拒绝哪些客户端访问 Apache，格式跟 Allow 指令类似。域名或 IP 列表可以按以下规则指定：

```
Deny  from  All  表示所有主机
Deny  from  domain.com  表示某个域名
Deny  from  IP   IP可以指定某个具体IP或IP段
```

（3）Order 指令

Order 指令用于指定执行访问规则的先后顺序，一般需结合另外两种指令一起使用，主要有两种形式：

- Order Allow，Deny：先执行允许访问规则，再执行拒绝访问规则。
- Order Deny，Allow：先执行拒绝访问规则，再执行允许访问规则。

编写 Order 指令时，Allow 和 Deny 之间不能有空格存在。

【示例 14-25】
```
#综合示例，只允许192.168.1.100主机访问，拒绝其他所有主机访问
Order Deny, Allow
Allow 192.168.1.100
Deny from All
```

当访问没有权限的地址时，会出现以下提示信息：

```
Forbidden
You don't have permission to access /dir on this server
```

现在，假设有一个名为 bm 的目录，通过此目录可以访问网站的一些管理信息，系统管理员希望该目录只能由自己的机器 192.168.1.105 访问，其他用户都不能访问。可以通过以下步骤实现。

首先配置 httpd.conf 或对应虚拟主机的配置文件，如示例 14-26 所示。

【示例 14-26】
```
Alias /testdir/ "/usr/local/apache2/bm/"
<Directory "/usr/local/apache2/htdocs/bm">
    Options Indexes FollowSymLinks
    AllowOverride None
    #使用 Order 指令设置先执行拒绝规则，再执行允许规则
    Order deny,allow
    #使用 Deny 指令设置拒绝所有客户端访问
    Deny from all
    #使用 Allow 指令设置允许 192.168.1.105 客户端访问
    Allow from 192.168.1.105
</Directory>
```

保存后重启 Apache 服务。

在 IP 地址为 192.168.1.105 的机器上直接打开浏览器访问 http://domainname/bm 进行测试，可以看到只有指定的客户端可以访问，访问控制的目的已经达到。

2．Apache 认证

除了可以使用以上介绍的指令控制特定的目录访问之外，如服务器中有敏感信息需要授权的用户才能访问，Apache 提供了认证与授权机制，当用户访问使用此机制控制的目录时，会提示用户输入用户名和密码，只有输入正确用户名和密码的主机才可以正常访问该资源。

Apache 的认证类型分为两种：基本（Basic）认证和摘要（Digest）认证。摘要认证比基本认证更加安全，但是并非所有的浏览器都支持摘要认证，所以本节只针对基本认证进行介绍。基本认证方式其实相当简单，当 Web 浏览器请求经此认证模式保护的 URL 时，将会出现一个对话框，要求用户输入用户名和口令。用户输入后，传给 Web 服务器，Web 服务器验证它的正确性。如果正确，则返回页面；否则将返回 401 错误。

要使用用户认证，首先要创建保存用户名和口令的认证口令文件。在 Apache 中提供了 htpasswd 命令，用于创建和修改认证口令文件，该命令在<Apache 安装目录>/bin 目录下。关于该命令的完整选项和参数说明可以通过直接运行 htpasswd 获取。

要在/usr/local/apache2/conf 目录下创建一个名为 users 的认证口令文件，并在口令文件中添加一个名为 admin 的用户。

命令运行后会提示用户输入 admin 用户的口令并再次确认，运行结果如示例 14-27 所示。

【示例 14-27】
```
[root@rhel6 bin]# ./htpasswd -c /usr/local/apache2/conf/users.list  admin
New password:
Re-type new password:
Adding password for user admin
```

认证口令文件创建后，如果还要再向文件里添加一个名为 user1 的用户，可以执行如下命令，如示例 14-28 所示。

【示例 14-28】
```
[root@rhel6 bin]# ./htpasswd /usr/local/apache2/conf/users.list user1
New password:
Re-type new password:
Adding password for user user1
[root@rhel6 bin]# cat /usr/local/apache2/conf/users.list
admin:l397jZ3qzheYA
user1:CbuSCGNyJZDPE
```

与/etc/shadow 文件类似，认证口令文件中的每一行为一个用户记录，每条记录包含用户名和加密后的口令。

htpasswd 命令没有提供删除用户的选项，如果要删除用户，直接通过文本编辑器打开认证口令文件把指定的用户删除即可。

创建完认证口令文件后，还要对配置文件进行修改，用户认证是在 httpd.conf 配置文件的 <Directory>段中进行设置的，其配置涉及的主要指令如下。

（1）AuthName 指令

AuthName 指令设置了使用认证的域，此域会出现在显示给用户的密码提问对话框中，其次也帮助客户端程序确定应该发送哪个密码。其指令格式如下：

```
AuthName 域名称
```

域名称没有特别限制，用户可以根据自己的喜好进行设置。

（2）AuthType 指令

AuthType 指令主要用于选择一个目录的用户认证类型，目前只有两种认证方式可以选择，即 Basic 和 Digest，分别代表基本认证和摘要认证，该指令格式如下：

```
AuthType Basic/Digest
```

（3）AuthUserFile 指令

AuthUserFile 指令用于设定一个纯文本文件的名称，其中包含用于认证的用户名和密码的列表，该指令格式如下：

```
AuthUserFile 文件名
```

（4）Require 指令

Require 指令用于设置哪些认证用户允许访问指定的资源。这些限制由授权支持模块实现，其格式有以下两种：

```
Require user 用户名 [用户名] ...
Require valid-user
```

- 用户名：认证口令文件中的用户，可以指定一个或多个用户，设置后只有指定的用户才有权限进行访问。
- valid-user：授权给认证口令文件中的所有用户。

现在，假设网站管理员希望对 bm 目录做进一步控制，配置该目录只有经过验证的 admin 用户才能够访问，用户口令存放在 users.list 口令认证文件中。要实现这样的效果，需要把 httpd.conf 配置文件中 bm 目录的配置信息替换为下面的内容，如示例 14-29 所示。

【示例 14-29】

```
#使用 Diretory 段设置/usr/local/apache2/htdocs/bm 目录的属性
<Directory "/usr/local/apache2/htdocs/bm">
        Options Indexes FollowSymLinks
        AllowOverride None
        #使用 AuthType 指令设置认证类型，此处为基本认证方式
        AuthType Basic
        #使用 AuthName 指令设置域名称，此处设置的域名称会显示在提示输入密码的对话框中
        AuthName "bm_auth"
        #使用 AuthUserFile 指令设置认证口令文件的位置
        AuthUserFile /usr/local/apache2/conf/users.list
        #使用 require 指令设置 admin 用户可以访问，注意 user 为指令关键字而非普通用户名
        require user admin
        #使用 Order 指令设置先执行拒绝规则，再执行允许规则
        Order deny, allow
        #使用 Deny 指令设置拒绝所有客户端访问
        Deny from all
        #使用 Allow 指令设置允许192.168.1.105客户端访问
        Allow from 192.168.1.105
</Directory>
```

重启 Apache 服务后使用浏览器访问 http://domain.name/bm 进行测试，如图 14.2 所示。输入用户和口令，单击【登录】按钮，

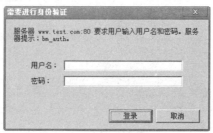

图 14.2 认证窗口

验证成功后将进入如图 14.3 所示的页面；否则将会要求重新输入。如果单击【取消】按钮将会返回如图 14.4 所示的错误页面。

图 14.3　访问 PHP 成功页面

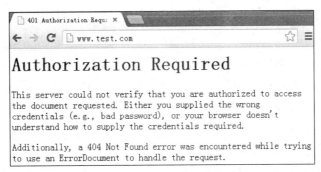

图 14.4　认证错误页面

3．.htaccess 设置

.htaccess 文件又称为分布式配置文件，该文件可以覆盖 httpd.conf 文件中的配置，但是它只能设置对目录的访问控制和用户认证。.htaccess 文件可以有多个，每个.htaccess 文件的作用范围仅限于该文件所存放的目录以及该目录下的所有子目录。虽然.htaccess 能实现的功能在<Directory>段中都能够实现，但是因为在.htaccess 修改配置后并不需要重启 Apache 服务就能生效，所以在一些对停机时间要求较高的系统中可以使用。

启用.htaccess 文件需要做以下设置。

（1）打开 httpd.conf 配置文件，将 bm 目录的配置信息替换为下面的内容，如示例 14-30 所示。

【示例 14-30】
```
#使用 Diretory 段设置/usr/local/apache2/htdocs/bm 目录的属性
<Directory "/usr/local/apache2/htdocs/bm">
        #允许.htaccess 文件覆盖 httpd.conf 文件中的 bm 目录配置
        AllowOverride All
</Directory>
```

修改主要包括两个方面：

- 删除原有关于访问控制和用户认证的参数和指令，因为这些指令将会被写到.htaccess 文件中去。
- 添加 AllowOverride All 参数，允许.htaccess 文件覆盖 httpd.conf 文件中关于 bm 目录的配置。如果不做这项设置，.htaccess 文件中的配置将不能生效。

（2）重启 Apache 服务，在/usr/local/apache2/htdocs/bm/目录下创建一个文件.htaccess，如示例 14-31 所示。

【示例 14-31】
```
AuthType Basic
            #使用AuthName 指令设置
            AuthName "bm_auth"
            #使用AuthUserFile 指令设置认证口令文件的位置
            AuthUserFile /usr/local/apache2/conf/users.list
            #使用require 指令设置 admin 用户可以访问
            require user admin
            #使用Order 指令设置先执行拒绝规则，再执行允许规则
            Order deny, allow
            #使用Deny 指令设置拒绝所有客户端访问
            Deny from all
            #使用Allow 指令设置允许192.168.1.105客户端访问
            Allow from 192.168.1.105
```

其他测试过程与上一节类似，此处不再赘述。

14.2 LAMP 集成的安装、配置与测试实战

第 12 章介绍过 MySQL 的配置和安装，14.1 节又介绍了 Apache 的安装与设置。本节主要介绍 Linux 环境下利用源码实现 Apache、MySQL、PHP 的集成环境的安装过程。

PHP 为 Professional Hypertext Preprocessor 的缩写，最新发布版本为 5.5.0，此版本包含了大量的新功能和 bug 修复。

PHP 5.5.0 不再支持 Windows XP 和 2003 系统。

PHP 具有非常强大的功能，所有 CGI 的功能 PHP 都可以实现，而且它支持几乎所有流行的数据库以及操作系统。和其他技术相比，PHP 本身免费且是开源代码。因为 PHP 可以被嵌入于 HTML 语言，它相对于其他语言来说，编辑简单，实用性强，更适合初学者。PHP 运行在服务器端，可以部署在 UNIX、Linux、Windows、Mac OS 下。另外，PHP 还支持面向对象编程。本节主要以 PHP 5.4.16 源码安装为例说明 PHP 的安装过程，因不同版本之间可能略有差别，需要根据业务特性选择合适的版本。

要从源代码安装 Apache、MySQL、PHP，PHP 用户可以从 http://www.php.net 下载最新稳定版的源代码，PHP 支持很多扩展，本节软件安装涉及的软件包如示例 14-32 所示。

第 14 章 Apache 服务和 LAMP

【示例 14-32】
```
mysql-5.1.49.tar.gz
apache-2.2.24.tar.gz
libxml2-2.7.7.tar.gz
curl-7.14.1.tar.gz
zlib-1.2.3.tar.gz
freetype-2.1.10.tar.gz
libpng-1.2.8-config.tar.gz
jpegsrc.v6b.tar.gz
gd-2.0.33.tar.gz
openssl-1.0.0c.tar.gz
php-5.4.16.tar.gz
```

安装过程如示例 14-33 所示。

【示例 14-33】
```
#安装 MySQL
[root@rhel6 soft]# tar xvf mysql-5.1.49.tar.gz
[root@rhel6 soft]# cd mysql-5.1.49
[root@rhel6 soft]# useradd mysql
[root@rhel6 soft]# groupadd mysql
[root@rhel6 soft]# cd mysql-5.1.49
[root@rhel6 mysql-5.1.49]# ./configure --prefix=/usr/local/mysql/ --enable-local-infile --with-extra-charsets=all --with-plugins=innobase
[root@rhel6 mysql-5.1.49]# make
[root@rhel6 mysql-5.1.49]# make install
#安装 SSL
#解压源码包
[root@rhel6 soft]# tar xvf openssl-1.0.0c.tar.gz
[root@rhel6 soft]# cd openssl-1.0.0c
#配置编译选项
[root@rhel6 openssl-1.0.0c]# ./config --prefix=/usr/local/ssl --shared
#编译
[root@rhel6 openssl-1.0.0c]# make
[root@rhel6 openssl-1.0.0c]# make install
#将动态库路径加入系统路径中
[root@rhel6 openssl-1.0.0c]# echo /usr/local/ssl/lib/ >>/etc/ld.so.conf
#加载动态库以便系统共享
[root@rhel6 openssl-1.0.0c]# ldconfig
#安装 curl，以便可以在 PHP 中使用 curl 相关的功能
[root@rhel6 soft]# tar xvf curl-7.14.1.tar.gz
[root@rhel6 soft]# cd curl-7.14.1
[root@rhel6 curl-7.14.1]# chmod -R a+x .
[root@rhel6 curl-7.14.1]# ./configure --prefix=/usr/local/curl --enable-shared
```

```
[root@rhel6 curl-7.14.1]# make
[root@rhel6 curl-7.14.1]# make install
#安装libxml
[root@rhel6 soft]# tar xvf libxml2-2.7.7.tar.gz
[root@rhel6 soft]# cd libxml2-2.7.7
[root@rhel6 soft]# chmod -R a+x .
[root@rhel6 soft]# ./configure --prefix=/usr/local/libxml2 --enable-shared
[root@rhel6 soft]# make
[root@rhel6 soft]# make install
[root@rhel6 soft]# cd /data/soft
#安装zlib
[root@rhel6 soft]# tar xvf zlib-1.2.3.tar.gz
[root@rhel6 soft]# cd zlib-1.2.3/
[root@rhel6 soft]# ./configure --prefix=/usr/local/zlib --enable-shared
[root@rhel6 soft]# make
[root@rhel6 soft]# make install
[root@rhel6 soft]#
[root@rhel6 soft]# cd /data/soft
#安装freetype
[root@rhel6 soft]# tar xvf freetype-2.1.10.tar.gz
[root@rhel6 soft]# cd freetype-2.1.10/
[root@rhel6 soft]# ./configure --prefix=/usr/local/freetype --enable-shared
[root@rhel6 soft]# make
[root@rhel6 soft]# make install
[root@rhel6 soft]#
[root@rhel6 soft]# cd /data/soft
#安装libpng
[root@rhel6 soft]# tar xvf libpng-1.2.8-config.tar.gz
[root@rhel6 soft]# cd libpng-1.2.8-config/
[root@rhel6 soft]# ./configure --prefix=/usr/local/libpng --enable-shared
[root@rhel6 soft]# make
[root@rhel6 soft]# make install
[root@rhel6 soft]#
[root@rhel6 soft]# cd /data/soft
#安装jpeg支持
[root@rhel6 soft]# tar xvf jpegsrc.v6b.tar.gz
[root@rhel6 soft]# cd jpeg-6b/
[root@rhel6 soft]# cp /usr/bin/libtool .
[root@rhel6 soft]# ./configure --enable-shared
[root@rhel6 soft]# make
[root@rhel6 soft]# make install
[root@rhel6 soft]#
[root@rhel6 soft]# cd /data/soft
#安装gd库支持
[root@rhel6 soft]# tar xvf gd-2.0.33.tar.gz
[root@rhel6 soft]# cd gd-2.0.33/
[root@rhel6 soft]# ./configure -prefix=/usr/local/gd  -with-jpeg -with-png
```

```
-with-zlib=/usr/local/zlib -with-freetype=/usr/local/freetype
[root@rhel6 soft]# make
[root@rhel6 soft]# make install
[root@rhel6 soft]# cd /data/soft
#安装PHP
[root@rhel6 soft]# tar xvf php-5.2.17.tar.gz
[root@rhel6 soft]# cd php-5.2.17
[root@rhel6 soft]# './configure' '--prefix=/usr/local/php' '--with-config-file-scan-dir=/etc/php.d' '--with-apxs2=/usr/local/apache2/bin/apxs' '--with-mysql=/usr/local/mysql' '--enable-mbstring' '--enable-sockets' '--enable-soap' '--enable-ftp' '--enable-xml' '--with-iconv' '--with-curl' '--with-openssl' '--with-gd=yes' '--with-freetype-dir=/usr/local/freetype' '--with-jpeg-dir=/usr/local/jpeg' '--with-png-dir=/usr/local/libpng' '--with-zlib=yes' '--enable-pcntl' '--enable-cgi' '--with-gmp' '--with-libxml-dir=/usr/local/libxml2' '--with-curl=/usr/local/curl'
[root@rhel6 soft]#
[root@rhel6 soft]# make
[root@rhel6 soft]# make install
[root@rhel6 soft]# cd /data/soft
#安装APC
[root@rhel6 soft]# tar xvf APC-3.1.9.tgz
[root@rhel6 soft]# cd APC-3.1.9
[root@rhel6 soft]# /usr/local/php/bin/phpize
[root@rhel6 soft]# ./configure --with-apxs=/usr/local/apache2/bin/apxs --enable-apc --enable-shared --with-php-config=/usr/local/php/bin/php-config
[root@rhel6 soft]# make
[root@rhel6 soft]# make install
#设置环境变量
[root@rhel6 soft]# echo "export PATH=/usr/local/php/bin:\$PATH:." >>/etc/profile
```

经过以上的步骤，Apache、MySQL 和 PHP 环境需要的软件已经安装完毕，如需 Apache 支持 PHP，还要做以下设置。修改 httpd.conf，加入以下配置，如示例 14-34 所示。

【示例 14-34】

```
Include conf/php.conf
编辑 php.conf
[root@rhel6 soft]# cat /usr/local/apache2/conf/php.conf
LoadModule php5_module modules/libphp5.so

AddHandler php5-script .php
AddHandler php5-script .q
AddType text/html .php
AddType text/html .q
```

然后配置虚拟主机，如示例 14-35 所示。

【示例 14-35】

```
[root@rhel6 soft]# cat /usr/local/apache2/conf/vhost/www.testdomain.com.conf
```

```
<VirtualHost 0.0.0.0:80>
        ServerAdmin pettersong@tencent.com
        DocumentRoot /data/www.testdomain.com
        ServerName www.testdomain.com
        <Directory "/data/www.testdomain.com">
            AllowOverride None
            Options None
            Order allow, deny
            Allow from all
        </Directory>
</VirtualHost>
```

重启 Apache 服务，然后编辑测试脚本，如示例 14-36 所示。

【示例 14-36】

```
[root@rhel6 www.testdomain.com]# cat test.php
<?php
phpinfo();
?>
```

然后可以进行浏览器的测试了，输入 http://www.testdomain.com/test.php 并访问，如图 14.5 所示，说明 PHP 已经安装成功。

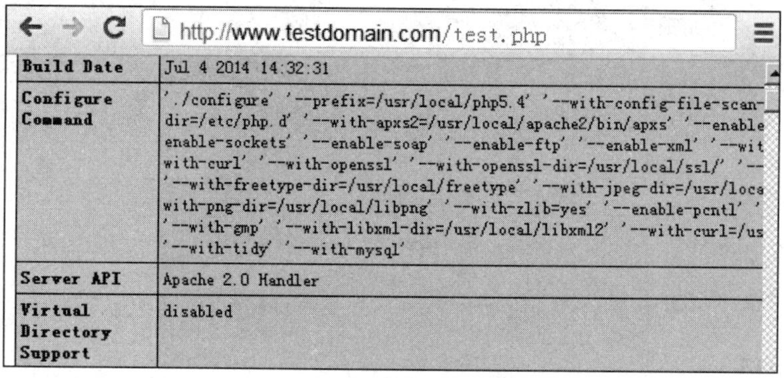

图 14.5 PHP 测试页面

14.3 习题

一、填空题

1．HTTP 方法常用的有_____、_____和_____。

2．Apache 配置虚拟主机支持 3 种方式：_____、_____和_____。

二、选择题

1. 关于 Apache 配置描述错误的是（　　）。

A　使用基于域名的虚拟主机配置是比较流行的方式，可以在同一个 IP 上配置多个域名并且都通过 80 端口访问。

B　如果同一台服务器有多个 IP，可以使用基于 IP 的虚拟主机配置，将不同的服务绑定在不同的 IP 上。

C　如一台服务器只有一个 IP 或需要通过不同的端口访问不同的虚拟主机，可以使用基于端口的虚拟主机配置。

D　如果使用多端口运行 SSL 则不需要在参数中指定端口号。

2. 以下哪一个不属于 PHP 的安装包（　　）。

A　gd-2.0.33.tar.gz　　　　B　curl-7.14.1.tar.gz
C　php-5.4.16.tar.gz　　　 D　httpd-2.2.24.tar.gz

第 15 章
◀Linux 路由▶

Linux 拥有强大的网络功能。除了能够发送自己产生的数据包之外，Linux 还能够在多个网络接口之间转发外界产生的数据包，因此 Linux 具有完整的路由功能。本章将介绍路由的基本概念以及如何配置静态路由以及策略路由等。

本章主要涉及的知识点有：

- 认识 Linux 路由
- 配置 Linux 静态路由
- Linux 的策略路由

15.1 认识 Linux 路由

路由是 IP 协议中最重要的功能。由于互联网本质上是一个网状的结构，当数据包传递到 IP 协议层时，必然会面临路径选择的问题，即数据包从哪个路径传递是最优的。这就是路由的功能。本节将介绍 Linux 路由的基本概念。。

15.1.1 路由的基本概念

在 TCP/IP 网络中，路由是一个非常重要的概念。所谓路由（routing），就是通过互联的网络把信息从源地址传输到目的地址的过程。

图 15.1 描述了路由的基本过程。在图 15.1 中，主机 A 想要传递数据给主机 B，从图中可以得知，共有两条路径，分别是主机 A->B->主机 B 和主机 A->B->C->D->E->主机 B，其中 B~E 都是一些网络设备，都具有路由功能。在数据传输的时候，这些设备会自动选择一个最优的路径来完成数据传输，这个过程就称为路由。

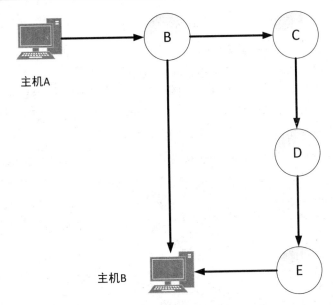

图 15.1 路由的基本过程

路由通常根据路由表来引导分组数据的转送，路由表是一个储存到各个目的地的最佳路径的表格。因此为了有效率地转送分组数据，建立储存在主机和路由器中的路由表是非常重要的。

15.1.2 路由的原理

路由的原理非常复杂。一般情况下，网络中的主机、路由器和交换机都具有路由功能。这些设备收到数据包之后，要根据 IP 数据包的目的地址，决定选择哪个网络接口把数据包发送出去。如果路由器的某个网络接口与 IP 数据包的目的主机位于同一个局域网，则可以直接通过该接口把数据包传递给目的主机；如果目的主机与路由器不位于同一个局域网中，则路由器会根据目的地来选择另外一台合适的路由器，再从某个网络接口把数据包发送过去。

 由于路由是在网络层的功能，所以只有工作在网络层的交换机才具有路由功能。只能工作在数据链路层的交换机不具有路由功能。

15.1.3 路由表

路由表是位于主机或者路由器中的一个小型的数据库。路由表是路由转发的基础，不管是主机还是路由器，只要与外界交换 IP 数据包，平时都要维护着一张路由表，当发送 IP 数据包时，要根据目的地址和路由表来决定如何发送。

路由表通常包括目标、网络掩码、网关、接口以及跃点数等内容。其中，目标可以是目标主机、子网地址、网络地址或者默认路由。通常情况下，默认路由的目标为 0.0.0.0。当所有的路由都不匹配的时候，数据包将被转发给默认路由。

网络掩码与目标配合使用。例如，主机路由的掩码为 255.255.255.255，默认路由的掩码为 0.0.0.0，子网或者网络地址的掩码位于这两者之间。其中，掩码 255.255.255.255 表示只有精确匹配的目标才使用此路由；掩码 0.0.0.0 表示任何目标都可以使用此路由。

网关是数据包需要发送到的下一个路由器的 IP 地址。接口表明用于接通下一个路由器的网络接口。跃点数表明使用路由到达目标的相对成本。常用指标为跃点，或到达目标位置所通过的路由器数目。如果有多个相同目标位置的路由，则跃点数最低的路由为最佳路由。

在 RHEL 中，用户可以通过 route 命令来打印输出当前主机的路由表，如下所示：

```
[root@rhel6 Desktop]# route
Kernel IP routing table
Destination    Gateway        Genmask         Flags   Metric  Ref    Use    Iface
192.168.1.0    *              255.255.255.0   U       0       0      0      eth0
link-local     *              255.255.0.0     U       1002    0      0      eth0
default        192.168.1.1    0.0.0.0         UG      0       0      0      eth0
```

在上面的输出中，Destination 表示目标，Gateway 表示网关，Genmask 表示网络掩码，Metric 表示跃点数，Iface 表示网络接口。

15.1.4 静态路由和动态路由

系统管理员可以通过两种方法配置路由表，分别为静态路由和动态路由。静态路由由系统管理员手工或者通过 route 命令对路由表进行配置，它不会随着未来网络结构的改变自动发生变化。动态路由由主机上面的某一进程通过与其他的主机或者路由器交换路由信息后再对路由表进行自动更新，它会根据网络系统的运行情况而自动调整。

一般来说，静态路由和动态路由各有自己的优缺点和适用范围。通常情况下，可以把动态路由作为静态路由的补充，其做法是当一个数据包在路由器中进行路由查找时，首先将数据包与静态路由条目匹配，如果能匹配其中的一条，则按照该静态路由转发数据包；如果所有的静态路由都不能匹配，则使用动态路由规则来转发。

15.2 配置 Linux 静态路由

静态路由具有简单、高效、可靠的特点，在一般的路由器和主机中，都要使用静态路由。Linux 系统除了需要在主机中配置路由外，还可以配置成路由器，以便能为其他主机提供路由服务。下面介绍使用 route 命令对 Linux 进行路由配置的方法。

15.2.1 配置网络接口地址

在 RHEL 中，系统管理员可以通过多种方式来配置网络接口，其中最为常用的有两种，分别是使用 ifconfig 命令和直接修改网络接口配置文件。下面分别介绍这两种方法。

ifconfig 命令是一个用来查看、配置、启动或者禁用网络接口的工具，这个工具极为常用。系统管理员可以使用该命令临时性地配置网卡的 IP 地址、子网掩码、广播地址以及网关等。其基本语法如下：

```
ifconfig interface options | address ...
```

在上面的命令中，interface 表示网络接口的名称，例如 eth0、eth1 等。options 参数表示 ifconfig 命令的选项，常用的选项如下。

- up：启动某个网络接口。
- down：禁用某个网络接口。
- netmask：设置子网掩码。
- broadcast：广播地址。
- address：分配给网络接口的 IP 地址。

如果没有指定以上选项，则表示输出当前主机所有的网络接口。

【示例 15-1】

```
[root@rhel6 network-scripts]# ifconfig -a
eth0      Link encap:Ethernet  HWaddr 00:0C:29:18:41:93
          inet addr:192.168.1.8  Bcast:192.168.1.255  Mask:255.255.255.0
          inet6 addr: fe80::20c:29ff:fe18:4193/64 Scope:Link
          UP BROADCAST RUNNING MULTICAST  MTU:1500  Metric:1
          RX packets:674 errors:0 dropped:0 overruns:0 frame:0
          TX packets:297 errors:0 dropped:0 overruns:0 carrier:0
          collisions:0 txqueuelen:1000
          RX bytes:114615 (111.9 KiB)  TX bytes:50147 (48.9 KiB)

lo        Link encap:Local Loopback
          inet addr:127.0.0.1  Mask:255.0.0.0
          inet6 addr: ::1/128 Scope:Host
          UP LOOPBACK RUNNING  MTU:16436  Metric:1
          RX packets:16 errors:0 dropped:0 overruns:0 frame:0
          TX packets:16 errors:0 dropped:0 overruns:0 carrier:0
          collisions:0 txqueuelen:0
          RX bytes:960 (960.0 b)  TX bytes:960 (960.0 b)
```

从上面的命令可以得知，当前主机有两个网络接口，其名称分别为 eth0 和 lo，其中 eth0 表示第一个以太网网络接口。HWaddr 表示当前接口的 MAC 地址，inet addr 表示分配给该网络接口的 IP 地址，Bcast 表示广播地址，Mask 表示子网掩码，inet6 addr 则表示 IPv6 地址。接下来的 UP 关键字表示该网络接口是启用状态。名称为 lo 的网络接口通常指本地环路接口，其 IP 地址为 127.0.0.1。

如果用户只想查看某个网络接口的信息，则可以将接口名称作为 ifconfig 命令的参数，如示例 15-2 所示。

【示例 15-2】

```
[root@rhel6 network-scripts]# ifconfig eth0
eth0      Link encap:Ethernet  HWaddr 00:0C:29:18:41:93
          inet addr:192.168.1.8  Bcast:192.168.1.255  Mask:255.255.255.0
          inet6 addr: fe80::20c:29ff:fe18:4193/64 Scope:Link
          UP BROADCAST RUNNING MULTICAST  MTU:1500  Metric:1
          RX packets:815 errors:0 dropped:0 overruns:0 frame:0
          TX packets:389 errors:0 dropped:0 overruns:0 carrier:0
          collisions:0 txqueuelen:1000
          RX bytes:130173 (127.1 KiB)  TX bytes:60279 (58.8 KiB)
```

下面的命令将主机的 IP 地址修改为 192.168.1.9，子网掩码设置为 255.255.255.0，广播地址设置为 192.168.1.255：

```
[root@rhel6 network-scripts]# ifconfig eth0 192.168.1.9 netmask 255.255.255.0 broadcast 192.168.1.255
```

在某些情况下，系统管理员可能需要为某个网络接口设置多个 IP 地址，此时，可以使用"网络接口：序号"的形式为 ifconfig 命令指定网络接口。例如，下面的命令为网络接口 eth0 增加一个 IP 地址：

```
[root@rhel6 ~]# ifconfig eth0:0 192.168.1.8 netmask 255.255.255.0 up
```

执行完以上命令之后，用户可以使用 ifconfig 命令查看当前主机的网络接口。

【示例 15-3】

```
[root@rhel6 ~]# ifconfig -a
eth0      Link encap:Ethernet  HWaddr 00:0C:29:18:41:93
          inet addr:192.168.1.9  Bcast:192.168.1.255  Mask:255.255.255.0
          inet6 addr: fe80::20c:29ff:fe18:4193/64 Scope:Link
          UP BROADCAST RUNNING MULTICAST  MTU:1500  Metric:1
          RX packets:1244 errors:0 dropped:0 overruns:0 frame:0
          TX packets:633 errors:0 dropped:0 overruns:0 carrier:0
```

```
            collisions:0 txqueuelen:1000
            RX bytes:189778 (185.3 KiB)  TX bytes:88501 (86.4 KiB)

eth0:0   Link encap:Ethernet  HWaddr 00:0C:29:18:41:93
            inet addr:192.168.1.8  Bcast:192.168.1.255  Mask:255.255.255.0
            UP BROADCAST RUNNING MULTICAST  MTU:1500  Metric:1

lo       Link encap:Local Loopback
            inet addr:127.0.0.1  Mask:255.0.0.0
            inet6 addr: ::1/128 Scope:Host
            UP LOOPBACK RUNNING  MTU:16436  Metric:1
            RX packets:16 errors:0 dropped:0 overruns:0 frame:0
            TX packets:16 errors:0 dropped:0 overruns:0 carrier:0
            collisions:0 txqueuelen:0
            RX bytes:960 (960.0 b)  TX bytes:960 (960.0 b)
```

从上面的输出结果可以得知，网络接口 eth0 已经拥有了两个 IP 地址，分别为 192.168.1.9 和 192.168.1.8。

尽管 ifconfig 命令非常方便和灵活，但是使用该命令所做的修改只是临时性的，当主机重新启动之后，所有的改动都会丢失。为了能够永久地保存所做的配置，用户可以直接修改网络接口的配置文件。

在 RHEL 中，网络接口的配置文件位于/etc/sysconfig/network-scripts 目录中，其命名形式为网络接口的名称，并加以 ifcfg 前缀。例如，网络接口 eth0 的配置文件为 ifcfg-eth0。下面的代码是一台主机的网络接口 eth0 的配置文件的内容。

【示例 15-4】
```
[root@rhel6 network-scripts]# vi /etc/sysconfig/network-scripts/ifcfg-eth0
DEVICE="eth0"
BOOTPROTO=static
IPV6INIT="yes"
NM_CONTROLLED="no"
ONBOOT="yes"
TYPE="Ethernet"
UUID="817aee3d-c810-4433-a1c5-e17f87bc73e4"
IPADDR=192.168.1.8
PREFIX=24
GATEWAY=192.168.1.1
DEFROUTE=yes
IPV4_FAILURE_FATAL=yes
```

```
IPV6_AUTOCONF=yes
IPV6_DEFROUTE=yes
IPV6_FAILURE_FATAL=no
NAME="System eth0"
HWADDR=00:0C:29:18:41:93
DNS1=8.8.8.8
IPV6_PEERDNS=yes
IPV6_PEERROUTES=yes
```

在上面的代码中，DEVICE 表示网络接口名称，BOOTPROTO 表示地址分配方式，即静态地址还是从 DHCP 服务器动态获取，ONBOOT 表示在主机启动的时候是否启动该接口，IPADDR 即网络接口的 IP 地址，GATEWAY 表示网关地址，DNS1 表示 DNS 服务器的地址。

如果用户需要修改网络参数，可以使用文本编辑器，例如 vi 或者 vim，打开该文件，然后修改启动的选项，保存即可。

通过配置文件的方式来修改网络接口的参数并不会立即生效，用户需要重新启动网络服务才会使新的参数发挥作用。

【示例 15-5】

```
[root@rhel6 Desktop]# service network restart
Shutting down interface eth0:                              [  OK  ]
Shutting down loopback interface:                          [  OK  ]
Bringing up loopback interface:                            [  OK  ]
Bringing up interface eth0:  Determining if ip address 192.168.1.8 is already in use for device eth0...
```

15.2.2 测试网卡接口 IP 配置状况

当网络接口配置完成之后，用户需要测试该网络接口的状态，以验证所做的修改是否正确。其中，使用 ping 命令是一种最为简单有效的方式。ping 命令的语法非常简单，直接使用 IP 地址作为参数即可。例如，下面的命令测试为网络接口 eth0 所配置的 IP 地址 192.168.1.8 是否生效。

```
[root@rhel6 ~]# ping 192.168.1.8
PING 192.168.1.8 (192.168.1.8) 56(84) bytes of data.
64 bytes from 192.168.1.8: icmp_seq=1 ttl=64 time=0.106 ms
64 bytes from 192.168.1.8: icmp_seq=2 ttl=64 time=0.036 ms
64 bytes from 192.168.1.8: icmp_seq=3 ttl=64 time=0.045 ms
64 bytes from 192.168.1.8: icmp_seq=4 ttl=64 time=0.051 ms
…
```

以上信息表示 IP 地址 192.168.1.8 是连通的，如果 IP 地址不能连通，则会给出 Destination Host

Unreachable 的错误信息，如下所示：

```
[root@rhel6 ~]# ping 192.168.1.9
PING 192.168.1.9 (192.168.1.9) 56(84) bytes of data.
From 192.168.1.8 icmp_seq=1 Destination Host Unreachable
From 192.168.1.8 icmp_seq=2 Destination Host Unreachable
From 192.168.1.8 icmp_seq=3 Destination Host Unreachable
...
```

15.2.3　route 命令介绍

route 命令用来查看系统中的路由表信息，以及添加、删除静态路由记录。直接执行 route 命令可以查看当前主机中的路由表信息，在 15.1.3 小节中，已经使用该命令输出当前系统的路由表。

route 命令不仅可以用于查看路由表的信息，还可以添加、删除静态的路由表条目，其中当然也包括设置默认网关地址。route 命令提供了许多子命令来完成这些功能，下面分别对其进行详细介绍。

在增加静态路由时，需要使用 add 子命令，其基本语法如下：

```
route add [-net | host] target [netmask mask] [gw Gw] [metric N] [dev] if
```

其中，-net 选项用来指定目标网段的地址，host 则用来指定目标主机的地址，target 表示目标网络或者主机。netmask 表示子网掩码，当 target 选项指定了一个目标网络时，需要使用子网掩码来配合使用。gw 选项表示网关地址，metric 表示要到达目标的跳数，dev 选项表示将该路由条目与某个网络接口绑定在一起。

例如，下面的命令是在当前系统的路由表中添加一项静态路由信息。

【示例 15-6】

```
[root@rhel6 ~]# route add -host 58.64.138.213 gw 192.168.1.1
[root@rhel6 ~]# route -n
Kernel IP routing table
Destination     Gateway         Genmask         Flags Metric Ref    Use Iface
58.64.138.213   192.168.1.1     255.255.255.255 UGH   0      0        0 eth0
192.168.1.0     0.0.0.0         255.255.255.0   U     0      0        0 eth0
169.254.0.0     0.0.0.0         255.255.0.0     U     1002   0        0 eth0
0.0.0.0         192.168.1.1     0.0.0.0         UG    0      0        0 eth0
```

在上面的命令中，首先使用 add 子命令增加一条目标为主机 58.64.138.213 的路由信息，与该主机通信需要通过网关 192.168.1.1。然后使用 route 命令输出系统路由表，从输出结果可以得知，该路由信息添加成功。

如果想要删除路由条目，则可以使用 del 子命令，其基本语法如下：

```
route del [-net|-host] target [gw Gw] [netmask Nm] [metric N] [[dev] If]
```

上面命令的参数与前面介绍的 add 子命令的参数完全相同,不再赘述。下面的命令将刚才添加的路由条目删除。

【示例 15-7】

```
[root@rhel6 ~]# route del -host 58.64.138.213 gw 192.168.1.1
[root@rhel6 ~]# route -n
Kernel IP routing table
Destination     Gateway         Genmask         Flags   Metric  Ref Use Iface
192.168.1.0     0.0.0.0         255.255.255.0   U       0       0   0   eth0
169.254.0.0     0.0.0.0         255.255.0.0     U       1002    0   0   eth0
0.0.0.0         192.168.1.1     0.0.0.0         UG      0       0   0   eth0
```

从上面的命令可以得知,通过 del 子命令,目标为 58.64.138.213 的路由条目已经成功删除。

 默认网关记录是一条特殊的静态路由条目。如果目标地址不匹配所有的路由条目,则通过默认网关发送。

15.2.4　普通客户机的路由设置

如果某台 Linux 主机并不充当路由器的功能,仅仅提供某些网络服务,则其路由配置非常简单。在这种情况下,一般只需要两条路由即可,其中一条是到本地子网的路由,另外一条是默认路由。前者用于与同一子网的主机通信,后者则负责处理所有不发送到本地子网的数据包。这也是用户在使用 route 命令查看本地路由表时经常见到的情况。关于这种情况,不再详细介绍。接下来,重点介绍一下 RHEL 在充当路由器角色时的配置方法。

15.2.5　Linux 路由器配置实例

在本小节中,以一个具体的例子来说明如何配置 RHEL 主机,实现网络之间的路由功能。图 15.2 描述了 3 个子网之间的连接,其中 RHEL 主机拥有 3 个网络接口,其 IP 地址分别为 192.168.1.2、10.10.1.1 和 10.10.2.1,同时,这 3 个网络接口分别与子网 192.168.1.0/24、10.10.1.0/24 和 10.10.2.0/24 相连接。

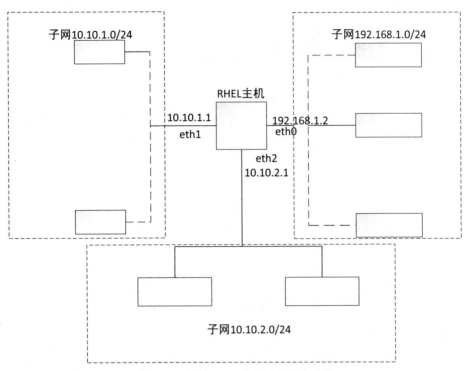

图 15.2 通过 RHEL 主机实现路由功能

尽管这 3 个子网在物理上是连通的，但是如果没有添加路由的话，仍然无法实现它们之间的数据交换。为了实现数据交换，系统管理员应该在 RHEL 主机中添加以下 3 个路由条目。

【示例 15-8】

```
[root@rhel6 ~]# route add -net 192.168.1.0/24 eth0
[root@rhel6 ~]# route add -net 10.10.1.0/24 eth1
[root@rhel6 ~]# route add -net 10.10.2.0/24 eth3
```

增加完成之后，当前系统的路由表如下所示：

```
[root@rhel6 ~]# route -n
Kernel IP routing table
Destination     Gateway         Genmask         Flags Metric Ref Use Iface
10.10.2.0       0.0.0.0         255.255.255.0   U     0      0   0   eth2
192.168.1.0     0.0.0.0         255.255.255.0   U     0      0   0   eth0
10.10.1.0       0.0.0.0         255.255.255.0   U     0      0   0   eth1
169.254.0.0     0.0.0.0         255.255.0.0     U     1002   0   0   eth0
0.0.0.0         192.168.1.1     0.0.0.0         UG    0      0   0   eth0
```

有了上面的静态路由，当有目标为网络 10.10.1.0/24 的数据包时，RHEL 主机就知道需要从网络接口 eth1 转发，同理目标为网络 10.10.2.0/24 的数据包需要从网络接口 eth2 转发，而目标为网络 192.168.1.0/24 的数据包需要从网络接口 eth0 转发。

15.3 Linux 的策略路由

传统的 IP 路由根据数据包的目的 IP 地址为其选择路径，在某些场合下，可能会对 IP 数据包的路由提更多的要求。例如，要求所有来自 A 网的数据包都路由到 X 路径，这些要求需要通过策略路由来达到。本节主要介绍在 Linux 系统下实现策略路由的方法。

15.3.1 策略路由的概念

在介绍策略路由的概念之前，先回顾一下前面介绍的 IP 路由。假设某台主机的路由表如下所示：

```
[root@rhel6 iproute2]# route -n
Kernel IP routing table
Destination     Gateway         Genmask         Flags  Metric  Ref  Use  Iface
10.10.2.0       0.0.0.0         255.255.255.0   U      0       0    0    eth3
192.168.1.0     0.0.0.0         255.255.255.0   U      0       0    0    eth0
10.10.1.0       0.0.0.0         255.255.255.0   U      0       0    0    eth2
169.254.0.0     0.0.0.0         255.255.0.0     U      1002    0    0    eth0
0.0.0.0         192.168.1.1     0.0.0.0         UG     0       0    0    eth0
```

前面已经讲过，路由表的功能是指导主机如何向外发送数据包。如果用户从上面的主机向 10.10.1.123 发送数据包时，这个数据包的目标地址将会被标记为 10.10.1.123。接着系统会以数据包的目的地为依据，和上面的路由表进行匹配，先和第 1 条规则 10.10.2.0/24 进行匹配，发现 10.10.1.123 并不在该网段内，接着和第 2 条规则 192.168.1.0/24 进行匹配，发现目标地址还不在该网段内。直至匹配到第 4 条 10.10.1.0/24 时，才发现目标地址就位于该网络中，于是该数据包将会通过 eth2 发送出去。

如果在本机路由表上都没匹配到 10.10.1.123 所在网段的路由，就会从最后一个路由条目，即默认路由指定的接口把该数据包发送出去。

从上面的过程可以看出，传统的 IP 路由是以目的地 IP 地址为依据和主机上的路由表进行匹配的。如果用户想要本机的 HTTP 协议的数据包经过 eth0 发送出去，FTP 协议的数据包经过 eth2 发送出去，或者根据目的地的 IP 地址来决定数据包从哪个网络接口发送出去，则传统的路由无法实现。

基于策略的路由比传统路由在功能上更强大，使用更灵活，通过策略路由，网络管理员不仅能够根据目的地址以及路径代价来进行路由选择，而且能够根据报文大小、应用或 IP 源地址来选择转发路径。通过制定不同的路由策略，将路由选择的依据扩大到 IP 数据包的源地址、上层协议甚至网络负载等方面，大大提高了网络的效率和灵活性。

15.3.2 路由表的管理

与传统的路由一样，策略路由的策略也保存在路由表中。RHEL 系统可以同时存在 256 个路由表，路由表的编号范围为 0~255。每个路由表都各自独立，互不相关。数据包传输时根据路由策略数据库内的策略决定数据包应该使用哪个路由表传输。

在 256 个路由表中，Linux 系统维护 4 个路由表，分别是 0、253、254 和 255。0 号表是系统保留表，253 号表为默认路由表，一般来说，默认的路由都放在这张表中。254 号表为主路由表，如果没有指明路由所属的表，所有的路由都默认都放在这个表里。255 号为本地路由表，本地接口地址、广播地址以及 NAT 地址都放在这个表中，该路由表由系统自动维护，管理员不能直接修改。

除了表号之外，路由表还有名称，表号和表名的对应关系位于/etc/iproute2/rt_tables 文件中。例如，下面的代码就是某个 RHEL 系统中该文件的内容。

【示例 15-9】

```
[root@rhel6 iproute2]# more /etc/iproute2/rt_tables
#
# reserved values
#
255     local
254     main
253     default
0       unspec
#
# local
#
#1      inr.ruhep
```

从上面的代码可以得知，255 号表的表名为 local，254 号表的表名为 main，253 号表的表名为 default，0 号表的表名为 unspec。

图 15.3 描述了策略路由的路由选择过程。从图中可以得知，RHEL 有一个路由策略数据库，存储着用户制订的各种策略。在进行路由选择的时候，系统会逐条匹配数据库中的策略。在匹配成功的情况下，会使用对应路由表中的路由信息；否则，继续匹配下一条策略。

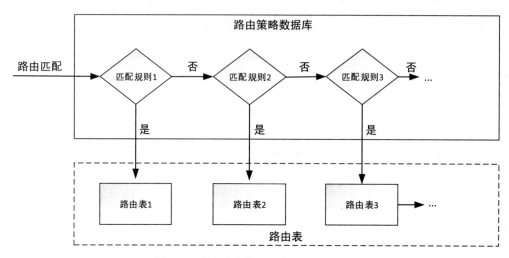

图 15.3　策略路由的路由表匹配

15.3.3　路由管理

与传统的路由管理不同，策略路由需要使用 ip route 命令来管理路由表中的条目。该命令的基本语法如下：

```
ip route list SELECTOR
```

或者

```
ip route { change | del| add | append | replace | monitor } ROUTE
```

其中，上面一条命令用来列出路由表中的路由信息，下面一条则用来修改、删除、增加、追加或者替换路由条目。SELECTOR 参数表示路由表名或者号码。

如果想查看所有路由表的内容，可以使用以下命令：

```
[root@rhel6 Desktop]# ip route list
192.168.174.0/24 dev eth0  proto kernel  scope link  src 192.168.174.5
169.254.0.0/16 dev eth0  scope link  metric 1002
default via 192.168.174.1 dev eth0
```

下面的命令用于在主路由表中增加一条路由信息。

【示例 15-10】

```
[root@rhel6 Desktop]# ip route add 192.168.1.0/24 dev eth0 table main
[root@rhel6 Desktop]# ip route list table main
192.168.1.0/24 dev eth0  scope link
192.168.174.0/24 dev eth0  proto kernel  scope link  src 192.168.174.5
169.254.0.0/16 dev eth0  scope link  metric 1002
```

```
default via 192.168.174.1 dev eth0
```

下面的命令用于删除到网络 169.254.0.0/16 的路由:

```
[root@rhel6 Desktop]# ip route del 169.254.0.0/16
[root@rhel6 Desktop]# ip route list
192.168.1.0/24 dev eth0  scope link
192.168.174.0/24 dev eth0  proto kernel  scope link  src 192.168.174.5
default via 192.168.174.1 dev eth0
```

在多路由表的路由体系里，所有的路由操作，例如添加路由或者在路由表里寻找特定的路由，都需要指明要操作的路由表。如果没有指明路由表，默认是对主路由表（即 254 号路由表）进行操作。而在单表体系里，路由的操作是不用指明路由表的。

15.3.4 路由策略管理

RHEL 提供了一组命令来管理策略路由，其中，主命令是 ip rule，子命令主要包括 show、list、add、delete 以及 flush 等，其功能分别是列出、增加、删除路由策略以及清空本地路由策略数据库等。下面分别介绍这些命令的使用方法。

系统管理员可以通过 ip rule show 或者 ip rule list 命令来列出当前系统的路由策略，该命令没有参数。例如，下面的命令用于列出当前系统的路由策略:

```
[root@rhel6 Desktop]# ip rule list
0:      from all lookup local
32766:  from all lookup main
32767:  from all lookup default
```

从上面的输出结果可以得知，当前系统中有 3 条路由策略。每条路由策略都由 3 个字段构成，第 1 个字段位于冒号前面，是一个数字，表示该策略被匹配的优先顺序，数字越小，优先级越高。默认情况下，0、32766 和 32767 这 3 个优先级已经被占用。系统管理员在添加路由策略时，可以指定优先级，如果没有指定，则默认从 32766 开始递减。

第 2 个字段是匹配规则。用户可以使用 from、to、tos、fwmark 以及 dev 等关键字来表达规则，其中 from 表示从哪里来的数据包，to 表示要发送到哪里去的数据包，tos 表示 IP 数据包头的 TOS 域，dev 表示网络接口。

第 3 个字段是路由表名称，其中 local、main 以及 default 分别表示本地路由表、主路由表以及默认路由表。

用户可以使用 ip rule list、ip rule lst 或 ip rule 来列出当前系统的路由策略，其效果是相同的。

除了 show 命令之外，其他子命令的基本语法相同，如下所示:

```
ip rule [ add | del | flush ] SELECTOR := [ from PREFIX ] [ to PREFIX ] [ tos TOS ]
[ fwmark FWMARK[/MASK] ] [ iif STRING ] [ oif STRING ] [ pref NUMBER ] ACTION := [ table
TABLE_ID ] [ nat ADDRESS ] [ prohibit | reject | unreachable ] [ realms
[SRCREALM/]DSTREALM ] TABLE_ID := [ local | main | default | NUMBER ]
```

下面分别举例说明这些命令的使用方法。

下面的命令用于添加一条路由策略，匹配规则是所有来自 192.168.10.0/24 子网的数据包。所使用的路由表是 12 号路由表，如示例 15-11 所示。

【示例 15-11】

```
[root@rhel6 Desktop]# ip rule add from 192.168.10.0/24 table 12
[root@rhel6 Desktop]# ip rule list
0:      from all lookup local
32765:  from 192.168.10.0/24 lookup 12
32766:  from all lookup main
32767:  from all lookup default
```

执行完 add 子命令之后，使用 list 子命令列出路由策略，可以发现新增加的策略出现在列表中。

下面的命令根据数据包的目的地匹配路由策略，所有发送到 192.168.10.0/24 这个子网的数据包都经由 13 号路由表。

```
[root@rhel6 Desktop]# ip rule add to 192.168.10.0/24 table 13
```

另外，系统管理员还可以根据网络接口来制订策略，如下所示：

```
[root@rhel6 Desktop]# ip rule add dev eth0 table 14
```

上面的命令表示所有通过网络接口 eth0 发送的数据包都使用 14 号路由表。

下面的命令使用 del 子命令删除某条策略：

```
[root@rhel6 Desktop]# ip rule del to 192.168.10.0/24
[root@rhel6 Desktop]# ip rule
0:      from all lookup local
32763:  from all iif eth0 lookup 14
32765:  from 192.168.10.0/24 lookup 12
32766:  from all lookup main
32767:  from all lookup default
```

在上面的命令中，使用 to 关键字来删除为所有发送到 192.168.10.0/24 这个子网的数据包制订的路由策略。

如果想要清空路由策略数据库，则可以使用 flush 子命令，如下所示：

```
[root@rhel6 Desktop]# ip rule flush
[root@rhel6 Desktop]# ip rule
0:      from all lookup local
```

从上面命令的执行结果可以得知，在使用 ip rule flush 命令之后，当前系统的路由策略数据库只剩下一条本地策略。

15.3.5 策略路由应用实例

下面以一个具体的例子来说明如何使用策略路由实现灵活的路由功能。图 15.4 描述了一个网络结构，承担路由器功能的 RHEL 主机有 3 个网络接口，其中 eth0 与 CERNet 相连，eth1 与 ChinaNet 相连，eth2 与内网相连，eth0 的 IP 地址为 10.10.1.1，CERNet 分配的网关为 10.10.1.2；eth1 的 IP 地址为 10.10.2.1，ChinaNet 分配的网关为 10.10.2.2。CERNet 的网络 ID 为 10.10.1.0/24，ChinaNet 的网络 ID 为 10.10.2.0/24。

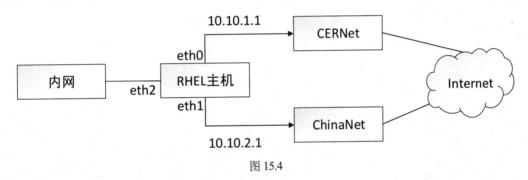

图 15.4

当前的需求是所有发往 CERNet 的数据包都经由 eth0 发送，所有发送到 ChinaNet 的数据包都经过网络接口 eth1 发送。为了实现这个目的，需要使用策略路由。

首先创建两个路由表，其名称分别为 cernet 和 chinanet。使用 vi 命令打开/etc/iproute2/rt_tables，增加两行，分别为 cernet 和 chinanet。

【示例 15-12】
```
[root@rhel6 ~]# vi /etc/iproute2/rt_tables
#
# reserved values
#
255     local
254     main
253     default
0       unspec
251     cernet
252     chinanet
```

```
#
# local
#
#1      inr.ruhep
```

接下来分别为 eth0 和 eth1 绑定对应的 IP 地址，命令如下：

```
[root@rhel6 ~]# ip addr add 10.10.1.1/24 dev eth0
[root@rhel6 ~]# ip addr add 10.10.2.1/24 dev eth1
```

修改后的网络接口及其 IP 地址如下：

```
[root@rhel6 ~]# ip addr
1: lo: <LOOPBACK,UP,LOWER_UP> mtu 16436 qdisc noqueue state UNKNOWN
    link/loopback 00:00:00:00:00:00 brd 00:00:00:00:00:00
    inet 127.0.0.1/8 scope host lo
    inet6 ::1/128 scope host
       valid_lft forever preferred_lft forever
2: eth0: <BROADCAST,MULTICAST,UP,LOWER_UP> mtu 1500 qdisc pfifo_fast state UP qlen 1000
    link/ether 08:00:27:0b:6b:9b brd ff:ff:ff:ff:ff:ff
    inet 10.0.2.15/24 brd 10.0.2.255 scope global eth0
    inet 10.10.1.1/24 scope global eth0
    inet6 fe80::a00:27ff:fe0b:6b9b/64 scope link
       valid_lft forever preferred_lft forever
3: eth1: <BROADCAST,MULTICAST,UP,LOWER_UP> mtu 1500 qdisc pfifo_fast state UP qlen 1000
    link/ether 08:00:27:22:ea:f7 brd ff:ff:ff:ff:ff:ff
    inet 10.0.0.201/24 brd 10.0.0.255 scope global eth1
    inet 10.10.2.1/24 scope global eth1
    inet6 2001:da8:2002:1300:a00:27ff:fe22:eaf7/64 scope global dynamic
       valid_lft 2591988sec preferred_lft 604788sec
    inet6 fe80::a00:27ff:fe22:eaf7/64 scope link
       valid_lft forever preferred_lft forever
...
```

下面的任务就是分别设置 CERNet 和 ChinaNet 路由表。其中 CERNet 的路由表设置如下：

```
[root@rhel6 ~]# ip route add 10.10.1.0/24 via 10.10.1.2 dev eth0 table cernet
[root@rhel6 ~]# ip route add 127.0.0.0/24 dev lo table cernet
[root@rhel6 ~]# ip route add default via 10.10.1.2 dev eth0 table cernet
```

上面的命令都是针对路由表 cernet 进行操作的，第 1 条增加到 CERNet 的路由，指定网关为 10.10.1.2，网络接口为 eth0。第 2 条增加一条本地环路的路由。第 3 条增加默认路由。

接下来，在路由表 chinanet 中进行同样的操作，命令如下：

```
[root@rhel6 network-scripts]# ip route add 10.10.2.0/24 via 10.10.2.2 dev eth1 table
chinanet
[root@rhel6 network-scripts]# ip route add 127.0.0.0/8 dev lo table chinanet
[root@rhel6 network-scripts]# ip route add default via 10.10.2.2 table chinanet
```

通过上面的操作，CERNet 和 ChinaNet 都有自己的路由表，下面需要制订策略，让 10.10.1.1 的回应数据包在 CERNet 路由表中路由，让 10.10.2.1 的回应数据包从 chinanet 路由表中路由，命令如下：

```
[root@rhel6 network-scripts]# ip rule add from 10.10.1.1 table cernet
[root@rhel6 network-scripts]# ip rule add from 10.10.2.1 table chinanet
```

15.4 小结

路由是网络层最基本的功能之一，只有通过正确的路由设置，数据包才能顺利地到达目的主机。本章首先讲述了路由的基本概念，包括路由原理、路由表、静态路由和动态路由等。然后介绍使用 route 命令进行路由配置的方法。最后介绍了有关策略路由的知识及配置方法。

15.5 习题

1. 下面哪条命令可以禁用网络接口 eth0？（ ）

   A　ifconfig eth0 up　　　　　　　B　ifconfig eth0 down
   C　ifconfig eth0　　　　　　　　　D　ifconfig eth1 down

2. 普通的客户机至少需要多少条路由才可以连通网络？（ ）

   A　0 条　　　　　　　　　　　　B　1 条
   C　2 条　　　　　　　　　　　　D　3 条

3. 下面哪条命令是添加到网络 192.168.1.0/24 的路由？（ ）

   A　route add -net 192.168.1.1 eth0
   B　route add 192.168.1.0/24 eth0
   C　route add –net 192.168.1.0/24 eth0
   D　route add 192.168.1.1/24 eth0

第 16 章
配置NAT上网

在 20 世纪 90 年代，随着互联网的飞速发展。连接到互联网的设备也急速增长，导致 IP 地址完全枯竭的现象发生。为了应对这种情况，网络地址转换（Network Address Translation，NAT）作为一种解决方案逐渐流行起来。它在一定程度上缓解了 IPv4 地址不足的压力，另一方面也提高了内部网络的安全性。

本章主要涉及的知识点有：

- 认识 NAT
- Linux 下的 NAT 配置

16.1 认识 NAT

NAT 是一种广域网接入技术，是一种将私有地址转化为合法 IP 地址的转换技术，它被广泛应用于各种类型的 Internet 接入方式和各种类型的网络中。原因很简单，NAT 不仅完美地解决了 IP 地址不足的问题，而且还能够有效地避免来自网络外部的攻击，隐藏并保护网络内部的计算机。本节将介绍 NAT 的基础知识。

16.1.1 NAT 的类型

网络地址转换（Network Address Translation，NAT）是将 IP 数据包头中的 IP 地址转换为另外一个 IP 地址的过程。在实际应用中，NAT 主要用来实现私有网络中的主机访问公共网络的功能。通过网络地址转换，可以使用少量的公有 IP 地址代表较多的私有 IP 地址，有助于减缓公有 IP 地址空间的枯竭。

所谓私有 IP 地址，是指内部网络或者主机的 IP 地址，公有 IP 地址是指在国际互联网上全球唯一的 IP 地址。私有 IP 地址有以下 3 类。

A 类：10.0.0.0~10.255.255.255
B 类：172.16.0.0~172.31.255.255

C 类：192.168.0.0~192.168.255.255

上述 3 个范围内的地址不会在因特网上被分配，因此可以不必向 ISP 或注册中心申请而在公司或企业内部自由使用。

一般来说，NAT 的实现方式主要有 3 种，分别为静态转换、动态转换和端口多路复用。所谓静态转换，是指将内部网络的私有 IP 地址转换为公有 IP 地址，在这种情况下，私有 IP 地址和公有 IP 地址是一一对应的，也就是说，某个私有 IP 地址只转换为某个公有 IP 地址。动态转换指将内部网络的私有 IP 地址转换为公用 IP 地址时，IP 地址是不确定的，是随机的，也就是说，在进行动态转换时，系统会自动随机选择一个没有被使用的公有 IP 地址作为私有 IP 地址转换的对象。端口多路复用是指修改数据包的源端口并进行端口转换。在这种情况下，内部网络的多台主机可以共享一个合法公有 IP 地址，从而最大限度地节约 IP 地址资源。端口多路复用是目前应用最多的 NAT 类型。

 端口多路复用通常用来实现外部网络的主机访问私有网络内部的资源。当外部主机访问共享的公有 IP 的不同端口时，NAT 服务器会根据不同的端口将请求转发到不同的内部主机，从而为外部主机提供服务。

16.1.2 NAT 的功能

NAT 的主要功能是在数据包通过路由器的时候，将私有 IP 地址转换成合法的 IP 地址。这样，一个局域网只需要少量的公有 IP 地址，就可以实现网内所有的主机与互联网通信的需求，如图 16.1 所示。

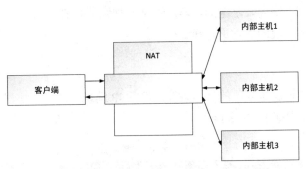

图 16.1　NAT 的功能

从图 16.1 可以看出，NAT 会自动修改 IP 报文的源 IP 地址和目的 IP 地址，IP 地址校验在 NAT 处理过程中自动完成。但是，有些应用程序将源 IP 地址嵌入到 IP 报文的数据部分中，所以在这种情况下，还需要同时对报文的数据部分进行修改。

 NAT 不仅可以实现内部网络内的主机访问外部网络资源，还可以实现外部网络的主机访问内部网络的主机。通过 NAT 可以隐藏内部网络的主机，提高内部网络主机的安全性。

16.2 Linux 下的 NAT 服务配置

利用 RHEL，可以非常方便地实现 NAT 服务，使得内部网络的主机能够与互联网上面的主机进行通信。本节将对 NAT 的配置方法进行系统的介绍。

16.2.1 iptables 简介

说到 NAT，不得不提另外一套软件，那就是 iptables。iptables 是一个强大的 IP 信息包过滤系统。通过 iptables，用户可以实现许多强大的网络功能，例如防火墙、代理服务器以及网络地址转换。

iptables 是 RHEL 防火墙系统的重要组成部分。默认情况下，在安装 RHEL 的时候，iptables 会作为一个重要组件而被安装，并且处于启用状态。

目前，iptables 的最新版本为 1.4.21，用户可以通过 iptables 命令来查看当前的版本，如下所示：

```
[root@rhel6 ~]# iptables --version
iptables v1.4.7
```

以上命令表示当前系统安装的 iptables 版本为 1.4.7。

iptables 包含许多重要的概念，例如表、链和规则。要灵活地使用 iptables，必须深入理解这些基本概念。在 iptables 的体系结构中，每个表由若干链组成，而每条链可以由一条或者多条规则组成。所以，从宏观上讲，表是链的容器，链又是规则的容器。

下面对这几个比较重要的概念进行详细介绍。

1．规则

规则主要用来设置过滤数据包的具体条件，例如 IP 地址、端口、协议以及网络接口等信息，表 16.1 列出了 iptables 规则中常用的条件。

表 16.1 iptables 常用规则

条件	说明
地址	针对数据包内的地址信息进行匹配，可以是源地址、目的地址或者网卡的物理地址等
端口	对数据包内的端口进行匹配，可以是来源端口或者目的端口
协议	匹配数据包的通信协议，例如 TCP、UDP 或者 ICMP 等
网络接口	匹配网络接口，可以是发送或者接收端口

2．动作

动作是指数据包经过 iptables 系统时，在符合相应规则的情况下，对该数据包进行相应的处理。表 16.2 列出了常用的动作。

表 16.2　iptables 常用的动作

动作	说明
ACCEPT	允许数据包通过
DROP	直接丢弃数据包
REJECT	丢弃包，并返回错误信息
LOG	将符合规则的数据包写入日志
QUEUE	发送给某个应用程序处理该数据包

3．链

数据包在传递过程中，所要遵循的规则组合成了链。在 iptables 中，规则链可以分为两种，分别是内置链和用户自定义链。内置链主要有 5 个，这些链分别应用在数据包的不同的传输阶段，如表 16.3 所示。

表 16.3　iptables 内置链

链	说明
PREROUTING	数据包进入本系统后，且进入路由表之前
INPUT	通过路由表后，目的地为本机
OUTPUT	由本机产生，向外转发
FORWARD	通过路由表后，目的地不为本机
POSTROUTING	通过路由表后，发送至网络接口之前

iptables 5 个内置的规则链并不是孤立的，图 16.2 描述了这 5 个内置链的关系。

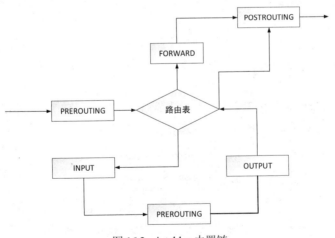

图 16.2　iptables 内置链

从图 16.2 可以得知，当数据包进入系统之后，首先经过 PREROUTING 链，然后进入路由表，如果数据包的目的地为本机，则经过 INPUT 链；否则进入 FORWARD 链进行转发。如果是本机发出的数据包，则经过 OUTPUT 链，然后进入路由表。无论是何种数据包，最后都会经过 POSTROUTING 链。

4．表

在接收数据包的时候，iptables 会提供 3 种数据包的处理功能，分别是过滤、地址转换和变更。根据这 3 种功能，iptables 将规则链进行组合，设计了 3 个表，分别是 filter、nat 和 mangle。

filter 是 iptables 默认的表，通常使用该表进行数据包的过滤，它包含 3 个内置链，分别是 INPUT、FORWARD 和 OUTPUT，这 3 个链的功能如下。

- INPUT 链：用于过滤发送到本机的数据包。
- FORWARD 链：用于经由本机的数据包。
- OUTPUT 链：用于本机产生的数据包。

filter 表的功能非常强大，几乎可以使用前面介绍的所有动作。在修改规则的时候，如果没有指定表名，则默认针对 filter 表进行操作。

nat 表能够修改数据包的相关内容，并完成网络地址转换，它包含 3 个内置链，分别是 PREROUTING、OUTPUT 和 POSTROUTING。

- PREROUTING 链：用于修改刚刚到达的且未经路由的数据包。
- OUTPUT 链：用于在进入路由表之前，修改本地产生的数据包。
- POSTROUTING 链：用于在发送数据包之前，修改数据包。

nat 表仅仅用于网络地址转换，因此，其可以设置的动作比较少，主要有 DNAT、SNAT 和 MASQUERADE。关于这些动作的含义及其功能，将在后面进行详细介绍。

mangle 表主要用于数据包的特殊变更操作，例如修改 TOS 属性等，与 NAT 关系不大，此处不再赘述。

16.2.2　iptables 工作流程

前面已经讲过，iptables 拥有 3 个表和 5 个内置链，这些表和链协同工作，实现复杂的数据包处理过程。简单地讲，iptables 的整个工作流程如图 16.3 所示。

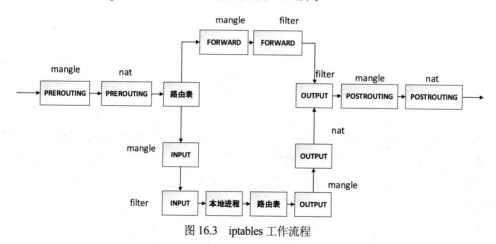

图 16.3　iptables 工作流程

下面对 iptables 的工作流程进行简单的介绍。

步骤01 数据包进入 iptables 系统之后，首先进入 mangle 表的 PREROUTING 链，如果有特殊的设置，会更改数据包的某些属性，例如 TOS 等。

步骤02 然后进入 nat 表的 PREROUTING 链，如果有匹配的规则，则进行相应的地址转换。

步骤03 数据包经由路由表中的路由，判断该包是发送给本机，还是需要向其他的网络转发。

步骤04 如果是转发，则将数据包发送给 mangle 表的 FORWARD 链，根据规则进行相应的参数修改，然后再发送给 fitler 表的 FORWARD 链，然后再发送给 mangle 表的 POSTROUTING 链，进行相应的参数修改，根据需要，还可能要发送给 nat 表的 POSTROUTING 链进行地址转换，最后发送给网络接口，转发给外部网络。

步骤05 如果目的地为本机，则数据包会进入 mangle 表的 INPUT 链，经过处理后，进入 filter 表的 INPUT 链，再进入本地进程进行处理。

步骤06 本地产生的数据包，则进入路由表，然后经过 mangle 表的 OUTPUT 链，向外发送。

16.2.3 iptables 基本语法

如果想要灵活地运用 iptable 来实现 NAT 功能，则必须掌握好 iptables 的语法格式。iptables 的基本语法如下：

```
iptables [-t table] command -m matchname -j targetname
```

在上面的语法中，table 表示表名，command 则表示相关的命令，matchname 表示匹配规则，targetname 表示操作名称，下面分别介绍这几个参数。

1．表名

前面已经讲过，iptables 有 3 个表，分别是 filter、nat 和 mangle，用户可以通过-t 选项指定要对哪个表进行操作。例如，如果想要对 nat 表进行操作的话，可以使用以下命令：

```
iptables -t nat -command -m matchname -j targetname
```

如果省略了-t 选项，则表示对 filter 表进行操作。

2．命令选项

命令选项表示对该表进行什么样的操作，例如添加或者删除规则等。下面介绍常用的命令。

（1）-P 或者--policy

定义默认的策略，所有不符合规则的包都被强制使用该策略。例如：

```
[root@rhel6 ~]# iptables -t filter -P INPUT DROP
```

以上命令表示不匹配 INPUT 链中任何规则的数据包都会被丢弃。

(2)-A 或者--append

在某个链的最后追加一条规则,例如:

```
[root@rhel6 ~]# iptables -A OUTPUT --sport 22 -j DROP
```

表示源端口为 22 的数据包都会被丢弃。

(3)-D 或者--delete

从某条链中删除某条规则。例如:

```
[root@rhel6 ~]# iptables -D OUTPUT --sport 22 -j DROP
```

(4)-L 或者--list

列出某个表的所有规则,例如:

```
[root@rhel6 ~]# iptables -t nat -L
Chain PREROUTING (policy ACCEPT)
target     prot opt source               destination

Chain POSTROUTING (policy ACCEPT)
target     prot opt source               destination

Chain OUTPUT (policy ACCEPT)
target     prot opt source               destination
```

(5)-F 或者--flush

清空所选链的所有规则,如果没有指定链,则清空表中所有链的规则。例如:

```
[root@rhel6 ~]# iptables -F OUTPUT
```

(6)-I 或者--insert

在指定序号的规则前面插入规则。如果序号为 1,则规则会被插入到链的开头。如果序号为 2,则新的规则将会是 2 号。例如:

```
[root@rhel6 ~]# iptables -I INPUT 2 -p tcp --dport 8080 -j ACCEPT
```

以上命令表示在 INPUT 链的 2 号规则前面插入一行新的规则,该规则表示允许目标为 8080 端口的 TCP 连接。

 如果没有指定序号,则默认为 1,即在最前面插入新的规则。

3．匹配选项

匹配选项用来指定需要过滤的数据包所具备的条件，常用的选项如下。

（1）-p 或者 --protocol

该选项用来指定所匹配的协议，常见的协议有 tcp、udp 或者 icmp。例如，下面的命令表示丢弃进入 INPUT 链的所有的 udp 包：

```
[root@rhel6 ~]# iptables -A INPUT -p udp -j DROP
```

（2）--sport

匹配指定 TCP 包的源端口，例如下面的命令将所有来自 80 端口的数据包丢弃：

```
[root@rhel6 ~]# iptables -A INPUT -p tcp --sport 80 -j DROP
```

（3）--dport

该选项与 --sport 的功能基本相同，只是它用来匹配 TCP 包的目标端口。

（4）-s 或者 -src

该选项用来匹配源 IP 地址。例如，下面的命令用来追加一条规则，使得所有来自于 1.1.1.1 的数据包都被丢弃：

```
[root@rhel6 ~]# iptables -A INPUT -s 1.1.1.1 -j DROP
```

（5）-d 或者 -dst

该选项用来匹配目的 IP 地址。例如，下面的规则将发送到 IP 为 1.1.1.1 的数据包丢弃：

```
[root@rhel6 ~]# iptables -A INPUT -d 1.1.1.1 -j DROP
```

4．动作

动作决定符合条件的数据包将如何处理，常用的动作有 ACCEPT、DROP、REJECT、SNAT 和 DNAT 等。下面分别介绍这些动作的含义及使用方法。

（1）ACCEPT

该动作表示允许符合条件的数据包通过。例如，下面的规则表示允许其他的主机连接到本地 80 端口，并且其协议为 TCP：

```
[root@rhel6 ~]# iptables -A INPUT -p tcp --dport 80 -j ACCEPT
```

（2）DROP

该动作表示直接丢弃符合条件的数据包，不返回任何错误信息。例如，下面的规则表示将发送到本地的 ICMP 包直接丢弃：

```
[root@rhel6 ~]# iptables -A INPUT -p icmp -j DROP
```

（3）REJECT

该动作表示拒绝符合条件的数据包通过。该动作与 DROP 不同，它会返回错误信息给客户端，而 DROP 动作直接将数据包丢弃，不返回任何错误信息。例如，下面的规则拒绝来自网络 172.12.0.0/12 的数据包：

```
[root@rhel6 ~]# iptables -t nat -A PREROUTING -i eth0 -s 172.12.0.0/12 -j REJECT
```

（4）SNAT

该动作用来做来源网络地址转换，即更改数据包的源 IP 地址。例如，下面的规则表示在 POSTROUTING 链上，将源地址为 172.12.93.0/24 网段的数据包的源地址都转换为 10.0.0.1：

```
[root@rhel6 ~]# iptables -t nat -A POSTROUTING -s 172.12.93.0/24 -j SNAT --to-source 10.0.0.1
```

（5）DNAT

该动作与 SNAT 相对应，用来做目的网络地址转换，也就是更换数据包的目的 IP 地址。在使用 DNAT 时，需要把规则定义在 PREROUTING 链中，例如：

```
[root@rhel6 ~]# iptables -t nat -A PREROUTING -d 10.0.0.1 -j DNAT --to-destination 172.12.93.1
```

上面的规则是请求 IP 为 10.0.0.1 的数据包转发到 IP 为 172.12.93.1 的主机上。下面的规则除了匹配目的 IP 地址之外，还限制了端口：

```
[root@rhel6 ~]# iptables -t nat -A PREROUTING -d 10.0.0.1 -p tcp --dport 80 -j DNAT --to-destination 172.12.93.1
```

此条规则将请求 IP 为 10.0.0.1 并且端口为 80 的数据包转发到 IP 为 172.12.93.1 的主机上，通过定义不同的端口，就可以实现 PNAT，即将同一个 IP 不同的端口请求转发到内部网络中的不同主机。

（6）MASQUERADE

该动作可以用来进行动态 IP 地址转换，常用于家庭 ADSL 拨号。例如：

```
[root@rhel6 ~]# iptables -t nat -A POSTROUTING -s 172.16.93.0/24 -o eth1 -j MASQUEREADE
```

在上面的规则中，并没有使用 --to-source 选项指定要转换到的 IP 地址。MASQUEREADE 动作会自动获取网络接口 eth1 的 IP 地址，并且将数据包的源地址修改为该地址，然后发送出去。

16.2.4　在 RHEL 上配置 NAT 服务

下面以一个具体的例子来说明如何在 RHEL 上配置 NAT 服务，使得内部网络的主机可以访问外部网络的资源。

图 16.4 描述了一个简单的网络拓扑结构。RHEL 主机有两个网络接口，其中 eth0 连接内部网络交换机，其 IP 地址为 192.168.1.1，子网掩码为 255.255.255.0；eth1 连接外部网络，其 IP 地址为运营商提供的公有 IP 地址 114.242.25.2，子网掩码为 255.255.255.0，网关为 114.242.25.1，DNS 服务器为 202.106.0.20。内部网络的 IP 地址段为 192.168.1.0/24。

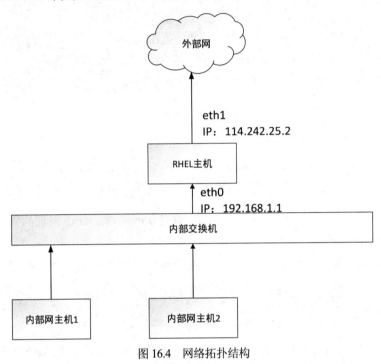

图 16.4　网络拓扑结构

接下来的任务是配置 RHEL 主机，使其成为一台 NAT 服务器，供内部网络主机访问外部网络资源，步骤如下。

步骤 01　开启转发功能，命令如下：

```
[root@rhel6 ~]# echo 1 > /proc/sys/net/ipv4/ip_forward
[root@rhel6 ~]# cat /proc/sys/net/ipv4/ip_forward
1
```

第 1 条命令将字符串 1 写入/proc/sys/net/ipv4/ip_forward 文件，第 2 条命令验证是否写入成功。如果输出 1，则表示修改成功。开启 RHEL 转发功能之后，内部网络的主机就可以 ping 通 eth1 的 IP 地址、网关以及 DNS 了。

 上面第 1 条命令中的 ">" 为输出重定向符号。其功能是将 echo 命令的输出结果重定向到后面的磁盘文件中。

步骤 02　配置 NAT 规则。

经过上面配置后,虽然可以 ping 通 eth1 的 IP 地址,但是此时内部网络中的计算机还是无法上网。问题在于内网主机的 IP 地址是无法在公网上路由的。因此需要通过 NAT,将内网办公终端的 IP 转换成 RHEL 主机 eth1 接口的 IP 地址。为了实现这个功能,首先配置各链的默认策略:

```
[root@rhel6 ~]# iptables -P INPUT ACCEPT
[root@rhel6 ~]# iptables -P OUTPUT ACCEPT
[root@rhel6 ~]# iptables -P FORWARD ACCEPT
[root@rhel6 ~]# iptables -t nat -P PREROUTING ACCEPT
[root@rhel6 ~]# iptables -t nat -P POSTROUTING ACCEPT
[root@rhel6 ~]# iptables -t nat -P OUTPUT ACCEPT
```

上面的命令将所有链的默认策略都修改为接受。

然后配置地址转换,命令如下:

```
[root@rhel6 ~]# iptables -t nat -A POSTROUTING -s 192.168.1.0/24 -o eth1 -j MASQUERADE
```

以上命令表示将所有来自 192.168.1.0/24 网络并且从网络接口 eth1 发送的数据包进行地址转换,将其源地址修改为 eth1 的 IP 地址。

除了使用 MASQUERADE 动作之外,以上命令也可以使用 SNAT 动作来实现,如下所示:

```
[root@rhel6 ~]# iptables -t nat -A POSTROUTING -s 192.168.1.0/24 -o eth1 -j SNAT --to-source 114.242.25.2
```

最后,为了保证所有进入网络接口 eth0 的数据包都被允许通过 FORWARD 链,需要添加以下规则:

```
[root@rhel6 ~]# iptables -A FORWARD -i eth0 -j ACCEPT
```

到此为止,所有在 RHEL 主机上的配置都已经完成。接下来的任务是配置内部网络主机,使其可以访问外部网络。

16.2.5　局域网通过配置 NAT 上网

局域网内的主机配置比较简单,只要设置好网络参数即可。其中所有主机的网关都应该设置为 REHL 主机的网络接口 eth0 的 IP 地址,即 192.168.1.1。内部网络的主机的 DNS 服务器设置为运营商提供的 DNS 服务器的地址,即 202.106.0.20。通过以上设置,内部网络的主机就可以访问外部网络的资源了。

本例中的设置仅仅使得内部网络主机可以访问外部网络资源,但是外部网络的主机却无法访问内部网络的主机。如果想要外部网络的主机可以访问内部网络资源,则需要进行相应的端口映射。

16.3 小结

本章详细介绍了如何在 RHEL 系统中实现 NAT 功能，主要内容包括 NAT 的类型、NAT 的功能、iptables 的工作流程和 iptables 的基本语法等。最后以一个具体的例子说明如何通过 iptables 在 RHEL 上面配置 NAT 服务，以实现内部网络的多台主机访问外部网络的资源。本章的重点在于掌握好 iptables 的基本操作，以及学习如何使用 iptables 实现 NAT 服务。

16.4 习题

1. 通过 iptables，完成以下任务：
（1）禁止所有 ICMP 协议的数据包进入本地。
（2）禁止 192.168.10.0/24 访问本机。
（3）允许 192.168.1.100 访问本地 TCP 协议的 22 端口。

2. 使用 iptables 实现 NAT 功能，并完成以下任务：
（1）开启路由功能。
（2）使用 SNAT 实现共享上网。
（3）禁止访问 IP 地址为 202.116.14.5 的网站。

第 17 章

Linux性能检测与优化

Linux 是一个开源系统,其内核负责管理系统的进程、内存、设备驱动程序、文件和网络系统,决定着系统的性能和稳定性。由于内核源码很容易获取,任何人都可以将自己认为优秀的代码加入到其中。Linux 默认提供了很多服务,如何发挥 Linux 的最大性能,如何精简系统以便适合当前的业务需要,这需要对内核进行重新编译优化。影响 Linux 性能的因素有很多,从底层硬件到上层应用,每一部分都有可以优化的地方。本章主要介绍 Linux 性能优化方面的知识,首先介绍影响 Linux 服务器的各种因素,然后介绍 Linux 性能分析工具及内核优化。

本章主要涉及的知识点有:

- 影响 Linux 服务器性能的主要因素
- Linux 性能分析工具及命令
- Linux 内核编译与优化

Linux 系统性能优化常见的方法有使用更好的硬件或从操作系统层面、应用软件层面进行优化,本章主要介绍在同等硬件条件下如何尽可能最大发挥系统性能,使系统资源利用达到最大化。

17.1 Linux 性能评估与分析工具

影响 Linux 服务器性能的因素有很多,从底层的硬件到操作系统,从网络到上层应用。找到系统硬件和软件资源的平衡点是关键。如访问量急剧增长时造成 CPU 利用率过高,由于不能及时得到响应,系统负载急剧上升,从而导致其他进程运行缓慢,系统中的进程越来越多,有可能导致物理内存耗尽,直至交换内存被耗尽,此时系统已经处于假死状态,从而导致系统不能登录,只能进行重启操作进行恢复。这虽然是比较极端的情况,但若要有效地避免此问题,做好系统性能优化和容量规划是非常有必要的。

系统性能优化绝不仅仅是系统管理员的责任,软件研发人员、软件架构人员都需参与其中。本节主要介绍 Linux 性能评估与分析常用的工具。

虽然大多数情况下系统性能瓶颈的原因是应用程序 BUG 或性能较差引起的,最终会表现为系统负载升高、程序响应缓慢或拒绝服务,因此如要了解系统的当前性能,首先应该观察系统负载和 CPU 使用情况。

17.1.1　CPU 相关

查看监视 CPU 的命令工具有很多,常见的有 uptime、top、vmstat 等,以下分别介绍最常用的 uptime、vmstat 命令。

1．uptime

执行 uptime 命令后的结果如示例 17-1 所示。

【示例 17-1】

```
[root@rhel6 ~]# uptime
10:58:37 up 1 min, 2 users, load average: 2.50, 3.17, 2.06
```

uptime 的输出可以作为 Linux 系统整体性能评估的一个参考。这里主要关注的是 load average 参数,3 个值分别表示最近 1 分钟、5 分钟、15 分钟的系统负载值。此部分值可参考 CPU 的个数或核数,有关 CPU 的信息可以查看系统中的/proc/cpuinfo 文件。

如 5 分钟的负载值或 15 分钟的负载值长期超过 CPU 个数的两倍,说明系统当前处于高负载,需要关注并优化,如数值长期低于 CPU 个数或核数,说明系统运行正常,如长期处于数值 1 以下则说明系统 CPU 资源没有得到有效利用,CPU 处于空闲状态。

2．vmstat

vmstat 是一个比较全面的性能分析工具,通过此工具可以观察进程状态、内存使用情况、swap 使用情况、磁盘的 IO、CPU 的使用等信息。vmstat 执行结果如示例 17-2 所示。

【示例 17-2】

```
[root@rhel6 Packages]# vmstat 1
procs -----------memory---------- ---swap-- -----io---- --system-- -----cpu-----
 r  b   swpd   free   buff  cache   si   so    bi    bo   in   cs us sy id wa st
 0  1      0   5796  30820 380264    0    0   275   289   54   39  0  3 95  2  0
 5  1      0   6412  30816 378900    0    0  6178 35540  376  275  0 50  0 50  0
 1  0      0   6164  30828 379736    0    0 17728  9372  689  654  3 55  0 43  0
 0  1      0   6288  30840 379352    0    0 23592     0  745  928  1 43  0 55  0
 4  1      0   6532  30868 378540    0    0 10150 16260  582  652  2 45  0 53  0
 1  0      0   6528  30864 379072    0    0 13300 10920  455  444  3 38  0 59  0
 3  1      0   6528  30864 378592    0    0 11804 15568  449  431  2 56  0 42  0
```

(1) procs 第 1 列 r 表示运行和等待 CPU 时间片的进程数,这个值如果长期大于系统 CPU 的个数,说明 CPU 不足,需要增加 CPU。第 2 列 b 表示在等待资源的进程数,等待的资源有 I/O

或内存交换等。其他参数说明如表 17.1 所示。

表 17.1　vmstat 输出结果参数说明

参数	说明
swpd	表示切换到内存交换区的内存数量，以 KB 为单位
free	表示当前空闲的物理内存数量，以 KB 为单位
buff	表示 buffers cache 的内存数量，一般对块设备的读写才需要缓冲
cache	表示 page cached 的内存数量
si	内存进入内存交换区的数量
so	内存交换区进入内存的数量
bi	表示从块设备读入数据的总量，以 KB 为单位
bo	表示写入到块设备的数据总量，以 KB 为单位
cs	表示每秒产生的上下文切换次数。值越大表示由内核消耗的 CPU 时间越多
in	表示在某一时间间隔中观测到的每秒设备中断数
us	表示用户进程消耗的 CPU 时间百分比。如值比较高需考虑优化程序或算法
sy	表示内核进程消耗的 CPU 时间百分比。sy 的值较高时，说明内核消耗的 CPU 资源很多
id	表示 CPU 处在空闲状态的时间百分比
wa	表示 IO 等待所占用的 CPU 时间百分比。wa 值越高，说明 IO 等待越严重，参考值为 20%

（2）cpu 列显示了用户进程和内核进程所消耗的 CPU 时间百分比。us 的值比较高时，说明用户进程消耗的 cpu 时间多。us+sy 的参考值为 80%，如果 us+sy 长期大于 80% 说明可能存在 CPU 资源不足的情况。

（3）memory 列表示系统内存资源使用情况。

（4）swap 列表示系统交换分区使用情况，一般情况下，si、so 的值都为 0，如果 si、so 的值长期不为 0，则表示系统内存不足，需要增加系统内存。

（5）io 列显示磁盘的读写状况，这里设置的 bi+bo 参考值为 1000，如果超过 1000，而且 wa 值较大，则表示系统磁盘 IO 有问题。

（6）system 项显示采集间隔内发生的中断数。in 和 cs 这 2 个值越大，会看到由内核消耗的 CPU 时间会越多。

17.1.2　内存相关

内存是考察系统性能的主要指标，比如内存使用情况超过 70%，则表示系统内存资源紧张，需要及时优化。另外 swap 交换分区如使用率较高，则说明系统频繁地进行硬盘与内存之间的换页，需要特别留意。监视系统内存常用的命令有 top、free、vmstat 等。

1．top

top 命令的显示结果如示例 17-3 所示。

【示例 17-3】

```
[root@rhel6 ~]# top
Mem:   1012548k total,    871864k used,    140684k free,     20360k buffers
Swap:  2031608k total,         0k used,   2031608k free,    455456k cached
#部分结果省略
```

上述实例中，Mem 行依次表示总内存、已经使用的内存、空闲的内存、用于缓存文件系统的内存。swap 行表示交换空间总大小、使用的交换内存空间、空闲的交换空间、用于缓存文件内容的交换空间。

871864k used 并不表示应用程序实际占用的内存，应用程序实际占用内存可以使用下列公式计算：MemTotal–MemFree–Buffers–Cached，对应本示例为 1012548-140684-20360-455456 =396048KB，应用程序实际占用的内存为 396048KB。

默认情况下，top 命令每隔 5 秒钟刷新一次数据。执行完 top 命令后 top 进入命令等待模式。top 提供了丰富的参数用于查看当前系统的信息，如按 m 键则进入内存模式，并按内存占用百分比排序，如示例 17-4 所示。

【示例 17-4】

```
PID USER      PR  NI  VIRT   RES   SHR S %CPU %MEM    TIME+  COMMAND
1422 root     20   0 97900  3968  3012 S  1.2  0.8  0:01.76 sshd: root@pts/2,pts/3
4914 root     20   0 15016  1244   968 R  1.2  0.3  0:00.28 top
   1 root     20   0 19228  1340  1052 S  0.0  0.3  0:02.82 /sbin/init
```

2．free

free 是查看 Linux 系统内存使用状况时最常用的指令，free 命令的显示结果如示例 17-5 所示。

【示例 17-5】

```
#以 M 为单位查看系统内存资源占用情况
[root@rhel6 ~]# free -m
                total       used       free     shared    buffers     cached
Mem:            16040      13128       2911          0        329       6265
-/+ buffers/cache:          6534       9506
Swap:            1961        100       1860
```

以上示例显示系统总内存为 16040MB，如需计算应用程序占用内存，可以使用以下公式计算 total – free – buffers – cached=16040 – 2911 – 329 – 6265=6535，内存使用百分比为 6535/16040= 40%，表示系统内存资源能满足应用程序需求。如应用程序占用内存量超过 80%，则应该及时进行应用程序算法优化。

3．vmstat

使用 vmstat 命令监视系统内存，主要关注以下参数，如示例 17-6 所示。

【示例 17-6】

```
[root@rhel6 ~]# vmstat 2 4
procs -----------memory---------- ---swap-- -----io---- -system-- -----cpu-----
 r  b   swpd   free    buff   cache    si  so    bi    bo    in    cs  us sy id wa st
 0  0 103276 2924380 337544 6467388    0   0     4    41     0     0   4  1 95  0  0
 2  0 103276 2924628 337544 6468416    0   0     0    78  6332  5921   5 10 85  0  0
 0  0 103276 2924272 337548 6468412    0   0     0   814  6422  6367   3 10 87  0  0
 0  0 103276 2923536 337548 6469440    0   0     0     0  1437  1427   1  2 97  0  0
```

swpd 列表示切换到内存交换区的内存数量，以 KB 为单位。此处 swpd 的值为 103276，继续观察由磁盘调入内存的值 si 和由内存调入磁盘 so 的值，两者均为 0，表示系统暂时没有进行内存页交换，内存资源充足，系统性能暂时没有问题。

17.1.3 硬盘 I/O 相关

在涉及硬盘操作时，一般根据业务的具体情况选择合适的方案。如读写频繁的应用尽可能用内存的读写代替直接硬盘操作，内存读写操作速度比硬盘直接读写的效率要高千倍。另外，对于数据量非常大的应用可以考虑数据的冷热分离，常使用、常访问的文件可以放入性能比较好的硬盘中，如 SSD，冷数据则可以考虑放入存储空间较大的普通硬盘上。使用裸设备代替文件系统也可节省系统资源开销。磁盘的性能评估可以使用 iostat 命令，该命令的输出如示例 17-7 所示。

【示例 17-7】

```
#使用iostat显示硬盘使用情况
[root@rhel6 ~]# iostat -d 2 4
Device:            tps    Blk_read/s   Blk_wrtn/s   Blk_read   Blk_wrtn
hda              12.50       128.00       128.00        256        256
hda              55.00        12.00      2184.00         24       4368
hda              23.00        48.00       488.00         96        976
hda              26.00        24.00       380.00         48        760
```

上述示例中 tps 表示每秒钟发送到的 I/O 请求数，Blk_read/s 表示每秒读取的数据块数，Blk_wrtn/s 表示每秒写入的数据块数，Blk_read 表示读取的所有块数，Blk_wrtn 表示写入的所有块数。上述示例说明该服务器 hda 分区写操作大于读操作，有写操作比较多的应用。2184 表示硬盘偶尔写操作频繁，其他数值相对较小，如存在长期的、超大的数据读写，说明系统不正常，需要进行优化。

iostat 常用的参数如表 17.2 所示。

表 17.2 iostat 常用参数说明

参数	说明
-c	仅显示 CPU 统计信息，与-d 选项互斥
-d	仅显示磁盘统计信息，与-c 选项互斥
-k	以 KB 为单位显示每秒的磁盘请求数，默认单位为块
-p	跟具体设备或参数 ALL，用于显示某块设备及系统分区的统计信息
-t	在输出数据时，打印搜集数据的时间
-V	打印版本号和帮助信息
-x	输出扩展信息

17.1.4 网络性能评估

对于 Linux 的网络性能主要可以参考系统网卡的流量、包量或丢包率、错误率等，可以按周期进行统计，如发现系统网卡流量过大，如当百兆网卡流量超过 80%时需要留意系统性能。Web 服务如请求量过大或短连接频繁建立释放的应用，需要关注系统每秒新增的 TCP 连接数，同时系统中各个 TCP 连接的状态可以作为系统性能的参考。如发现大量处于 TIME_WAIT 状态的 TCP 连接，则会影响网络性能，使应用响应缓慢或拒绝服务。网络性能常用的参数有 ping、netstat、ifconfig 或关注系统中的/proc/net/dev 文件输出等。

使用 netstat 命令查看当前 TCP 连接状态的可能结果，如示例 17-8 所示。

【示例 17-8】

```
[root@rhel6 ~]# netstat -plnta|awk '{print $6}'|sort|uniq -c
      5 CLOSING
     32 ESTABLISHED
     27 FIN_WAIT1
      2 FIN_WAIT2
      2 LAST_ACK
      9 LISTEN
      4 SYN_RECV
   6994 TIME_WAIT
```

根据 TCP 协议，以上每个 TCP 状态对应的含义如表 17.3 所示。

表 17.3 TCP 状态说明

参数	说明
CLOSED	无连接是活动的或正在进行
LISTEN	服务器在等待进入呼叫
SYN_RECV	一个连接请求已经到达，等待确认
SYN_SENT	应用已经开始，打开一个连接
ESTABLISHED	正常数据传输状态

参数	说明
FIN_WAIT1	应用说它已经完成
FIN_WAIT2	另一边已同意释放
CLOSING	两边同时尝试关闭
TIME_WAIT	另一边已初始化一个释放
LAST_ACK	等待所有分组死掉

根据 TCP 3 次握手协议的规定，发起 socket 主动关闭的一方连接将进入 TIME_WAIT 状态，TIME_WAIT 状态将持续两个 MSL（Max Segment Lifetime），TIME_WAIT 状态下的 socket 不能被回收使用，尤其是针对短连接较多的 Web 服务，如存在大量处于 TIME_WAIT 状态的连接，则可能严重影响服务器的处理能力，导致 Web 应用耗时甚至引起系统瘫痪。

17.2 Linux 内核编译与优化

Linux 内核是操作系统的核心，负责管理系统的资源，内核的稳定性影响着系统的性能和稳定性。系统默认提供的内核有些功能可能不是当前系统应用需要的，重新编译内核可以达到精简内核、优化系统性能的目的。重新编译的内核和当前的硬件设备相匹配，能较大程度地发挥硬件性能。如使用了最新的硬件设备，需要设备的最新驱动，当前内核无法支持，此时也需要重新编译内核。本节主要介绍 Linux 内核编译的相关知识。

17.2.1 编译并安装内核

内核编译之前需要了解当前设备的硬件信息并获取最新的内核源代码，需要了解编译内核要内核支持的功能。最新的内核源代码可以在 https://www.kernel.org/获得，本节以 Linux 2.6.32 内核为例说明 Linux 内核的编译过程。内核编译一般经过以下几个步骤，如示例 17-9 所示。

【示例 17-9】
```
#解压内核源码
[root@rhel6 soft]# tar xvf linux-2.6.32.61.tar.xz
[root@rhel6 soft]# cd linux-2.6.32.61
#在菜单模式下选择需要编译的内核模块，可以根据自己的需要进行选择
[root@rhel6 linux-2.6.32.61]# make menuconfig
  HOSTCC  scripts/basic/fixdep
  HOSTCC  scripts/basic/docproc
#清除旧的编译信息
[root@rhel6 linux-2.6.32.61]# make clean
```

```
#编译内核信息
[root@rhel6 linux-2.6.32.61]# make bzImage
  HOSTCC  scripts/basic/fixdep
  HOSTCC  scripts/basic/docproc
#编译内核模块
[root@rhel6 linux-2.6.32.61]# make modules
#安装模块
[root@rhel6 linux-2.6.32.61]# make modules_install
#安装内核
[root@rhel6 linux-2.6.32.61]# make install
#生成内核影像文件
[root@rhel6 linux-2.6.32.61]# mkinitrd /boot/initrd_2.6.32.img 2.6.32
[root@rhel6 linux-2.6.32.61]# cp arch/x86/boot/bzImage /boot/vmlinuz-2.6.32
[root@rhel6 linux-2.6.32.61]# cp System.map /boot/System.map-2.6.32
#修改 GRUB 引导文件/boot/grub/menu.lst，增加以下内容到文件结尾
[root@rhel6 ~]# cat /boot/grub/menu.lst
title Red Hat Enterprise Linux (2.6.32-test)
      root (hd0,0)
      kernel /vmlinuz-2.6.32 ro root=/dev/mapper/vg_rhel6-lv_root
      initrd /initrd_2.6.32.img
```

然后将文件保存，重启，进行系统引导时，选择 Red Hat Enterprise Linux (2.6.32-test)，即可使用编译好的内核。

17.2.2 常用内核参数的优化

Linux 内核的很多参数是可以动态修改的，为了使系统运行得更稳定、更快速，在此介绍一些常用的内核参数。

1．文件句柄设置

文件句柄的设置表示在 Linux 系统上可以打开的文件数。在大型应用服务器，例如访问量较大的 Web 服务器或数据库服务器中，建议将整个系统的文件句柄值至少设置为 65535。设置方法如示例 17-10 所示。

【示例 17-10】

```
[root@rhel6 ~]# echo "65535" > /proc/sys/fs/file-max
#可以使用 sysctl 命令来更改 file-max 的值
[root@rhel6 ~]# sysctl -w fs.file-max=65536
fs.file-max = 65536
```

```
#可以通过将内核参数插入到/etc/sysctl.conf 启动文件中以使此更改永久有效
[root@koorka ~]# echo "fs.file-max=65536" >> /etc/sysctl.conf
[root@rhel6 ~]# echo "fs.file-max=65536" >> /etc/sysctl.conf
#可以通过使用以下命令查询文件句柄的当前使用情况
[root@rhel6 ~]# cat /proc/sys/fs/file-nr
1472    0       65536
```

file-nr 文件分别显示了已经分配的文件句柄总数、当前使用的文件句柄数以及可以分配的最大文件句柄数。

2．随机端口设置

Linux 随机端口默认为 32768~65535，在请求量较大的服务器上需要调整此参数显示，调整方法如示例 17-11 所示。

【实例 17-11】

```
[root@rhel6 ~]# sysctl -w net.ipv4.ip_local_port_range="1024 64000"
net.ipv4.ip_local_port_range = 1024 64000
```

3．TCP 连接优化

如发现系统存在大量 TIME_WAIT 状态的连接，可通过调整内核参数解决，如示例 17-12 所示。

【示例 17-12】

```
#设置相关参数
[root@rhel6 ~]# cat /etc/sysctl.conf
net.ipv4.tcp_tw_reuse = 1
net.ipv4.tcp_tw_recycle = 1
net.ipv4.tcp_max_tw_buckets = 1000
#使参数生效
[root@rhel6 ~]# sysctl -p
net.ipv4.tcp_tw_reuse = 1
net.ipv4.tcp_tw_recycle = 1
net.ipv4.tcp_max_tw_buckets = 1000
```

- net.ipv4.tcp_tw_reuse = 1 表示开启重用，允许将 TIME_WAIT 状态的连接重新用于新的 TCP 连接。
- net.ipv4.tcp_tw_recycle = 1 表示开启 TCP 连接中 TIME_WAIT 连接的快速回收。
- net.ipv4.tcp_max_tw_buckets = 10000 控制同时保持 TIME_WAIT 套接字的最大数量，如超过 TIME_WAIT 连接将立刻被清除并打印警告信息。

对于 Apache、Nginx 等 Web 服务，通过以上优化能较好地减少 TIME_WAIT 套接字数量。

4．内存参数优化

如需要确定系统对共享内存的限制，可以使用下面的命令。其中 shmmax 表示共享内存段的最大大小，以字节为单位，默认值一般为 32MB。通常对于大多数应用够用，但对于大型应用软件尤其是数据库等，需要修改此参数，如示例 17-13 所示。

【示例 17-13】

```
[root@rhel6 ~]# ipcs -lm

------ Shared Memory Limits --------
max number of segments = 4096
max seg size (kbytes) = 67108864
max total shared memory (kbytes) = 17179869184
min seg size (bytes) = 1
[root@rhel6 ~]# sysctl -w kernel.shmmax=2147483648
kernel.shmmax = 2147483648
[root@rhel6 ~]# cat /proc/sys/kernel/shmmax
2147483648
```

Linux 内核参数较多，本节主要介绍了几个常用的参数设置，如需进一步了解 Linux 内核参数的优化，可参考帮助文档或相关书籍。

17.3 小结

如果服务器出现异常，则需要定位错误的位置。此时，首先需要登录服务器，使用 top 命令查看 CPU 占用情况，然后查看内存占用情况、交换分区占用情况，然后定位异常进程，根据反映出的问题进行问题定位与优化。本章介绍了问题定位或者 Linux 性能优化过程中需要关注的几个方面，如 CPU、内存、硬盘、网络性能等。通过内核的编译与优化，可以使内核与当前硬件系统有更好的兼容度，最大程度地发挥硬件性能。

17.4 习题

一、填空题

1．查看监视 CPU 的命令工具有很多，常见的有_____、_____和_____等。
2．监视系统内存常用的命令有_____、_____和_____等。

3. 默认情况下，top 命令每隔_____秒钟刷新一次数据。

二、选择题

关于 Linux 内核参数描述错误的有（   ）。

A   Linux 随机端口默认为 32 768~65 535，不管服务器请求量的大小都不能调整此参数。

B   如发现系统存在大量 TIME_WAIT 状态的连接，可通过调整内核参数解决。

C   对于大型应用软件尤其是数据库来说，需要修改 shmmax 参数。

D   在大型应用服务器，例如访问量较大的 Web 服务器或数据库服务器中，建议将整个系统的文件句柄值至少设置为 65535。

第 18 章 集群负载均衡LVS

电子商务已经成为生活中不可缺少的一部分，给用户带来了方便和效率。随着计算机硬件的发展，单台计算机的性能和可靠性越来越高，网络的飞速发展给网络带宽和服务器带来巨大的挑战，网络带宽的增长远高于处理器速度和内存访问速度的增长，急剧膨胀的用户请求已经使单台计算机难以达到用户的需求。为了满足急剧增长的需求，使用集群技术负载均衡迫在眉睫。

本章首先介绍什么是集群技术及集群的体系结构，然后介绍集群软件 LVS（Linux Virtual Server）的负载调度算法，结合各种调度算法给出实际案例，最后介绍了负载均衡常见问题。

本章主要涉及的知识点有：

- Linux 集群体系结构
- LVS 负载均衡调度算法
- LVS 负载均衡的安装与设置

本章介绍的 LVS 负载均衡管理主要针对 Linux 系统下的负载均衡，在 Windows 领域软件层面尚没有匹配的开源软件支持负载均衡。

18.1 集群技术简介

如今互联网应用尤其是 Web 服务越来越广泛。电子商务网站需要提供每天 24 小时不间断服务，如发生硬件损坏导致服务中断将造成不可挽回的经济损失。越来越多的网站交互性不断增强，随着用户量的增长需要更强的 CPU 和 IO 处理能力。在数据挖掘领域，需要在大量数据中找出有价值的信息，时间是必须考虑的因素。集群技术的出现顺利解决了这两个问题：高可用性集群和高性能集群。

集群通过一组相对廉价的设备实现服务的可伸缩性，当服务请求急剧增长时，服务依然可用，响应依然快速。集群允许部分硬件或软件发生故障，通过集群管理软件将故障屏蔽从而提供 24 小时不间断的服务。相对于高端服务器的昂贵成本，使用廉价的设备比组成集群，所花费的经济成本相对可以承受的。

高可用性集群可以提供负载均衡，通过把任务轮流分给多台服务器完成，避免了某台服务器负载过高。同时负载均衡是一种动态均衡，可以通过一些工具或软件实时地分析数据包，掌握网络中的数据流量状况，合理分配任务。

在数据链路层可以根据数据包的 MAC 地址选择不同的路径。网络层则可以利用基于 IP 地址的分配方式将数据分配到多个节点。对于不同的应用环境，如计算负荷较大的电子商务网站、IP 读写频繁的数据库应用、网络传输量大的视频服务则各自有对应的负载均衡算法。

18.2　LVS 集群介绍

LVS 为 Linux 虚拟服务器（Linux Virtual Server），针对高可伸缩、高可用网络服务的需求，中国的章文嵩博士给出了基于 IP 层和基于内容请求分发的负载平衡调度解决方案，并在 Linux 内核实现，将一组服务器构成一个可伸缩的、高可用网络服务的虚拟服务器。虚拟服务器的体系结构如图 18.1 所示。

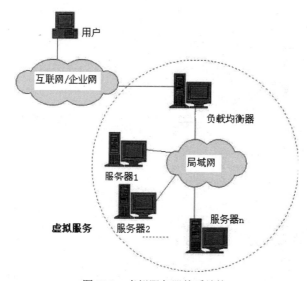

图 18.1　虚拟服务器体系结构

一组服务器通过高速的局域网或地理分布的广域网相互连接，前端有一个负载均衡器（Load Balancer），有时简称为 LD。负载均衡器负责将网络请求调度到真实服务器上，真实的服务器称作 real server，简称 rs，从而使得服务器集群的结构对应用是透明的。应用访问集群系统提供的网络服务就像访问一台高性能、高可用的服务器一样。集群的扩展性可以通过在服务机群中动态地加入和删除服务器节点完成。通过定期检测节点或服务进程状态可以动态地剔除故障的节点，从而使系统达到高可用性。

18.2.1 3种负载均衡技术

在 LVS 框架中,提供了 IP 虚拟服务器软件 IPVS,它包含 3 种 IP 负载均衡技术,通过此软件可以快速搭建高可伸缩性的、高可用性的网络服务,管理也非常方便。

IPVS 软件实现了这 3 种 IP 负载均衡技术,每种技术的原理介绍如下。

1. Virtual Server via Network Address Translation(VS/NAT)

此种技术中前端负载均衡器通过重写请求报文的目的地址实现网络地址转换,根据设定的负载均衡算法将请求分配给后端的真实服务器。真实服务器的响应报文通过负载均衡器时,报文的源地址被重写,然后返回给客户端,从而完成整个负载调度过程。由于 NAT 的每次请求接收和返回都要经过负载均衡器,对前端负载均衡器性能要求较高,如业务请求量较大,负载均衡器可能成为瓶颈。NAT 模式的体系结构如图 18.2 所示。

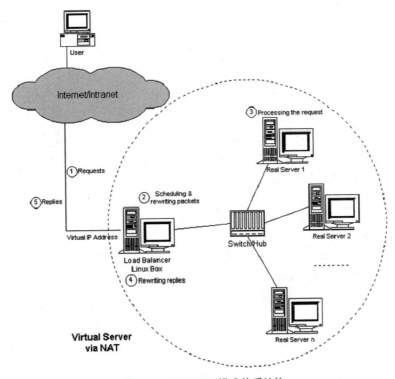

图 18.2 LVS NAT 模式体系结构

2. Virtual Server via IP Tunneling(VS/TUN)

TUN 模式如图 18.3 所示。采用 NAT 技术时,由于请求和响应报文都必须经过负载均衡器地址重写,当客户请求越来越多时,负载均衡器的处理能力可能成为瓶颈。为了解决这个问题,负载均衡器把请求报文通过 IP 隧道转发至真实服务器,而真实服务器将响应直接返回给客户,此种技术负载均衡器只处理请求报文。由于结果不需经过负载均衡器,采用此种技术的集群吞吐能力也更强大,同时 TUN 模式可以支持跨网段,并支持跨地域部署,使用非常灵活。

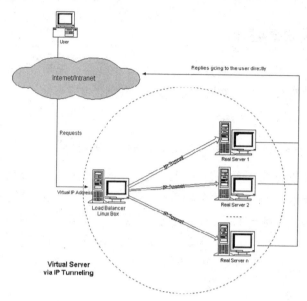

图 18.3　LVS TUN 模式体系结构

3．Virtual Server via Direct Routing（VS/DR）

VS/DR 模式如图 18.4 所示，该模式通过改写请求报文的 MAC 地址，将请求发送到真实服务器，类似于 TUN 模式，DR 模式下真实服务器将响应直接返回给客户端，因此 VS/DR 技术可极大地提高集群系统的伸缩性。这种方法没有 IP 隧道的开销，真实服务器也没有必须支持 IP 隧道协议的要求，但是此种模式要求负载均衡器与真实服务器都在同一物理网段上，由于同一网段机器数量有限，从而限制了其应用范围。

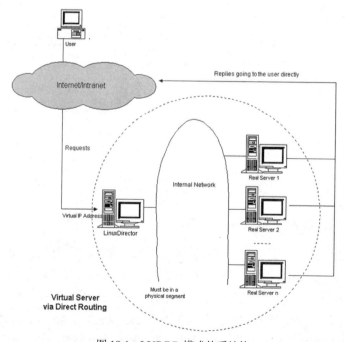

图 18.4　LVS DR 模式体系结构

18.2.2 负载均衡调度算法

针对不同的网络服务需求和服务器配置，IPVS 负载均衡器提供了如下几种负载调度算法。

（1）轮询（Round Robin）算法

轮询算法简称 RR，负载均衡器通过轮询调度算法将外部请求按顺序轮流分配到集群中的真实服务器上，每台后端的服务器都是平等无差别的，此种算法忽略了真实服务器的负载情况，需结合其他监控手段一起使用。

（2）加权轮询（Weighted Round Robin）算法

加权轮询算法简称 WRR。负载均衡器通过加权轮询调度算法根据真实服务器的不同处理能力来调度访问请求，从而使处理能力强的服务器处理更多的请求。负载均衡器可以自动问询真实服务器的负载情况，并动态地调整其权值，与轮询模式相比，有更大的灵活性。

（3）最少链接（Least Connections）算法

最少链接算法简称 LC。负载均衡器通过最少连接调度算法动态地将网络请求调度到已建立的链接数最少的服务器上。如果集群系统的真实服务器具有相近的系统性能，采用此种算法可以较好地均衡负载。

（4）加权最少链接（Weighted Least Connections）算法

加权最少链接算法简称 WLC。在集群系统中的服务器性能差异较大的情况下，负载均衡器采用加权最少链接调度算法优化负载均衡性能，具有较高权值的服务器将承受较大比例的活动连接负载。

（5）基于局部性的最少链接（Locality-Based Least Connections）算法

基于局部性的最少链接算法简称 LBLC。基于局部性的最少链接调度算法是针对目标 IP 地址的负载均衡，该算法根据请求的目标 IP 地址找出该目标 IP 地址最近使用的服务器，如该服务器是可用的且没有超载，将请求发送到该服务器；若服务器不存在或服务器超载，则用最少链接的原则选出一个可用的服务器，将请求发送到该服务器。

（6）带复制的基于局部性最少链接（Locality-Based Least Connections with Replication）算法

带复制的基于局部性最少链接算法简称 LBLCR。带复制的基于局部性最少链接调度算法也是针对目标 IP 地址的负载均衡，它与 LBLC 算法的不同之处是要维护从一个目标 IP 地址到一组服务器的映射。该算法根据请求的目标 IP 地址找出该目标 IP 地址对应的服务器组，按最小连接原则从服务器组中选出一台服务器，若服务器没有超载，将请求发送到该服务器；若服务器超载，则按最小连接原则从这个集群中选出一台服务器，将该服务器加入到服务器组中，将请求发送到该服务器。

（7）目标地址散列（Destination Hashing）算法

目标地址散列算法简称 DH。此调度算法根据请求的目的 IP 地址，作为散列键，从静态分配的散列表找出对应的真实服务器,若该服务器是可用的且未超载,将请求发送到该服务器,否则返回空。

(8)源地址散列(Source Hashing)算法

源地址散列算法简称 SH。源地址散列调度算法根据请求的源 IP 地址,作为散列键从静态分配的散列表中找出对应的服务器,若该服务器是可用的且未超载,将请求发送到该服务器,否则返回空。

18.3 LVS 集群的体系结构

LVS 集群采用 IP 负载均衡技术和基于内容请求分发技术。负载均衡器具有很好的吞吐率,将请求均衡地转移到不同的服务器上执行,且负载均衡器自动屏蔽掉服务器的故障,从而将一组服务器构成一个高性能的、高可用、可伸缩的虚拟服务器。整个服务器集群的结构对客户是透明的,而且无须修改客户端和服务器端的程序。为此,在设计时需要考虑系统的透明性、可伸缩性、高可用性和易管理性。一般来说,LVS 集群采用三层结构,其体系结构如图 18.5 所示。

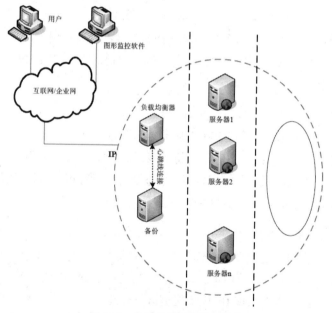

图 18.5 负载均衡通用体系结构

负载均衡集群的通用体系结构主要有 3 个组成部分,分别如下。

(1)负载均衡器(Load Balancer),简称 LD,是整个集群最外面的前端机,上面部署一个 Vip 服务,客户请求到达该 VIP 后 LD 负责将客户的请求发送到后端的真实服务器上执行,而客户认为服务来自一个 IP 地址。

（2）真实服务器池（Real Server Pool），是一组真正执行客户请求的服务器，负责处理用户请求并返回结果。

（3）共享存储（Shared Storage），可选组成部分，主要提供一个共享的存储区，从而使得服务器池拥有相同的内容，提供相同的服务。

18.4 LVS 负载均衡配置实例

如今 Web 应用已经非常广泛，本节主要以搭建一组 Web 服务器并实现 LVS 的负载均衡为例，说明 LVS 负载均衡的配置方法，搭建 LVS 相关的服务器信息如表 18.1 所示。

表 18.1 LVS 实例相关信息

参数	说明
负载均衡器	192.168.32.100、192.168.32.200
虚拟 IP	192.168.32.150
后端 RS	192.168.32.1、192.168.32.2
测试域名	www.test.com

用户访问 www.test.com 时，会解析到 192.168.32.150，然后负载均衡器通过算法将请求转到后端的真实服务器 192.168.32.1 或 192.168.32.2 上面，从而达到负载均衡的目的。

18.4.1 基于 NAT 模式的 LVS 的安装与配置

NAT（Network Address Translation）技术的出现有效缓解了 IPv4 地址空间不足的问题。通过重写请求报文的 IP 地址（目标地址、源地址和端口等）将私有地址转换成合法的 IP 地址，从而实现一个局域网只需使用少量 IP 地址即可实现私有地址网络内所有计算机与互联网的通信需求。不同 IP 地址的服务器组也认为其是与客户直接相连的。由此可以用 NAT 方法将不同 IP 地址的并行网络服务变成在一个 IP 地址上的一个虚拟服务。下面根据上文提供的服务器信息说明基于 NAT 的 Web 集群配置。

1．ipvsadm 软件的安装

首先应该安装 LVS 管理工具 ipvsadm，本示例中采用的版本为 ipvsadm-1.26.tar.gz，安装过程如示例 18-1 所示。安装之前首选确认当前系统是否支持 LVS，在内核编译时确认以下选项选中即可，内核编译方法可以参考其他章节的内容。

【示例 18-1】

```
#解压源码包，在下载源码包时注意内核版本，下载对应的配置工具
[root@rhel6 soft]# tar xvf ipvsadm-1.26.tar.gz
```

```
#可直接编译
[root@rhel6 ipvsadm-1.26]# make
#安装
[root@rhel6 ipvsadm-1.26]# make install
#确认 ipvsadm 安装成功
[root@rhel6 ipvsadm-1.26]# /sbin/ipvsadm -v
ipvsadm v1.26 2008/5/15 (compiled with popt and IPVS v1.2.1)
```

安装完毕后主要的程序有 3 个：

- /sbin/ipvsadm 为 LVS 主管理程序，负责 RS 的添加、删除与修改。
- ipvsadm-save 用于备份 LVS 配置。
- ipvsadm-restore 用于恢复 LVS 配置。

Ipvsadm 常用参数说明如表 18.2 所示。

表 18.2 ipvsadm 常用参数说明

参数	说明
-A	在内核的虚拟服务器表中添加一条新的虚拟服务器记录
-E	编辑内核虚拟服务器表中的一条虚拟服务器记录
-D	删除内核虚拟服务器表中的一条虚拟服务器记录
-C	清除内核虚拟服务器表中的所有记录
-R	恢复虚拟服务器规则
-S	保存虚拟服务器规则，输出为-R 选项可读的格式
-a	在内核虚拟服务器表的一条记录里添加一条新的真实服务器记录
-e	编辑一条虚拟服务器记录中的某条真实服务器记录
-d	删除一条虚拟服务器记录中的某条真实服务器记录
-L|-l	显示内核虚拟服务器表
-Z	虚拟服务表计数器清零（清空当前的连接数量等）
-set	- tcp tcpfin udp 设置连接超时值
--start-daemon	启动同步守护进程
--stop-daemon	停止同步守护进程
-h	显示帮助信息
-t	说明虚拟服务器提供的是 tcp 的服务
-u	说明虚拟服务器提供的是 udp 的服务
-f	说明是经过 iptables 标记过的服务类型
-s	使用的调度算法，常见选项 rr|wrr|lc|wlc|lblc|lblcr|dh|sh|sed|nq
-p	持久服务
-r	真实的服务器
-g	指定 LVS 的工作模式为直接路由模式
-i	指定 LVS 的工作模式为隧道模式
-m	指定 LVS 的工作模式为 NAT 模式

(续表)

参数	说明
-w	真实服务器的权值
-c	显示 LVS 目前的连接数
-timeout	显示 tcp tcpfin udp 的 timeout 值
--daemon	显示同步守护进程状态
--stats	显示统计信息
--rate	显示速率信息
--sort	对虚拟服务器和真实服务器排序输出
-n	输出 IP 地址和端口的数字形式

2．LVS 配置

首先在前端负载均衡器 192.168.32.100 上做相关设置，包括设置 VIP、添加 LVS 的虚拟服务器并添加真实服务器。操作步骤如示例 18-2 所示。

【示例 18-2】

```
#启用路由转发功能
[root@LD_192_168_32_100 ~]# echo "1" >/proc/sys/net/ipv4/ip_forward
#清除 ipvsadm 表
[root@LD_192_168_32_100 ~]# ipvsadm -C
#使用 ipvsadm 安装 LVS 服务
[root@LD_192_168_32_100 ~]# /sbin/ipvsadm -A -t 192.168.32.150:80
#增加第1台 realserver
[root@LD_192_168_32_100 ~]# /sbin/ipvsadm -a -t 192.168.32.150:80 -r 192.168.32.1:80 -m -w 1
#增加第2台 realserver
[root@LD_192_168_32_100 ~]# /sbin/ipvsadm -a -t 192.168.32.150:80 -r 192.168.32.2:80 -m -w 1
```

上述示例首先清除 ipvsadm 表，然后添加 LVS 虚拟服务，并指定 NAT 模式添加真实的服务器，各个真实服务器权重指定为 1，其他参数说明可参考表 18.2。

3．Apache 服务的搭建

Apache 服务需要在真实服务器上部署，部署完毕后需要做一些设置并启动，如示例 18-3 所示。

【示例 18-3】

```
[root@RS_192_168_32_1 soft]# tar xvf httpd-2.2.18.tar.gz
[root@RS_192_168_32_1 soft]# cd httpd-2.2.17
[root@RS_192_168_32_1 httpd-2.2.17]# ./configure --prefix=/usr/local/apache2
[root@RS_192_168_32_1 httpd-2.2.17]# make
```

```
[root@RS_192_168_32_1 httpd-2.2.17]# make install
#编辑配置文件修改对应行并保存
[root@RS_192_168_32_1 httpd-2.2.17]# vim /usr/local/apache2/conf/httpd.conf
Listen 0.0.0.0:80
[root@RS_192_168_32_1 httpd-2.2.17]#cat /usr/local/apache2/htdocs/index.html
echo welcome to 192.168.32.1
#启动服务
[root@RS_192_168_32_1 httpd-2.2.17]# /usr/local/apache2/bin/apachectl -k start
#测试服务
[root@RS_192_168_32_1 httpd-2.2.17]# curl http://192.168.32.1
welcome to 192.168.32.1
```

另外一个节点 192.168.32.2 做类似设置，不同之处在于其首页内容为 welcome to 192.168.32.2，其他情况相同。

4．真实服务器设置

如需 LVS 代理到后端的真实服务器，后端真实服务器需要启动服务，并确认服务端口监听在 0.0.0.0 或 VIP 上，然后设置真实服务器的 VIP，设置 VIP 的网络接口时可以选择 eth0 或 tunl0。步骤如示例 18-4 所示。

【示例 18-4】

```
[root@rhel6 ~]# cat -n tun.sh
1    # 设置 IP 转发
2    echo "0" >/proc/sys/net/ipv4/ip_forward
3    # 设置 VIP
4    /sbin/ifconfig tunl0 up
5    /sbin/ifconfig tunl0 192.168.32.150 broadcast 192.168.32.150 netmask 255.255.255.255 up
6    #避免 arp 广播问题
7    echo 1 > /proc/sys/net/ipv4/conf/tunl0/arp_ignore
8    echo 2 > /proc/sys/net/ipv4/conf/tunl0/arp_announce
9    echo 1 > /proc/sys/net/ipv4/conf/all/arp_ignore
10   echo 2 > /proc/sys/net/ipv4/conf/all/arp_announce
#设置路由
[root@rhel6 ~]# /sbin/route add -host 192.168.32.150 dev tunl0
#检查相关设置
[root@rhel6 ~]# ifconfig tunl0
tunl0     Link encap:IPIP Tunnel  HWaddr
          inet addr:192.168.32.150  Mask:255.255.255.255
          UP RUNNING NOARP  MTU:1480  Metric:1
          RX packets:0 errors:0 dropped:0 overruns:0 frame:0
```

```
            TX packets:0 errors:0 dropped:0 overruns:0 carrier:0
            collisions:0 txqueuelen:0
            RX bytes:0 (0.0 b)  TX bytes:0 (0.0 b)
```

当客户端访问 VIP 时，会产生 arp 广播，由于前端负载均衡器 LD 和 Apache 真实的服务器 RS 都设置了 VIP，此时集群内的真实服务器 RS 会尝试回答来自客户端的请求，从而导致多台机器响应自己是 VIP，因此为了达到负载均衡的目的，需让真实服务器忽略来自客户端计算机的 arp 广播请求，设置方法可参考示例 18-5。

5．LVS 测试

确认真实后端服务器已经启动并监听在 0.0.0.0，并且真实服务器上设置了 VIP，LVS 前端负载均衡器已经添加了虚拟服务，然后进行 LVS 的测试，测试过程如示例 18-5 所示。

【示例 18-5】

```
[root@LD_192_168_32_100 ~]# curl http://192.168.32.150
welcome to 192.168.32.1
[root@LD_192_168_32_100 ~]# curl http://192.168.32.150
welcome to 192.168.32.2
[root@LD_192_168_32_100 ~]#
```

使用浏览器或命令行测试，从上面的结果可以看出，LVS 服务器已经成功运行。

18.4.2　基于 DR 模式的 LVS 的安装与配置

在 VS/NAT 的集群系统中，请求和响应的数据报文都需要通过负载均衡器，当真实服务器的数目在 10 台和 20 台之间时，如请求量不高，则运行良好，如请求量突增或响应报文包含大量的数据，则负载均衡器将成为整个集群系统的瓶颈。VS/DR 利用大多数 Internet 服务的非对称特点，负载均衡器中只负责调度请求，而服务器直接将响应返回给客户，可以极大地提高整个集群系统的吞吐量。

1．ipvsadm 软件安装

首先可以按 18.4.1 节提供的方法安装 ipvsadm 软件。

2．LVS 配置

首先在前端负载均衡器 192.168.32.100 上做相关设置，包括设置 VIP、添加 LVS 的虚拟服务器并添加真实服务器。操作步骤如示例 18-6 所示。

【示例 18-6】

```
#启用路由转发功能
[root@LD_192_168_32_100 ~]# echo "1" >/proc/sys/net/ipv4/ip_forward
```

```
#清除ipvsadm 表
[root@LD_192_168_32_100 ~]# ipvsadm -C
#使用ipvsadm 安装LVS 服务
[root@LD_192_168_32_100 ~]# /sbin/ipvsadm -A -t 192.168.32.150:80
#增加第1台realserver
[root@LD_192_168_32_100  ~]#  /sbin/ipvsadm  -a  -t  192.168.32.150:80  -r
192.168.32.1:80 -g -w 1
#增加第2台realserver
[root@LD_192_168_32_100  ~]#  /sbin/ipvsadm  -a  -t  192.168.32.150:80  -r
192.168.32.2:80 -g -w 1
```

上述示例首先清除 ipvsadm 表，然后添加 LVS 虚拟服务，并指定直接路由 DR 模式添加真实的服务器，各个真实服务器权重指定为 1，其他参数说明可参考表 18.2。

3．Apache 服务搭建

Apache 服务需要在真实服务器上部署，部署完毕后需要做一些设置并启动，可以按前面介绍的方法安装和部署。

4．真实服务器的设置

如需 LVS 代理到后端的真实服务器，后端真实服务器需要启动服务，并确认服务端口监听在 0.0.0.0 或 VIP 上，然后设置真实服务器的 VIP。设置 VIP 的网络接口时可以选择 eth0 或 tunl0。步骤如示例 18-7 所示。

【示例 18-7】

```
[root@rhel6 ~]# cat -n tun.sh
1    # 设置IP 转发
2    echo "0" >/proc/sys/net/ipv4/ip_forward
3    # 设置VIP
4    /sbin/ifconfig tunl0 up
5    /sbin/ifconfig tunl0 192.168.32.150 broadcast 192.168.32.150 netmask 255.255.255.255 up
6    #避免arp 广播问题
7    echo 1 > /proc/sys/net/ipv4/conf/tunl0/arp_ignore
8    echo 2 > /proc/sys/net/ipv4/conf/tunl0/arp_announce
9    echo 1 > /proc/sys/net/ipv4/conf/all/arp_ignore
10   echo 2 > /proc/sys/net/ipv4/conf/all/arp_announce
#设置路由
[root@rhel6 ~]# /sbin/route add -host 192.168.32.150 dev tunl0
#检查相关设置
[root@rhel6 ~]# ifconfig tunl0
tunl0    Link encap:IPIP Tunnel  HWaddr
         inet addr:192.168.32.150  Mask:255.255.255.255
```

```
UP RUNNING NOARP  MTU:1480  Metric:1
RX packets:0 errors:0 dropped:0 overruns:0 frame:0
TX packets:0 errors:0 dropped:0 overruns:0 carrier:0
collisions:0 txqueuelen:0
RX bytes:0 (0.0 b)  TX bytes:0 (0.0 b)
```

当客户端访问 VIP 时，会产生 arp 广播，由于前端负载均衡器 LD 和 Apache 真实的服务器 RS 都设置了 VIP，此时集群内的真实服务器 RS 会尝试回答来自客户端的请求，从而导致多台机器响应自己是 VIP，因此为了达到负载均衡的目的，需让真实服务器忽略来自客户端计算机的 arp 广播请求，设置方法可参考示例 18-8。

5．LVS 测试

确认真实后端服务器已经启动并监听在 0.0.0.0，并且真实服务器上设置了 VIP，LVS 前端负载均衡器已经添加了虚拟服务，然后进行 LVS 的测试，测试过程如示例 18-8 所示。

【示例 18-8】

```
[root@LD_192_168_32_100 ~]# curl http://192.168.32.150
welcome to 192.168.32.1
[root@LD_192_168_32_100 ~]# curl http://192.168.32.150
welcome to 192.168.32.2
[root@LD_192_168_32_100 ~]#
```

使用浏览器或命令行测试，从上面的结果可以看出，LVS 服务器已经成功运行。

VS/DR 的工作流程如图 18.6 所示，负载均衡器根据各个服务器的负载情况，动态地选择一台服务器，将数据帧的 MAC 地址改为选出服务器的 MAC 地址，再将修改后的数据帧在与服务器组的局域网上发送。因为数据帧的 MAC 地址是选出的服务器，所以服务器肯定可以收到这个数据帧，从中可以获得该 IP 报文。当服务器发现报文的目标地址 VIP 在本地的网络设备上，则服务器处理这个报文，然后根据路由表将响应报文直接返回给客户。

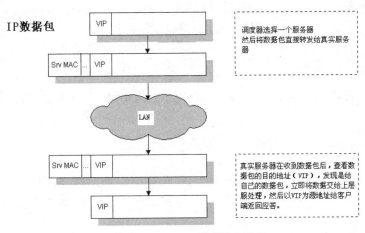

图 18.6　LVS DR 模式报文流程

18.4.3　基于 IP 隧道模式的 LVS 的安装与配置

IP 隧道（IP tunneling）是将一个 IP 报文封装在另一个 IP 报文中的技术，这可以使得目标为一个 IP 地址的数据报文能被封装和转发到另一个 IP 地址。IP 隧道技术亦称为 IP 封装技术（IP encapsulation）。IP 隧道主要用于移动主机和虚拟私有网络（Virtual Private Network），在其中隧道都是静态建立的，隧道一端有一个 IP 地址，另一端也有唯一的 IP 地址。

1．ipvsadm 软件安装

首先可以按前面提供的方法安装 ipvsadm 软件。

2．LVS 配置

首先在前端负载均衡器 192.168.32.100 做相关设置，包含设置 VIP、添加 LVS 的虚拟服务器并添加真实服务器。操作步骤如示例 18-9 所示。

【示例 18-9】

```
#启用路由转发功能
[root@LD_192_168_32_100 ~]# echo "1" >/proc/sys/net/ipv4/ip_forward
#清除 ipvsadm 表
[root@LD_192_168_32_100 ~]# ipvsadm -C
#使用 ipvsadm 安装 LVS 服务
[root@LD_192_168_32_100 ~]# /sbin/ipvsadm -A -t 192.168.32.150:80
#增加第1台 realserver
[root@LD_192_168_32_100 ~]# /sbin/ipvsadm -a -t 192.168.32.150:80 -r 192.168.32.1:80 -i -w 1
#增加第2台 realserver
[root@LD_192_168_32_100 ~]# /sbin/ipvsadm -a -t 192.168.32.150:80 -r 192.168.32.2:80 -i -w 1
```

上述示例首先清除 ipvsadm 表，然后添加 LVS 虚拟服务，并指定 IP 隧道模式添加真实的服务器，各个真实服务器权重指定为 1，其他参数说明可参考表 18.2。

3．Apache 服务的搭建

Apache 服务需要在真实服务器上部署，部署完毕后需要做一些设置并启动，可以按前面的方法安装和部署。

4．真实服务器设置

如需 LVS 代理到后端的真实服务器，后端真实服务器需要启动服务，并确认服务端口监听在 0.0.0.0 或 VIP 上，然后设置真实服务器的 VIP。设置 VIP 的网络接口时可以选择 eth0 或 tunl0。步骤如示例 18-10 所示。

【示例 18-10】

```
[root@rhel6 ~]# cat -n tun.sh
 1  # 设置 IP 转发
 2  echo "0" >/proc/sys/net/ipv4/ip_forward
 3  # 设置VIP
 4  /sbin/ifconfig tunl0 up
 5   /sbin/ifconfig tunl0 192.168.32.150 broadcast 192.168.32.150 netmask 255.255.255.255 up
 6  #避免 arp 广播问题
 7  echo 1 > /proc/sys/net/ipv4/conf/tunl0/arp_ignore
 8  echo 2 > /proc/sys/net/ipv4/conf/tunl0/arp_announce
 9  echo 1 > /proc/sys/net/ipv4/conf/all/arp_ignore
10  echo 2 > /proc/sys/net/ipv4/conf/all/arp_announce
#设置路由
[root@rhel6 ~]# /sbin/route add -host 192.168.32.150 dev tunl0
#检查相关设置
[root@rhel6 ~]# ifconfig tunl0
tunl0    Link encap:IPIP Tunnel  HWaddr
         inet addr:192.168.32.150 Mask:255.255.255.255
         UP RUNNING NOARP MTU:1480 Metric:1
         RX packets:0 errors:0 dropped:0 overruns:0 frame:0
         TX packets:0 errors:0 dropped:0 overruns:0 carrier:0
         collisions:0 txqueuelen:0
         RX bytes:0 (0.0 b)  TX bytes:0 (0.0 b)
```

当客户端访问 VIP 时，会产生 arp 广播，由于前端负载均衡器 LD 和 Apache 真实的服务器 RS 都设置了 VIP，此时集群内的真实服务器 rs 会尝试回答来自客户端的请求，从而导致多台机器响应自己是 VIP，因此为了达到负载均衡的目的，需让真实服务器忽略来自客户端计算机的 arp 广播请求。

5．LVS 测试

确认真实后端服务器已经启动并监听在 0.0.0.0，并且真实服务器上设置了 VIP，LVS 前端负载均衡器已经添加了虚拟服务，然后进行 LVS 的测试，测试过程如示例 18-11 所示。

【示例 18-11】

```
[root@LD_192_168_32_100 ~]# curl http://192.168.32.150
welcome to 192.168.32.1
[root@LD_192_168_32_100 ~]# curl http://192.168.32.150
welcome to 192.168.32.2
[root@LD_192_168_32_100 ~]#
```

使用浏览器或命令行测试，从上面的结果可以看出，LVS 服务器已经成功运行。

VS/TUN 的工作流程如图 18.7 所示，负载均衡器根据各个服务器的负载情况，动态地选择一台服务器，将请求报文封装在另一个 IP 报文中，再将封装后的 IP 报文转发给选出的服务器；服务器收到报文后，先将报文解封获得原来目标地址为 VIP 的报文，服务器发现 VIP 地址被配置在本地的 IP 隧道设备上，就处理这个请求，然后根据路由表将响应报文直接返回给客户。

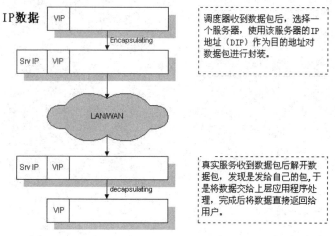

图 18.7　LVS TUN 模式报文流程

18.5　小结

集群技术，尤其是云服务已经成为目前应用的热点，本章主要介绍了传统的集群软件及集群的体系结构。本章以集群软件 LVS（Linux Virtual Server）及其负载调度算法为例，介绍了高可用集群的部署过程及其应用。LVS 提供了 3 种负载均衡方式，NAT 由于所有请求都需要经过前端的负载均衡器，限制了集群的扩展；DR 模式则需要集群中的真实服务器位于同一局域网，也同样限制了其使用范围；相比而言，隧道模式是最灵活的一种，可以跨网段甚至跨地域，需重点掌握。

18.6　习题

一、填空题

1. 负载均衡集群的通用体系结构主要有 3 个组成部分，即_____、_____和_____。

2. IPVS 软件实现了 3 种 IP 负载均衡技术：_____、_____和_____。

二、选择题

关于 LVS 负载均衡描述错误的是（　　）。

A　由于 NAT 的每次请求接收和返回都要经过负载均衡器，对前端负载均衡器性能要求较高，如业务请求量较大，负载均衡器可能成为瓶颈。

B　使用 VS/TUN 模式不支持跨网段，但支持跨地域部署。

C　使用 VS/DR 模式要求负载均衡器与真实服务器都在同一物理网段上，由于同一网段机器数量有限，从而限制了其应用范围。

D　LVS 集群采用 IP 负载均衡技术和基于内容请求分发技术。

第 19 章

◀ 集群技术与双机热备软件 ▶

> 在互连网高速发展的今天，尤其是电子商务的发展，要求服务器能够提供不间断服务。在电子商务中，如果服务器宕机，造成的损失是不可估量的。要保证服务器不间断服务，就需要对服务器实现冗余。在众多的实现服务器容易的解决方案中，Heartbeat 为我们提供了廉价的、可伸缩的高可用集群方案。
>
> 本章首先介绍高可用性集群技术，然后介绍高可用软件 Heartbeat 和 keepalived 的搭建与应用，最后对一些常见问题给出了解答。

本章主要涉及的知识点有：

- 高可用性集群技术
- 双机热备软件 Heartbeat 的应用
- 双机热备软件 keepalived 的应用

19.1 高可用性集群技术

随着互联网的发展，它已经成为人们生活中的一部分，人们对网络的依赖不断增加，电子商务使得订单一周 24 小时不间断进行成为了可能。如果服务器宕机，造成的损失是不可估量的。每一分钟的宕机都意味着收入、生产和利润的损失，甚至于市场地位的削弱。要保证服务器不间断服务，就需要对服务器实现冗余。新的网络应用使得各个服务的提供者对计算机的要求达到了空前的程度，电子商务需要越来越稳定可靠的服务系统。

19.1.1 可用性和集群

可用性是指一个系统保持在线并且可供访问，有很多因素会造成系统宕机，包括为了维护而有计划地宕机以及意外故障等，高可用性方案的目标就是使宕机时间和故障恢复时间最小化，高可用性集群，原义为 High Availability Cluster，简称 HA Cluster，是指以减少服务中断（宕机）时间为目的的服务器集群技术。

所谓集群，是提供相同网络资源的一组计算机系统。其中每一台提供服务的计算机，可以称之为节点。当一个节点不可用或来不及处理客户的请求时，该请求将会转到另外的可用节点来处理。对于客户端应用来说，不必关心资源调度的细节，所有这些故障处理流程集群系统可以自动完成。

集群中节点可以以不同的方式来运行，比如同时提供服务或只有其中一些节点提供服务，另外一些节点处于等待状态。同时提供服务的节点，所有服务器都处于活动状态，也就是在所有节点上同时运行应用程序，当一个节点出现故障时，监控程序可以自动剔除此节点，而客户端觉察不到这些变化。处于主备关系的节点在故障时由备节点随时接管，由于平时只有一些节点提供服务，可能会影响应用的性能。在正常操作时，另一个节点处于备用状态，只有当活动的节点出现故障时该备用节点才会接管工作，但这并不是一个很经济的方案，因为应用必须同时采用两个服务器来完成同样的事情。虽然当出现故障时不会对应用程序产生任何影响，但此种方案的性价比并不高。

19.1.2 集群的分类

从工作方式出发，集群分为下面 3 种。

（1）主/主

这是最常见的集群模型，提供了高可用性，这种集群必须保证在只有一个节点时可以提供服务，提供客户可以接受的性能。该模型最大程度地利用服务器软硬件资源。每个节点都通过网络对客户机提供网络服务。每个节点都可以在故障转移时临时接管另一个节点的工作。所有的服务在故障转移后仍保持可用，而后端的实现客户端并不用关心，所有后端的工作对客户端是透明的。

（2）主/从

与主/主模型不同，限于业务特性，主/从模型需要一个节点处于正常服务状态，而另外一个节点处于备用状态。主节点处理客户机的请求，而备用节点处于空闲状态，当主节点出现故障时，备用节点会接管主节点的工作，继续为客户机提供服务，并且不会有任何性能上的影响。

（3）混合型

混合型是上面两种模型的结合，可以实现只针对关键应用进行故障转移，这样对这些应用实现可用性的同时让非关键的应用在正常运作时也可以在服务器上运行。当出现故障时，出现故障的服务器上不太关键的应用就不可用了，但是那些关键应用会转移到另一个可用的节点上，从而达到性能和容灾两方面的平衡。

19.2 双机热备开源软件 Heartbeat

随着应用用户量的增长，或在一些系统关键应用中，提供不间断的服务以保证系统的高可用性是非常必要的。Heartbeat 是 Linux-HA 工程的一个组件，在行业内得到了广泛的应用，最新版本为 3.0.7。

19.2.1 认识 Heartbeat

Heartbeat 实现了一个高可用集群系统，心跳检测和资源接管是高可用集群的两个关键组件。心跳监测通过定期相互发送报文告诉对方自己的状态，如指定的时间内未收到对方发送的报文，则认为对方失效，从而启动资源接管模块来接管运行在对应主机上的资源或服务，比如 VIP、网络共享存储等。

Heartbeat 启动后主要有以下进程，如示例 19-1 所示。

【示例 19-1】

```
[root@LD_192_168_3_87 ~]# ps -ef|grep heartbeat
root      2161     1  0 01:56 ?        00:00:02 heartbeat: master control process
nobody    2165  2161  0 01:56 ?        00:00:00 heartbeat: FIFO reader
nobody    2166  2161  0 01:56 ?        00:00:00 heartbeat: write: bcast eth1
nobody    2167  2161  0 01:56 ?        00:00:00 heartbeat: read: bcast eth1
```

Heartbeat 关键组件为集群资源管理模块与节点间通信校验模块，Heartbeat 通信模块由以下 4 个进程构成：

- master 进程
- FIFO 子进程
- read 子进程
- write 子进程

在 Heartbeat 通信模块里，每一条通信通道对应一个 write 子进程和一个 read 子进程，master 进程把自己的数据或是客户端发送来的数据，通过 IPC 发送到 write 子进程，write 子进程把数据发送到网络；同时 read 子进程从网络读取数据，通过 IPC 发送到 master 进程，由 master 进程处理或由 master 进程转发给其客户端处理。

Heartbeat 启动时，由 master 进程来启动 FIFO 子进程、write 子进程和 read 子进程，最后再启动 client 进程。

Heartbeat 通过冗余通信通道和消息重传机制来保证通信的可靠性。Heartbeat 检测主通信链路工作状态的同时也检测备用通信链路状态，并把这一状态报告给系统管理员，这样可以大大减少因为多重失效所引起的集群故障不能恢复的问题。

19.2.2 Heartbeat 的安装与配置

为保证系统更高的可用性，通常需要对重要的关键业务做双机热备，比如 LVS 中需要对前端的负载均衡器做双机热备,常见的方案有 Hearbeat 或 keepalived,本节以 Hearbeat 为例说明双机热备的部署过程。

最新版本的 Heartbeat 可以在 http://www.linux-ha.org 获取。除支持双机热备外,最新版本的 HA 也支持集群部署,本节的示例以 Heartbeat 双机热备的部署介绍部署过程。

Heartbeat 双机热备信息如表 19.1 所示。

表 19.1 Heartbeat 双机热备信息

参数	说明
192.168.3.87	主节点
192.168.3.88	备节点
192.168.3.118	虚拟 IP

其实现的功能为:正常情况下由 192.168.3.87 提供服务,客户端可以根据主节点提供的 VIP 访问集群内的各种资源,当主节点故障时备节点可以自动接管主节点的 IP 资源,即 VIP 为 192.168.3.118。

HA 的部署要经过软件安装、配置文件设置、配置 haresources、配置 authkeys 和 HA 资源接管程序几个步骤。

步骤 01 HA 的安装除本身的源代码包外,依赖较多的其他资源,可以在安装光盘里找到。安装过程如示例 19-2 所示。

【示例 19-2】

```
#安装依赖软件 libnet
[root@rhel6 ha]# tar xvf libnet-1.1.6.tar.gz
[root@rhel6 ha]# cd libnet-1.1.6
[root@rhel6 libnet-1.1.6]# make
[root@rhel6 libnet-1.1.6]# make install
#安装依赖软件 libxml
[root@rhel6 ha]# tar xvf libxml2-2.7.7.tar.gz
[root@rhel6 ha]# cd libxml2-2.7.7
[root@rhel6 libxml2-2.7.7]# ./configure
[root@rhel6 libxml2-2.7.7]# make
[root@rhel6 libxml2-2.7.7]# make install
#安装 Heartbeat 软件,经过系统检查、编译和安装3个步骤
[root@rhel6 ha]# useradd hacluster
[root@rhel6 ha]# groupadd haclient
[root@rhel6 ha]# tar xvf Heartbeat-2-1-STABLE-2.1.4.tar.bz2
[root@rhel6 ha]# cd Heartbeat-2-1-STABLE-2.1.4
[root@rhel6 Heartbeat-2-1-STABLE-2.1.4]# ./ConfigureMe configure
[root@rhel6 Heartbeat-2-1-STABLE-2.1.4]# make
```

```
[root@rhel6 Heartbeat-2-1-STABLE-2.1.4]# make install
```

经过以上步骤完成 HA 软件的安装，主要的文件列表如表 19.2 所示。

表 19.2　Heartbeat 软件主要文件说明

参数	说明
/etc/init.d/heartbeat	控制 HA 服务的启动和停止
/etc/ha.d/ha.cf	HA 主配置文件，配置故障接管策略
/etc/ha.d/haresources	指定资源接管时涉及的主要资源
/etc/ha.d/authkeys	指定数字签名及算法

备节点部署 HA 的步骤与主节点相同。

步骤 02　两个节点配置/etc/hosts。

配置 HA 需要的 hosts，其中主机名需要与 hostname 输出相同。主备节点需要做同样设置，如示例 19-3 所示。

【示例 19-3】

```
[root@LD_192_168_3_87 ~]# cat /etc/hosts
192.168.3.87 LD_192_168_3_87
192.168.3.88 LD_192_168_3_88
```

步骤 03　配置/etc/ha.d/ha.cf。

ha.cf 为 HA 的主配置文件，可以在源代码包里找到，主要用户指定通信方式、心跳间隔及故障接管策略等，两个节点内容设置一样，如示例 19-4 所示。

【示例 19-4】

```
[root@LD_192_168_3_87 ~]#  cat /etc/ha.d/ha.cf
    1  # heartbeat 的日志存放位置
    2  logfile /var/log/ha-log
    3  #利用日志系统打印日志
    4  logfacility     local0
    5  #指明心跳时间为1秒，即每1秒钟发送一次广播
    6  keepalive 1
    7  #指定在10秒内没有心跳信号，则立即切换服务
    8  deadtime 10
    9  #当5秒钟内备份机不能联系上主机则写警告日志
   10  warntime 5
   11  #在某些配置下，重启后网络需要一些时间才能正常工作，登台系统初始化完成
   12  initdead 20
   13  #指明心跳方式使用以太广播方式，并且是在 eth1 接口上进行广播
```

```
14  bcast eth1
15  #指定集群节点间的通信端口
16  udpport 10694
17  #当主节点恢复后，是否自动切回
18  auto_failback  no
19  #集群中机器的主机名，与hostname的输出相同
20  node LD_192_168_3_87
21  node LD_192_168_3_88
```

除以上设置外，HA还支持其他丰富的设置，更多信息可参考帮助文档。

步骤 04 配置/etc/ha.d/haresources。

此文件可以在源代码包里找到，主要用于指定资源接管时涉及的主要资源，如 IP 资源、Web 服务、共享存储等，还可以是其他执行 start 和 stop 的脚本。更多的帮助信息可以参考源码包里的 haresources 文件。

【示例 19-5】

```
vim /etc/ha.d # cat haresource 最后加上
LD_192_168_3_87 192.168.3.118
```

以上配置的含义为当主节点 LD_192_168_3_87 故障时，启动接管主节点的 VIP 资源，以便正常提供服务，两个节点设置相同。

步骤 05 配置/etc/ha.d/authkeys。

【示例 19-6】

```
[root@LD_192_168_3_87 ~]# cat /etc/ha.d/authkeys
auth 1
1 crc
#更改文件的权限：
[root@LD_192_168_3_87 ~]#  chmod 600 /etc/ha.d/authkeys
```

auth 表示使用的索引，与下一条键值对应，各个节点指定的相同索引的字符要相同，两个节点设置一样。此文件位于源代码包的 doc 文件夹。此配置确定 HA 之间的认证密钥。共有 3 种认证方式，即 crc、md5 和 sha1。crc 是比较省资源的方式。如果网络有风险，同时希望 CPU 资源占用较少，可选择 md5。如不考虑 CPU 使用情况，则使用 sha1，其在三者之中最难破解，也最安全。

文件权限设置为 600 表示只有 root 用户可以操作此文件，如果此文件属性未被正确配置，Heartbeat 程序将不能启动同时打印错误信息。

19.2.3　Heartbeat 的启动与测试

经过上面的配置，HA 服务已经配置完成，需要分别在两个节点上启动 HA 服务，启动后可以用 ps 命令查看是否启动成功，启动过程如示例 19-7 所示。

【示例 19-7】

```
[root@LD_192_168_3_87 resource.d]# service heartbeat start
#启动后使用 ps 命令查看是否启动成功
[root@LD_192_168_3_87 resource.d]# ps -ef|grep heartbeat
 root      15137 15075  0 16:11 pts/3    00:00:00 grep heartbeat
 root      19726     1  0 2012 ?         00:02:08 heartbeat: master control process
 nobody    19728 19726  0 2012 ?         00:00:00 heartbeat: FIFO reader
 nobody    19729 19726  0 2012 ?         00:07:32 heartbeat: write: ucast eth0
 nobody    19730 19726  0 2012 ?         00:10:57 heartbeat: read: ucast eth0
[root@LD_192_168_3_87 Heartbeat-2-1-STABLE-2.1.4]# ifconfig
eth1      Link encap:Ethernet  HWaddr 00:0C:29:E2:FC:FD
          inet addr:192.168.3.87  Bcast:192.168.3.255  Mask:255.255.255.0
          inet6 addr: fe80::20c:29ff:fee2:fcfd/64 Scope:Link
          UP BROADCAST RUNNING MULTICAST  MTU:1500  Metric:1
          RX packets:7637 errors:0 dropped:0 overruns:0 frame:0
          TX packets:17531 errors:0 dropped:0 overruns:0 carrier:0
          collisions:0 txqueuelen:1000
          RX bytes:892082 (871.1 KiB)  TX bytes:4494483 (4.2 MiB)

eth1:0    Link encap:Ethernet  HWaddr 00:0C:29:E2:FC:FD
          inet addr:192.168.3.118  Bcast:192.168.3.255  Mask:255.255.255.0
          UP BROADCAST RUNNING MULTICAST  MTU:1500  Metric:1
```

启动后，正常情况下 VIP 设置在主节点 192.168.3.87 上。如主节点故障，则备节点自动接管服务，可以停止 heartbeat 进程或直接重启主节点，然后观察备节点是否接管了主机的资源，测试过程示例 19-8 所示。

【示例 19-8】

```
#主节点执行重启操作
[root@LD_192_168_3_87 ~]# reboot
#到备节点查看资源接管情况
[root@LD_192_168_3_88 ha.d]# ifconfig
eth0      Link encap:Ethernet  HWaddr 00:0C:29:7F:08:9D
          inet addr:192.168.3.88  Bcast:192.168.3.255  Mask:255.255.255.0
          inet6 addr: fe80::20c:29ff:fe7f:89d/64 Scope:Link
```

```
            UP BROADCAST RUNNING MULTICAST  MTU:1500  Metric:1
            RX packets:19494 errors:0 dropped:0 overruns:0 frame:0
            TX packets:32637 errors:0 dropped:0 overruns:0 carrier:0
            collisions:0 txqueuelen:1000
            RX bytes:3452282 (3.2 MiB)  TX bytes:9781929 (9.3 MiB)
    eth0:0  Link encap:Ethernet  HWaddr 00:0C:29:7F:08:9D
            inet addr:192.168.3.118  Bcast:192.168.3.255  Mask:255.255.255.0
            UP BROADCAST RUNNING MULTICAST  MTU:1500  Metric:1
#日志内容
    eartbeat[15223]: 2014/03/16_04:42:33 info: Received shutdown notice from
'ld_192_168_3_87'.
    heartbeat[15223]: 2014/03/16_04:42:33 info: Resources being acquired from
ld_192_168_3_87.
#资源接管
    ResourceManager[15382]:        2014/03/16_04:42:34          info:  Running
/etc/ha.d/resource.d/IPaddr 192.168.3.118 start
#VIP 设置在 eth0:0 接口
    IPaddr[15485]: 2014/03/16_04:42:34 INFO: eval ifconfig eth0:0 192.168.3.118
netmask 255.255.255.0 broadcast 192.168.3.255
#资源接管完成
    heartbeat[15223]: 2014/03/16_04:42:34 info: mach_down takeover complete.
```

当主节点故障时，备节点收不到主节点的心跳请求，超过了设置时间后备节点启用资源接管程序，上述示例中说明 VIP 已经被备节点成功接管，查看方法如示例 19-9 所示。

【示例 19-9】
```
[root@LD_192_168_3_88 ha.d]# ifconfig
eth0    Link encap:Ethernet  HWaddr 00:0C:29:7F:08:9D
        inet addr:192.168.3.88  Bcast:192.168.3.255  Mask:255.255.255.0
        inet6 addr: fe80::20c:29ff:fe7f:89d/64 Scope:Link
        UP BROADCAST RUNNING MULTICAST  MTU:1500  Metric:1
        RX packets:19718 errors:0 dropped:0 overruns:0 frame:0
        TX packets:33064 errors:0 dropped:0 overruns:0 carrier:0
        collisions:0 txqueuelen:1000
        RX bytes:3473234 (3.3 MiB)  TX bytes:9879319 (9.4 MiB)

eth0:0  Link encap:Ethernet  HWaddr 00:0C:29:7F:08:9D
        inet addr:192.168.3.118  Bcast:192.168.3.255  Mask:25
```

经过上面的测试，HA 已经正常工作，其他故障情况下的资源接管可根据实际情况进行测试。

19.3 双机热备软件 keepalived

关于 HA 目前有多种解决方案，比如 Heartbeat、keepalived 等，两者各有优缺点。本节主要说明 keepalived 的使用方法。

19.3.1 认识 keepalived

keepalived 的作用是检测后端 TCP 服务的状态，如果有一台提供 TCP 服务的后端节点死机，或工作出现故障，keepalived 及时检测到，并将有故障的节点从系统中剔除，当提供 TCP 服务的节点恢复并且正常提供服务后，keepalived 自动将提供 TCP 服务的节点加入到集群中，这些工作全部由 keepalived 自动完成，不需要人工干涉，需要人工做的只是修复故障的服务器。

keepalived 可以工作在 TCP/IP 协议栈的 IP 层、TCP 层及应用层。

（1）IP 层

keepalived 使用 IP 的方式工作时，会定期向服务器群中的服务器发送一个 ICMP 的数据包，如果发现某台服务的 IP 地址没有激活，keepalived 便报告这台服务器异常，并将其从集群中剔除。常见的场景为某台机器网卡损坏或服务器被非法关机。IP 层的工作方式是以服务器的 IP 地址是否有效作为服务器工作正常与否的标准。

（2）TCP 层

这种工作模式主要以 TCP 后台服务的状态来确定后端服务器是否工作正常。如 MySQL 服务默认端口一般为 3306，如果 keepalived 检测到 3306 无法登录或拒绝连接，则认为后端服务异常，则 keepalived 将把这台服务器从集群中剔除。

（3）应用层

如 keepalived 工作在应用层，此时 keepalived 将根据用户的设定检查服务器程序的运行是否正常，如果与用户的设定不相符，则 keepalived 将把服务器从集群中剔除。

以上几种方式可以通过 keepalived 的配置文件实现。

19.3.2 keepalived 的安装与配置

本节实现的功能为访问 192.168.3.118 的 Web 服务时，自动代理到后端的真实服务器 192.168.3.1 和 192.168.3.2，keepalived 主机为 192.168.3.87，备机为 192.168.3.88。

最新的版本可以在 http://www.keepalived.org 获取，本示例采用的版本为 1.2.7，安装过程如示例 19-10 所示。

【示例 19-10】

```
[root@LD_192_168_3_88 soft]# tar xvf keepalived-1.2.7.tar.gz
```

```
[root@LD_192_168_3_88 soft]# cd keepalived-1.2.7
[root@LD_192_168_3_88 keepalived-1.2.7]# ./configure --prefix=/usr/local/keepalived
[root@LD_192_168_3_88 keepalived-1.2.7]# make
[root@LD_192_168_3_88 keepalived-1.2.7]# make install
```

经过上面的步骤，keepalived 已经安装完成，安装路径为/usr/local/keepalived，备节点操作步骤与主节点相同。接下来进行配置文件的设置，如示例 19-11 所示。

【示例 19-11】

```
#主节点配置文件
[root@rhel6 ~]# cat -n /etc/keepalived/keepalived.conf
     1  ! Configuration File for keepalived
     2
     3  vrrp_instance VI_1 {
     4      #指定该节点为主节点，备用节点上需设置为 BACKUP
     5      state MASTER
     6      #绑定虚拟 IP 的网络接口
     7      interface eth0
     8      #VRRP 组名，两个节点需设置一样，以指明各个节点属于同一 VRRP 组
     9      virtual_router_id 51
    10      #主节点的优先级，数值在1~254之间，注意从节点必须比主节点优先级低
    11      priority 50
    12      ##组播信息发送间隔，两个节点需设置一样
    13      advert_int 1
    14      ##设置验证信息，两个节点需一致
    15      authentication {
    16          auth_type PASS
    17          auth_pass 1234
    18      }
    19      #指定虚拟 IP，两个节点需设置一样
    20      virtual_ipaddress {
    21          192.168.3.118
    22      }
    23  }
    24  #虚拟 IP 服务
    25  virtual_server 192.168.3.118 80 {
    26      #设定检查实际服务器的间隔
    27      delay_loop 6
    28      #指定 LVS 算法
    29      lb_algo rr
```

```
30      #指定 LVS 模式
31      lb_kind nat
32
33      nat_mask 255.255.255.255
34      #持久连接设置，会话保持时间
35      persistence_timeout 50
36      #转发协议为 TCP
37      protocol TCP
38      #后端实际 TCP 服务配置
39      real_server 192.168.3.1 80 {
40          weight 1
41      }
42      #后端实际 TCP 服务配置
43      real_server 192.168.3.2 80 {
44          weight 1
45      }
46  }
```

备节点的大部分配置与主节点相同，不同之处如示例 19-12 所示。

【示例 19-12】

```
[root@LD_192_168_3_88 conf]# cat -n /etc/keepalived/keepalived.conf
    #不同于主节点，备机 state 设置为 BACKUP
    4       state BACKUP
    #优先级低于主节点
    7       priority 50
    #其他配置和主节点相同
```

/etc/keepalived/keepalived.conf 为 keepalived 的主配置文件。以上配置中 state 表示主节点为 192.168.3.87，备节点为 192.168.3.88。虚拟 IP 为 192.168.3.118，后端的真实服务器有 192.168.3.1 和 192.168.3.2，当通过 192.168.3.118 访问 Web 服务时，自动转到后端的真实节点，后端节点的权重相同，类似轮询的模式。Apache 服务的部署可参考其他章节，此处不再赘述。

19.3.3 keepalived 的启动与测试

经过上面的步骤，keepalived 已经部署完成，接下来进行 keepalived 的启动与故障模拟测试。

1．启动 keepalived

安装完毕后，keepalived 可以设置为系统服务启动，也可以直接通过命令行启动，命令行启动方式如示例 19-13 所示。

【示例 19-13】

```
#主节点启动 keepalived
[root@LD_192_168_3_87 sbin]# export PATH=/usr/local/keepalived/sbin:$PATH:.
[root@LD_192_168_3_87 sbin]# keepalived -D -f /etc/keepalived/keepalived.conf
#查看服务状态
[root@LD_192_168_3_87 keepalived]# ip addr list
    inet 192.168.3.87/24 brd 192.168.3.255 scope global eth0
    inet 192.168.3.118/32 scope global eth0
#备节点启动 keepalived
[root@LD_192_168_3_88 conf]# /usr/local/keepalived/sbin/keepalived -D -f
/etc/keepalived^Ceepalived.conf
[root@LD_192_168_3_88 conf]# ip addr list
    inet 192.168.3.88/24 brd 192.168.3.255 scope global eth0
```

首先分别在主备节点上启动 keepalived，然后通过 ip 命令查看服务状态，在主节点 eth0 接口上绑定 192.168.3.118 这个 VIP，而备节点处于监听的状态。Web 服务可以通过 VIP 直接访问，如示例 19-14 所示。

【示例 19-14】

```
[root@rhel6 conf]# curl http://192.168.3.118
Hello 192.168.3.1
[root@rhel6 conf]# curl http://192.168.3.118
Hello 192.168.3.2
```

2．测试 keepalived

故障模拟主要分为主机点重启和服务恢复，此时备节点正常服务，当主节点恢复后，主节点重新接管资源正常服务。测试过程如示例 19-15 所示。

【示例 19-15】

```
#主节点服务终止
[root@LD_192_168_3_87 keepalived]# reboot
#备节点接管服务
[root@LD_192_168_3_88 conf]# ip addr list
#部分结果省略
    inet 192.168.3.118/32 scope global eth0
#查看备节点日志
[root@LD_192_168_3_88 Packages]# tail -f /var/log/messages
 Jun 16 07:12:46 LD_192_168_3_88 keepalived_vrrp[54537]: VRRP_Instance(VI_1)
Transition to MASTER STATE
 Jun 16 07:12:47 LD_192_168_3_88 keepalived_vrrp[54537]: VRRP_Instance(VI_1)
```

```
Entering MASTER STATE
    Jun 16 07:12:47 LD_192_168_3_88 keepalived_vrrp[54537]: VRRP_Instance(VI_1)
setting protocol VIPs.
    Jun 16 07:12:47 LD_192_168_3_88 keepalived_vrrp[54537]: VRRP_Instance(VI_1)
Sending gratuitous ARPs on eth0 for 192.168.3.118
    Jun 16 07:12:47 LD_192_168_3_88 keepalived_healthcheckers[54536]: Netlink
reflector reports IP 192.168.3.118 added
    Jun 16 07:12:52 LD_192_168_3_88 keepalived_vrrp[54537]: VRRP_Instance(VI_1)
Sending gratuitous ARPs on eth0 for 192.168.3.118
    #主节点恢复后查看服务情况
    [root@LD_192_168_3_87 keepalived]# ip addr list
        inet 192.168.3.118/32 scope global eth0
    #查看主节点日志
    [root@LD_192_168_3_87 log]# tail /var/log/messages
    Jun 16 07:16:43 LD_192_168_3_87 keepalived_vrrp[26012]: VRRP_Instance(VI_1)
Transition to MASTER STATE
    Jun 16 07:16:44 LD_192_168_3_87 keepalived_vrrp[26012]: VRRP_Instance(VI_1)
Entering MASTER STATE
    Jun 16 07:16:44 LD_192_168_3_87 keepalived_vrrp[26012]: VRRP_Instance(VI_1)
setting protocol VIPs.
    Jun 16 07:16:44 LD_192_168_3_87 keepalived_vrrp[26012]: VRRP_Instance(VI_1)
Sending gratuitous ARPs on eth1 for 192.168.3.118
    Jun 16 07:16:49 LD_192_168_3_87 keepalived_vrrp[26012]: VRRP_Instance(VI_1)
Sending gratuitous ARPs on eth1 for 192.168.3.118
```

当主节点故障时，备节点首先将自己设置为 MASTER 节点，然后接管资源并对外提供服务，主机点故障恢复时，备节点重新设置为 BACKUP 模式，主节点继续提供服务。keepalived 提供了其他丰富的功能，如故障检测、健康检查、故障后的预处理等，更多信息可以查阅帮助文档。

19.4 小结

互联网业务的发展要求服务器能够提供不间断服务，为避免服务器宕机而造成损失，需要对服务器实现冗余。在众多实现服务器冗余的解决方案中，开源高可用软件 Heartbeat 和 keepalived 是目前使用比较广泛的高可用集群软件。本章分别介绍了 Heartbeat 和 keepalived 的部署及应用。两者的共同点是都可以实现节点的故障探测及故障节点资源的接管，在使用方面并没有实质性的区别，读者可根据实际情况进行选择。

19.5 习题

一、填空题

1. 从工作方式出发，集群分为 3 种：_____、_____ 和 _____。
2. Heartbeat 通信模块由 4 个进程构成，即_____、_____、_____ 和 _____，Linux 是_____。

二、选择题

以下双机热备软件的描述哪个是错误的？（　　）

A　keepalived 可以工作在 TCP/IP 协议栈的 IP 层、TCP 层及应用层。

B　keepalived 的作用是检测前端 TCP 服务的状态。

C　开源高可用软件 Heartbeat 和 keepalived 是目前使用比较广泛的高可用集群软件。

D　Heartbeat 实现了一个高可用集群系统，心跳检测和资源接管是高可用集群的两个关键组件。

第 20 章

◀ Linux 防火墙管理 ▶

对于提供互联网应用的服务器，网络防火墙是其抵御攻击的安全屏障，如何在攻击时及时做出有效的措施是网络应用时时刻刻要面对的问题。高昂的硬件防火墙是一般开发者难以接受的。Linux 系统的出现，为开发者低成本解决安全问题提供了一种可行的方案。

本章主要涉及的知识点有：

- Linux 内核防火墙的工作原理
- 高级网络管理工具

本章最后的示例演示了如何使用防火墙阻止异常请求。

20.1 Linux 防火墙 iptables

要熟练应用 Linux 防火墙，首先需要了解 TCP/IP 网络的基本原理，理解 Linux 防火墙的工作原理，并熟练掌握 Linux 系统下提供的各种工具。本节主要介绍 Linux 防火墙方面的知识。

20.1.1 Linux 内核防火墙的工作原理

Linux 内核提供的防火墙功能通过 netfiter 框架实现，并提供了 iptables 工具配置和修改防火墙的规则。

netfilter 的通用框架不依赖于具体的协议，而是为每种网络协议定义一套钩子函数。这些钩子函数在数据包经过协议栈的几个关键点时被调用，在这几个点中，协议栈将数据包及钩子函数作为参数，传递给 netfilter 框架。

对于每种网络协议定义的钩子函数，任何内核模块可以对每种协议的一个或多个钩子函数进行注册，实现挂接。这样当某个数据包被传递给 netfilter 框架时，内核能检测到是否有有关模块对该协议和钩子函数进行了注册。如发现注册信息则调用该模块注册时使用的回调函数，然后对应模块去检查、修改、丢弃该数据包及指示 netfilter 将该数据包传入用户空间的队列。

从以上描述可以得知钩子提供了一种方便的机制，以便在数据包通过 Linux 内核的不同位置上截获和操作处理数据包。

1．netfilter 的体系结构

网络数据包的通信主要经过以下相关步骤，对应 netfilter 定义的钩子函数，更多信息可以参考源代码。

- NF_IP_PRE_ROUTING：网络数据包进入系统，经过简单的检测后，数据包转交给该函数进行处理，然后根据系统设置的规则对数据包进行处理，如果数据包不被丢弃则交给路由函数进行处理。在该函数中可以替换 IP 包的目的地址，即 DNAT。
- NF_IP_LOCAL_IN：所有发送给本机的数据包都要通过该函数进行处理，该函数根据系统设置的规则对数据包进行处理，如果数据包不被丢弃则交给本地的应用程序。
- NF_IP_FORWARD：所有不是发送给本机的数据包都要通过该函数进行处理，该函数会根据系统设置的规则对数据包进行处理，如数据包不被丢弃则转 NF_IP_POST_ROUTING 进行处理。
- NF_IP_LOCAL_OUT：所有从本地应用程序出来的数据包必须通过该函数进行处理，该函数根据系统设置的规则对数据包进行处理，如果数据包不被丢弃则交给路由函数进行处理。
- NF_IP_POST_ROUTING：所有数据包在发送给其他主机之前需要通过该函数进行处理，该函数根据系统设置的规则对数据包进行处理，如果数据包不被丢弃，将数据包发给数据链路层。在该函数中可以替换 IP 包的源地址，即 SNAT。

图 20.1 显示了数据包在通过 Linux 防火墙时的处理过程。

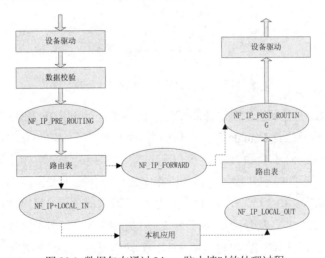

图 20.1 数据包在通过 Linux 防火墙时的处理过程

2．包过滤

每个函数都可以对数据包进行处理，最基本的操作是对数据包进行过滤。系统管理员可以通过 iptables 工具来向内核模块注册多个过滤规则，并且指明过滤规则的优先权。设置完以后每个

钩子按照规则进行匹配,如果与规则匹配,函数就会进行一些过滤操作,这些操作主要包含以下几个。

- NF_ACCEPT:继续正常的传递包。
- NF_DROP:丢弃包,停止传送。
- NF_STOLEN:已经接管了包,不要继续传送。
- NF_QUEUE:排列包。
- NF_REPEAT:再次使用该钩子。

3.包选择

在 netfilter 框架上已经创建了一个包选择系统,这个包选择工具默认注册了 3 个表,分别是过滤 filter 表、网络地址转换 NAT 表和 mangle 表。钩子函数与 IP 表同时注册的表情况如图 20.2 所示。

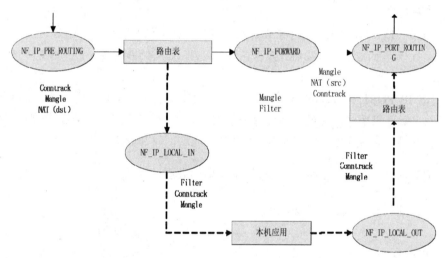

图 20.2　钩子与 IP Tables 同时注册的表情况

在调用钩子函数时是按照表的顺序来调用的。例如在执行 NF_IP_PRE_ROUTING 时,首先检查 Conntrack 表,然后检查 Mangle 表,最后检查 NAT 表。

包过滤表会过滤包而不会改变包,仅仅起过滤的作用,实际中由网络过滤框架来提供 NF_IP_FORWARD 钩子的输出和输入接口使得很多过滤工作变得非常简单。从图中可以看出,NF_IP_LOCAL_IN 和 NF_IP_LOCAL_OUT 也可以做过滤,但是只是针对本机。

网络地址转换(NAT)表分别服务于两套不同的网络过滤挂钩的包,对于非本地包,NF_IP_PRE_ROUTING 和 NF_IP_POST_ROUTING 挂钩可以完美地解决源地址和目的地址的变更问题。

这个表与 filter 表的区别在于只有新建连接的第一个包会在表中传送,结果将被用于以后所有来自这一连接的包。例如某一个连接的第一个数据包在这个表中被替换了源地址,那么以后这条连接的所有包都将被替换源地址。

mangle 表用于真正地改变包的信息,mangle 表和所有的 5 个网络过滤的钩子函数都有关。

20.1.2 Linux 软件防火墙 iptables

iptables 工具用来设置、维护和检查 Linux 内核的 IP 包过滤规则。filter、NAT 和 mangle 表可以包含多个链（chain），每个链可以包含多条规则（rule）。iptables 主要对表（table）、链（chain）和规则（rule）进行管理。

iptables 预定义了 5 个链，分别对应 netfilter 的 5 个钩子函数，这 5 个链分别是 INPUT 链、FORWARD 链、OUTPUT 链、PREROUTING 链和 POSTROUTING 链。

iptables 指令语法如下：

```
iptables [-t table] command [match] [-j target/jump]
```

"-t table" 参数用来指定规则表，内建的规则表分别为 nat、mangle 和 filter，当未指定规则表时，默认为 filter。各个规则表的功能如下。

- nat：此规则表主要针对 PREROUTING 和 POSTROUTING 两个规则链，主要功能为进行源地址或目的地址的网址转换工作（SNAT、DNAT）。
- mangle：此规则表主要针对 PREROUTING、FORWARD 和 POSTROUTING 3 个规则链，某些特殊应用可以在此规则表里设定，比如为数据包做标记。
- filter：这个规则表是默认规则表，针对 INPUT、FORWARD 和 OUTPUT 3 个规则链，主要用来进行封包过滤的处理动作，如 DROP、LOG、ACCEPT 或 REJECT。

iptables 的简单用法如示例 20-1 所示。

【示例 20-1】
```
[root@rhel6 ~]# iptables -t filter -A FORWARD -s 192.168.19.0/24 -j DROP
[root@rhel6 ~]# iptables -nL
Chain FORWARD (policy ACCEPT)
target     prot opt source               destination
DROP       all  --  192.168.19.0/24      0.0.0.0/0
```

其中 "-t filter" 表示该规则作用于 filter 表，"-A" 表示新增规则，"-s" 表示 IP 段选项，"-j" 表示指定动作。该规则表示在 filter 表的 FORWARD 链上新增一条规则，发往 192.168.19.0/24 网段的包采取丢弃操作。要查看某个表下的各个链的信息可以使用 "iptables –Ln"。

要使 Linux 系统成为网络防火墙，除了内核支持之外，还需要启用 Linux 的网络转发功能。如需要使系统启动时就具有该功能，可以将上面的命令写入/etc/rc.d/rc.local 文件中。

```
echo 1 > /proc/sys/net/ipv4/ip_forward
```

数据包通过表和链时需要遵循一定的顺序，当数据包到达防火墙时，如果 MAC 地址符合，就会由内核里相应的驱动程序接收，然后经过一系列操作，从而决定是发送给本地的程序还是转发给其他机器。数据包通过防火墙时分为以下 3 种情况。

1．以本地为目标的包

当一个数据包进入防火墙后，如果目的地址是本机，被防火墙检查的顺序如表 20.1 所示。如果在某一个步骤数据包被丢弃，就不会执行后面的检查了。

表 20.1 以本地为目的的包检查顺序

步骤	表	链	说明
1			数据包在链路上进行传输
2			数据包进入网络接口
3	mangle	PREROUTING	这个链用来 mangle 数据包，如对包进行改写或做标记
4	nat	PREROUTING	这个链主要用来做 DNAT
5			路由判断，如包是发往本地的还是要转发的
6	mangle	INPUT	在路由之后，被送往本地程序之前如包进行改写或做标记
7	filter	INPUT	所有以本地为目的的包都需经过这个链，包的过滤规则设置在此
8			数据包到达本地程序，如服务程序或客户程序

2．以本地为源的包

本地应用程序发出的数据包，被防火墙检查的顺序如表 20.2 所示。

表 20.2 以本地为源的包检查顺序

步骤	表	链	说明
1			本地程序，如服务程序或客户程序
2			路由判断
3	mangle	OUTPUT	用来 mangle 数据包，如对包进行改写或做标记
4	nat	OUTPUT	对发出的包进行 DNAT 操作
5	filter	OUTPUT	对本地发出的包进行过滤，包的过滤规则设置在此
6	mangle	POSTROUTING	进行数据包的修改
7	filter	POSTROUTING	在这里做 SNAT
8			离开网络接口
9			数据包在链路上传输

3．被转发的包

需要通过防火墙转发的数据包，被防火墙检查的顺序如表 20.3 所示。

表 20.3 被转发的包检查顺序

步骤	表	链	说明
1			数据包在链路上传输
2			进入网络接口
3	mangle	PREROUTING	mangle 数据包，如对包进行改写或做标记
4	nat	PREROUTING	这个链主要用来做 DNAT
5			路由判断，如包是发往本地的还是要转发

(续表)

步骤	表	链	说明
6	mangle	FORWARD	包继续被发送至 mangle 表的 FORWARD 链，这是非常特殊的情况下才会用到的。在这里，包被 mangle。这次 mangle 发生在最初的路由判断之后，在最后一次更改包的目的之前
7	filter	FORWARD	FORWARD 包继续被发送至这条 FORWARD 链。只有需要转发的包才会走到这里，并且针对这些包的所有过滤也在这里进行。注意，所有要转发的包都要经过这里
8	mangle	POSTROUTING	这个链也是针对一些特殊类型的包。这一步 mangle 是在所有更改包的目的地址的操作完成之后做的，但这时包还在本地上
9	nat	POSTROUTING	这个链就是用来做 SNAT 的，不推荐在此处过滤，因为某些包即使不满足条件也会通过
10			离开网络接口
11			数据包在链路上传输

在对包进行过滤时，常用的有以下 3 个动作。

（1）ACCEPT：一旦数据包满足了指定的匹配条件，数据包就会被 ACCEPT，并且不会再去匹配当前链中的其他规则或同一个表内的其他规则，但数据仍然需要通过其他表中的链。

（2）DROP：如果包符合条件，数据包就会被丢掉，并且不会向发送者返回任何信息，也不会向路由器返回信息。

（3）REJECT：和 DROP 基本一样，区别在于除了将包丢弃还会向发送者返回错误信息。

要进一步了解各个链中规则的匹配顺序，就来学习一下 filter 表中 FORWARD 链的输出，如示例 20-2 所示。

【示例 20-2】

```
[root@rhel6 ~]# iptables -nvL
Chain FORWARD (policy DROP)
target prot opt source destination
ACCEPT all -- 192.168.100.0/24 0.0.0.0/0
ACCEPT all -- 0.0.0.0/0 69.147.0.0/24
ACCEPT all -- 172.16.0.0/16 0.0.0.0/0
mychain tcp -- 20.0.0.0/24 0.0.0.0 tcp dpt:80
```

"policy DROP" 表示该链的默认规则为 DROP 操作。如现有一数据包，源地址为 192.168.1.58，目的地址为 137.254.60.6，协议为 TCP，目的端口为 80，当该数据包通过 FORWARD 链时，从上往下开始匹配：

（1）与第 1 条规则：源为 192.168.100.0/24，源不匹配。

（2）与第 2 条规则：目的为 69.147.0.0/24，目标不匹配。

（3）与第 3 条规则：源为 172.16.0.0/16，源不匹配。

（4）与第 4 条规则：源为 20.0.0.0/24，源不匹配。

由于经过匹配以上所有规则都不符合，数据包则转交给默认规则处理，由于本示例中默认的规则为 DROP，因此该数据包被丢弃。

再看另一个数据包，源地址为 192.168.1.58，目的地址为 69.147.83.199，协议为 TCP，目的端口为 80。当该数据包通过 FORWARD 链时，从上往下开始匹配。

（1）与第 1 条规则：源为 192.168.100.0/28，源不匹配。

（2）与第 2 条规则：源地址为任意（0.0.0.0/0），匹配；目的地址为 69.147.0.0/24，69.147.83.199 在范围内，匹配；源端口和目的端口为任意，匹配；协议为任意（all），匹配；规则链对该数据包的动作为 ACCEPT，因此该数据包通过。

如果数据包的源地址为 20.0.0.35，目的地址为 69.147.83.199，协议为 TCP，目的端口为 80。当该数据包通过 FORWARD 链时，从上往下开始匹配，当匹配到第 4 条规则时匹配，动作为 mychain，此时数据包会被转到用户自己定义的规则链 mychain 进行处理。

20.1.3 iptables 配置实例

iptables 工具支持丰富的参数，可以和 IP 端口、网络接口、TCP 标志位或 MAC 地址进行过滤，参数指定方式除传统方法外，还可以使用 "!"、ALL 或 NONE 等进行参数匹配。iptables 常用参数说明如表 20.4 所示。

表 20.4 iptables 命令参数的含义

参数	含义
-A	新增规则到某个规则链中，该规则将会成为规则链中的最后一条规则
-D	从某个规则链中删除一条规则，可以输入完整规则，或直接指定规则编号加以删除
-R	替换某行规则，规则被替换后并不会改变顺序
-I	插入一条规则，原本该位置上的规则将会往后移动一个顺位
-L	列出某规则链中的所有规则
-F	删除规则链的所有规则
-Z	将数据包计数器归零
-N	定义新的规则链
-X	删除某个规则链
-P	定义不符合规则的数据包的默认处理方式
-E	修改某自定义规则链的名称
-p	匹配通信协议类型是否相符，可以使用 "!" 运算符进行反向匹配
-s	匹配数据包的来源 IP，可以匹配单个 IP 或某个网段
-d	匹配数据包的目的地 IP，设定方式同上
-i	匹配数据包是从哪个网络接口进入，可以使用通配字符 "+" 指定匹配范围
-o	匹配数据包要从哪个网络接口发出，设定方式同上
--sport	匹配数据包的源端口，可以匹配单一端口或一个范围

(续表)

参数	含义
--dport	匹配数据包的目地端口号，设定方式同上
--tcp-flags	匹配 TCP 数据包的状态标志，如 SYN、ACK、FIN 等，另外可使用 ALL 和 NONE 进行匹配
-m	匹配不连续的多个源端口或目的端口
-m	匹配数据包来源网络接口的 MAC 地址，不能用于 OUTPUT 和 POSTROUTING 规则链
ACCEPT	将数据包放行，进行完此处理动作后，将不再匹配其他规则，直接跳往下一个规则链
REJECT	阻塞数据包，并传送数据包通知对方
DROP	丢弃数据包不予处理，进行完此处理动作后，将不再匹配其他规则，直接中断过滤程序
REDIRECT	将数据包定向另一个端口，进行完此处理动作后，将会继续匹配其他规则
LOG	将数据包相关信息记录在/var/log 中
SNAT	改写数据包来源 IP 为某特定 IP 或 IP 范围，可以指定 port 对应的范围，进行完此处理动作后，将直接跳往下一个规则
DNAT	改写数据包目的地 IP 为某特定 IP 或 IP 范围，可以指定 port 对应的范围，进行完此处理动作后，将会直接跳往下一个规则链
RETURN	结束在目前规则链中的过滤程序，返回主规则链继续过滤
MARK	数据包做标记，以便提供作为后续过滤的条件判断依据，进行完此处理动作后，将会继续匹配其他规则

1．简单应用示例

iptables 使用方法首先指定规则表，然后指定要执行的命令，接着指定参数匹配数据包的内容，最后是要采取的动作。下面通过一些示例来说明 iptables 的使用方法，如示例 20-3 所示。

【示例 20-3】

```
#清除所有规则
[root@rhel6 ~]# iptables -F
#清除 nat 表中的所有规则
[root@rhel6 ~]# iptables -t nat -F
#允许来自192.168.3.0/24 连接 sshd 服务
[root@rhel6 ~]# iptables -A INPUT -p tcp -s 192.168.3.0/24 --dport 22 -j ACCEPT
#其他任何网段访问不能访问 sshd 服务
[root@rhel6 ~]# iptables -A INPUT -p tcp  --dport 22 -j DROP
```

在上述示例中，"-F"表示清除已存在的所有规则，"-A"表示添加一条规则，"-p"指定协议为 TCP，"-s"指定源地址段，如果该参数忽略或为 0.0.0.0/0，则源地址表示任何地址，"-dport"指定目的端口。包的判断顺序为首先判断第 1 条规则，由于允许 192.168.3.0/24 网段的服务器访问 sshd 服务，因此包可以通过，如果是其他来源的主机，由于第 1 条规则不符合接着判断第 2 条规则，策略为禁止，因此包将被丢弃。

除以上示例外，iptables 还可以为每个链指定默认规则，如果包不符合现存的所有规则，则按默认规则处理，方法如示例 20-4 所示。

【示例20-4】
```
#清除所有规则
[root@rhel6 ~]# iptables -F
#设置默认规则
[root@rhel6 ~]# iptables -t filter -P INPUT ACCEPT
#允许来自192.168.3.0/24 连接sshd服务
[root@rhel6 ~]# iptables -A INPUT -p tcp -s 192.168.3.0/24 --dport 22 -j ACCEPT
```

由于设置了默认规则，该示例的功能与示例20-3相同。

上面所列举的示例仅仅是为了说明语法和原理，在实际使用中，还需要注意规则添加的顺序，使数据包通过的规则最少。

基于网络接口的过滤如示例20-5所示。

【示例20-5】
```
[root@rhel6 ~]#iptables -t filter -F
[root@rhel6 ~]#iptables -t filter -P FORWARD DROP
[root@rhel6 ~]#iptables -t filter -A FORWARD -p tcp -i eth2 -o eth1 --dport 80 -j ACCEPT
```

使用"-i"参数来指定数据包的来源网络接口，使用"-o"来指定数据包将从哪个网络接口出去。

在INPUT链中不能使用"-o"选项，OUTPUT链中不能使用"-i"选项。

2．NAT 设置

通常网络中的数据包从包的源地址发出直到包要发送的目的地址，整个路径经过很多不同的连接，一般情况下这些连接不会更改数据包的内容，只是原样转发。如果发出数据包的主机使用的源地址是私用网络地址，该数据包将不能在互联网上传输。要能够使用私有网络访问互联网，就必须要进行网络地址转换（Network Address Translation，NAT）。

NAT 分为两种不同的类型：源 NAT（SNAT）和目标 NAT（DNAT）。SNAT 通常用于使使用了私网地址的局域网能够访问互联网。DNAT 是指修改包的目标地址，端口转发、负载均衡和透明代理都属于DNAT。

可在SNAT中改变源地址，如示例20-6所示。

【示例20-6】
```
# SNAT 改变源地址为1.2.3.4
[root@rhel6 ~]# iptables -t nat -A POSTROUTING -o eth0 -j SNAT --to 1.2.3.4
#DNAT
```

```
[root@rhel6 ~]# iptables -t nat -A PREROUTING -p tcp -i eth2 -d 1.2.3.4 --dport
80 -jDNAT --to 192.168.3.88:80
```

 如果做 SNAT 只能在 POSTROUTING 上进行，而做 DNAT 只能在 PREROUTING 内进行。

20.2 Linux 高级网络配置工具

目前很多 Linux 在使用之前的 arp、ifconfig 和 route 命令。虽然这些工具能够工作，但它们在 Linux 2.2 和更高版本的内核上显得有一些落伍。无论对于 Linux 开发者还是 Linux 系统管理员，网络程序调试时数据包的采集和分析是不可少的。tcpdump 是 Linux 中强大的数据包采集分析工具之一。本节主要介绍 iproute2 和 tcpdump 的相关知识。

20.2.1 高级网络管理工具 iproute2

相对于系统提供的 arp、ifconfig 和 route 等旧版本的命令，iproute2 工具包提供了更丰富的功能，除提供了网络参数设置、路由设置、带宽控制等功能之外，最新的 GRE 隧道也可以通过此工具进行配置。

现在大多数 Linux 发行版本都安装了 iproute2 软件包，如没有安装可以从官方网站下载源码并安装，网址为 https://www.kernel.org/pub/linux/utils/net/iproute2。iproute2 工具包中主要管理工具为 ip 命令。下面将介绍 iproute2 工具包的安装与使用，安装过程如示例 20-7 所示。

【示例 20-7】
```
[root@rhel6 Packages]# rpm -Uvh --force  iproute-2.6.32-23.el6.x86_64.rpm
warning: iproute-2.6.32-23.el6.x86_64.rpm: Header V3 RSA/SHA1 Signature, key ID
c105b9de: NOKEY
   Preparing...                ########################################### [100%]
     1:iproute                 ########################################### [100%]
[root@rhel6 Packages]# rpm -qa|grep iproute
iproute-2.6.32-23.el6.x86_64
#检查安装情况
[root@rhel6 Packages]# ip -V
ip utility, iproute2-ss091226
```

ip 命令的语法如示例 20-8 所示。

【示例 20-8】
```
[root@rhel6 ~]# ip help
```

```
Usage: ip [ OPTIONS ] OBJECT { COMMAND | help }
       ip [ -force ] -batch filename
where  OBJECT := { link | addr | addrlabel | route | rule | neigh | ntable |
                   tunnel | tuntap | maddr | mroute | mrule | monitor | xfrm |
                   netns | l2tp | tcp_metrics | token }
       OPTIONS := { -V[ersion] | -s[tatistics] | -d[etails] | -r[esolve] |
                    -f[amily] { inet | inet6 | ipx | dnet | bridge | link } |
                    -4 | -6 | -I | -D | -B | -0 |
                    -l[oops] { maximum-addr-flush-attempts } |
                    -o[neline] | -t[imestamp] | -b[atch] [filename] |
                    -rc[vbuf] [size] }
```

1．使用 ip 命令来查看网络配置

ip 命令是 iproute2 软件的命令工具，可以替代 ifconfig、route 等命令，查看网络配置的用法如示例 20-9 所示。

【示例 20-9】

```
#显示当前网卡参数，同 ipconfig
[root@rhel6 ~]# ip addr list
1: lo: <LOOPBACK,UP,LOWER_UP> mtu 16436 qdisc noqueue state UNKNOWN
    link/loopback 00:00:00:00:00:00 brd 00:00:00:00:00:00
    inet 127.0.0.1/8 scope host lo
    inet6 ::1/128 scope host
       valid_lft forever preferred_lft forever
2: eth0: <BROADCAST,MULTICAST,UP,LOWER_UP> mtu 1500 qdisc pfifo_fast state UP qlen 1000
    link/ether 00:0c:29:7f:08:9d brd ff:ff:ff:ff:ff:ff
    inet 192.168.3.88/24 brd 192.168.3.255 scope global eth0
    inet6 fe80::20c:29ff:fe7f:89d/64 scope link
       valid_lft forever preferred_lft forever
#添加新的网络地址
[root@rhel6 ~]# ip addr add 192.168.3.123/24 dev eth0
[root@rhel6 ~]# ip addr list
#部分结果省略
2: eth0: <BROADCAST,MULTICAST,UP,LOWER_UP> mtu 1500 qdisc pfifo_fast state UP qlen 1000
    link/ether 00:0c:29:7f:08:9d brd ff:ff:ff:ff:ff:ff
    inet 192.168.3.88/24 brd 192.168.3.255 scope global eth0
    inet 192.168.3.123/24 scope global secondary eth0
```

```
        inet6 fe80::20c:29ff:fe7f:89d/64 scope link
            valid_lft forever preferred_lft forever
#删除网络地址
[root@rhel6 ~]# ip addr del 192.168.3.123/24 dev eth0
```

上面的命令显示了机器上所有的地址以及这些地址属于哪些网络接口。"inet"表示 Internet（IPv4）。eth0 的 IP 地址与 192.168.3.88/24 相关联，"/24"表示网络地址的位数，"lo"则为本地回路信息。

2．显示路由信息

如需查看路由信息，可以使用"ip route list"命令，如示例 20-10 所示。

【示例 20-10】

```
#查看路由情况
[root@rhel6 ~]# ip route list
192.168.3.0/24 dev eth0  proto kernel  scope link  src 192.168.3.88  metric 1
[root@rhel6 ~]# route -n
Kernel IP routing table
Destination     Gateway         Genmask         Flags Metric Ref    Use Iface
192.168.3.0     0.0.0.0         255.255.255.0   U     1      0        0 eth0
#添加路由
[root@rhel6 ~]# ip route add 192.168.3.1 dev eth0
```

上述示例首先查看系统中当前的路由情况，其功能和 route 命令类似。

以上只是初步介绍了 iproute2 的用法，更多信息可查看系统帮助。

20.2.2 网络数据采集与分析工具 tcpdump

tcpdump 即 dump traffic on a network，根据使用者的定义对网络上的数据包进行截获的包分析工具。无论对于网络开发者还是系统管理员，数据包的获取与分析是最重要的技术之一。对于系统管理员来说，在网络性能急剧下降的时候，可以通过 tcpdump 工具分析原因，找出造成网络阻塞的来源。对于程序开发者来说，可以通过 tcpdump 工具来调试程序。tcpdump 支持针对网络层、协议、主机、网络或端口的过滤，并提供 and、or、not 等逻辑语句过滤不必要的信息。

 Linux 系统下普通用户不能正常执行 tcpdump，一般通过 root 用户执行。

tcpdump 采用命令行方式，命令格式如下，参数说明如表 20.5 所示。

```
tcpdump [ -adeflnNOpqStvx ] [ -c 数量 ] [ -F 文件名 ]
        [ -i 网络接口 ] [ -r 文件名 ] [ -s snaplen ]
```

[-T 类型] [-w 文件名] [表达式]

表 20.5 tcpdump 命令参数含义说明

参数	含义
-A	以 ASCII 码方式显示每一个数据包，在程序调试时可方便查看数据
-a	将网络地址和广播地址转变成名字
-c	tcpdump 将在接收到指定数目的数据包后退出
-d	将匹配信息包的代码以人们能够理解的汇编格式给出
-dd	将匹配信息包的代码以 C 语言程序段的格式给出
-ddd	将匹配信息包的代码以十进制的形式给出
-e	在输出行打印出数据链路层的头部信息
-f	将外部的 Internet 地址以数字的形式打印出来
-F	使用文件作为过滤条件表达式的输入，此时命令行上的输入将被忽略
-i	指定监听的网络接口
-l	使标准输出变为缓冲行形式
-n	不把网络地址转换成名字
-N	不打印出 host 的域名部分
-q	打印很少的协议相关信息，从而输出行都比较简短
-r	从文件 file 中读取包数据
-s	设置 tcpdump 的数据包抓取长度，如果不设置默认为 68 字节
-t	在输出的每一行不打印时间戳
-tt	不对每行输出的时间进行格式处理
-ttt	tcpdump 输出时，每两行打印之间会延迟一个段时间，以毫秒为单位
-tttt	在每行打印的时间戳之前添加日期的打印
-v	输出一个稍微详细的信息，例如在 ip 包中可以包括 ttl 和服务类型的信息
-vv	输出详细的报文信息
-vvv	产生比-vv 更详细的输出
-x	当分析和打印时，tcpdump 会打印每个包的头部数据，同时会以十六进制打印出每个包的数据，但不包括连接层的头部
-xx	tcpdump 会打印每个包的头部数据，同时会以十六进制打印出每个包的数据，其中包括数据链路层的头部
-X	tcpdump 会打印每个包的头部数据，同时会以十六进制和 ASCII 码形式打印出每个包的数据，但不包括连接层的头部
-XX	tcpdump 会打印每个包的头部数据，同时会以十六进制和 ASCII 码形式打印出每个包的数据，其中包括数据链路层的头部

首先确认本机是否安装 tcpdump，如没有安装，可以使用示例 20-11 中的方法安装。

【示例 20-11】

```
#安装tcpdump
[root@rhel6 Packages]# rpm -ivh tcpdump-4.0.0-3.20090921gitdf3cb4.2.el6.x86_64.rpm
```

```
warning: tcpdump-4.0.0-3.20090921gitdf3cb4.2.el6.x86_64.rpm: Header V3 RSA/SHA1
Signature, key ID c105b9de: NOKEY
   Preparing...                ########################################### [100%]
   1:tcpdump                   ########################################### [100%]
```

tcpdump 最简单的使用方法如示例 20-12 所示。

【示例 20-12】
```
[root@rhel6 Packages]# tcpdump -i any
tcpdump: verbose output suppressed, use -v or -vv for full protocol decode
listening on any, link-type LINUX_SLL (Linux cooked), capture size 65535 bytes
15:33:20.414524 IP 192.168.19.101.ssh > 192.168.19.1.caids-sensor: Flags [P.], seq
697952143:697952339, ack 4268328847, win 557, length 196
15:33:20.415065 IP 192.168.19.1.caids-sensor > 192.168.19.101.ssh: Flags [.], ack
196, win 15836, length 0
15:33:20.419833 IP 192.168.19.101.ssh > 192.168.19.1.caids-sensor: Flags [P.], seq
196:488, ack 1, win 557, length 292
```

以上示例演示了 tcpdump 最简单的使用方式，如不跟任何参数，tcpdump 会从系统接口列表中搜寻编号最小的已配置好的接口，不包括 loopback 接口，一旦找到第一个符合条件的接口，搜寻马上结束，并将获取的数据包打印出来。

tcpdump 利用表达式作为过滤数据包的条件，表达式可以是正则表达式。如果数据包符合表达式，则数据包被截获，如果没有给出任何条件，则接口上所有的信息包将会被截获。

表达式中一般有如下几种关键字。

（1）第 1 种是关于类型的关键字，如 host、net 和 port。例如 host 192.168.19.101 指明 192.168.19.101 为一台主机，而 net 192.168.19.101 则表示 192.168.19.101 为一个网络地址。如果没有指定类型，默认的类型是 host。

（2）第 2 种是确定数据包传输方向的关键字，包含 src、dst、dst or src 和 dst and src，这些关键字指明了数据包的传输方向。例如 src 192.168.19.101 指明数据包中的源地址是 192.168.19.101，而 dst 192.168.19.101 则指明数据包中的源地址是 192.168.19.101。如果没有指明方向关键字，则默认是 src or dst 关键字。

（3）第 3 种是协议的关键字，如指明是 TCP 还是 UDP 协议。

除了这 3 种类型的关键字之外，还有 3 种逻辑运算，取非运算是 not 或 "!"，与运算是 and 或 "&&"，或运算是 or 或 "||"。通过这些关键字的组合可以实现复杂强大的条件，如示例 20-13 所示。

【示例 20-13】
```
[root@rhel6 ~]# tcpdump -i any tcp and dst host  192.168.19.101 and  dst port
3306 -s100 -XX -n
```

```
tcpdump: verbose output suppressed, use -v or -vv for full protocol decode
listening on any, link-type LINUX_SLL (Linux cooked), capture size 100 bytes
16:08:05.539893 IP 192.168.19.101.49702 > 192.168.19.101.mysql: Flags [P.], seq
79:108, ack 158, win 1024, options [nop,nop,TS val 17107592 ecr 17107591], length 29
        0x0000:  0000 0304 0006 0000 0000 0000 0000 0800  ................
        0x0010:  4508 0051 ffe8 4000 4006 929b c0a8 1365  E..Q..@.@......e
        0x0020:  c0a8 1365 c226 0cea 32aa f5e0 c46e c925  ...e.&..2....n.%
        0x0030:  8018 0400 a85e 0000 0101 080a 0105 0a88  .....^..........
        0x0040:  0105 0a87 1900 0000 0373 656c 6563 7420  .........select
        0x0050:  2a20 6672 6f6d 206d 7973 716c            *.from.mysql
```

以上 tcpdump 表示抓取发往本机 3306 端口的请求。"-i any"表示截获本机所有网络接口的数据报，"tcp"表示 tcp 协议，"dst host"表示数据包地址为 192.168.19.101，"dst port"表示目的地址为 3306，"-XX"表示同时会以十六进制和 ASCII 码形式打印出每个包的数据，"-s100"表示设置 tcpdump 的数据包抓取长度为 100 个字节，如果不设置默认为 68 字节，"-n"表示不对地址（如主机地址或端口号）进行数字表示到名字表示的转换。输出部分"16:08:05"表示时间，然后是发起请求的源 IP 端口和目的 IP 和端口，"Flags[P.]"是 TCP 包中的标志信息：S 是 SYN 标志，F 表示 FIN，P 表示 PUSH，R 表示 RST，"."则表示没有标记，详细说明可进一步参考 TCP 各种状态之间的转换规则。

20.3 范例——利用 iptables 阻止外网异常请求

向用户提供服务的 Web 应用随时都有被攻击的可能，攻击时如何快速采取有效措施，本节将介绍一种可参考的方法，定时统计 Web 服务的访问日志，在指定时间内如果发现某个来源 IP 请求量过大，则封禁此 IP。一个简单的实现逻辑如示例 20-14 所示。

【示例 20-14】
```
[root@rhel6 ~]# cat -n denyIPRequst.sh
     1  #!/bin/bash
     2
     3  function LOG()
     4  {
     5      echo "["$(/bin/date +%Y-%m-%d" "%H:%M:%S -d "0 days ago")"]" "$1"
     6  }
     7
     8  function setENV()
     9  {
```

```
10      export LOCAL_IP=`/sbin/ifconfig |grep -a1 eth0 |grep inet |awk '{print
$2}' |awk -F ":" '{print $2}' |head -1`
11      export PATH=/sbin:/usr/sbin:$PATH:.
12      export CUR_DATE=`/bin/date +%Y-%m-%d`
13      export FILENAME=/data/logs/test.oa.com-access_log.$CUR_DATE
14      export TMP_FILE=/tmp/.ip.list
15      export NUM=200
16      export STAT_TIME=`/bin/date +%Y-%m-%d" "%H:%M -d "1   minutes ago"`
17  }
18
19  function process()
20  {
21      touch $TMP_FILE
22      if [ -e "$FILENAME" ]
23      then
24          #logFormat [2014-03-05 02:57:26]\t1.1.1.1\tGET content
25          grep "$STAT_TIME" $FILENAME|awk  '{print $3}'|sort|uniq -c|sort
-nr|while read count ip
26          do
27              if [ $count -gt $NUM ]
28              then
29                  echo "$ip" >>$TMP_FILE
30              fi
31          done
32          cat $TMP_FILE|sort -u|while read ip
33          do
34              LOG "deny $ip"
35              iptables -A OUTPUT -o eth0 -p tcp --sport 80 -d $ip -j DROP
36          done
37      else
38          LOG "$FILENAME is not exists exit"
39      fi
40  }
41
42  function main()
43  {
44      setENV
45      process
46  }
```

```
47
48  LOG "stat start"
49  main
50  LOG "stat end"
```

Web 访问的日志通常是固定格式的，本示例的访问日志格式如下：

```
[2014-03-05 02:57:26]    1.1.1.1    GET content
```

上述示例脚本每分钟检查一次访问日志，然后截取日志中的来源 IP，通过排序，统计出该时间段内的每个 IP 的访问量，如发现某个 IP 的请求超过指定阈值，则认为异常并将此 IP 写入文件，最后统一对文件内 IP 在 iptables 的 OUTPUT 链上的请求进行 DROP 处理，从而达到封禁异常请求的目的。

20.4 小结

Linux 高级网络管理工具 iproute2 提供了更加丰富的功能，本章介绍了其中的一部分。网络数据采集与分析工具 tcpdump 在网络程序的调试过程中具有非常重要的作用，需上机多加练习。本节的内容看似比较高深，但实际上应用非常广泛，是读者必须要掌握的。

20.5 习题

一、填空题

1. iptables 预定义了 5 个链，分别对应 netfilter 的 5 个钩子函数，这 5 个链分别是：_____、_____、_____、_____ 和 _____。

2. 在对包进行过滤时，常用的有 3 个动作：_____、_____ 和 _____。

二、选择题

以下描述不正确的是（   ）。

A　iptables 工具支持丰富的参数，除传统方法外，可以使用 "!"、ALL 或 NONE 等进行参数匹配。

B　iptables 工具用来设置、维护和检查 Linux 内核的 IP 包过滤规则。

C　iptables 就是不能对表（table）、链（chain）和规则（rule）进行管理。

D　Linux 的内核提供的防火墙功能通过 netfiter 框架实现，并提供了 iptables 工具配置和修改防火墙的规则。

第 21 章

◂ KVM 虚拟化 ▸

> RHEL 6.5 采用 KVM 作为虚拟化解决方案。通过虚拟化技术，可以充分利用服务器的硬件资源，实现资源的集中管理和共享。

本章主要涉及的知识点有：

- KVM 虚拟化技术概述
- 安装虚拟化软件包
- 安装虚拟机
- 管理虚拟机
- 存储管理
- KVM 的安全

21.1 KVM 虚拟化技术概述

在 20 世纪 60 年代，IBM 就提出了虚拟化技术。而 KVM 则是第一个集成到主流 Linux 内核中的虚拟化技术。虚拟化技术可以使基础架构发挥到最大的功能，为用户节约大量的成本。本节将对 RHEL 6.5 中的 KVM 虚拟化技术进行介绍。

21.1.1 基本概念

所谓 KVM，是指基于内核的虚拟系统（Kernel based Virtual Machine，KVM）。在 RHEL 6.5 中，KVM 已经成为系统内置的核心模块。

KVM 采用软件方式实现了虚拟机使用的许多核心硬件设备，并提供相应的驱动程序，这些仿真的硬件设备是实现虚拟化的关键技术。仿真的硬件设备是完全采用软件方式实现的虚拟设备，并不要求相应的设备一定真实存在。仿真的驱动程序既可以使用实际的设备，也可以使用虚拟设备。仿真的驱动程序是虚拟机和系统内核之间的一个中介，内核负责管理实际的物理设备，KVM 则负责设备级的指令。

用户可以通过 libvirt API 及其工具 virt-manager 和 virsh 管理虚拟机。

libvirt 是一组提供了多种语言接口的 API，为各种虚拟化技术提供一套方便、可靠的编程接口。它不仅支持 KVM，也支持 Xen、LXC、OpenVZ 以及 VirtualBox 等其他虚拟化技术。利用 libvirt API，用户可以创建、配置、监控、迁移或者关闭虚拟机。

RHEL 6.5 支持 libvirt 以及基于 libvirt 的各种管理工具，例如 virsh 和 virt-manager 等。

virsh 是一个基于 libvirt 的命令行工具。利用 virsh，用户可以完成所有的虚拟机管理任务，包括创建和管理虚拟机、查询虚拟机的配置和运行状态等。virsh 工具包含在 libvirt-client 软件包中。

尽管基于命令行的 virsh 的功能非常强大，但是在易用性上仍然比较差，用户需要记忆大量的参数和选项。为了解决这个问题，人们又开发出了 virt-manager。virt-manager 是一套基于图形界面的虚拟化管理工具。同样，virt-manager 也是基于 libvirt API 的，所以，用户可以使用 virt-manager 来完成虚拟机的创建、配置和迁移。此外，virt-manager 还支持管理远程虚拟机。

21.1.2 硬件要求

并不是所有的 CPU 都支持 KVM 虚拟化，表 21.1 列出了实现 KVM 技术的基本硬件要求。

表 21.1 支持 KVM 虚拟化的基本硬件要求

硬件	基本要求	建议配置
Intel 64 CPU	具有 Intel VT 和 Intel 64 扩展特性	多核 CPU 或者多个 CPU
AMD 64 CPU	具有 AMD-V 和 AMD 扩展特性	多核或者多个 CPU

用户可以通过以下命令检查当前的 CPU 是否支持 KVM 虚拟化：

```
[root@localhost ~]# egrep '(vmx|svm)' /proc/cpuinfo
flags           : fpu vme de pse tsc msr pae mce cx8 apic sep mtrr pge mca cmov pat
pse36 clflush dts mmx fxsr sse sse2 ss syscall nx pdpe1gb rdtscp lm constant_tsc
arch_perfmon pebs bts xtopology tsc_reliable nonstop_tsc aperfmperf unfair_spinlock
pni pclmulqdq vmx ssse3 fma cx16 pcid sse4_1 sse4_2 x2apic movbe popcnt aes xsave avx
f16c rdrand hypervisor lahf_lm arat epb xsaveopt pln pts dts tpr_shadow vnmi ept vpid
fsgsbase smep
flags           : fpu vme de pse tsc msr pae mce cx8 apic sep mtrr pge mca cmov pat
pse36 clflush dts mmx fxsr sse sse2 ss syscall nx pdpe1gb rdtscp lm constant_tsc
arch_perfmon pebs bts xtopology tsc_reliable nonstop_tsc aperfmperf unfair_spinlock
pni pclmulqdq vmx ssse3 fma cx16 pcid sse4_1 sse4_2 x2apic movbe popcnt aes xsave avx
f16c rdrand hypervisor lahf_lm arat epb xsaveopt pln pts dts tpr_shadow vnmi ept vpid
fsgsbase smep
```

如果输出的结果中包含 vmx，则表示采用 Intel 虚拟化技术；如果包含 svm，则表示采用 AMD 虚拟化技术；如果没有任何输出，表示当前的 CPU 不支持 KVM 虚拟化技术。

只有 64 位的 RHEL 才支持 KVM 虚拟化技术。

21.2 安装虚拟化软件包

KVM 虚拟化软件包中包含 KVM 内核模块、KVM 管理器以及虚拟化管理 API，用于管理虚拟机以及相关的硬件设备。本节介绍如何在 RHEL 6.5 中安装虚拟化软件包。

要在 RHEL 6.5 上面使用虚拟化，需要安装多个软件包，用户可以使用 yum 逐个安装所需要的软件包，也可以使用软件包组的方式来安装虚拟化组件。下面分别介绍这两种安装方法。

21.2.1 通过 yum 命令安装虚拟化软件包

要在 RHEL 6.5 上面使用虚拟化，至少需要安装 qemu-kvm 和 qemu-img 这两个软件包。这两个软件包提供了 KVM 虚拟化环境以及磁盘镜像的管理功能。用户可以使用以下命令来安装这两个软件包：

```
[root@localhost ~]# yum install qemu-kvm qemu-img
```

除此之外，还有一些依赖软件包需要安装，这些软件包包括 python-virtinst、libvirt、libvirt-python、virt-manager、libvirt-client，其功能如下。

- python-virtinst: 提供了 virt-install 命令来创建虚拟机。
- libvirt: 提供了宿主机和客户机之间交互所需要的库文件，另外守护进程 libvirtd 也由该软件包提供。
- libvirt-python: 为 Python 提供 API。
- virt-manager: 虚拟机管理器（Virtual Machine Manager），提供了管理虚拟机的功能。该组件依赖软件包 libvirt-client。
- libvirt-client: 提供了访问 libvirt 服务器的 API，另外还提供了一组命令行工具，用来管理虚拟机，例如 virsh。

用户可以通过以下命令安装这些软件包：

```
[root@localhost ~]# yum install virt-manager libvirt libvirt-python python-virtinst libvirt-client
```

21.2.2 以软件包组的方式安装虚拟化软件包

尽管通过 yum 命令安装虚拟化软件包非常方便，但是用户需要了解到底需要安装哪些软件包，如果漏掉一些软件包，则可能导致系统无法正常运行。因此，RHEL 6.5 提供了相关的软件包组，用户只要安装这些软件包组即可。表 21.2 列出了与虚拟化有关的软件包组。

表 21.2 虚拟化软件包组

软件包组	说明	必需软件包	可选软件包
Virtualization	提供虚拟机的运行环境	qemu-kvm	qemu-guest-agent、qemu-kvm-tools
Virtualization Client	安装和管理虚拟机的客户端工具	python-virtinst、virtmanager、virt-viewer	virt-top
Virtualization Platform	提供访问和控制虚拟机的接口	Libvirt、libvirt-client、virtwho、virt-what	fence-virtd-libvirt、fence-virtd-multicast、fence-virtd-serial、libvirt-cim、libvirt-java、libvirt-qmf、libvirt-snmp、perl-Sys-Virt
Virtualization Tools	提供离线管理虚拟机镜像的工具	libguestfs	libguestfs-java、libguestfs-tools、virt-v2v

用户可以通过以下命令安装软件包组：

```
yum groupinstall groupname
```

在上面的命令中，groupinstall 子命令表示安装软件包组，groupname 则是软件包组的名称。

例如，下面的命令安装 Virtualization、Virtualization Client、Virtualization Tools 以及 Virtualization Platform 这 4 个软件包组：

```
[root@localhost ~]# yum groupinstall "Virtualization" "Virtualization Client" "Virtualization Platform" "Virtualization Tools"
```

在 RHEL 中，许多软件包组名称中都包含空格，在这种情况下，需要使用引号将软件包组名称引用起来。

安装完成之后，用户可以通过 lsmod 命令验证 KVM 模块是否成功加载：

```
[root@localhost ~]# lsmod | grep kvm
kvm_intel              54285  0
kvm                   333172  1 kvm_intel
```

如果得到以上输出结果，则表示 KVM 模块已经成功加载。

另外，用户还可以通过 virsh 命令来验证 libvirtd 服务是否正常启动：

```
[root@localhost ~]# virsh -c qemu:///system list
 Id    Name                           State
----------------------------------------------------
```

如果已经成功启动，则会输出以上结果；如果出现错误，则表示 libvirtd 服务没有成功启动。

21.3 安装虚拟机

KVM 支持多种操作系统类型的虚拟机。用户可以通过 virt-manager 图形界面或者 virt-install 命令行工具来创建、配置、安装或者维护虚拟机。本节将主要介绍如何通过图形界面来安装 Linux 以及 Windows 虚拟机。

21.3.1 安装 Linux 虚拟机

本节主要介绍如何通过图形界面来安装一台 CentOS 6.5 虚拟机，步骤如下。

步骤 01 选择【Applications】|【System Tools】|【Virtual Machine Manger】命令，打开【Virtual Machine Manager】窗口，如图 21.1 所示。

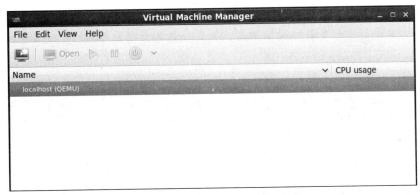

图 21.1 Virtual Machine Manager 主窗口

步骤 02 单击工具栏上面的【Create a new virtual machine】按钮，打开【New VM】对话框，如图 21.2 所示。在【Name】文本框中输入虚拟机的名称，例如 centos。KVM 支持以多种方式来安装操作系统，在本例中，选择第 2 项，即 Network Install(HTTP, FTP, or NFS)。输入完成之后，单击【Forward】按钮，进入下一步。

步骤 03 在 URL 文本框中输入包含 CentOS 安装文件的 URL 地址。在本例中，使用 OSChina 提供的镜像地址，即 http://mirrors.oschina.net/centos/6/os/x86_64/，用户可以根据自己的实际情况选择速度较快的镜像地址。

勾选下面的复选框，KVM 会自动判断操作系统的类型和版本，如图 21.3 所示。输入完成之后，单击【Forward】按钮，继续安装。

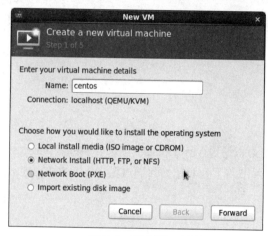

图 21.2　新虚拟机对话框

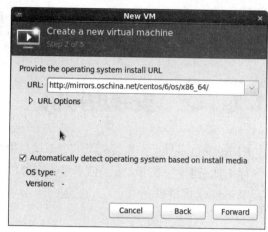

图 21.3　输入安装源路径

步骤 04　设置内存和 CPU。用户可以根据宿主机的内存和 CPU 情况，以及自己的需要来为虚拟机设置适当的内存大小和虚拟 CPU 的个数，如图 21.4 所示。设置完成之后，单击【Forward】按钮，进入下一步。

步骤 05　设置虚拟机磁盘，如图 21.5 所示。用户可以为虚拟机创建一个新的虚拟磁盘，也可以使用现有的虚拟磁盘。在创建新的虚拟磁盘的时候，需要提供虚拟磁盘的大小。在本例中，选择创建一个新的虚拟磁盘，并且设置其大小为 80GB。设置完成之后，单击【Forward】按钮，进入下一步。

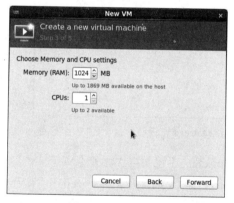

图 21.4　设置内存和 CPU

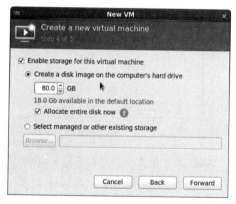

图 21.5　设置虚拟磁盘

步骤 06　接下来是一个安装概要，包含操作系统的类型、安装方式、内存大小、虚拟 CPU 个数以及虚拟磁盘的大小和路径，如图 21.6 所示。如果用户需要在安装前修改虚拟机的配置，则可以勾选下面的复选框。直接单击【Finish】按钮，开始安装。

步骤 07　接下来等待操作系统安装完成，如图 21.7 所示。

由于接下来的安装过程与在普通的物理机上面的安装过程完全相同，所以不再详细介绍。读者可以参考相关的书籍来了解如何安装各种操作系统。

第 21 章　KVM 虚拟化

图 21.6　安装概要　　　　　　　　　图 21.7　安装操作系统

21.3.2　安装 Windows 虚拟机

KVM 支持各种 Windows 操作系统，包括 Windows XP、Windows 2003、Windows 7、Windows 8 以及 Windows 2008 等。本节以 Windows XP 为例，来说明如何在 KVM 中安装 Windows 虚拟机。

步骤 01　选择【Applications】|【System Tools】|【Virtual Machine Manger】命令，打开【Virtual Machine Manager】窗口，如图 21.8 所示。

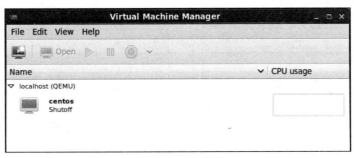

图 21.8　【Virtual Machine Manager】主界面

步骤 02　单击工具栏上面的【Create a virtual machine】按钮，打开虚拟机创建向导，在 Name 文本框中输入虚拟机的名称，例如 winxp。安装方式选择第 1 项，即 Local install media，如图 21.9 所示。单击【Forward】按钮，进入下一步。

步骤 03　安装介质选择第 2 项，即【Use ISO image】，如图 21.10 所示。单击【Browse】按钮，打开【Locate ISO media volume】对话框。

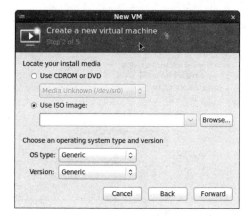

图 21.9　设置虚拟机名称和安装方式　　　　图 21.10　选择安装介质和操作系统类型

步骤 04　【Locate ISO media volume】对话框中列出了当前存储池中的 ISO 镜像文件，如图 21.11 所示。如果右侧的列表中没有出现需要的 ISO 文件，则可以单击左下角的【Browse Local】按钮，在本地文件系统中选择 ISO 文件。在本例中，由于 Windows XP 的 ISO 文件没有出现在列表中，所以需要单击【Browse Local】按钮进行查找。

步骤 05　在【Locate ISO media】对话框的左侧选择 Windows XP ISO 文件所在的路径，在右侧的列表中选择 ISO 文件，如图 21.12 所示。最后单击【Open】按钮，选中该文件，并返回到前面的窗口。

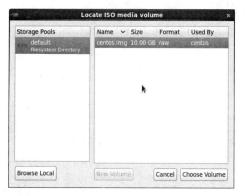
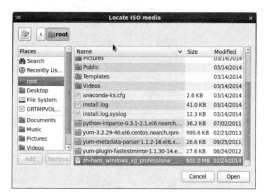

图 21.11　Locate ISO media volume 对话框　　　　图 21.12　选择 Windows XP ISO 文件

步骤 06　单击【Forward】按钮，继续安装过程，根据自己的需要设置内存和虚拟 CPU，如图 21.13 所示。设置完成之后，单击【Forward】按钮，进入下一步。

步骤 07　设置虚拟磁盘。用户可以根据自己的需要设置虚拟磁盘的大小，设置完成之后，单击【Forward】按钮，进入下一步，如图 21.14 所示。

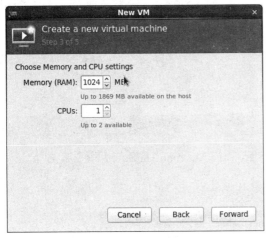
图 21.13　设置内存和虚拟 CPU

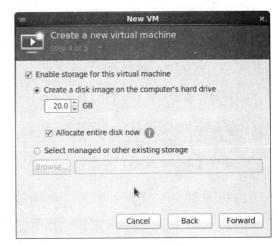
图 21.14　设置虚拟磁盘大小

步骤 08　安装概要。检查安装概要列出的各项参数，如果确定没有问题，单击【Finish】按钮，开始安装，如图 21.15 所示。

步骤 09　接下来同样是等待操作系统安装完成，如图 21.16 所示。

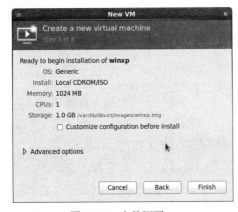
图 21.15　安装概要

图 21.16　操作系统安装过程

21.4　管理虚拟机

通常情况下，系统管理员可以通过虚拟机管理器来完成虚拟机的日常管理，例如修改虚拟 CPU 的数量、重新分配内存以及更改硬件配置等。除此之外，系统管理员还可以使用命令行工具来完成虚拟机的维护。本节介绍如何通过这两种方式来管理虚拟机。

21.4.1　虚拟机管理器简介

在安装虚拟机的时候，我们已经使用过虚拟机管理器了。本节将对虚拟机管理器进行详细的介绍。

虚拟机管理器是一套图形界面的虚拟机管理工具。通过它，系统管理员可以非常方便地管理虚拟机。启动虚拟机管理器的方法有两种。

- 通过在命令行中输入以下命令来启动：

```
[root@localhost data]# virt-manager
```

- 通过【Applications】|【System Tools】|【Virtual Machine Manager】命令来启动。

虚拟机管理器的主界面如图 21.17 所示。

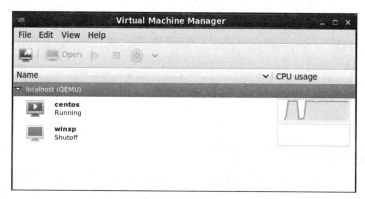

图 21.17　虚拟机管理器主界面

在图 21.17 中，顶部是菜单栏，接下来是工具栏，对于虚拟机的所有操作都可以通过菜单栏和工具栏来完成。窗口的下面以表格的形式列出了所有的虚拟机。表格分为两列，第 1 列是主机名称及其当前的状态，第 2 列以波幅的形式显示出当前虚拟主机的 CPU 利用率。

如果想要管理某个虚拟机，可以双击该主机所在的行；也可以右击该主机所在的行，然后选择 Open 命令。之后，就可以进入该主机的控制台界面。图 21.18 显示了一台 CentOS 虚拟机的控制台界面。图 21.19 显示了 Windows XP 虚拟机的控制台。

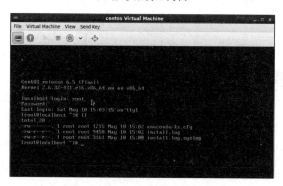

图 21.18　CentOS 虚拟机控制台

图 21.19　Windows XP 虚拟机控制台

21.4.2　查询或者修改虚拟机硬件配置

用户可以通过虚拟机控制台来查询和修改虚拟机的硬件配置。在虚拟机控制台的工具栏中选择【Show virtual hardware details】命令，打开虚拟机的硬件配置窗口，如图 21.20 所示。

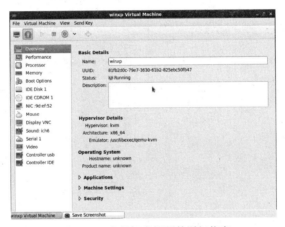

图 21.20　虚拟机虚拟硬件详细信息

在图 21.20 中，窗口的左侧是虚拟硬件名称，右侧是该硬件的相关配置信息。虚拟机控制台列出了主要的虚拟硬件，如 CPU、内存、引导选项、磁盘、光驱、网卡、鼠标显卡以及 USB 口等。

单击左侧的【Overview】选项，窗口右侧会列出该虚拟机的硬件配置概括，包括名称、状态以及管理程序的类型和硬件架构等。

单击左侧的【Performance】选项，则右侧会显示出与性能有关的信息，包括 CPU 的利用率、内存的利用率、磁盘 I/O 以及网络 I/O 等，如图 21.21 所示。

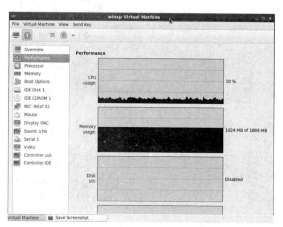

图 21.21　虚拟机性能图表

单击【Processor】选项，右侧显示出当前的虚拟处理器配置情况，如图 21.22 所示。用户可以修改虚拟 CPU 的个数。选择【Memory】选项，用户可以修改虚拟机的内存大小，如图 21.23 所示。

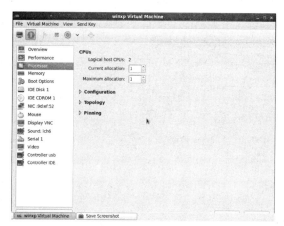

图 21.22　虚拟 CPU 配置

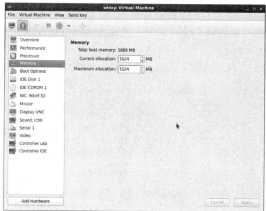

图 21.23　设置内存

选择【Boot Options】选项，用户可以修改与虚拟机引导有关的选项，例如修改引导顺序等，如图 21.24 所示。选择【IDE Disk1】选项，可以设置 IDE 磁盘有关的参数，如图 21.25 所示。其他选项的查看或者修改与上面介绍的基本相同，不再赘述。当用户修改了参数之后，需要单击右下角的【Apply】按钮，使得修改生效。

如果用户需要添加其他的虚拟硬件，则可以右击左侧的列表，选择【Add Hardware】命令，打开【Add New Virtual Hardware】窗口，如图 21.26 所示。选择所需的硬件类型，然后配置相关的参数，单击 Finish 按钮即可完成添加操作。

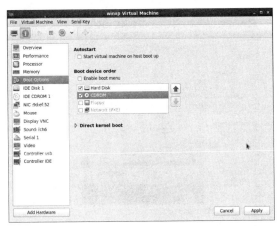
图 21.24　修改引导选项
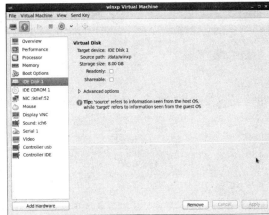
图 21.25　修改磁盘参数

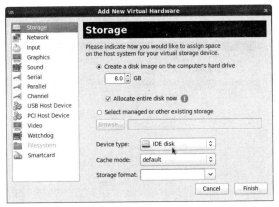
图 21.26　添加新的虚拟硬件

21.4.3　管理虚拟网络

KVM 维护着一组虚拟网络，供虚拟机使用。虚拟机管理器提供了虚拟网络的管理功能。用户可以在虚拟机管理器的主界面中，右击 KVM 服务器列表中相应的服务器，选择 Details 命令，即可打开该 KVM 服务器的详细信息窗口，如图 21.27 所示。

图 21.27 共包含 4 个选项卡，分别是【Overview】、【Virtual Networks】、【Storage】和【Network Interfaces】。其中【Overview】选项卡显示了当前服务器的基本信息，并且以图表的形式显示其性能，如图 21.28 所示。

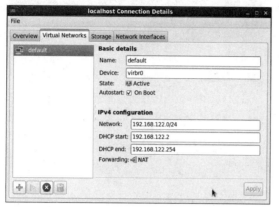
图 21.27　KVM 服务器详细信息

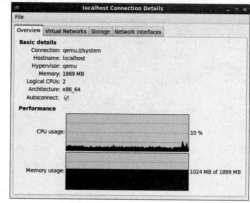
图 21.28　【Overview】选项卡

【Virtual Networks】选项卡用来显示和配置当前服务器中的虚拟网络，如图 21.29 所示。

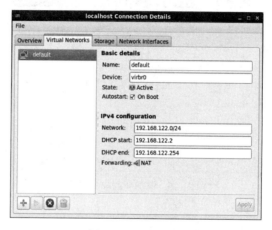
图 21.29　虚拟网络

【Storage】选项卡用来管理存储池，此部分内容将在稍后介绍。【Network Interfaces】选项卡用来管理服务器的网络接口。

下面详细介绍虚拟网络的管理。在窗口的左边列出了所有的虚拟网络，右边则显示了当前虚拟网络的配置信息，包括虚拟网络的名称、设备名称、状态、是否自动启动以及 IPv4 的相关参数，如网络 ID、DHCP IP 地址池的起点和终点等。用户可以直接修改这些参数，然后单击右下角的【Apply】按钮即可生效。

除了修改已有虚拟网络的参数之外，用户还可以添加或者删除虚拟网络。下面首先介绍如何添加一个虚拟网络。

步骤 01 单击左下角的【Add Network】按钮，打开虚拟网络添加向导，如图 21.30 所示。直接单击【Forward】按钮，进入下一步。

步骤 02 在【Network Name】文本框中输入虚拟网络的名称，如 demo，如图 21.31 所示。然后单击【Forward】按钮进入下一步。

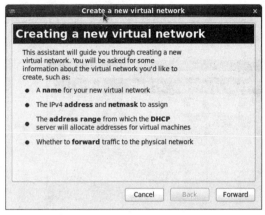
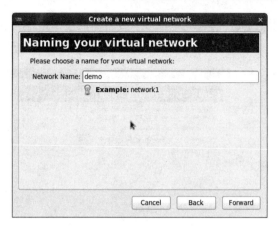

图 21.30　添加虚拟网络向导　　　　　图 21.31　设置虚拟网络名称

步骤 03　选择 IPv4 地址空间。用户可以从私有 IP 地址中选择部分 IP 地址段作为虚拟机的 IP 地址空间，例如 10.0.0.0/8、172.16.0.0/12 或者 192.168.0.0/16。在本例中，选择 192.168.100.0/24 作为虚拟机的 IP 地址空间，如图 21.32 所示，然后单击 Forward 按钮进入下一步。

步骤 04　选择 DHCP 服务器的 IP 地址池范围。勾选【Enable DHCP】复选框，启用 IP 地址自动分配。在【Start】文本框中输入 IP 地址池的起始 IP，在【End】文本框中输入 IP 地址池的结束 IP，如图 21.33 所示。单击【Forward】按钮，进入下一步。

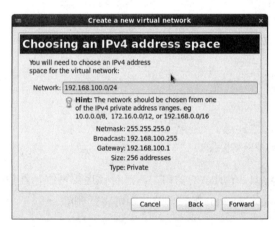
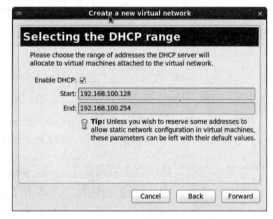

图 21.32　选择 IP 地址空间　　　　　图 21.33　选择 DHCP IP 地址池的范围

步骤 05　选择虚拟网络与物理网络的连接方式，如图 21.34 所示。一共有两个选项，第一个为【Isolated virtual network】，即隔离的虚拟网络。如果选择该方式，则 KVM 服务器中连接到该虚拟网络的虚拟机将位于一个独立的虚拟网络中，虚拟机之间可以相互访问，但是不能访问外部网络。第二个选项为【Forwarding to physical network】，即转发到物理网络。如果用户选择该方式，则需要指定转发的目的地（destination），即任意物理设备或者某个特定的物理设备。另外，用户还需要指定转发的方式，即 NAT 或者 Routed。

在本例中，选择转发到任意物理设备，采用 NAT 方式。单击【Forward】按钮，进入下一步。

步骤 06　虚拟网络概览。查看新的虚拟网络的相关选项，如图 21.35 所示。确定没有问题之后，单击【Finish】按钮，完成虚拟网络的创建。

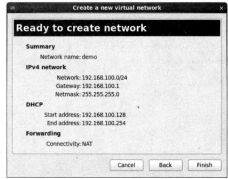

图 21.34　选择与物理网络的连接方式　　　图 21.35　虚拟网络概览

当创建完成之后，在当前 KVM 服务器的详细信息窗口的【Virtual Networks】选项卡中，可以看到刚刚创建的虚拟网络，如图 21.36 所示。从图中可以看到，名称为 demo 的虚拟网络已经处于活动状态。

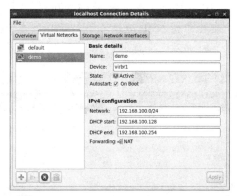

图 21.36　查看虚拟网络状态

如果用户不需要某个虚拟网络了，就可以在图 21.36 所示的窗口中，选择该虚拟网络，然后单击下面的【Stop Network】按钮⊗，再单击【Delete Network】按钮，即可将其删除。

21.4.4　管理远程虚拟机

除了访问和管理本地 KVM 系统中的虚拟机之外，利用虚拟机管理器，用户还可以管理远程 KVM 系统中的虚拟机。在虚拟机管理器的窗口中，选择【File】|【Add Connection】命令，打开【Add Connection】对话框，如图 21.37 所示。从图中可以得知，虚拟机管理器可以连接 KVM、Xen 以及 LXC 等虚拟化平台。

对于 RHEL 6.5 而言，需要选择 QEMU/KVM 选项。勾选【Connect to remote host】复选框，在【Method】下拉菜单中选择 SSH 选项，在【Username】文本框中输入建立连接的用户名，一般为 root，在【Hostname】文本框中输入远程 KVM 系统的 IP 地址，单击【Connect】按钮，即可连接到远程的 KVM 系统，同时该 KVM 系统的虚拟机也会显示出来。

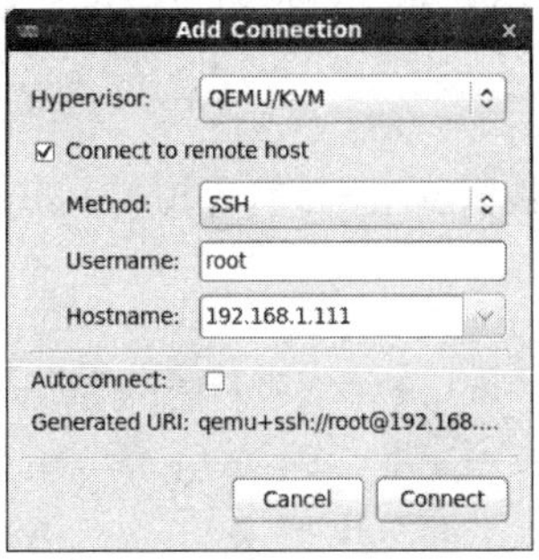

图 21.37　连接到远程 KVM 系统

21.4.5　使用命令行执行高级管理

尽管使用虚拟机管理器可以很方便地通过图形界面管理虚拟机，但是这需要 RHEL 6.5 支持图形界面才可以。实际上，在大部分情况下，RHEL 服务器并不一定安装桌面环境，另外，系统管理员通常是通过终端以 SSH 的方式连接到 RHEL 服务器进行管理。在这些场合下，都不可以通过虚拟机管理器来管理虚拟机。

virsh 软件包提供了一组基于命令行的工具来管理虚拟机。virsh 包含许多命令，用户可以通过 virsh help 命令查看这些命令。下面分别介绍如何通过命令行来完成常用的操作。

1．创建虚拟机

用户可以通过 virt-install 命令来创建一个新的虚拟机。该命令的基本语法如下：

```
virt-install --name NAME --ram RAM STORAGE INSTALL [options]
```

其中--name 参数用来指定虚拟机的名称，--ram 参数用来指定虚拟机的内存大小，STORAGE 参数是指虚拟机的存储设备，INSTALL 参数代表安装的相关选项。virt-install 命令的选项非常多，下面把常用的一些选项列出来。

- --vcpus：指定虚拟机的虚拟 CPU 配置，例如--vcpus 5 表示指定 5 个虚拟 CPU，--vcpus 5,maxcpus=10 表示指定当前默认虚拟 CPU 为 5 个，最大 10 个。
- --cdrom：指定安装介质为光驱，例如--cdrom /dev/hda，表示指定安装介质位于光驱 /dev/hda。
- --location：指定其他的安装源，例如 nfs:host:/path\http://host/path 或者 ftp://host/path。
- --os-type：指定操作系统类型，例如 Linux、Unix 或者 Windows。
- --os-variant：指定操作系统的子类型，例如 fedora6、rhel5、solaris10、win2k 或者 winxp 等。
- --disk 指定虚拟机的磁盘，可以是一个已经存在的虚拟磁盘或者新的虚拟磁盘，例如--disk path=/my/existing/disk。

- --network：指定虚拟机使用的虚拟网络，例如--network network=my_libvirt_virtual_net。
- --graphics：图形选项，例如--graphics vnc 表示使用 VNC 图形界面，--graphics none 表示不使用图形界面。

例如，下面的命令创建一个名称为 winxp2 的虚拟机，其操作系统为 Windows XP。

【示例 21-1】

```
[root@localhost Desktop]# virt-install --name winxp2 --hvm --ram 1024 --disk path=/data/winxp2.img,size=1GB --network network:default --vnc --os-variant winxp --cdrom /dev/sr0
  ERROR    Improper value for 'size': invalid literal for float(): 1GB
[root@localhost Desktop]# virt-install --name winxp2 --hvm --ram 1024 --disk path=/data/winxp2.img,size=1 --network network:default --vnc --os-variant winxp --cdrom /dev/sr0

  Starting install...
  Creating storage file winxp2.img                    | 1.0 GB     00:00
  Creating domain...                                   |   0 B     00:00
  (virt-viewer:3049): virt-viewer-DEBUG: Couldn't load configuration: No such file or directory
  Domain installation still in progress. Waiting for installation to complete.
```

图形安装界面会自动打开，如图 21.38 所示。

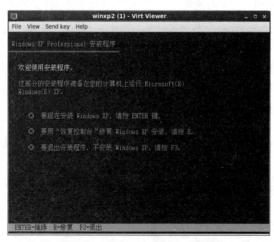

图 21.38 Windows XP 安装界面

2．查看虚拟机

用户可以通过 virsh 命令查看虚拟机的状态，如示例 21-2 所示。

【示例 21-2】

```
[root@localhost Desktop]# virsh -c qemu:///system list
 Id    Name                           State
----------------------------------------------------
 1     winxp                          running
```

在上面的输出结果中，Name 表示虚拟机的名称，State 表示虚拟机的状态。

3．关闭虚拟机

virsh 命令的子命令 shutdown 可以关闭指定的虚拟机。例如，下面的命令关闭名称为 winxp 的虚拟机。

【示例 21-3】

```
[root@localhost Desktop]# virsh shutdown winxp
Domain winxp is being shutdown
```

4．启动虚拟机

与 shutdown 子命令相对应，start 子命令可以启动某个虚拟机，如示例 21-4 所示。

【示例 21-4】

```
[root@localhost Desktop]# virsh start winxp
Domain winxp started
```

5．监控虚拟机

virt-top 命令类似于 top 命令，用来动态监控虚拟机的状态。在命令行中直接输入 virt-top 命令，即可启动，其界面如图 21.39 所示。

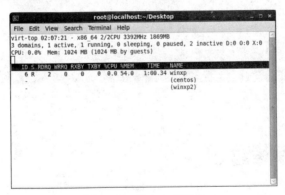

图 21.39　virt-top 主界面

在图 21.39 所示的界面中，用户按 1 键，可以切换到 CPU 使用统计界面，如图 21.40 所示。按 2 键，可以切换到网络接口状态界面，如图 21.41 所示。

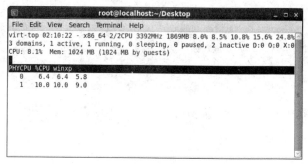

图 21.40　CPU 使用统计

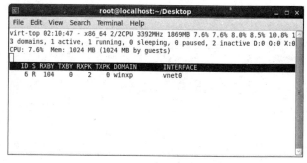

图 21.41　网络接口状态

6．列出所有的虚拟机

virsh 的 list 子命令可以列出所有的虚拟机，无论是否启动，如示例 21-5 所示。

【示例 21-5】

```
[root@localhost Desktop]# virsh list --all
 Id    Name                           State
----------------------------------------------------
 6     winxp                          running
 -     centos                         shut off
 -     winxp2                         shut off
```

21.5 存储管理

虚拟机可以安装在宿主机的本地存储设备中，例如本地磁盘、LVM 卷组或者文件系统中的目录等，这些称为本地存储池。另外，虚拟机还可以安装在网络存储设备中，例如 FC SAN、IP SAN 以及 NFS 等，这些称为网络存储池。本地存储池不支持虚拟机的迁移，而网络存储池支持。存储池由 libvirt 管理。默认情况下，libvirt 使用 /var/lib/libvirt/images 目录作为默认的存储池。本节将对 KVM 的存储管理进行介绍。

21.5.1 创建基于磁盘的存储池

KVM 可以将一个物理磁盘设备作为存储池。下面介绍创建基于磁盘的存储池的步骤。

步骤 01 在 KVM 服务器的详细信息对话框中，切换到【Storage】选项卡，窗口的左边列出了当前所有的存储池，如图 21.42 所示。

步骤 02 单击左下角的【Add Pool】按钮，打开添加新存储池对话框，在【Name】文本框中输入存储池的名称，例如 newpool，在【Type】下拉菜单中选择【disk:Physical Disk Device】选项，如图 21.43 所示。单击【Forward】按钮，进入下一步。

图 21.42　存储池管理

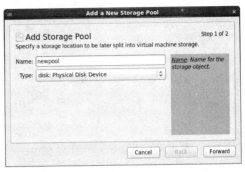
图 21.43　选择存储池名称和类型

步骤 03 在【Source Path】文本框中输入磁盘设备的设备名或者单击右侧的【Browse】按钮，浏览并选择磁盘设备。勾选【Build Pool】复选框，以格式化磁盘存储池，如图 21.44 所示。设置完成之后，单击【Finish】按钮，完成存储池的创建。

当存储池成功创建之后，在窗口的左边列表中会出现刚刚创建的存储池，并且处于活动状态，如图 21.45 所示。

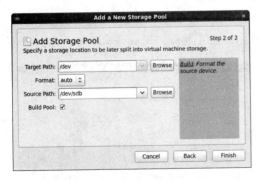
图 21.44　指定存储池目标路径和磁盘设备名

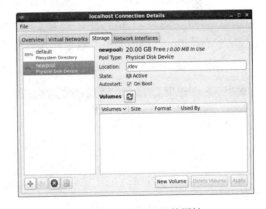
图 21.45　存储池及其属性

21.5.2 创建基于磁盘分区的存储池

KVM 的存储池可以创建在一个已经创建文件系统的磁盘分区上面。假设/dev/sdc1 是一个已经存在的磁盘分区，其文件系统为 ext4。下面介绍如何在该文件系统上创建一个存储池。

步骤 01 单击左下角的 Add Pool 按钮，打开添加新存储池对话框。在【Name】文本框中输入存储池名称，例如 newpool2，在【Type】下拉菜单中选择 fs:Pre-Formatted Block Device 选项，如图 21.46 所示。单击【Forward】按钮，进入下一步。

步骤 02 在弹出对话框的【Source Path】文本框中输入磁盘分区的路径/dev/sdc1，或者单击 Browse 按钮浏览并选择/dev/sdc1，如图 21.47 所示。单击【Finish】按钮，完成存储池的创建。

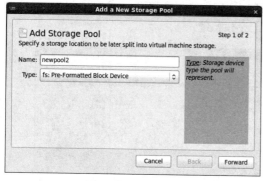
图 21.46　创建基于分区的存储池

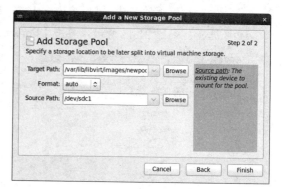
图 21.47　选择磁盘分区

21.5.3　创建基于目录的存储池

存储池还可以建立在某个目录上，假设存在一个名称为/data/newpool3 的目录,下面介绍如何在该目录上面创建存储池。

步骤 01 单击左下角的【Add Pool】按钮，打开添加新存储池对话框。在【Name】文本框中输入存储池名称，例如 newpool3，在【Type】下拉菜单中选择【dir:Filesystem Directory】选项，如图 21.48 所示。单击【Forward】按钮，进入下一步。

步骤 02 在【Target Path】文本框中输入目标目录的路径，或者单击右边的【Browse】按钮，浏览并选择该目录，如图 21.49 所示。单击【Finish】按钮，完成存储池的创建。

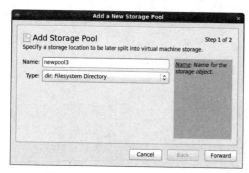
图 21.48　创建基于目录的存储池

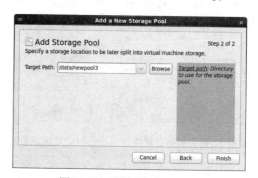
图 21.49　选择目标目录

21.5.4 创建基于 LVM 的存储池

RHEL 6.5 的 LVM 拥有非常大的灵活性，通过 LVM，用户可以动态扩展文件系统的大小。KVM 支持将存储池建立在 LVM 上。假设存在一个名称为 vg0 的逻辑卷组，如下所示：

```
[root@localhost Desktop]# vgdisplay
  --- Volume group ---
  VG Name               vg0
  System ID
  Format                lvm2
  Metadata Areas        2
  Metadata Sequence No  1
  VG Access             read/write
  VG Status             resizable
  MAX LV                0
  Cur LV                0
  Open LV               0
  Max PV                0
  Cur PV                2
  Act PV                2
  VG Size               3.99 GiB
  PE Size               4.00 MiB
  Total PE              1022
  Alloc PE / Size       0 / 0
  Free  PE / Size       1022 / 3.99 GiB
  VG UUID               mQ8FE6-FBUX-TLTR-CKnk-6BJ0-Abxq-5lzBMP
```

下面介绍在该卷组上面创建存储池的步骤。

步骤01 单击左下角的【Add Pool】按钮，打开添加新存储池对话框。在【Name】文本框中输入存储池的名称，例如 newpool4，在 Type 下拉菜单中选择【logical:LVM Volume Group】选项，如图 21.50 所示。单击【Forward】按钮，进入下一步。

步骤02 在【Target Path】文本框中输入卷组名称/dev/vg0，或者单击【Browse】按钮，浏览文件系统并选择/dev/vg0，如图 21.51 所示。对于已经存在的卷组，可以忽略【Source Path】选项；如果在【Target Path】文本框输入了一个目前不存在的卷组名称，则应该选择一个存储设备作为源路径。单击【Finish】按钮，完成存储池的创建。

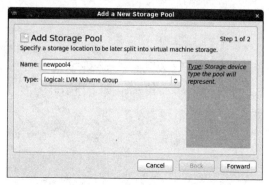
图 21.50　创建基于 LVM 的存储池

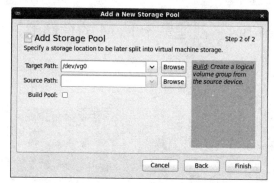
图 21.51　选择卷组作为目标路径

21.5.5　创建基于 NFS 的存储池

KVM 的存储不仅支持创建在本地存储上，还支持创建在一些网络存储上，例如 NFS 或者 IP SAN 等。下面介绍如何在 NFS 上创建 KVM 存储池。

步骤 01　单击左下角的【Add Pool】按钮，打开添加新存储池对话框。在【Name】文本框中输入存储池的名称，例如 newpool5，在【Type】下拉菜单中选择【netfs:Network Exported Directory】选项，如图 21.52 所示。单击 Forward 按钮，进入下一步。

步骤 02　在【Host Name】文本框中输入 NFS 服务器的 IP 地址，在【Source Path】文本框中输入共享目录的路径，如图 21.53 所示。单击【Finish】按钮，完成存储池的创建。

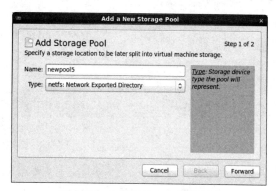
图 21.52　创建基于 NFS 的存储池

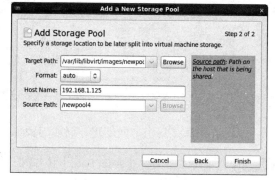
图 21.53　选择 NFS 服务器和共享目录

21.6　KVM 安全管理

在 KVM 系统中，由于所有的虚拟机都位于宿主机中，所以宿主机的安全非常重要。如果宿主机的安全措施比较薄弱，则所有的虚拟机的安全性无论怎么加强，都将是薄弱的。所以，KVM 系统的安全管理非常重要。本节将从 SELinux 和防火墙两个方面来介绍 KVM 的安全管理。

21.6.1 SELinux

默认情况下，SELinux 要求所有的虚拟机的镜像文本都必须位于/var/lib/libvirt/images/ 及其下级目录中。如果用户将虚拟机镜像文件放到了文件系统的其他位置，SELinux 会禁止宿主系统加载该镜像文件。同样，如果使用了 LVM 逻辑卷、磁盘、分区以及 IP SAN 等存储池，也需要适当地设置 SELinux 上下文属性才可以正常使用。

前面已经介绍过，用户可以通过好几种方式来创建存储池。下面以目录为例，来说明如何设置 SELinux 上下文。

（1）建立存储池的目录。

```
[root@localhost Desktop]# mkdir -p /data/kvm/images
```

（2）为了安全性，更改目录的所有者，并设置权限。

```
[root@localhost Desktop]# chown -R root:root /data/kvm/images/
[root@localhost Desktop]# chmod 700 /data/kvm/images/
```

（3）配置 SELinux 上下文。

```
[root@localhost Desktop]# semanage fcontext -a -t virt_image_t /data/kvm/images/
```

以上命令主要是打开 SELinux 设定，不然虚拟机无法访问存储文件

如果没有 semanage，需要安装 policycoreutils-python 软件包。

设置完成之后，用户就可以在/data/kvm/images 目录中创建存储池了。

21.6.2 防火墙

防火墙是另外一个影响系统安全的因素。在宿主机系统中，必须根据虚拟机中启用的网络服务，适当地设置防火墙；否则，外部网络无法访问虚拟机。在设置防火墙的时候，应该注意以下端口。

- 确保 SSH 的服务端口 22 是开放的，便于利用 SSH 连接到远程主机进行管理。
- KVM 虚拟机在迁移的时候，会使用 49152~49216 这一段 TCP/UPD 端口，因此，如果需要迁移虚拟机，这些端口也必须开放。

21.7 小结

本节详细介绍了 RHEL 6.5 中的虚拟化技术及其安装和使用方法。主要包括虚拟化技术的概况、如何安装虚拟化软件包、如何管理虚拟机、如何管理存储设备以及 KVM 系统的安全等。本章重点在于掌握好虚拟机的管理以及存储设备的管理。

21.8 习题

一、填空题

1. 启动虚拟机管理器的方法有两种：_____ 和 _____ 。
2. 要在 RHEL 6.5 上使用虚拟化，至少需要安装 _____ 和 _____ 这两个软件包。

二、选择题

以下描述不正确的是（   ）。

A 要在 RHEL 6.5 上使用虚拟化，需要安装多个软件包，用户可以使用 yum 逐个安装所需要的软件包，也可以使用软件包组的方式来安装虚拟化组件。

B 在 KVM 系统中，并不是所有的虚拟机都位于宿主机中。

C 除了访问和管理本地 KVM 系统中的虚拟机之外，利用虚拟机管理器，用户还可以管理远程的 KVM 系统中的虚拟机。

D KVM 维护着一组虚拟网络，供虚拟机使用。虚拟机管理器提供了虚拟网络的管理功能。

第 22 章
在 RHEL 6.5 上安装 OpenStack

> OpenStack 既是一个社区,也是一个项目和一个开源软件,它提供了一个部署云的操作平台或工具集。其宗旨在于帮助组织和运行为虚拟计算或存储服务的云,为公有云、私有云,也为大云、小云提供可扩展的、灵活的云计算。

本章主要涉及的知识点有:

- OpenStack 概况
- OpenStack 系统架构
- OpenStack 主要部署工具
- 通过 RDO 部署 OpenStack
- 管理 OpenStack

22.1 OpenStack 概况

OpenStack 是一个免费的开放源代码的云计算平台,用户可以将其部署成为一个基础设施即服务(Iaas)的解决方案。OpenStack 不是一个单一的项目,而是由多个相关的项目组成,包括 Nova、Swift、Glance、Keystone 以及 Horizon 等。这些项目分别实现不同的功能,例如弹性计算服务、对象存储服务、虚拟机磁盘镜像服务、安全统一认证服务以及管理平台等。OpenStack 以 Apache 许可授权。

OpenStack 最早开始于 2010 年,是美国国家航空航天局和 Rackspace 合作研发的云端运算软件项目,目前,OpenStack 由 OpenStack 基金会管理,该基金会是一个非营利组织,创立于 2012 年。现在已经有超过 200 家公司参与了该项目,包括 Arista Networks、AT&T、AMD、Cisco、Dell、EMC、HP、IBM、Intel、NEC、NetApp 以及 Red Hat 等大型公司。

OpenStack 发展非常迅速,已经发布了 9 个版本,每个版本都有代号,分别为 Austin、Bexar、Cactus、Diablo、Essex、Folsom、Grizzly、Havana 以及 Icehouse。其中,最后一个版本 Icehouse 发布于 2014 年 4 月。

除了 OpenStack 之外,还有其他的一些云计算平台,例如 Eucalyptus、AbiCloud、OpenNebula

等，这些云计算平台都有自己的特点，关于它们之间具体的区别，请读者参考相关书籍，这里不再赘述。

22.2 OpenStack 系统架构

由于 OpenStack 由多个组件组成，所以其系统架构相对比较复杂。但是，只有了解 OpenStack 的系统架构，才能够成功地部署和管理 OpenStack。本节将对 OpenStack 的整体系统架构进行介绍。

22.2.1 OpenStack 体系架构

OpenStack 由多个服务模块构成，表 22.1~表 22.4 列出了这些服务模块。

表 22.1 基本模块

项目名称	说明
Horizon	提供了基于 Web 的控制台，以此来展示 OpenStack 的功能
Nova	OpenStack 云计算架构的基础项目，是基础架构即服务（IaaS）中的核心模块。它负责管理在多种 Hypervisor 上的虚拟机的生命周期
Neutron	提供云计算环境下的虚拟网络功能

表 22.2 存储模块

项目名称	说明
Swift	提供了弹性可伸缩、高可用的分布式对象存储服务，适合存储大规模非结构化数据
Cinder	提供块存储服务

表 22.3 共享服务

名称	说明
Keystone	为其他的模块提供认证和授权
Glance	存储和访问虚拟机磁盘镜像文件
Ceilometer	为计费和监控以及其他服务提供数据支撑

表 22.4 其他的服务

名称	说明
Heat	实现弹性扩展，自动部署
Trove	提供数据库即服务功能

图 22.1 描述了 OpenStack 中各子项目及其功能之间的关系。

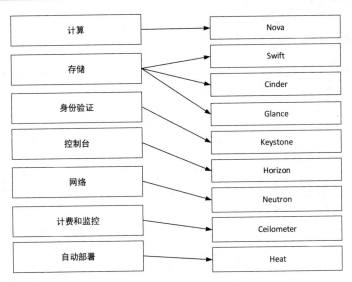

图 22.1 各子项目及其功能

图 22.2 则描述了 OpenStack 各功能模块之间的关系。

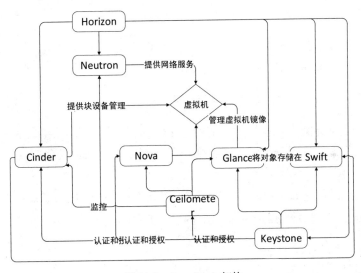

图 22.2 OpenStack 架构

22.2.2 OpenStack 部署方式

针对不同的计算、网络和存储环境，用户可以非常灵活地配置 OpenStack 来满足自己的需求。图 22.3 显示了含有 3 个节点的 OpenStack 部署方案。

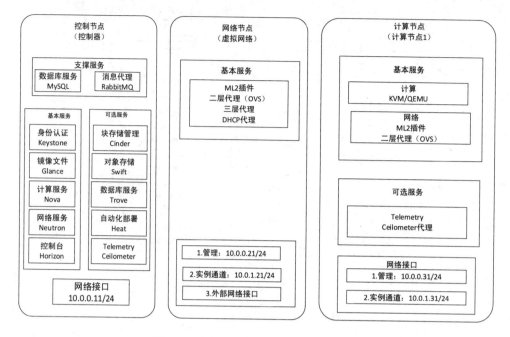

图 22.3　含有 3 个节点的 OpenStack 部署方案

在图 22.3 中，使用 Neutron 作为虚拟网络的管理模块，包含控制节点、网络节点和计算节点，这 3 个节点的功能分别描述如下。

1．控制节点

基本控制节点运行身份认证服务、镜像文件服务、计算节点和网络接口的管理服务、虚拟网络插件以及控制台等。另外，还运行一些基础服务，例如 OpenStack 数据库、消息代理以及网络时间 NTP 服务等。

控制节点还可以运行某些可选服务，例如部分的块存储管理、对象存储管理、数据库服务、自动部署（Orchestration）以及 Telemetry（Ceilometer）。

2．网络节点

网络节点运行虚拟网络插件、二层网络代理以及三层网络代理。其中，二层网络服务包括虚拟网络和隧道技术，三层网络服务包括路由、网络地址转换（NAT）以及 DHCP 等。此外，网络节点还负责虚拟机与外部网络的连接。

3．计算节点

计算节点运行虚拟化监控程序（Hypervisor）、管理虚拟机或者实例。默认情况下，计算节点采用 KVM 作为虚拟化平台。除此之外，计算节点还可以运行网络插件以及二层网络代理。通常情况下，计算节点会有多个。

22.2.3 计算模块 Nova

Nova 是 OpenStack 系统的核心模块，其主要功能是负责虚拟机实例的生命周期管理、网络管理、存储卷管理、用户管理以及其他的相关云平台管理功能。从能力上讲，Nova 类似于 Amazon EC2。Nova 逻辑结构中的大部分组件可以划分为以下两种自定义的 Python 守护进程：

- 接收与处理 API 调用请求的 Web 服务器网关接口（Python Web Server Gateway Interface，WSGI），例如 Nova-API 和 Glance-API 等。
- 执行部署任务的 Worker 守护进程，例如 Nova-Compute、Nova-Network 以及 Nova-Schedule 等。

消息队列（Queue）与数据库（Database）是 Nova 的架构中两个重要的组成部分，虽然不属于 WSGI 或者 Worker 进程，但是两者通过系统内消息传递和信息共享的方式实现任务之间、模块之间以及接口之间的异步部署，在系统层面大大简化了复杂任务的调度流程与模式，是 Nova 的核心模块。

由于 Nova 采用无共享和基于消息的灵活架构，所以 Nova 的 7 个组件有多种部署方式。用户可以将每个组件单独部署到一台服务器上，也可以根据实际情况，将多个组件部署到一台服务器上。

下面给出了几种常见的部署方式。

1．单节点

在这种方式下，所有的 Nova 服务都集中在一台服务器上，同时也包含虚拟机实例。由于这种方式的性能不高，所以不适合生产环境，但是部署起来相对比较简单，所以非常适合初学者练习或者做相关开发。

2．双节点

这种部署方式由两台服务器构成，其中一台作为控制节点，另外一台作为计算节点。控制节点运行除 Nova-Compute 服务之外的所有的其他服务，计算节点运行 Nova-Compute 服务。双节点部署方式适合规模较小的生产环境或者开发环境。

3．多节点

这种部署方式由用户根据业务性能需求，实现多个功能模块的灵活安装，包括控制节点的层次化部署和计算节点规模的扩大。多节点部署方式适合各种对于性能要求较高的生产环境。

22.2.4 分布式对象存储模块 Swift

Swift 是 OpenStack 系统中的对象存储模块，其目标是使用标准化的服务器来创建冗余的、可扩展且存储空间达到 PB 级的对象存储系统。简单地讲，Swift 非常类似于 AWS 的 S3 服务。它并不是传统意义上的文件系统或者实时数据存储系统，而是长期静态数据存储系统。

Swift 主要由以下 3 种服务组成。

- 代理服务：提供数据定位功能，充当对象存储系统中的元数据服务器的角色，维护账户、容器以及对象在环（Ring）中的位置信息，并且向外提供 API，处理用户访问请求。
- 对象存储：作为对象存储设备，实现用户对象数据的存储功能。
- 身份认证：提供用户身份鉴定认证功能。

OpenStack 中的对象由存储实体和元数据组成，相当于文件的概念。当向 Swift 对象存储系统上传文件的时候，文件并不经过压缩或者加密，而是和文件存放的容器名、对象名以及文件的元数据组成对象，存储在服务器上。

22.2.5　虚拟机镜像管理模块 Glance

Glance 项目主要提供虚拟机镜像服务，其功能包括虚拟机镜像、存储和获取关于虚拟机镜像的元数据、将虚拟机镜像从一种格式转换为另外一种格式。

Glance 主要包括两个组成部分，分别是 Glance API 以及 Glance Registry。Glance API 主要提供接口，处理来自 Nova 的各种请求。Glance Registry 用来和 MySQL 数据库进行交互，存储或者获取镜像的元数据。这个模块本身不存储大量的数据，需要挂载后台存储 Swift 来存放实际的镜像数据。

22.2.6　身份认证模块 Keystone

Keystone 是 OpenStack 中负责身份验证和授权的功能模块。Keystone 类似于一个服务总线，或者说是整个 OpenStack 框架的注册表，其他服务通过 Keystone 来注册其服务的端点（Endpoint），任何服务之间的相互调用，都需要经过 Keystone 的身份验证，来获得目标服务的端点来找到目标服务。

Keystone 包含以下基本概念。

1．用户（User）

用户代表可以通过 Keystone 进行访问的人或程序。用户通过认证信息如密码、API Keys 等进行验证。

2．租户（Tenant）

租户是各个服务中一些可以访问的资源集合。例如，在 Nova 中一个租户可以是一些机器，在 Swift 和 Glance 中一个租户可以是一些镜像存储，在 Quantum 中一个租户可以是一些网络资源。默认情况下，用户总是绑定到某些租户上面。

3．角色（Role）

角色代表一组用户可以访问的资源权限，例如 Nova 中的虚拟机、Glance 中的镜像。用户可以被添加到任意一个全局的或租户内的角色中。在全局的角色中，用户的角色权限作用于所有的租户，即可以对所有的租户执行角色规定的权限；在租户内的角色中，用户仅能在当前租户内执行角色规定的权限。

4．服务（Service）

OpenStack 中包含许多服务，如 Nova、Glance 和 Swift。根据前三个概念，即用户、租户和角色，一个服务可以确认当前用户是否具有访问其资源的权限。但是当一个用户尝试着访问其租户内的服务时，该用户必须知道这个服务是否存在以及如何访问这个服务，这里通常使用一些不同的名称表示不同的服务。

5．端点（Endpoint）

所谓端点，是指某个服务的 URL。如果需要访问一个服务，则必须知道该服务的端点。因此，在 Keystone 中包含一个端点模板，这个模板提供了所有存在的服务的端点信息。一个端点模版包含一个 URL 列表，列表中的每个 URL 都对应一个服务实例的访问地址，并且具有 public、private 和 admin 这 3 种权限。其中 public 类型的端点可以被全局访问，私有 URL 只能被局域网访问，admin 类型的 URL 被从常规的访问中分离。

22.2.7　控制台 Horizon

Horizon 为用户提供了一个管理 OpenStack 的控制面板，使得用户可以通过浏览器，以图形界面的方式就可以进行相应的管理任务，避免了记忆繁琐、复杂的命令。Horizon 几乎提供了所有的操作功能，包括 Nova 虚拟机实例的管理和 Swift 存储管理等。图 22.4 显示了 Horizon 的主界面，关于 Horzon 的详细功能，将在后面的内容中介绍。

图 22.4　Horizon 主界面

22.3 Openstack 的主要部署工具

前面已经介绍过，OpenStack 的体系架构比较复杂，对于初学者来说，逐个使用命令来安装各个组件是一件非常困难的事情。幸运的是，为了简化 OpenStack 的安装操作，许多部署工具已经被开发出来。通过这些工具，用户可以快速搭建出一个 OpenStack 的学习环境。本节将对主要的 OpenStack 部署工具进行介绍。

22.3.1 Fuel

Fuel 是一个为端到端一键部署 OpenStack 设计的工具，主要包括裸机部署、配置管理、OpenStack 组件以及图形界面等几个部分，下面分别对其进行简单介绍。

1．裸机部署

Fuel 支持裸机部署，该项功能由 HP 的 Cobbler 提供。Cobbler 是一个快速网络安装 Linux 的服务，该工具使用 python 开发，小巧轻便，使用简单的命令即可完成 PXE 网络安装环境的配置，同时还可以管理 DHCP、DNS 以及 yum 包镜像。

packstack 不包括此功能。

2．配置管理

配置管理采用 Puppet 实现。Puppet 是一个非常有名的云环境自动化配置管理工具，采用 XML 语言定义配置。Puppet 提供了一个强大的框架，简化了常见的系统管理任务，它将大量细节交给 Puppet 去完成，只要管理员集中精力在业务配置上。系统管理员使用 Puppet 的描述语言来配置，这些配置便于共享。Puppet 伸缩性强，可以管理成千上万台机器。

3．OpenStack 组件

除了可灵活选择安装 OpenStack 核心组件以外，还可以安装 Monitoring 和 HA 组件。Fuel 还支持心跳检查。

4．图形界面

Fuel 提供了基于 Web 的管理界面 Fuel Web，可以使用户非常方便地部署和管理 OpenStack 的各个组件。

22.3.2 TripleO

TripleO 是另外一套 OpenStack 部署工具，TripleO 又称为 OpenStack 的 OpenStack（OpenStack Over OpenStack）。通过使用 OpenStack 运行在裸机上自有设施作为该平台的基础，这个项目可以

实现 OpenStack 的安装、升级和操作流程的自动化。

在使用 TripleO 的时候，需要先准备一个 OpenStack 控制器的镜像，然后用这个镜像通过 OpenStack 的 Ironic 功能去部署裸机，再通过 HEAT 在裸机上部署 OpenStack

22.3.3 RDO

RDO（Red Hat Distribution of OpenStack）是由 RedHat 公司推出的部署 OpenStack 集群的一个基于 Puppet 的部署工具，可以很快地通过 RDO 部署一套复杂的 OpenStack 环境。如果用户想在 REHL 上面部署 OpenStack，最便捷的方式就是使用 RDO。在本书中，就是采用 RDO 来介绍 OpenStack 的安装。

22.3.4 DevStack

DevStack 实际上是个 Shell 脚本，可以用来快速搭建 OpenStack 的运行和开发环境，特别适合 OpenStack 开发者在下载最新的 OpenStack 代码后迅速在自己的笔记本上搭建一个开发环境。正如 DevStack 官方所强调的，devstack 不适合用于生产环境。

22.4 通过 RDO 部署 OpenStack

尽管 OpenStack 已经拥有许多部署工具，但是在 RHEL 或者 CentOS 等操作系统上面部署 OpenStack，RDO 仍然是首选的方案。尤其对于初学者来说，使用 RDO 可以大大降低部署的难度。本节将对使用 RDO 部署 OpenStack 进行详细介绍。

22.4.1 部署前的准备

OpenStack 对于软硬件环境都有一定的要求，其中 RHEL 6.5 是官方推荐的版本，另外，用户也可以选择其他的基于 RHEL 的发行版，例如 CentOS 6.5、Scientific Linux 6.5 或者 Fedora 20 以上。为了避免 Packstack 域名解析出现问题，需要把主机名设置为完整的域名，来代替短主机名。

硬件方面，OpenStack 至少需要 2GB 的内存，CPU 也需要支持硬件虚拟化，此外，至少有一块网卡。

22.4.2 配置安装源

为了保证当前系统的所有软件包都是最新的，需要使用 yum 命令进行更新操作，命令如下：

```
[root@localhost ~]# yum -y update
```

执行以上命令之后，yum 软件包管理器会查询安装源，以验证当前系统中的软件包是否有更新；如果存在更新，则会自动进行安装。由于系统中的软件包通常非常多，所以上面的更新操作可能会花费较长的时间。

接下来是配置OpenStack安装源，目前RDO的最新版本为IceHouse，RedHat提供了一个RPM软件包来帮助用户设置RDO安装源，其URL为：

```
http://rdo.fedorapeople.org/openstack-icehouse/rdo-release-icehouse.rpm
```

用户只要安装以上软件包即可，命令如下：

```
[root@localhost ~]# yum install -y http://rdo.fedorapeople.org/openstack-icehouse/rdo-release-icehouse.rpm
```

执行以上命令之后，会为当前系统添加Foreman、Puppet Labs和RDO安装源，如下所示：

```
[root@localhost ~]# ll /etc/yum.repos.d/
total 32
…
-rw-r--r--.  1  root    root       707      May 24 14:38       foreman.repo
-rw-r--r--.  1  root    root       1220     May 24 14:38       puppetlabs.repo
-rw-r--r--.  1  root    root       248      May 24 14:38       rdo-release.repo
…
```

22.4.3 安装Packstack

在使用RDO安装OpenStack的过程中，需要Packstack来部署OpenStack，所以，必须提前安装Packstack软件包。Packstack的底层也基于Puppet，通过Puppet部署OpenStack各组件。Packstack的安装命令如下：

```
[root@localhost ~]# yum -y install openstack-packstack
```

22.4.4 安装OpenStack

Packstack提供了多种方式来部署OpenStack，包括单节点和多节点等，其中单节点部署最简单。单节点部署方式中，OpenStack所有的组件都被安装在同一台服务器上面。用户还可以选择控制器加多个计算节点的方式或者其他的部署方式。为了简化操作，本节将选择单节点部署方式。

Packstack提供了一个名称为packstack的命令来执行部署操作。该命令支持非常多的选项，用户可以通过以下命令来查看这些选项及其含义：

```
[root@localhost ~]# packstack --help
```

从大的方面来说，packstack命令的选项主要分为全局选项、vCenter选项、MySQL选项、AMQP

选项、Keystone 选项、Glance 选项、Cinder 选项、Nova 选项、Neutron 选项、Horizon 选项、Swift 选项、Heat 选项、Ceilometer 选项以及 Nagios 选项等。可以看出 packstack 命令非常灵活，几乎为所有的 OpenStack 都提供了相应的选项。下面对常用的选项进行介绍。

1．--gen-answer-file

该选项用来创建一个应答文件（answer file），应答文件是一个普通的纯文本文件，包含 packstack 部署 OpenStack 所需的各种选项。

2．--answer-file

该选项用来指定一个已经存在的应答文件，packstack 命令将从该文件中读取各选项的值。

3．--install-hosts

该选项用来指定一批主机，主机之间用逗号隔开。列表中的第一台主机将被部署为控制节点，其余的部署为计算节点。如果只提供了一台主机，则所有的组件都将被部署在该主机上面。

4．--allinone

该选项用来执行单节点部署。

5．--os-mysql-install

该选项的值为 y 或者 n，用来指定是否安装 MySQL 服务器。

6．--os-glance-install

该选项的值为 y 或者 n，用来指定是否安装 Glance 组件。

7．--os-cinder-install

该选项的值为 y 或者 n，用来指定是否安装 Cinder 组件。

8．--os-nova-install

该选项的值为 y 或者 n，用来指定是否安装 Nova 组件。

9．--os-neutron-install

该选项的值为 y 或者 n，用来指定是否安装 Neutron 组件。

10．--os-horizon-install

该选项的值为 y 或者 n，用来指定是否安装 Horizon 组件。

11．--os-swift-install

该选项的值为 y 或者 n，用来指定是否安装 Swift 组件。

12．--os-ceilometer-install

该组件的值为 y 或者 n，用来指定是否安装 Ceilometer 组件。

除了以上选项之外，对于每个具体的组件，packstack 也提供了许多选项，这里不再赘述。

如果用户想在一个节点上快速部署 OpenStack，可以使用--allinone 选项，命令如下：

```
[root@localhost ~]# packstack --allinone
```

如果想要单独指定其中的某个选项，例如下面的命令将采用单节点部署，并且虚拟网络采用 Neutron：

```
[root@localhost ~]# packstack --allinone --os-neutron-install=y
```

由于 packstack 的选项非常多，为了便于使用，packstack 命令还支持将选项及其值写入一个应答文件（Answer file）中。用户可以通过--gen-answer-file 选项来创建应答文件，如下所示：

```
[root@localhost ~]# packstack --gen-answer-file openstack.txt
```

应答文件是一个普通的纯文本文件，包含 packstack 部署 OpenStack 所需的各种选项，如下所示：

```
[root@localhost ~]# cat openstack.txt | more
[general]


# Path to a Public key to install on servers. If a usable key has not
# been installed on the remote servers the user will be prompted for a
# password and this key will be installed so the password will not be
# required again
CONFIG_SSH_KEY=


# Set to 'y' if you would like Packstack to install MySQL
CONFIG_MYSQL_INSTALL=y


# Set to 'y' if you would like Packstack to install OpenStack Image
# Service (Glance)
CONFIG_GLANCE_INSTALL=y


# Set to 'y' if you would like Packstack to install OpenStack Block
# Storage (Cinder)
CONFIG_CINDER_INSTALL=y
……
```

用户可以根据自己的需要来修改生成的应答文件，以确定是否需要安装某个组件，以及相应的安装选项。修改完成之后，使用以下命令进行安装部署：

```
[root@localhost ~]# packstack --answer-file openstack.txt
```

如果没有设置 SSH 密钥，在部署之前，packstack 会询问参与部署的各主机的 root 用户的密码，用户输入相应的密码即可。下面的代码是部分安装过程：

```
[root@localhost ~]# packstack --answer-file openstack.txt
Welcome to Installer setup utility
Packstack changed given value  to required value /root/.ssh/id_rsa.pub

Installing:
Clean Up                                          [ DONE ]
root@58.64.138.219's password:
Setting up ssh keys                               [ DONE ]
Discovering hosts' details                        [ DONE ]
Adding pre install manifest entries               [ DONE ]
Adding MySQL manifest entries                     [ DONE ]
Adding AMQP manifest entries                      [ DONE ]
Adding Keystone manifest entries                  [ DONE ]
Adding Glance Keystone manifest entries           [ DONE ]
Adding Glance manifest entries                    [ DONE ]
Installing dependencies for Cinder                [ DONE ]
……
```

整个安装过程需要花费较长的时间，与用户选择的组件、网络和主机的硬件配置情况密切相关，一般为 20~50 分钟。如果在安装的过程中，由于网络原因导致安装失败，可以再次执行以上命令重新安装部署。

当出现以下信息时，表示安装完成：

```
…
Finalizing                                        [ DONE ]

 **** Installation completed successfully ******

Additional information:
 * Time synchronization installation was skipped. Please note that unsynchronized time on server instances might be problem for some OpenStack components.
 * File /root/keystonerc_admin has been created on OpenStack client host 58.64.138.219. To use the command line tools you need to source the file.
```

```
    * To access the OpenStack Dashboard browse to http://58.64.138.219/dashboard .
Please, find your login credentials stored in the keystonerc_admin in your home
directory.
    * To use Nagios, browse to http://58.64.138.219/nagios username : nagiosadmin,
password : bcb0bc9462fd4b1b
    * Because of the kernel update the host 58.64.138.219 requires reboot.
    * The      installation      log      file      is      available      at:
/var/tmp/packstack/20140524-153355-0ImeUf/openstack-setup.log
    *      The      generated      manifests      are      available      at:
/var/tmp/packstack/20140524-153355-0ImeUf/manifests
```

在上面的信息中，除了告诉用户已经安装部署完成之外，还有其他的一些附加信息，这些信息包括提醒用户当前主机上没有安装 NTP 服务，因此，时间同步的相关配置被跳过去了；脚本文件/root/keystonerc_admin 已经被创建了，如果用户需要使用命令行工具来配置 OpenStack，则应该首先使用 source 命令读取并且执行其中的命令；用户可以通过 http://58.64.138.219/dashboard 来访问 Dashboard，即控制台，登录信息存储在用户主目录中的 keystonerc_admin 文件里面；用户可以通过 http://58.64.138.219/nagios 来访问 Nagios，并给出了用户名和密码。此外还有一些安装日志文件的位置信息。

 每次使用--allinone 选项来安装 OpenStack 都会自动创建一个应答文件。因此如果在安装过程中出现了问题，重新执行单节点安装时，应该使用--answer-file 指定自动创建的应答文件。

22.5 管理 OpenStack

OpenStack 提供了许多命令行的工具来管理配置各项功能，但是这需要记忆大量的命令和选项，对于初学者来说，其难度非常大。通过 Horizon 控制台，则可以非常方便地管理 OpenStack 的各项功能，对于初学者来说，这是一个便捷的途径。本节主要介绍通过控制台管理 OpenStack。

22.5.1 登录控制台

安装成功之后，用户就可以通过浏览器来访问控制台，其地址为主机的 IP 地址加上 dashboard，例如，在本例中，主机的 IP 地址为 58.64.138.219，所以其默认的控制台网址为：

```
http://58.64.138.219/dashboard
```

控制台登录界面如图 22.5 所示。

第 22 章 在 RHEL 6.5 上安装 OpenStack

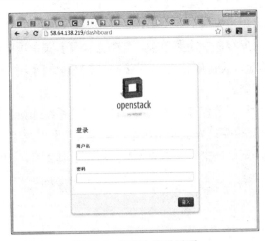

图 22.5 控制台登录界面

在上一节中，OpenStack 部署的最后，告诉用户控制台的登录信息位于用户主目录的 keystonerc_admin 文件中，所以可以使用以下命令查看该文件的内容：

```
[root@localhost ~]# more keystonerc_admin
export OS_USERNAME=admin
export OS_TENANT_NAME=admin
export OS_PASSWORD=191ae4ad12da48de
export OS_AUTH_URL=http://58.64.138.219:5000/v2.0/
export PS1='[\u@\h \W(keystone_admin)]\$ '
```

在上面的代码中，OS_USERNAME 就是控制台的用户名，而 OS_PASSWORD 则是控制台的登录密码，这个命名由 Packstack 自动生成，所以比较复杂。

登录成功之后，会出现控制台主界面，如图 22.6 所示。左侧为导航栏，有【项目】和【管理员】两大菜单项。如果使用普通用户登录，则只出现【项目】菜单项。

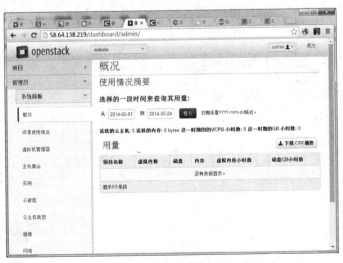

图 22.6 控制台主界面

515

【项目】菜单项中包含用户安装的各个组件，二级菜单根据用户选择的组件有所变化。在本例中，包含计算、网络和对象存储 3 个菜单项。其中【计算】菜单项中包含与计算节点有关的功能，例如实例、云硬盘、镜像以及访问和安全等。【网络】则包含网络拓扑、虚拟网络以及路由等。【对象】主要包含容器的管理。

【管理员】菜单项包含与系统管理有关的操作，只有【系统面板】和【认证面板】两个菜单项，【系统面板】包含【虚拟机管理器】、【主机集合】、【实例】以及【云磁盘】等菜单项。其中，用户可以通过【系统信息】菜单项来查看当前安装的服务及其主机，如图 22.7 所示。

图 22.7　所安装的 OpenStack 服务及其主机

【认证面板】主要与用户认证有关，包含【项目】和【用户】两个菜单项，其中项目实际上指的就是租户，而用户指的是系统用户。

22.5.2　用户设置

单击主界面右上角的用户名对应的下拉菜单，选择【设置】命令，打开【用户设置】窗口，如图 22.8 所示。

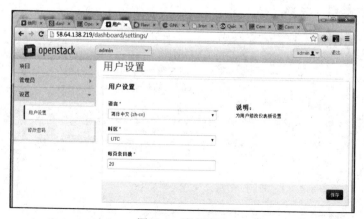

图 22.8　用户设置

用户可以设置【语言】和【时区】等选项。单击左侧的【修改密码】菜单项，打开【修改密码】窗口，输入当前的密码，就可以修改用户密码，如图 22.9 所示。

图 22.9　修改密码

不过目前来说，用户设置中语言和时区的设置，只是保存在 Cookie 里面，并没有存储在数据库里。默认语言是根据浏览器的语言来决定的。用户个性化的设置，都无法保存。因为目前 Keystone 无法存放这些数据，用户也无法修改邮箱，所以也就导致无法实现取回密码功能。

22.5.3　管理用户

在【管理员】菜单中，选择【用户】菜单项，窗口的右侧列出了当前系统的各个用户，如图 22.10 所示。

图 22.10　系统用户

单击右侧的【编辑】按钮，可以修改当前的用户。选择某个用户左侧的复选框，然后单击【删除用户】按钮，可以将选中的用户删除。单击【创建用户】按钮，可以打开【创建用户】对话框，如图 22.11 所示。在【用户名】、【邮箱】、【密码】以及【确认密码】文本框中输入相应的信息，选择【主项目】和【角色】之后，单击【创建用户】按钮即可完成用户的创建。

图 22.11　创建用户

22.5.4　管理镜像

用户可以管理当前 OpenStack 中的镜像文件。前面已经介绍过，Glance 支持很多格式，但是对于企业来说，其实用不了那么多格式。用户可以自己制作镜像文件，也可以从网络上下载已经制作好的镜像文件。以下网址列出了常用的操作系统的镜像文件：

    http://openstack.redhat.com/Image_resources

下面以 CentOS 6.5 为例，说明如何创建一个镜像。

步骤 01　打开【管理员】|【系统面板】，选择【镜像】菜单项，右侧列出了当前系统中的镜像，如图 22.12 所示。

第 22 章 在 RHEL 6.5 上安装 OpenStack

图 22.12 镜像列表

步骤 02 单击右上侧的【创建镜像】按钮，打开【创建一个镜像】窗口，如图 22.13 所示。

图 22.13 创建镜像

在【名称】文本框中输入镜像的名称，例如 CentOS 6.5，在【描述】文本框中输入相应的描述信息，在【镜像源】下拉菜单中选择【镜像地址】选项，在【镜像地址】文本框中输入 CentOS 6.5 镜像文件的地址：

```
http://repos.fedorapeople.org/repos/openstack/guest-images/centos-6.5-20140117
.0.x86_64.qcow2
```

在【格式化】下拉菜单中选择相应的文件格式，在本例中选择【QCOW2 - QEMU 模拟器】选项。选中【公有】复选框，如果不是生产环境，其他的选项可以保留默认值。

步骤 03 单击【创建镜像】按钮，关闭窗口。在镜像列表中列出了刚才创建的镜像，其状态为 Saving。

步骤 04　由于要把整个镜像文件下载下来，所以需要较长的时间。镜像的状态变成 Active 时，表示镜像已经创建成功，处于可用状态，如图 22.14 所示。

图 22.14　镜像创建成功

对于其他的镜像文件，用户可以采用类似的步骤来完成创建操作。

如果用户想要修改某个镜像的信息，可以单击相应行右侧的【编辑】按钮，打开【上传镜像】对话框，如图 22.15 所示。

图 22.15　修改镜像信息

修改完成之后，单击右下角的【上传镜像文件】按钮关闭对话框。

如果用户不再需要某个镜像文件，可以单击右侧的【更多】按钮，选择【删除镜像】命令，即可将该镜像文件删除。

22.5.5　管理云主机类型

云主机类型（Flavors）实际上对云主机的硬件配置进行了限定。进入【管理员】菜单中的【系统面板】，单击【云主机类型】菜单项，窗口的右侧列出了当前已经预定义好的主机类型，如图 22.16 所示，从图中可以得知，系统默认已经内置了 5 个云主机类型，分别是 m1.tiny、m1.small、m1.medium、m1.large 和 m1.xlarge。从表格中可以看出，这 5 个内置的类型的硬件配置是从低到高的，主要体现在 CPU 的个数、内存以及根硬盘这 3 个方面。

图 22.16　云主机类型

这 5 个类型可基本满足用户的需求。如果用户需要其他配置的主机类型，则可以创建新的主机类型。下面介绍创建新的主机类型的步骤。

步骤 01 单击图 22.16 中右上角的【创建云主机类型】按钮，打开【创建云主机类型】窗口。在【名称】对话框中输入主机类型的名称，如 m1.1g，ID 文本框保留原来的 auto，表示自动生成 ID。虚拟内核实际上指的是云主机 CPU 的个数，在本例中输入 2。内存以 MB 为单位，在本例中输入 1024，根磁盘的容量以 GB 为单位，在本例中输入 10。临时磁盘和交换盘空间都为 0，如图 22.17 所示。

图 22.17　创建主机类型

步骤 02　单击窗口上面的【云主机类型访问】，切换到【云主机类型】选项卡。在窗口的左侧列出了当前系统中所有的租户，右侧则列出了可以访问该主机类型的租户。单击某个租户右侧的■按钮，将该租户添加到右侧，赋予该租户使用该类型的权限，如图22.18所示。

图22.18　指定云主机类型的访问权限

步骤 03　设置完成之后，单击右下角的【创建云主机类型】按钮，完成主机类型的创建。

除了添加主机类型之外，用户还可以修改主机类型的信息、修改使用权以及删除主机类型。这些操作都比较简单，不再赘述。

22.5.6　管理网络

Neutron是OpenStack核心项目之一，提供云计算环境下的虚拟网络功能。Neutron的功能日益强大，在Horizon面板中已经集成该模块。为了使读者更好地掌握网络的管理，下面首先介绍一下Neutron的几个基本概念。

1．网络

在普通人的眼里，网络就是网线和供网线插入的端口，一个盒子会提供这些端口。对于网络工程师来说，网络的盒子指的是交换机和路由器。所以在物理世界中，网络可以简单地被认为包括网线、交换机和路由器。当然，除了物理设备之外，还有软件方面的组成部分，如IP地址、交换机和路由器的配置和管理软件以及各种网络协议。要管理好一个物理网络需要非常深的网络专业知识和经验。

Neutron网络的目的是划分物理网络，在多租户环境下提供给每个租户独立的网络环境。另外，Neutron提供API来实现这种目标。Neutron中"网络"是一个可以被用户创建的对象，如果要和物理环境下的概念映射，这个对象相当于一个巨大的交换机，可以拥有无限多个动态可创建和销毁的虚拟端口。

2．端口

在物理网络环境中，端口是连接设备进入网络的地方。Neutron 中的端口起着类似的功能，它是路由器和虚拟机挂接网络的着附点。

3．路由器

和物理环境下的路由器类似，Neutron 中的路由器也是一个路由选择和转发部件。只不过在 Neutron 中，它是可以创建和销毁的软部件。

4．子网

简单地说，子网是由一组 IP 地址组成的地址池。不同子网之间的通信需要路由器的支持，这个 Neutron 和物理网络是一致的。Neutron 中子网隶属于网络。图 22.19 描述了一个典型的 Neutron 网络结构。

在图 22.19 中，存在一个和互联网连接的 Neutron 外部网络。这个外部网络是租户虚拟机访问互联网或者互联网访问虚拟机的途径。外部网络中有一个子网 A，它是一组在互联网上可寻址的 IP 地址。一般情况下，外部网络只有一个，且由管理员创建和管理。租户网络可由租户任意创建。当一个租户的网络上的虚拟机需要和外部网络以及互联网通信时，这个租户就需要一个路由器。路由器有两种臂，一种是网关（gateway）臂，另一种是网络接口臂。网关臂只有一个，连接外部网。接口臂可以有多个，连接租户网络的子网。

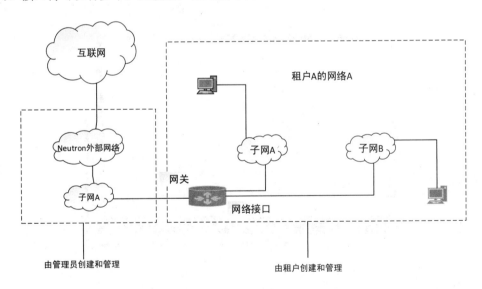

图 22.19 典型的 Neutron 网络结构

对于图 22.19 所示的网络结构，用户可以通过以下步骤来实施：

- 步骤 01 首先管理员拿到一组可以在互联网上寻址的 IP 地址，并且创建一个外部网络和子网。
- 步骤 02 租户创建一个网络和子网。
- 步骤 03 租户创建一个路由器并且连接租户子网和外部网络。

步骤 04 租户创建虚拟机。

接下来介绍如何在控制台中实现以上网络。以管理员身份登录控制台，选择"管理员"面板，单击"网络"菜单项后显示当前网络列表，如图 22.20 所示。

图 22.20 网络列表

从图 22.20 中可以得知，OpenStack 已经默认创建了一个名称为 public 的外部网络，并且已经拥有了一个名称为 public_subnet、网络地址为 172.24.4.224/28 的子网。

单击右上角的"创建网络"按钮，可以打开"创建网络"窗口，创建新的外部网络，如图 22.21 所示。

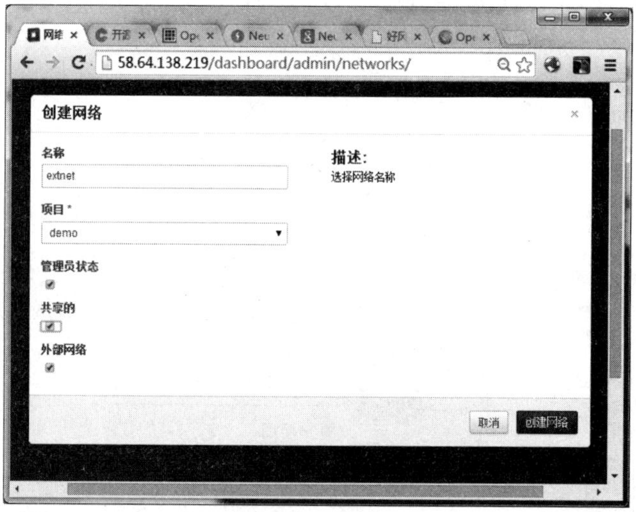

图 22.21 创建网络

尽管 Neutron 支持多个外部网络，但是在多个外部网络存在的情况下，其配置会非常复杂，所以不再介绍创建新的外部网络的步骤，而是直接使用已有的名称为 public 的外部网络。在网络列表窗口中，单击网络名称就可以查看相应网络的详细信息，如图 22.22 所示。

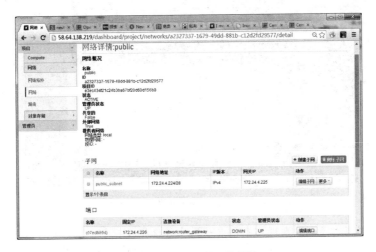

图 22.22　public 的网络详情

可以看到，网络详情主要包含 3 个部分，即网络概况、子网和端口。网络概况部分描述了外部网络的重要属性，例如名称、ID、项目 ID 以及状态等。子网部分列出了该网络划分的子网，包含子网名称、网络地址以及网关等信息。用户可以添加或者删除子网。端口部分列出了网络中的网络接口，包括名称、固定 IP、连接设备以及状态等信息。管理员可以修改端口的名称，但是不能删除端口。

前面已经介绍过，除了外部网络之外，还有租户网络。租户网络主要包括子网、路由器等，租户可以创建、删除属于自己的网络、子网以及路由器。下面介绍如何管理租户网络。

步骤 01　以普通用户 demo 登录控制台，在左侧的菜单中选择【网络】|【网络】，页面右侧列出了当前系统中可用的网络列表，如图 22.23 所示。

图 22.23　demo 用户可用的网络

步骤 02　单击【创建网络】按钮，打开【创建网络】窗口，如图 22.24 所示，在【网络名称】文本框中输入网络的名称，例如 private3，单击【下一步】按钮，进入下一个界面。

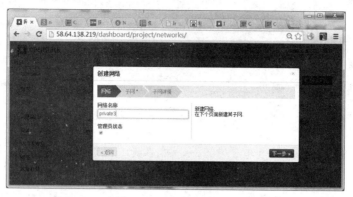

图 22.24　设置网络名称

步骤 03　如果需要创建子网，则选中【创建子网】复选框，在【子网名称】文本框中输入子网的名称，例如 private_subnet2，在【网络地址】文本框中输入子网的 ID，例如 192.168.21.0/24，在【IP 版本】下拉菜单中选择【IPv4】选项，在【网关 IP】文本框中输入子网网关的 IP 地址，例如 192.168.21.1，如图 22.25 所示。单击【下一步】按钮，进入下一个界面。

图 22.25　设置子网

步骤 04　选中【激活 DHCP】复选框，在【分配地址池】文本框中输入 DHCP 地址池的范围，例如 192.168.21.2~192.168.21.128，在【DNS 域名解析服务】文本框中输入 DNS 服务器的 IP 地址，如图 22.26 所示。单击【已创建】按钮，完成网络的创建。

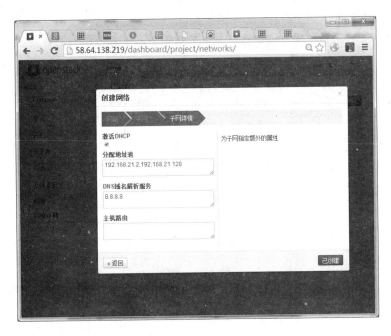

图 22.26　设置 DHCP 服务

通过上面的操作，租户已经创建了一个新的网络，但是这个网络还不能与外部网络连通。为了连通外部网络，租户还需要创建和设置路由器。下面介绍如何通过设置路由器将新创建的网络连接到外部网络。

步骤 01 以 demo 用户登录控制台，选择【网络】|【路由】菜单，窗口右侧列出当前租户可用的路由器，如图 22.27 所示。

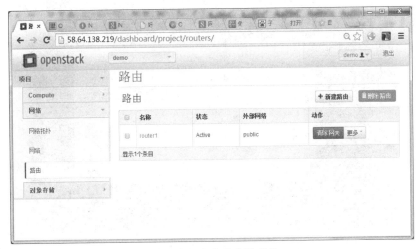

图 22.27　租户路由器列表

在图 22.27 中列出了一个名称为 router1 的路由器，该路由器为安装 OpenStack 时自动创建的路由器。从图中可以得知，该路由器已经连接到名称为 public 的外部网络。

步骤 02　单击路由器名称，打开【路由详情】窗口，如图 22.28 所示。该窗口主要包括路由概览和接口两个部分，路由概览部分列出了路由器的名称、ID、状态和外部网关等信息。接口部分列出了该路由器所拥有的连接到内部网络的接口。

图 22.28　路由详情页面

步骤 03　单击【增加接口】按钮，打开【增加接口】对话框，如图 22.29 所示。在【子网】下拉菜单中选择刚刚创建的网络 private3 的子网 private_subnet2，在【IP 地址】文本框中输入接口的 IP 地址，例如 192.168.21.1，单击【增加接口】按钮，关闭对话框。

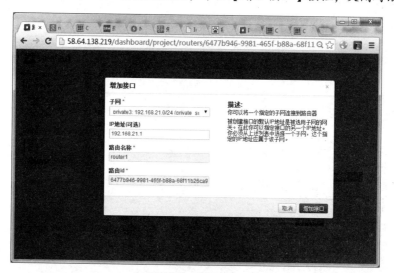

图 22.29　增加接口

现在这个租户的路由器已经连接了外网和租户的子网，接下来这个租户可以创建虚拟机，这个虚拟机借助路由器就可以访问外部网络甚至互联网。选择【网络】|【网络拓扑】菜单，可以查看当前租户的网络拓扑结构，如图 22.30 所示。

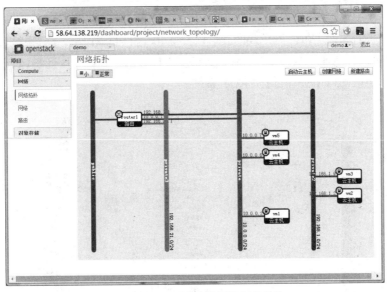

图 22.30 demo 租户的网络拓扑结构

从图 22.30 可以得知，demo 租户拥有 3 个网络，其名称分别为 private、private2 和 private3，其网络地址分别为 10.0.0.0/24、192.168.1.0/24 以及 192.168.21.0/24，每个子网中都有几台虚拟机。这 3 个网络分别连接到路由器 router1 的 3 个接口上面，接口的 IP 地址分别为 10.0.0.1、192.168.1.1 和 192.168.21.1。实际上，这 3 个网络接口分别充当 3 个网络的网关。路由器 router1 的另外一个接口连接到外部网络 public。

22.5.7 管理实例

所谓实例（instance），实际上指的就是虚拟机。之所以称为实例，是因为在 OpenStack 中，虚拟机总是从一个镜像创建而来。下面介绍如何管理实例。

以 demo 用户登录控制台，进入【Compute】|【实例】菜单，窗口右侧列出当前租户所拥有的实例，如图 22.31 所示。

图 22.31 实例列表

单击右上角的【启动云主机】按钮，打开【启动云主机】对话框，如图 22.32 所示。在【云主机名称】文本框中输入主机名称,例如 webserver。在【云主机类型】下拉菜单中选择 m1.small 选项,创建一个拥有 1 个 CPU、20GB 的硬盘以及 2GB 内存的虚拟机。【云主机数量】文本框中输入 1,即只创建一个虚拟机。在【云主机启动源】下拉菜单中选择【从镜像启动】选项,在【镜像名称】下拉菜单中选择【cirros(12.5MB)】选项。

图 22.32　创建云主机

切换到【访问&安全】选项卡,如图 22.33 所示。在【值对】下拉菜单中选择一个密钥对作为访问虚拟机的方式。选中【安全组】中的 default 选项。

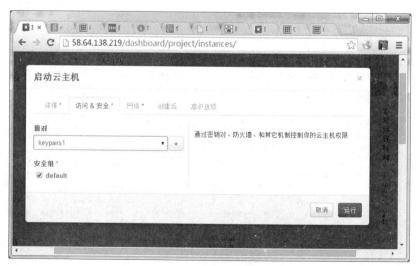

图 22.33　选择密钥对

如果目前还没有密钥对,则可以单击右侧的 + 按钮,打开【导入密钥对】对话框,如图 22.34 所示。

第 22 章 在 RHEL 6.5 上安装 OpenStack

图 22.34 导入密钥对

在【密钥对名称】文本框中输入密钥对的标识，例如 key2。然后在 RHEL 终端窗口中执行以下命令：

```
[root@localhost ~]# ssh-keygen -t rsa -f cloud.key
```

以上命令会创建一个名称为 cloud.key 的私钥文件以及名称为 cloud.key.pub 的公钥文件。然后使用以下命令打开公钥文件：

```
[root@localhost ~]# cat cloud.key.pub
ssh-rsa
AAAAB3NzaC1yc2EAAAABIwAAAQEAxopk8A79TpO1ds2ySL63kiw/6t45F7ZRG1OLLBjZXNQtleke4YXnF
/D/jvzMoYRG7Gj4gtvFxwFtqtYel9o00dQoN0tKrfTD4ajqUqFm+1qWNVkB7h0rtz0eiqHrv8PdH5bRd4
ifPtJn3nfPDd7hTbHGqoJnuppITnTQYKA20XRDwGQM/Ra3/+fJj6EkwgVwLQgOvbHLoXafEkTN1GHAR1L
ZUwqy/i8eC53Tmgh+13l0pnjXB5WAr4XLuCyhfnZ6ICXOp5O1rDTqU/Fc1GXEnqhc5wma9Cjgi3OhiXAD
NFJQ1SBtWiS4JlUnZBKkWzqIf0JSqX84pz6Znpc+tjphpQ== root@localhost.localdomain
```

将其内容粘贴到图 22.34 所示的【公钥】文本框中。单击【导入密钥对】按钮，完成密钥对的创建。

切换到【网络】选项卡，可以看到所有的网络列表，如图 22.35 所示。

图 22.35　可用网络列表

单击要使用的网络右下角的按钮，选中该网络，如图 22.36 所示。单击【运行】按钮，完成虚拟机的创建。

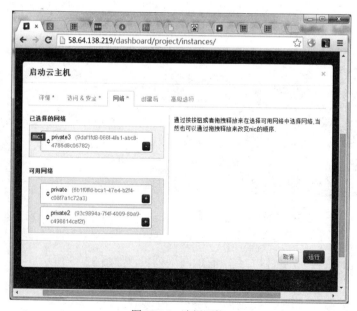

图 22.36　选择网络

此时，刚刚创建的实例 webserver 已经出现在实例列表中，并且已经为其分配了一个地址

192.168.21.3。单击实例名称，打开云主机详情窗口。切换到"控制台"选项卡，可以看到该虚拟机已经启动，如图22.37所示。

图 22.37　实例控制台

尽管实例已经成功创建，但是此时仍然无法通过 SSH 访问虚拟机，也无法 ping 通该虚拟机。这主要是因为安全组规则所限，所以需要修改其中的规则。

选择【Compute】|【访问&安全】菜单，窗口右侧列出了所有的安全组，如图 22.38 所示。

图 22.38　安全组列表

由于前面在创建实例时使用了 default 安全组，所以单击对应行中的【管理规则】按钮，可打开【安全组规则】窗口，如图 22.39 所示。

图 22.39　default 安全组规则

单击【添加规则】按钮，打开【添加规则】对话框，如图 22.40 所示。在【规则】下拉菜单中选择 ALL ICMP 选项，单击【添加】按钮将该项规则添加到列表中。再通过相同的步骤，将 SSH 规则添加进去。前者使用户可以 ping 通虚拟机，后者可以使用户通过 SSH 客户端连接虚拟机。

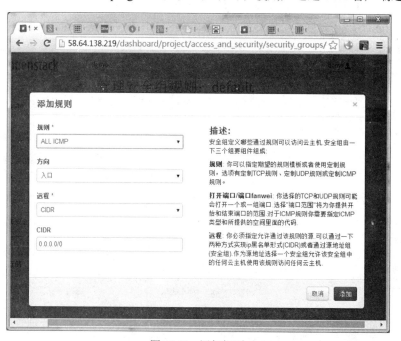

图 22.40　添加规则

为了使外部网络中的主机可以访问虚拟机，还需要为虚拟机绑定浮动 IP。在实例列表中，单击 webserver 虚拟机所在行的最右边的【更多】按钮，选择【绑定浮动 IP】命令，打开【管理浮动 IP 的关联】对话框，在【IP 地址】下拉菜单中选择一个外部网络的 IP 地址，如图 22.41 所示。单击【关联】按钮，完成 IP 的绑定。

第 22 章　在 RHEL 6.5 上安装 OpenStack

图 22.41　绑定浮动 IP

 如果 IP 地址下拉菜单中没有选项，则可以单击右侧的 + 按钮，添加浮动 IP。

对于已经绑定浮动 IP 的虚拟机来说，其 IP 地址会有两个，分别为租户网络的 IP 地址和外部网络地址，在本例中，虚拟机 webserver 的 IP 地址分别为 192.168.21.3 和 172.24.4.229。然后在终端窗口中输入 ping 命令，以验证是否可以访问虚拟机，如下所示：

```
[root@localhost ~]# ping 172.24.4.229
PING 172.24.4.229 (172.24.4.229) 56(84) bytes of data.
64 bytes from 172.24.4.229: icmp_seq=1 ttl=63 time=5.32 ms
64 bytes from 172.24.4.229: icmp_seq=2 ttl=63 time=0.499 ms
64 bytes from 172.24.4.229: icmp_seq=3 ttl=63 time=0.637 ms
…
```

从上面的命令可以得知，外部网络中的主机可以访问虚拟机。接下来使用 SSH 命令配合密钥来访问虚拟机，如下所示：

```
[root@localhost ~]# ssh -i cloud.key cirros@172.24.4.229
$
```

可以发现，上面的命令已经成功登录虚拟机，并且出现了虚拟机的命令提示符——$符号。下面验证虚拟机能否访问互联网，输入以下命令：

```
$ ping www.google.com
PING www.google.com (74.125.128.99): 56 data bytes
64 bytes from 74.125.128.99: seq=0 ttl=49 time=3.622 ms
```

```
64 bytes from 74.125.128.99: seq=1 ttl=49 time=3.392 ms
64 bytes from 74.125.128.99: seq=2 ttl=49 time=3.185 ms
…
```

可以发现，虚拟机可以访问互联网上的资源。

如果用户想要重新启动某台虚拟机，则可以单击对应行的右侧的【更多】按钮，选择【软重启云主机】或者【硬重启云主机】命令，来实现虚拟机的重新启动。

此外，用户还可以删除虚拟机、创建快照以及关闭虚拟机。这些操作都比较简单，不再详细说明。

22.6 小结

本章详细介绍了在 RHEL 6.5 上安装和部署 OpenStack 的方法，主要内容包括 OpenStack 的基础知识、OpenStack 的体系架构、OpenStack 的部署工具、使用 RDO 部署 OpenStack 以及管理 OpenStack 等。重点在于掌握好 OpenStack 的体系架构，使用 RDO 部署 OpenStack 的方法以及镜像、虚拟网络和实例的管理。

22.7 习题

一、填空题

1. Glance 主要包括两个组成部分，分别是_____和_____。
2. _____是 OpenStack 中负责身份验证和授权的功能模块。
3. Packstack 提供了多种方式来部署 OpenStack，包括_____和_____等。

二、选择题

以下哪种不是 Swift 的服务。（　　）
A 提供数据定位功能，充当对象存储系统中的元数据服务器的角色。
B 提供用户身份鉴定认证功能。
C 提供虚拟机镜像服务，包括虚拟机镜像、存储和获取关于虚拟机镜像的元数据。
D 作为对象存储设备，实现用户对象数据的存储功能。